THE

FIRST
CELL

죽음을 이기는 첫 이름

THE

FIRST
CELL

퍼스트 셀

·

아즈라 라자 지음

진영인 옮김 | 남궁인 감수

윌북

『퍼스트 셀』에 대한 찬사

암 환자에게 처방약만큼이나 공감이 중요하다는 사실을 보여주는 책. 순수한
과학적 설명으로는 다다를 수 없는 공감과 이해를 끌어낸다.

| 《퍼블리셔스 위클리Publishers Weekly》

환자와 가족의 이야기를 문학적이면서도 과학적인 방법으로 들려주는 책. 우
리는 그녀의 이야기에 귀 기울일 수밖에 없다. 오늘날의 고통을 이길 수 있는
암 연구의 새로운 지평을 열어준다.

| 《커커스Kirkus》

슬프고도 매혹적이고, 시의적절하고 타협 없는 솔직한 시선으로, 대부분 사람들
의 근심거리인 이 가장 무시무시한 질병 치료에 관한 우리의 현주소를 보여준다.

| 스티븐 핑커Steven Pinker
　하버드대학 심리학과 존스톤 교수이자 『우리 본성의 선한 천사The Better Angels of Our
　Nature』 저자

아즈라 라자는 30년 이상 해온 임상 진료에서 추출한 지혜와 시인다운 감수
성, 인간을 향한 깊은 연민을 품고서, 환자들에게 보다 나은 결과를 안겨주기
위해서는 조기 진단과 치료가 필요하다는 설득력 있는 주장을 펼친다. 암이 어
떤 치료도 듣지 않을 만큼 복잡해지기 전에 말이다.

| 데이비드 스틴스마David Steensma
　다나파버암연구소의 의사이자 하버드 의과대학 부교수

우아하게, 그리고 힘차게 쓰인 책. 두고두고 읽힐 것이다. 다가올 미래에 암과 관련된 담론을 완전히 바꿀 것이다.

| **싯다르타 무케르지**Siddhartha Mukherjee
　　퓰리처상 수상자

쉼 없이 예리한 솜씨로 질병을 둘러싼 신화와 비유를 걷어내고, 암으로 인해 수년, 수개월을 빼앗기고 희망과 약속을 잃어버린 사람들과 함께 비통해하면서, 라자 박사는 세상의 모습을 폭로한다. 이 세상이 여전히, 암 때문에 당혹스러워하면서 그에 맞선 인간의 분투에 진전이 없음을 슬퍼하는 사람들에게 다가가지 못하고 있음을 보여주는 것이다. 이 책은 의학계가 독성을 품은 최초 암세포의 출현을 찾아내는 대신, 암을 고치는 데 집중하다 얼마나 많은 희생을 치르게 되었는지 능수능란한 공연을 하듯 보여준다. 이 과정에서 세상을 떠난 사람 중에는 다름 아닌 저자의 남편도 있다. 『퍼스트 셀』은 문학과 삶을 과학과 최신 암 연구와 함께 엮은 책이다. 이 책은 인간이 우리 시대의 가장 잔인한 살인자를 이해하는 방식을 근본적으로 바꾸어야 한다고 주장한다. 책 속 이야기는 가슴 아프고, 수십 년 동안 임상의이자 연구학자로서 힘들게 얻어낸 교훈 위에 쌓아 올린 과학적 전망은 힘을 발휘한다. 이 매력적인 서술을 통해 라자 박사는 암과 치료에 대한 우리의 주된 이해에 이의를 제기한다.

| **라피아 자카리아**Rafia Zakaria
　　『위층의 아내The Upstairs Wife』와 『가리개Veil』 저자

나는 암 생존자로서, 조기 발견에 더 많은 연구를 시행해야 한다는 라자 박사의 주장이 얼마나 중요한지 증명해 보일 수 있다. 이윤에 따라 움직이는 세계에서, 이 책은 환자를 먼저 생각하는 의사가 쓴 작업이다.

| **루치라 굽타**Ruchira Gupta
　　언론인이자 활동가

타인에게 수없이
수명을 선고하는 일

　스물네 살, 소심하고 마음 약한 의대생이던 나는 그해 처음으로 병원 실습을 나갔다. 책상에서만 공부하다가 직접 환자를 만나는 건 그때가 처음이었다. 실습이 한 달쯤 되어가던 즈음, 혈액종양내과 외래에서 일생의 전환점이 된 환자와 조우했다. 나와 비슷한 나이에 건강히 살아오던 그녀는 갑자기 동네 병원의 권유를 받아 우리 대학병원으로 왔다. 발목이 붓고 피검사 결과가 나쁘다는 이유였다. 교수님은 그녀를 당장 무균실에 넣고 골수 생검을 한 뒤, 다음 날 바로 골수형성이상증후군MDS이라는 질환을 선고했다. 나는 교과서에서 MDS 환자는 진단 후 약 2년 정도 살게 된다고 읽은 기억이 있었다.

　막상 무균실 속 그녀는 덤덤했다. 하지만 그 선고에는 투병과 고통, 죽음이 모두 담겨 있었다. 그녀를 지켜보던 나는 비극이 눈앞에 보이는 듯한 충격을 받았다. 또 앞으로 이어질 내 삶에서 타인에게 남은 수명을 선고하는 일을 수없이 반복해야 한다는 사실에 눈앞이 캄캄했다. 나는 울먹임을 참다 집으로 돌아와 밤새워 시를 썼다. 그것은 내가 병원의 비극을 옮긴 첫 번째 글이었다. 그 뒤 나는 꾸준히 기록하는 사람으로 살았고, 지금은 응급의학과 전문의이자 작가로 살고 있다.

그리고 이 책을 만났다. 저자는 바로 학창 시절 내게 충격을 안겼던 비극적인 질병, 골수형성이상증후군을 치료하는 일에 평생을 몸담은 종양 전문의다. 우선 차례에서 낯선 일곱 개의 장 제목을 보았다. 곧 각각의 제목이 그가 지금껏 안타깝게 세상을 떠나보내야 했던 환자의 이름임을 알았다. 그 환자들의 구체적인 사연에서, 나는 그가 의사로서 한 인간 한 인간에게 얼마나 몰입했는지 알 수 있었다. 책의 어조는 지적이면서도 동시에 문학적이지만, 그가 커다란 슬픔을 계기로 이 책을 집필했음을 분명하게 드러내고 있었다.

반면, 학자로서 그는 냉철하다. 우선 의학자로서 나는 그가 평생 암에 대해 얼마나 많은 연구를 했는지, 수많은 논문을 읽고 임상에서 하나의 철학을 어떻게 만들어왔는지 가늠할 수 있었다. 숨 쉴 틈 없이 풀어놓는 통계와 확률, 현장의 이야기로 그는 현재의 암 치료가 얼마나 사람들을 고통스럽게 만드는지 한탄한다. 초반부에서는 환자들을 대리한 그의 분노와 슬픔, 현실에 대한 개탄을 느낄 수 있다. 하지만 점차 이 책은 그가 독립된 연구기관으로 평생 수학해서 내놓는 하나의 철학적 결론으로 향한다. 그것은 바로 제목처럼, 인체에서 암의 기원이 되는 '첫 번째 세포The first cell'를 찾아내는 일이다.

보통 우리는 암은 초기에 발견하면 쉽게 치료가 가능하지만, 늦게 발견할수록 치료가 고통스러우며 사람들을 죽음에 이르게 할 확률이 높다고 알고 있다. 그의 주장은 초기 암보다도 더 일찍, 맨 처음 종양 세포가 암을 형성하기 위해 우리 몸에서 만들어졌을 때, 그 세포를 어떤 방식으로든 찾아서 소멸시킬 수만 있다면, 지금과 같은 고통과 경제적 비용에서 환자들을 해방시킬 수 있다는 내용이다. 1984년부터 동일한 주장을 해왔다고 그가 밝힌 것처럼 이 이론은 의학계에 널리 알려져 현재도 연구가 진행 중이다.

하지만 그가 고백하는 대로 방법은 구체적이지 않다. 과학은 아직 그 경지에 도달하지 못했기 때문이다. 그래서 저자 또한 현재 암 치료의 패러다임이 무용하다고 주장하지는 않지만, 환자들이 너무 큰 고통을 받는다는 사실에 괴로워한다. 수많은 고통과 죽음을 가까이에서 목격하고, 이를 누구보다 공감한 학자로서 그는 우리에게 근원적인 해결책을 제시하는 것이다. 그리하여 우리는 그의 목소리에 십분 공감할 수밖에 없다. 과학이 발전한다면 우리가 나아가야 할 길이다. 또한 첫 번째 세포를 사멸시키는 데 성공한다면, 인류는 상당 부분 그에게 빚을 지는 것이다.

냉철하던 그는 마지막에 지나치게 슬픈 감정이 담긴 문장을 쓰고야 만다. 마지막 장의 제목은 바로 그의 죽은 남편의 이름이다. 역시 종양 전문의였던 그의 남편은 하필 림프암으로 유명을 달리했다. 평생 환자들의 암을 연구하고 치료하던 부부. 별안간 그중 한 명이 암으로 죽어가고 다른 한 명이 곁에서 그 모습을 목도하는 장면. 담담하게 자기 병을 받아들이고 투병하다가 죽어가는 종양 전문의와 사랑하는 남편을 지켜보는 서술에서 나는 형언할 수 없는 슬픔을 느꼈다. 훌륭한 사람이었을 저자의 남편 하비에게 애도를 보낸다.

한편 책에 등장하는 많은 문학 구절도 인상적이다. 그는 우르두 문학에 정통한 작가이기도 하다. 그가 목도한 고통, 느껴온 슬픔은 문학 속 구절로 언어화된다. 국내에 소개되었을 때 내가 추천사를 적었던 싯다르타 무케르지가 그의 절친한 친구이자 동료로 등장하는 것도 흥미로웠다.

그의 말처럼 시작하지 않는다면 절대 이룰 수 없다. 그렇다면 그가 잃었던 환자의 사연과 암 치료의 내밀한 이야기, 그가 제시하는 이상적 방향으로 들어가 보자. 무엇보다 그가 인간의 고통에 맞서 분투하고 진정으로 인간을 사랑한다는 사실은 확실하다.

남궁인(응급의학과 전문의, 작가)

세헤르자드에게

너의 불꽃은 밝은 태양
새로운 세계가 네 재능 속에서 산다
알라마 이크발

나의 형제자매
아메라, 아티야, 타스님, 자베드, 수그라, 아바스에게

서로를 향한 깊은 사랑, 부모님을 향한 깊은 사랑,
굴리스탄에라자―우리가 사랑하는 카라치의 안전하고
따뜻하고 재미있는 집―에서 지낸 최고의 시간들과 추억.
우리 일곱 사람이 공유하는 이 모든 것들을 기리며

마음은 더 큰 노력을 기울여 연구하라고 한다. 아직
우리의 손톱은 반쯤 풀린 매듭에 빚을 지고 있으므로
갈립

눈으로 보는 일은 끝났다. 이제 가서
마음속에 붙들린 이미지를 가지고 진심으로 일하라
라이너 마리아 릴케

차례

추천의 글 · 타인에게 수없이 수명을 선고하는 일 ⋯ 6

프롤로그
암 그리고 암의 괴로움 ⋯ 17

들어가는 말
마지막에서 처음으로 ⋯ 21

1 · **오마르**
삶의 고귀함이란 이런 데 있다 ⋯ 45

2 · **퍼**
모래 더미와 암 ⋯ 88

3 · **레이디 N.**
장전된 총 ⋯ 126

4 · **키티 C.**
천천히 아물지 않는 상처가 어디에 있을까? ⋯ 171

5 · JC

자연의 경이로움을 겪으면 자연에 친숙해진다 ⋯ 216

6 · 앤드루

솔직함은 선택이었을까? ⋯ 246

7 · 하비

죽음이 그를 빤히 쳐다본다. 그도 되쏘아 본다 ⋯ 294

암, 그 후

슬픔에게 언어를 ⋯ 343

에필로그

벌써 새벽이 왔다 ⋯ 372

감사의 말 ⋯ 388

참고문헌 ⋯ 398

인용 출처 ⋯ 429

일러두기

이 책에 등장하는 인물은 대부분 실명이다. 등장인물 가운데는 저자의 동료, 의료진도 있지만 대다수 생전에 각별한 관계를 유지한 환자들이며, 여기에는 저자의 남편도 있다. 환자들 모두 자신들의 이야기를 알파벳이나 사건 번호로 표시하는 대신, 이름을 드러내고 밝히는 데 동의했다. 저자는 고통을 받은 사람들이 살아 숨 쉬던 인간이었다는 사실을 알리고자 환자의 이름으로 각 장을 구성하였다.

- 의학용어는 독자의 이해를 돕기 위해 가급적 한글로 표기하였으며, 대한의사협회 의학용어위원회, 질병분류 정보센터, 서울대학교병원 의학정보, 국가암정보센터를 참고하였다.
- 옮긴이의 주는 *로, 감수자의 주는 ◆로 구분하였다.

암
그리고 암의 괴로움

1998년 이른 봄, 나의 남편 하비 프리슬러는 암 선고를 받았다. 이
듬해 우리는 다섯 살 난 딸 세헤르자드와 두 명의 조카, 여덟 살 무사
와 열두 살 바툴을 데리고 그들이 무척이나 기대하던 휴가를 위해 샌
프란시스코에 가기로 했다. 조카들은 오빠 자베드의 아이들로, 파키
스탄에서 방문 중이었다. 이미 두 차례나 연기한 여행이어서 더 이상
미룰 수 없었다. 아이들은 여행이 간절했고, 하비는 부종으로 얼굴을
알아보기 힘든 지경에다 림프절 비대까지 찾아온 상태였다. 이는 하
비가 더 공격적인 치료를 받아야 할 때라는 뜻이었다. 치료가 시작되
면 우리는 도시에 몇 달 동안 묶여 있어야 할 터였다. 하비는 우리 가
족이 숨 막히게 더운 시카고를 잠시 떠나 휴가를 가야 한다고 생각했
다. 단 일주일만이라도 말이다.

샌프란시스코를 향해 떠나는 날 아침은 눈부시게 맑았다. 비행기

출발까지 90분 정도 여유가 있어서 우리는 탑승구 앞에서 흩어졌다. 하비는 대합실에서 기다리기로 하고 나는 아이들을 쫓아 오헤어 공항을 돌아다녔다. 그리고 잠시 후 푸드코트에서 먹을거리를 사서 탑승구로 돌아왔다.

나는 하비를 보고 깜짝 놀랐다. 하비는 한 대 맞기라도 한 듯 넋이 나간 모습이었다. 온몸에서 땀줄기가 솟아나, 팔꿈치 아래 의자 팔걸이와 무릎 밑 대합실 바닥에 웅덩이가 생겼다. 온몸이 벌겠다. 번들거리는 땀이 얼굴선을 따라 강물처럼 흐르니, 그의 잘생긴 얼굴은 깜짝 놀랄 만큼 젊어 보였다. 그는 숨죽인 채 불안에 휩싸여 나를 바라보았다. 나는 바툴에게 가까운 카페에서 냅킨 한 움큼을 가져오라고 했다. 냅킨을 받아들고 하비의 얼굴과 팔을 닦고 의자와 바닥을 훔쳤다. 숨을 돌릴 틈도 없었다. 땀은 마구 쏟아져 내렸다. 티셔츠와 바지를 푹 적시고 뚝뚝 떨어질 정도였다. 아이들은 옆에 서 있었지만 그를 보지 않으려고 애썼다. 아이들의 얼굴은 잿빛이었다. 15분이 지나서야 땀의 홍수가 진정되었다. 나는 기념품 가게로 가서 새 바지와 셔츠를 샀다. 여덟 살 난 어린 무사는 말 한마디 없이 앞으로 걸어와 조용히 내게서 옷 꾸러미를 받더니, 얼떨떨한 상태의 하비를 화장실로 안내해주었다.

종양 전문의로서 나와 하비 둘 다 그 땀이 무엇을 의미하는지 정확히 알고 있었다. 이는 'B-증상B-symptom'이라고 불린다. 여러 암에서 나타나는 것으로 알려져 있는데, 특히 림프종에서 그렇다. 좋은 신호가 아니다. B-증상의 발현은 질병이 더 진행되었으며 더 공격적으로 변했고, 예후가 좋지 않다는 뜻이다. 나는 여행을 취소하고 집으로 돌아가자고 했다. 하지만 하비는 여행을 계속해야 한다고 주장했다.

아이들을 또 실망시키고 싶지 않았던 것이다.

　샌프란시스코에서 보낸 첫 24시간은 불안으로 가득했다. 아이들을 차에 태워 꼬불꼬불한 롬바드 스트리트와 항구를 돌아다니면서도, 최악의 사태가 벌어지면 어쩌나 겁이 났다. 다행히 별일은 없었다. 하비는 안심했다. 그러나 셋째 날 밤, 나는 깜짝 놀라 잠에서 깼다. 내 얼굴 위로 물방울이 뚝뚝 떨어지고 있었다. 하비의 팔이 내 머리 위로 뻗어 있었는데, 마치 수도꼭지에서 물이 흐르듯 팔에서 땀이 흐른 것이다. 이번에는 그의 옷을 갈아입힐 뿐 아니라, 호텔의 메이드를 불러 젖은 침대 시트를 교체해야 했다.

　일주일 후 우리는 오헤어 공항에 돌아왔다. 그 무렵부터 하비는 여러 종류의 암과 연관되어 나타나는 또 다른 기묘한 징후를 겪기 시작했다. 그의 왼쪽 팔목이 갑자기 평상시의 두 배로 부어올랐다. 그에게 약효가 특히 센 타이레놀을 주었지만, 그것을 먹고도 그는 집에 가려고 차에 올라타는 동안 고통에 몸부림쳤다. 차가운 찜질을 하고 강한 진통제를 쓰며 극심한 통증을 잡는 데 24시간이 걸렸다. 그다음 며칠 동안 극심한 괴로움이 이어졌다. 밤마다 한 번씩, 때로는 두 번씩 그는 땀으로 흠뻑 젖었다. 침대 시트를 새로 깔고 옷을 갈아입어야 할 정도였다.◆

　혹은 관절 한군데서 가라앉으면 예고 없이 다른 관절에서 불거졌다. 불에 덴 듯 쓰라린 감각이 일며 새로운 병소가 생기고, 몇 시간 만에 뜨겁고 시뻘겋게 달아올랐다. 림프종 세포들은 유목민처럼 제멋대로 몸속을 떠돌아다녔다. 얼굴의 붓기가 빠지는가 싶더니 관절이 부

◆　전형적인 B-증상이다.

었다. 목이며 겨드랑이의 림프절이 부어오르다 다음 날이면 사그라들었지만 갑자기 비장이 비대해졌다. 세포들은 몸속을 돌아다니며 무리에서 떨어져 나가 흩어졌다가 다시 뭉치고, 모습을 감추더니 다시 모였다. 짐짓 경솔한 척 온몸을 헤집고 다녔다. 마음대로 몸속 기관에 들락거리며 불만을 품은 채 초조해하더니, 이 기관 저 기관으로 정착할 만한 틈새를 찾아다녔다. 어떤 기관은 피하고 어떤 기관에는 자리를 잡았다. 겁에 질린 채 속수무책으로, 우리는 이 드라마가 펼쳐지는 모습을 보고만 있었다. 하비는 자기 몸 안의 고통을 느끼며, 나는 그런 그의 옆을 지키면서. 림프종은 이유도 없이 악의를 품고서 목적 없이 편집광적으로 우물쭈물하며 몸속을 떠돌아다녔다.

그때까지 나는 암이라는 질병을 20년 동안 다루어왔었다. 그러나 암 환자와 한 침대를 쓰고서야 이 병이 얼마나 참을 수 없이 고통스러운지 알게 되었다.

괴로움이 가득한 여름이었다.

암과 암으로 인한 괴로움.

마지막에서
처음으로

서른 살에는 이 책을 쓸 수 없었을 것이다. 서른 살 이후에 내가 대단한 발견을 하거나 연구 논문을 썼다거나 해서 이런 말을 하는 것은 아니다. 그동안 나는 수천 명의 암 환자를 만났고 많은 환자의 죽음을 겪었다. 내가 다루는 이 질병은 대체로 사람의 목숨을 앗아간다. 그래서 위로의 말도 꾸며낸 것처럼 들리고, 학계에서 개인적 성과를 거두어도 당치 않아 보인다. 내가 일하는 환경은 크게 변하지 않은 것 같다. 반면 내 생각은 변했다. 당연하다고 생각하던 것들을 나는 다시 검토하고, 생각지 못한 곳에서 위로를 받았다. 내가 이미 안다고 생각하던 것에 대해 새롭게 배웠다. 이를테면 몸이 아프다는 것과 질병이 있다는 것은 다르고, 질병을 치료하는 일과 환자를 치유하는 일은 다르며, 통증이 없다는 것과 건강하다는 것은 다르다는 사실 말이다. 그리고 한 적 없는 약속을 지켜야 하는 것이 얼마나 가슴 아픈 일인지에 대해서도 새롭게 배웠다. 병원에서나 학술회의에서나 나는 사기를 치고 가식을 떠는 지적인 위선자가 된 기분이었다. 타인의 병의 복잡함에 비하면, 상대적으로 나 자신의 인생은 단순해 보였다. 죽음으로 가는 삶이라는 여정에서, 나는 사람들이 생존하기 위해 겪는 비극에 대해 정리하기 시작했다. 가끔은 내 삶이 감형 없는 형벌을 받아 둥둥 떠다니는 것 같다는 느낌도 들었다.

내 치료와 연구 분야는 골수형성이상증후군MDS, myelodysplastic syndrome으로 알려진 골수 전백혈병preleukemic 단계다. 나는 급성골수성백혈병AML, acute myeloid leukemia도 다룬다. 골수형성이상증후군 환자의 3분의 1이 AML로 진행된다. AML의 치료 지형은 지난 50년 동안 그리 크게 변하지 않았다. 흔히 접하는 암 대부분이 그렇지만 말이다. 조금의 변화가 있었지만, 수술과 화학요법과 방사선요법으로 구성된 기본적인 치료 계획은 그대로다. 암을 치료한다면서 몸을 베어내고 독을 주입하고 태워버리는 것이다. 당황스러운 노릇이다. 이 상황이 당황스럽다는 사실을 거만하게 부인하는 것 또한 당혹스럽기는 마찬가지다. 의료계는 기술이 진보했다며, 또 동물 모델에서 암을 치료하게 되었다며 공공연하게 선전한다. 마치 이런 성공이 인간의 질병과 무슨 관계라도 있는 것처럼 말이다. 암 환자가 몇 주 정도 더 생존하도록 한 일을 두고 판세를 뒤집는 '게임 체인저'라고 부르기도 한다. 이렇게 장밋빛 선언을 해봤자 상황은 환자 쪽에 너무나 불리하다. 암과의 전쟁에서 승리하고 있는 사람은 아무도 없다. 이러한 과장 광고는 반세기 전이나 지금이나 여전하다. 수사법도 똑같고 잘난 척도 똑같다.

암 치료는 한 세기 전에 원시적인 수준이었다. 훗날 역사가들은 우리가 앞으로 50년 동안 할 일에 대해서도 똑같이 평가할 것이다. 우리는 마치 신이라도 된 듯 위대한 기술적 진보를 이루어냈다고 자랑한다. 유전체를 솜씨 좋게 편집할 수 있고, 유전자를 원하는 대로 켜고 끌 수 있게 되었으니 말이다. 하지만 이에 비해 암 치료는 대부분의 분야에서 구석기시대와 달라진 게 없다. 암 연구 분야가 진보하지 않았다는 뜻이 아니다. 문제는 치료 분야에서 진보가 거의 없다는 것이다. 지난 50년 동안 암 생물학을 엄청나게 성공적으로 이해하게 되었다고 주장하는 연구 논문 수백만 개를 우리는 왜 이용하지 못할까? 40년 동안 나는 마법처럼 암을 정복할 날이 멀지 않았다는 열정적이고 한결같은 예측을 들어왔다. 종양유전자, 종양억제유전자, 인간의 유전체와 전사체, 면역체계에 대한 더 나은 이해를 통해 혹은 종양으로 가는 혈액의 공급을 차단하는 방법을 통해 암을 치료할 수 있다는 얘기였다. 하지만 이 대부분의 방법은 병상의 환자를 치료하는 일에 완전히 실패했다. 암 생물학에 대한 지식과 이 지식을 사용하여 환자에게 이득을 주는 능력 사이의 간극은 믿기 어려울 정도로 크다.

암에 대해 말하는 방법 또한 원시 상태다. 지난 10년 동안 나는 학계 강의에 수천 번 참석했고, 암 연구자들의 유튜브 대중 강연을 수도 없이 들었다. 후자는 대부분 유년 시절 화자가 어떻게 연구에 열정을 품게 되었는지 전하며 강연을 시작한다. 이후에 해낸 어려운 작업과 종종 겪게 된 좌절을 설명한다. 그리고 마침내 개인적 성공을 거두고 상도 탔다고 한다. 강연 말미에 모든 종양 전문의는 치료 성공 스토리를 적어도 하나는 이야기한다. 그러면서 암 치료는 진보한다고, 속도가 느릴지라도 진보를 하긴 한다고 낙관적인 전망을 하며 성공이 곧 다가올 것이라고 약속한다. 흔히들 "긍정적으로 생각하라"라는 말을 한다. 마치 암 환자들의 극심한 고통과 괴로움에 대해 소리 내어 말하는 일이 죄라도 되는 것처럼 말이다. 왜 우리는 죽어가는 다수의 환자에 대해 말하지 못할까? 왜 긍정적인 일화만 계속 선전할까? 왜 사람들을 어린아이 취급할까? 대중을 연약하고 잘 다치고 예민하고 쉽게 상처받고 불안정한 대상으로 치부하고, 스트레스를 주는 부분들에 대해 알려주지 않는 것은 불공평하고 근시안적인 일이다. 결국에는 관련된 사람 모두에게 역효과를 낼 것이다.

승리에 집착하는 사회와 문화는 암 환자의 죽음을 패배로 여긴다. 그래서 죽음은 가장 피해야 할 주제가 된다. 죽음은 패배가 아니다. 죽음을 부정하는 일이 패배다. 서양 사상에서, 적어도 고전문학 작품을 보면, 죽음은 부정할 대상이 아니었다. 그리스 비극이 고통을 묘사한 건, 관객에게 역설적인 카타르시스를 느끼게 하려는 의도였다. 관객은 가장 끔찍한 악몽에서나 일어날 법한 일이 무대 위에서 공공연하게 재현되는 것을 보았고, 캐릭터들의 행위가 가져오는 결과에 대해 토론했으며, 캐릭터에 감정을 이입했다. 그렇게 하여 죽음과 고통에 대한 두려움을 떨쳐낼 수 있었다. 그리스 비극은 우리가 실제로 살면서 겪는 상황을 극도로 과장된 형태로 그려냄으로써, 내면의 격정과 불안이 마음속 깊은 곳 어디에서 유래하는지 살펴보게 한다. 그런데 암 이야기는 그리스 비극과 달리, 아픔과 험난한 결정 과정을 그릴 때 과장할 필요가 없다. 타인과 처지를 바꾸어 생각할 수 있는 사람은 이 두 종류의 이야기 모두에서 통찰을 얻는다. 목숨을 건 인물들의 도전에 공감하면서 말이다.

이 이야기들을 읽으면 우리 안에서 깊은 경이감이 솟는다. 삶의 복잡다단함을 가리는 거미줄을 깨끗이 걷어내고, 예상치 못한 곳에서 아름다움을 발견하고, 불가능해 보이는 상황 속의 작지만 용감한 행동을 목격하면서, 만사 무탈한 데 깊이 감사하게 된다. 알베르 카뮈Albert Camus가 썼듯이, "삶에 대해 절망해보지 않으면 삶을 사랑할 수 없다." 명료한 시선이란 역할 놀이에서 나온다. 우리는 타인의 경험에서 깨달음을 얻는다. 그래서 우리 자신의 삶을 더 잘 이해할 수 있고, 다른 방식의 죽음을 선택할 수 있으며, 우리의 바람을 미리 기록으로 남길 수도 있다. 제임스 볼드윈James Baldwin은 「내 마음속 어느 지역에서 보낸 편지Letter from a Region in My Mind」라는 글에서 우리 공통의 운명을 놀랍도록 호소력 있게 풀어냈다.

삶은 비극이다. 그저 지구는 돌고 태양은 무심히 뜨고 지다가, 어느 날 갑자기 우리 각자에게 태양이 다시는 떠오르지 않는다. 아마도 우리의 고통, 인간 고통의 근본 원인은 우리가 삶의 아름다움을 모두 희생한다는 데 있을 것이다. 토템과 터부taboo, 십자가, 피 흘리는 희생 제의, 뾰족탑, 모스크mosque(이슬람교의 예배당), 인종, 군대, 깃발, 국가 같은 대상에 우리 자신을 가두는 것이다. 죽음이라는 현실, 우리 인간의 유일한 현실을 부인하기 위해서 말이다. 내 생각은 이렇다. 우리는 죽음이라는 현실을 즐겨야 한다. 삶이라는 난제에 열정적으로 맞서서 그 대가로 죽음을 받으리라고 실로 다짐해야 한다. 사람은 삶을 책임져야 한다. 삶은 우리가 나왔다가 도로 돌아가게 될 끔찍한 어둠 속의 작은 불빛이다. 우리는 품격을 잃지 않은 채 어둠 속 길을 지나야 한다. 우리 다음에 올 사람들을 위해서 말이다.

그런데 죽음을 어떻게 준비할지, 또 죽음이 닥칠 때 무엇을 해야 할지 조금이라도 아는 사람은 많지 않다.

　나는 일주일에 서른 명에서 마흔 명의 환자를 본다. 하지만 헨리 W.에게 일어난 일은 나 역시 믿기지 않았다. 그는 마흔세 살에 얼굴은 잘생겼고 햇볕에 그을린 피부를 지녔다. 세 아이의 아빠인 그는 규칙적으로 테니스를 쳤다. 아내 로즈는 예술가였다. 헨리는 버뮤다에서 휴가를 보내는 동안 자꾸 멍이 들었다. 그 이유가 급성골수성백혈병에 걸렸기 때문이라고 알려주었는데, 나 또한 도무지 실감이 나지 않았다. 골수 검사 결과 헨리의 백혈병은 심한 이형성◆을 배경으로 생긴 것임을 알 수 있었다. 다양하게 손상된 염색체와 TP53으로도 알려진 p53 유전자 돌연변이가 있었다. 이런 경우는 특히 치명적이고 통제가 불가능했다. 환자가 생존할 유일한 가능성은 먼저 화학요법을 강하게 여러 차례 받아서 관해remission*를 시도한 다음, 성공하면 즉시 골수 이식을 받는 것이었다. 부부는 순진하게 선뜻 받아들이는 듯했으나, 곧 예상 가능한 모습을 차례차례 보였다. 불신과 공포 사이에서 흔들리며 병에 대한 정보를 조사하여 혼란 속에서 힘을 찾고, 다른 의사를 찾아가 진단을 다시 받았으며, 가능한 최신식 치료법을 알아보고, 이식에 대비해 형제자매의 혈액형을 확인했다.

　두 번째 만남에서 우리는 고통스러운 대화를 나누었다. 나는 헨리의 상태가 위중하다고 알렸다. 검사실에서 내 맞은편에 앉은 로즈는, 떠나기 전에 자기네 부부가 세 자녀에게 무슨 말을 할지 혹은 어떻

◆　염색체나 세포가 정상이 아닌 상태로 변화하는 것.

*　영구적 혹은 일시적으로 병의 증상을 호전시키거나 없애고 임상적으로 통제하는 상태.

게 할지 모르겠다고 말했다. 다섯 살에서 열 살 사이의 아이들은 뭔가 문제가 있다는 것을 눈치챘으며 최악의 상황을 두려워했다. 아이들은 본능적으로 부모의 불안을 알아챈다. 그리고 부모의 긴장이 얼마나 심각한지 등급을 매긴다. 마치 새들처럼, 다가오는 재난이 내는 초저주파의 소리를 감지한다. 그 전날 저녁 식사 후, 아이들은 아이스크림을 들고 거실에 앉았다. 그 기회를 잡아 로즈가 이야기를 시작했다. 아빠가 피에 병이 생겨 치료를 자주 받아야 해서 병원에서 보내는 시간이 많아질 것이고, 할머니가 와서 저녁을 함께하는 날이 많아질 것이라고 말했다. 아빠가 감염을 피하고 몸에 좋은 음식을 먹는 것도 좋은 생각일 거라고 했다. 남자아이 둘은 겁에 질린 채 뚫어지게 쳐다보며 앉아 있었다. 맏이는 기절 직전 같았다. 아이들은 자세한 이야기를 조금도 더 듣고 싶어 하지 않았다. 로즈는 이야기를 계속 이어갈 수가 없었다. 헨리는 목이 메었다. 그때 다섯 살 난 딸이 어색한 침묵을 깼다. 아이는 쓰레기통으로 가서 아이스크림콘을 버리며 차분히 말했다. "아빠가 디저트를 먹을 수 있을 때까지 나도 먹지 않을 테야."

헨리는 4주에서 6주 정도 입원이 필요한 집중 화학요법을 시작하려 했지만, 그 전에 고열로 입원해야 했다. 오한에 시달려 몸을 떨었으며 땀을 너무 많이 흘렸다. 엄청나게 비싼 정밀 검사를 받았지만 구체적인 원인은 알 수 없었다. 그는 세 가지 항생제를 정맥주사로 투여받기 시작했고, 항진균요법과 항바이러스 요법도 함께 받았다. 원인 모를 열이 수그러들지 않고 맹위를 떨쳤다. 이식수술팀이 그를 살폈고, 가능성이 있는 몇 가지 방법을 찾았다. 먼저, 우리는 헨리의 골수에 있는 백혈병 세포의 수를 80퍼센트에서 5퍼센트 이하로 줄여야 했다. 그렇지 않으면 이식을 해도 별 이득이 없을 터였다. 백혈병이 심해지면서, 고열인데도 어쩔 수 없이 화학요법을 시작했다. 그의 골수에서 조혈 세포가 다 사라졌고, 그 결과 혈액 수치가 위험할 만큼 낮아졌다. 3주 동안 그가 어떤 상태인지 사실상 알 수 없었다. 그는 고용량 화학요법에다 목숨을 앗아갈 수도 있는 패혈증*이라는 이중고에 시달려 허약해졌다. 그러다가 상황이 천천히 좋아졌다. 끝나지 않을 것 같던 6주 동안의 입원 후 그는 집으로 돌아갔다. 하지만 3주 만에 오한과 발열로 병원에 다시 입원했다. 백혈병이 다시 몰아쳤다. 진단부터 죽음까지 6개월도 걸리지 않았다. 헨리가 받은 치료는 내가 1977년부터 써오던 두 가지 화학요법 약물의 조합이었다.

암의 겨울은 계속된다.

•

암을 한 가지 질병으로 다루는 건 마치 아프리카라는 대륙을 하나의 나라로 다루는 것과 같다. 심지어 한 환자에게 생긴 암이라 해도, 발병 부위가 다르거나 시간차를 두고 생긴 암은 같은 질병이 아니다. 사납고 자기중심적인 이 질병은, 분열할 때마다 빠르게 성장하고 강해지고 똑똑해지며 더 위험해지는 법을 배운다. 분자 단위 지성의 완벽한 예다. 주변 환경을 지각하고 생존 가능성을 극대화하기 위해 움직일 줄 안다. 암세포는 목적이라도 있는 양 행동하는데, 그 행동의 근간은 바로 피드백 고리feedback loop다. 피드백 고리란, 효율성을 올리기 위해 과거의 성과를 다시 사용하는 방식을 뜻한다. 암은 시간이 갈수

---

* 감염으로 인한 전신 염증 반응.

록 더 힘차게 분열하는 법을 배운다. 새로운 공간을 침범하고, 관련 유전자 발현을 켜고 끄기 위해 돌연변이를 일으키며, 환경에 더 잘 어울리려고 하며, 씨앗(암세포)과 토양(암이 자리 잡은 미세환경)의 협동을 최대한 이용한다. 우리는 암의 변신을 직접 목격한다. 치료를 해서 한 부위의 종양이 물러나면, 다른 부위에서 신선한 병소가 새로운 유전자형을 지니고 생겨나는 것이다. 환자에게 쓴 치료법이 통하지 않는다는 이유로 새롭게 선택된 유전자형이다. 마치 미니 프랑켄슈타인처럼, 암은 신체라는 기계에서 유령처럼 출몰하여 제 창조자를 파괴하려고 덤빈다.

암이란 병은 기막히게 복잡하다. 더 기막힌 건, 하나의 유전적 비정상을 하나의 약으로 치료할 수 있다는 환원주의자의 오만이다. 이 '마법의 탄환' 개념은, 특히 몇 가지 초기 성공 사례 때문에 깊숙이 자리 잡았다. 만성골수성백혈병chronic myeloid leukemia의 경우 악성 세포의 염색체 전위로 비정상적 잡종 단백질이 생기는데, 이매티닙 메실레이트imatinib mesylate◆라는 약을 쓰면 결과가 대단히 좋다. 급성전골수세포백혈병APL, acute promyelocytic leukemia은 특히 치명적인 병인데, 이 또한 하나의 비정상 때문에 일어난다. 지금은 비타민 A로 고칠 수 있다. 이 두 가지 성공 이야기가 암은 유전적 돌연변이에 기인하며 하나의 약으로 치료할 수 있다는 패러다임을 확정 지은 것 같다.

안타깝게도, 가장 흔한 암들이 더욱 복잡하다고 판명 났다. 악성 표현형malignant phenotype을 유도하는 생물학적 이상 현상이 더 많은 것이다. 암세포들이 몰래 저지르는 짓이란 미로처럼 꼬여 있고 뒤엉켜

◆   일명 글리벡Gleevec이라고 불리는 항암제.

있다. 런던 지하철 노선보다 더 복잡해서 속을 들여다볼 수도 없다. 세포는 계속 스스로 변신한다. 몇 시간 만에 자연 수명을 가진 세포 세대에 퍼지고, 유전자와 전체 염색체에 손상을 입히고, 새로운 돌연변이를 획득한다. 세포 기관이 돌아가는 속도를 올리고, 단백질을 훼손하며, 죽으라는 신호를 무력화하고, 마구 날뛰며 전진한다. 그렇게 쉼 없는 악성 엔진으로 작동하고 엉뚱한 신체 기관에 위험한 내용물을 쏟아내 악성으로 자랄 씨앗을 퍼트린다. 이 일을 태연히 반복한다. 암은 주인을 지배하는 독재정권이다.

암은 이렇게 난해한 병이라, 조직배양 세포주나 동물 모델로 복잡성을 복제하여 개발하려 한 치료 전략은 완전히 실패하고 말았다. 그런 식의 임상 전 약물 검사 플랫폼을 사용하여 임상시험에 쓰인 약은 95퍼센트가 승인받지 못했다. 승인받은 5퍼센트의 약 또한 실패한 거나 마찬가지다. 환자의 생존을 고작 몇 달만 늘리기 때문이다. 2005년 이래 승인된 약의 70퍼센트는 환자의 생존율을 개선하지 못했다. 한편 환자들에게 실제로 해를 끼친 약은 전체의 70퍼센트에 이른다.

이렇게 암을 제대로 이해하지 못한 데서 생기는 오류는 지금보다 훗날에 더 많은 해를 끼치게 될 것이다. 자료에 따르면, 2018년 전 세계에서 1800만 건의 암이 진단되었고 약 절반에 해당되는 건의 환자가 죽어가고 있다. 미국암협회American Cancer Society는 세계 인구가 늘어나고 고령화되기 때문에, 2030년까지 암 진단은 2170만 건으로 늘어나고 1300만 명이 사망하며 국제적 부담이 늘 것이라고 본다. 자주 언급되는 통계에 따르면 암 사망률은 미국에서 1980년에서 2014년 사이 20퍼센트가 감소했다. 1980년에는 10만 명당 240명이 사망했지만 2014년에는 10만 명당 192명만 사망했다. 이러한 감소 추세는 치료법이 개선되었기 때문이 아니다. 조기 발견이 늘고 흡연율이 감소해서다. 반면 특정 악성종양으로 인한 사망률 증가는 충격적이다. 미국 전역을 봐도 그렇고 특정 집단 및 지역만 따져봐도 그렇다. 간암 사망률은 전국적으로 1980년부터 2014년까지 88퍼센트 증가했다. 여성에게 치명적인 유방암, 남성의 전립선암 및 췌장암, 결장암, 직장암 사망률도 사회적·경제적으로 열악한 집단 및 비만율이 높은 빈곤한 지역에서 증가했다. 심지어 미국 전역에서 10만 명당 8명의 사망률을 꾸준히 기록하고 있는 림프종은, 오하이오와 웨스트버지니아, 켄터키의 소규모 집단 내에서는 사망률이 74퍼센트까지 증가했다.

비용도 문제다. 타세바Tarceva는 췌장암 환자의 생존을 12일 늘려주는 약으로, 가격은 2만 6000달러다. 폐암을 세툭시맙cetuximab*으로 18주 동안 치료하면 8만 달러가 든다. 지난 14년간 미국에서 새로 진단된 950만 건의 암 가운데 거의 절반의 환자가(42.4퍼센트) 2년 넘는 기간 동안 평생 모은 저축을 다 썼다. 전체적으로 2010년 암 치료에 약 1250억 달러가 들었다. 2020년에는 약 1560억 달러가 들 것이다. 심지어 이 금액은 환자와 보험사에 가는 청구서의 액수일 뿐이다. 독지가나 민간 조직, 비영리기금 운영기관, 대학, 산업, FDA 같은 곳에서 투입한 돈은 포함되지 않았다. 어느 문헌 조사에 따르면 오늘날까지 암을 다룬 논문은 300만 편 이상 나왔다고 한다. 의학논문 검색 사이트 펍메드PubMed 자료에 따르면, 2018년에만 16만 5567명이 384만 3208개의 논문을 썼다. 그런데 보고된 논문의 약 70퍼센트는 재현성

---

* 표적 항암제로 분류되는 약물로 암세포의 성장을 억제한다.

이 없다.

오늘날 우리는 예방이 치료보다 낫다는 데 다들 동의한다. 그런데 예방을 위한 행동은 뒤처져 있다. 그동안 소중한 생명은 사라지고 자원은 낭비된다. 종양 전문의로서 우리는 진단부터 사망까지 암 환자의 삶의 질을 개선하고 고통과 괴로움을 줄일 책임이 있다. 우리는 그렇게 해내고 있는가? 아니라면, 이유가 뭘까? 어떻게 하면 미래의 환자를 위해 상황을 개선할 수 있을까? 암은 내밀한 개인적 차원에서 심각한 비극이고 환자의 가족들을 비탄에 빠뜨리며, 재정적으로나 사회적으로 타격을 주고 심리적 트라우마를 남긴다. 우리는 이러한 사실을 정말 잘 이해하고 있는가? 무엇보다도, 우리는 선택 가능한 최고의 방법으로 암 환자를 치료하고 있는가? 현재 쓰고 있는 가혹한 조치 가운데 일부는 다시 검토해봐야 하지 않을까? 환자를 죽이는 것이 암인지 아니면 치료법인지 자신에게 끊임없이 물어야 하는 상황이라면, 우리가 쓰는 해결책이 좋기는 한 것일까? 둘 중 어느 쪽이 더 나쁠까? 누군가 적절히 지적했다. 암을 치료하기 위해 화학요법, 면역요법, 줄기세포 이식을 사용하는 일은, 개의 벼룩을 제거하겠다며 개에게 야구 방망이를 휘두르는 일과 같다고. 그렇다면 어떻게 이것을 최선의 치료법이라고 할 수 있는가?

•

기존의 연구 플랫폼을 답습하거나, 유전적으로 조작된 동물들로 훨씬 더 인공적인 체계를 만들어서 이용하는 한, 더 나은 약을 찾고자 하는 바람은 헛된 일이다. 뇌를 해부해 의식을 발견하기를 바라는 것

만큼이나 현실성이 없고 소용없는 짓이다. 그런데 이런 방식으로 항암제를 50년 동안 개발해왔으니, 이제는 기존의 임상 전 모델을 다시 검토하고 수정해야 하는 것이 아닐까?

그렇지 않다.

그 전략은 이제 완전히 포기하는 게 낫다. 새로운 전략 없이 『성경』 속 예레미야처럼 한탄만 해봐야 무의미한 일이다.

새로운 전략이란 마지막 암세포가 아니라 첫 번째 암세포를 찾아내 제거하는 것이다. 더 나은 전략도 있다. 가장 이른 시기에 첫 번째 암세포의 흔적을 찾아내 그것이 생기는 일 자체를 방지하는 것이다.

끝을 시작하기 위해, 우리는 시작을 끝내야 한다. 예방이야말로 환자의 처지에 가장 공감하면서 보편적으로 적용할 수 있는 치료일 것이다.

이것은 생활 방식을 바꿔서 암을 예방하자는 것과는 다른 얘기다. 자연식을 먹고 꾸준히 운동을 하는 사람도 암에 걸린다. 세포가 분열하고 늙어가며 자연스럽게 암 유발 돌연변이가 축적되기 때문이다. 새로운 전략은 현재 이루어지는 조기 발견 전략, 이를테면 유방촬영검사mammogram나 기타 정기검진과도 다르다. 내가 말하는 예방이란, 암의 성질을 띠게 된 세포를 개시 단계에서 찾아내 박멸하는 것이다. 그 세포들이 진짜 악성의 불치병으로 자랄 기회를 갖기 전에 말이다. 닿을 수 없는 이상적인 꿈으로 보일 수도 있겠지만, 그리 오랜 시간을 들이지 않고도 실현할 수 있다. 우리는 이미 치료 후에 남는 질병의 잔류물을 찾는 데 복잡한 기술을 사용하고 있다. 순서를 반대로 해서 첫 번째 세포를 포착할 수는 없을까?

이런 이유로 나는 35년 전부터 전백혈병과 골수형성이상증후군 연구에 매달리기 시작했다. 급성골수성백혈병은 내가 살아생전에 해결하기에는 너무 복잡하고 어려운 병이었다. 1984년에도 이 점을 분명히 알고 있었다. 그래서 나는 전백혈병 단계 연구에 희망을 걸고, 거기서 급성골수성백혈병으로의 진행을 막는 방법을 찾아왔다. 나는 지금까지 이 전략에 매달렸다. 나와 기본적인 생각이 같은 몇 안 되는 연구자 가운데 한 명이 존스홉킨스대학의 버트 보겔스타인Bert Vogelstein이다. 그는 양성 선종이 악성 결장암으로 변하는 과정을 연구했고 결국 똑같은 결론에 도달했다. 가장 좋은 전략은 예방과 조기 발견이라는 결론 말이다. 보겔스타인의 연구팀은 유방암, 결장암, 췌장암, 폐암 분야의 연구를 선도한다. 이들은 체액에서 극초기 악성 생체표지자biomarker*를 찾기 위해 '액체 생검liquid biopsy'을 사용한다. 보겔스타인은 오늘날 모든 암의 30~40퍼센트는 암의 초기 표지자를 감지하는 기술을 쓰면 고칠 수 있다고 여러 차례 지적했다. 예를 들어, 체세포 DNA 운전자 돌연변이driver mutation**, 후성적 변화, 암 특이적 RNA와 단백질 그리고 검사 대상자의 혈장, 가래, 소변, 대변에 있는 암 특이적 대사산물 같은 것들이 초기 표지자다. 그리고 분자영상 기술을 사용해도 고칠 수 있다고 했다. 부인암의 경우 팹스미어 검사Pap smear(자궁경부세포 검사)로 암 유래 DNA 표지자를 찾는 것만으로 민감도***가 대략 40~80퍼센트까지 증가할 수 있다. 보겔스타인에 따르

---

* 몸속 세포나 혈관, 단백질, DNA 등을 이용해 몸 안의 변화를 알아낼 수 있는 지표.

** 암의 발생과 진행을 촉진하는 돌연변이.

*** 질병이 실제로 있는 환자 중 검사 결과가 양성으로 나타난 환자의 비율.

면 지금으로부터 50년 후에는 암 사망률을 75퍼센트 낮출 수 있다. 예방과 조기 발견에 집중하고 질병의 말기보다는 초기를 다루는 새로운 전략을 쓴다면 말이다.

골수형성이상증후군 환자에게서 최초의 백혈병 세포를 찾아내 개시 단계에서 그 세포를 죽이기로 결심하니, 다음에는 현실적인 문제가 닥쳤다. 연구에 쓸 백혈병 세포를 구해야 했던 것이다. 그래서 환자들의 골수를 생검할 때마다 샘플을 보관하기로 했다. 그렇게 '골수형성이상증후군–급성골수성백혈병 조직 보관소MDS-AML Tissue Repository'가 생겼다. 이 연구소야말로 내 일생의 과업, 즉 극초기 단계의 암을 연구하고 첫 번째 세포를 찾아 시작 단계에서 골칫덩어리를 제거하는 일에 대한 나의 결의를 가장 구체적이고 실질적으로 보여준다. 1984년에 시작된 이곳은 의사 한 명에 의해 자료가 수집된, 현재 세계에서 가장 오래된 골수형성이상증후군과 급성골수성백혈병 관련 보관소다. 다른 종양 전문의가 기증한 세포는 단 하나도 없다. 현재 이 보관소에는 환자 수천 명에게서 모은 샘플 약 6만 개가 있다.

냉동고의 작은 유리병은 모두 제각각 가슴 아픈 기억을 담고 있다. 시험관마다 이야기를 지니고 있다. 환자 개개인이 수술을 받으며 겪은 고통을 목격한 사람은 나밖에 없다. 어떤 환자들은 아픈 동안에 열두 번 넘게 수술을 받기도 했다. 나에게는 이 모든 샘플이 개인적인 의미를 가지며 신성하게 다가온다. 몇몇 유리병에는 환자가 세상을 떠난 지 수십 년이 지났어도 해동을 하면 생명이 돌아오는 환자의 일부가 들어 있다. 내 남편 하비의 일부분도 여기 있다. 이런 환자들 가운데 누구의 기대라도 내가 저버릴 수 있겠는가?

·

종양학계와 과학계의 동료들이 반대하는 목소리가 내 귀에 들리는 것 같다.

아마 첫 번째 반대 의견은, 오늘날 과학이 모든 암의 68퍼센트를 치료할 수 있는데 내가 그 사실을 무시하고 있다는 지적이리라. 하지만 그 성과의 대부분이 수술과 화학요법, 방사선요법으로 이미 수십 년 전에 성취된 것이다. 최근의 진보는 주로 조기 발견을 통해 암 사망률을 낮춘 덕분이다. 전이성 암 치료에서는 의미 있는 진보가 없었다. 흥미롭고, 박수갈채를 보낼 만한 예외가 하나 있긴 하다. 면역요법이 새롭게 도입되었다는 사실이다. 두 명의 훌륭한 과학자, 제임스 P. 앨리슨James P. Allison과 혼조 다스쿠Honjo Tasuku는 이 분야의 선구적인 연구로 2018년에 노벨상을 수상했다. 그들의 획기적인 연구 덕분에 가망 없는 폐암, 흑색종, 림프종, 급성림프구성백혈병acute lymphoblastic leukemia을 앓는 환자 다수가 예측된 기간보다 더 오래 생존한다. 심지어 소수는 병이 나았다. 대단한 일이다. 하지만 면역요법과 같은 접근은 보편적인 치료법이 아니고, 지금으로서는 환자 극소수에게만 도움이 된다. 일단 세포 치료는 돈이 아주 많이 든다. 그리고 암세포를 아주 효과적으로 죽이기 때문에, 최악의 경우에는 심각한 부작용이 일어날 수도 있다. 암세포 수십억 개가 갑자기 동시다발적으로 죽으면, 종양 부담tumor burden*이 아주 높은 사람에게 치명적인 독성을 초래한다. 사이토카인 폭풍cytokine storm**은 간과 폐에 손상을 주며, 세포 파

---

* 체내 암세포의 수, 종양의 크기 또는 암의 양.

편은 신장을 막을 수도 있다. 마지막으로, 작지만 그냥 넘길 수 없는 비율인 7~30퍼센트 정도의 환자가 이유를 알 수 없는 종양 재발을 경험하는데, 그 결과 질병이 되레 빠르게 진행될 수 있다. 이 모든 부작용을 피하려면 종양 부담이 낮을 때 이 치료법을 써야 한다. 말하자면, 신체의 타고난 킬러들을 이용해서 첫 번째 암세포를 제거하는 일이야말로 미래의 이상적인 치료법이 될 것이다.

반대 의견을 하나 더 예측해본다. 임상 종양 전문의들은 늘 그렇듯이 이렇게 말할 것이다. "지난 25년 동안 여러 종류의 암에서 생존 기간이 늘었다. 유방암과 전립선암, 만성골수성백혈병 및 만성림프구백혈병chronic lymphocytic leukemia 환자는 사실상 암으로 죽는 대신 암과 함께 살아가게 되었다. 수십 년 동안 전망이 가장 암울하던 폐암마저 환자의 생존 기간이 길어지고 있다. 비용은 많이 들어도 말이다. 적어도 열 가지에서 열두 가지의 표적 적합 돌연변이가 있고, 추가로 20~25퍼센트의 환자는 면역요법에 반응한다." 나 또한 동의한다. 당연히 기술은 여러 분야에서 발전했다. 그런데 이 대목에서 고故 사예드 카슈미르Sayed V. S. Kashmiri가 떠오른다. 그는 대단한 면역학자이자 과학자였고 우리 가족과 친했는데, 언젠가 내 막냇동생에게 이런 말을 했다. "아바스, 어느 날 태양이 서쪽에서 떠오른다면 모든 사람이 하던 일을 멈추고 태양을 멍하니 바라보겠지. 그런데 날마다 동쪽에서 떠오르는 태양을 주의 깊게 관찰하고 왜 그럴까 궁금해하는 몇 안 되는 사람도 있단다. 세상을 바꾸는 건 이런 사람들이지." 카슈미르의

** 체내 바이러스 침투 시 면역 물질 사이토카인의 과다 분비가 일어나 정상 세포를 공격하는 현상.

말을 인용한 건, 우리 또한 많은 일을 당연하게 보아 넘기곤 하기 때문이다. 의사들은 환자에 대해 이야기를 나누면서도, 종종 긍정적인 부분만 마음에 담는다. 종양 전문의들도 다르지 않다. 치료를 받아서 얼마 동안이라도 이득을 본 소수의 환자에게만 관심을 가진다. 하지만 이득을 보기는커녕 치료를 받으면서 평생 모은 돈을 쓰고도 독성에 괴로워하는 환자 다수를 생각해야 한다.

아마 과학자들도 내 주장에 비판을 제기하고 나설 것이다. 동물 연구나 시험관 조직배양을 통해 분자적이고 유전적인 차원에서 암의 병리학을 이해하게 되면서, 패러다임이 바뀌는 진보가 이루어졌다면서 말이다. 나 역시 동의한다. 이런 양식은 암 생물학에 대한 깊은 통찰을 얻는 근간이므로 계속 이어져야 한다. 하지만 나는 이 책에서 이런 연구 도구들을 소리 높여 비판할 것이다. 이 귀중한 도구를 포기해야 한다는 말은 결코 아니다. 이런 도구가 속한 시스템을 이용해서, 환자들에게 이득을 거의 주지 못한다고 판명된 항암제를 개발하는 것이 문제라는 얘기다. 물론 그 시스템에 발이 묶인 연구자와 종양 전문의 개개인이 책임을 질 수는 없을 것이다. 정해진 지침을 따르지 않으면 연구비를 잃거나 과실과 부주의로 소송을 당할 테니까. 잘 안다. 나도 그런 사람 중 한 명이다. 내가 하는 말은 이 책을 읽는 연구자와 종양 전문의뿐만 아니라 나 자신에게도 모두 해당된다. 내가 정말로 비판하려는 대상은 학자들이 아니라 우리가 우리도 모르게 발달시킨 시스템과 의도치 않게 만들어낸 문화다. 임상 진료와 기초 암 연구 분야 모두에 적용되는 시스템과 문화 말이다.

끝으로 가장 중요한 이야기를 하겠다. 종양 전문의도 기초과학자도 내가 지나치게 비관적이라고 느낄지 모르겠다. 과거뿐만 아니라 미래에 대한 전망까지 비관적이라고 말이다. 그런데 이 역시 잘못된 결론이다. 사실 나는 과거와 현재는 현실적으로 보고 있지만, 암 치료의 미래에 대해서는 대단히 낙관적이다. 독자들이 책을 읽으며 비관주의를 감지할지도 모르지만, 그건 내가 운명론자거나 허무주의자라서 그런 게 아니다. 그보다는 내가 현재 상태에 깊이 좌절하고 있기 때문이다. 암처럼 복잡한 질병의 비밀을 풀 힘이 있다는 오만한 우리의 확신으로 인해 너무 많은 생명이 목숨을 잃고 있다. 이는 마치 우리가 나이듦을 고칠 수 있다고 말하는 것과 마찬가지다. 언젠가는 가능할지 몰라도 지금은 아니다. 독자들이 이 책을 다 읽고 나면, 나와 희망을 공유하게 될 것이다. 미래의 암 환자는 상황이 훨씬 더 나을 거라는 희망 말이다. 암으로 인한 비극적인 최후의 고통과 괴로움은 그 싹을 제거함으로써 피할 수 있다. 다가오는 시대에는 건강 관리의 전 분야에서 근본적인 변화가 일어날 것이다. 임상 증상이 실제로 나타나기 전에 그 질병으로 유발된 작은 교란을 측정하는 감지기를 개발한다면, 신경, 물질대사, 심장, 종양 관련 질병을 자연스럽게 조기에 발견할 수 있을 것이다. 앞으로 여러 해가 지나면 근거 중심의 효율적인 예방 양식이 개발되고, 개선 과정을 거쳐 완벽해질 것이다.

•

비록 이 책은 과학계의 쟁점을 중요하게 다루지만, 내가 이 책을 쓴 진짜 이유는 암이라는 변덕스럽고 해로운 문제를 다룰 때 개인이 더 나은 결과를 얻길 바라기 때문이다. 여러 단계의 암 환자에게 이 책이 좌절 대신 힘을 주면 좋겠다. 이 책에 예후가 우울한 사례만 나오지는 않는다. 또한 수많은 종양 전문의와 연구자가 더 나은 암 치료법을 찾기 위해 밤낮으로 일한다는 것 역시 분명한 사실이다. 날마다 나는 목격한다. 동료 종양 전문의들이 환자를 위해 놀라울 만큼 사심 없이 크고 작은 수백 가지 방식으로 헌신하는 모습을. 마찬가지로 기초 과학 연구자들은 가설을 검증하는 새로운 실험을 고안하느라 쉬지 않고 일하며, 암이 내부에서 어떤 사건을 일으키는지 분자 수준에서 이해할 수 있도록 종양 전문의와 협력한다. 암 환자를 위해 헌신하는 이들의 모습을 보면 겸손해지는 한편 힘이 난다. 가장 중요한 점은, 이 책을 읽으면 암 환자 누구라도 혼자가 아님을 알게 되리라는 사실이다. 우리는 이 대화를 함께 나누어야 한다. 우리 모두 언젠가는 50퍼센트의 확률로 그들의 처지에 놓이게 된다. 암울한 선택을 해야 할 상황에 놓인 남녀노소의 이야기는 우리 모두에 관한 이야기다. 이것은 우리가 함께 극복해야 할 난관을 보여주며, 우리 존재의 불안, 상처, 취약함에 대해 소리 내 말할 수 있게 한다.

암에 걸렸지만 운 좋은 몇몇은 살아남아 자신의 이야기를 한다. 이 책에서, 나의 환자 몇 명이 바로 그렇게 하기로 동의했다. 그들은 생명을 위협하는 질병과 마주하고도 살아남아 삶을 찬미하길 맹렬히 욕망하는 인간적인 모습을 솔직하게 보여주었다. 환자들은 거의 자신의 이름을 숨기지 않겠다고 했다. 자신의 이야기를 알파벳이나 사례 번호로 표시하는 대신 진짜 이름을 쓰겠다고 했다. 그들은 자신들이 누군지 알리길 원한다. 한 사람의 개인으로서 살아서 숨 쉬고 있음을 알리길 바란다. 자신들의 목소리가 들리길 원한다. 그들은 자신들이 겪은 지옥으로 독자들을 안내하지만, 제임스 조이스James Joyce와 같은 마음가짐도 공유한다. "살고, 실수하고, 승리하고, 추락하고, 삶 밖에서 삶을 재창조하는 것."* 무슨 수를 써서라도 조금 더 살고자 하는 그들의 욕망이 글 속에서 솟구친다. 손으로 만져질 듯이 말이다. 그래서 우리 종양 전문의들은 터무니없어 보이는 치료법을 집요하고 열성적으로, 미친 듯이 찾는다. 무모한 가능성을 탐색하고, 포기하지 않으며, 환자들이 포기하도록 내버려 두지 않는다. 환자들은 축 늘어진 우리 영혼이 다시 기운을 차리게 한다.

그렇다고는 해도, 많은 사람이 죽었다. 환자를 죽게 한 결정과 행위를 주의 깊게 다시 검토하고 질문을 던져보고 의심하지 않으면, 무관심, 즉 우리의 침묵이 환자를 몇 번이고 죽인다. 이렇게 재검토하는 과정에서 나는 다양한 차원을 넘나들며 역할을 수행한다. 환자를 치료하는 종양 전문의, 암으로 남편을 잃은 아내, 친구, 관찰자, 원격 자문 의사, 기초과학자, 임상연구자까지. 이를 위해 나는 전문가의 추천과 가족이 내린 결정을 의심한다. 그러는 와중에 고통스러운 실험적 임상시험을 연달아 받는 괴로운 상황 속에서도 순진하고 낙관적인 모습을 보이는 환자들에게 놀라기도 한다. 무엇보다도 나는 나 자신이 내린 결정을 의심해야 한다. 결정이 확실한 정보에 근거하고 있나? 아니면 형편없이 고안된 연구에서 나온 부적절한 자료에 근거하여 편치 않은 선택을 내린 것이었나? 환자들에게 더 나은 삶을 줄 수 없었다면, 더 나은 죽음을 줄 수는 있었을까? 내 의사소통 기술을 개선할 수 있을까? 더 깊은 인간적 차원에서 온정적으로 환자들과 교류할 기술

---

* 제임스 조이스의 『젊은 예술가의 초상A Portrait of the Artist as a Young Man』에서 주인공은 바닷가의 한 소녀를 목격하고 삶의 본질을 깨닫는다. 새로운 삶을 결심한 주인공의 마음가짐을 표현하는 문장이다.

을 잃어버린 것 같은데, 어떻게 다시 찾을까? 내가 처음에 의사가 되자고 결심한 이유는 바로 그것이 아니었나? 솔직한 대화를 통해 환자도 담당 종양 전문의도 더 인간다워질 수 있다. 암은 환자, 가족, 생존자, 종양 전문의, 기초연구자에게 영향을 끼치는 심오한 인간 문제다. 이 사실을 기준으로 삼아 새 아이디어를 제안하고, 우리가 다시 한번 생각할 기회를 만들어야 한다. 우리 자신에게 질문을 던지고, 규범에 도전하고, 경직된 체계와 중세부터 내려오던 학제에 대해 다시 살펴는 것이다. 이것이 바로 나의 목적이다.

나는 마지막으로 묻는다. 친구나 가족이나 환자나 의사 등 암과 관련된 사람 중 누군가가 과거로 돌아간다면, 어떤 결정을 바꾸려 할까? 지금 아는 것을 그때도 알았다면, 상실을 생각하고 받아들이고 또 상실을 살아낼 시간이 주어진다면, 무엇을 바꾸고 싶을까? 오직 회상을 통해서만 선명한 그림을 그려볼 수 있다. 대화의 토막들, 괴로운 순간들, 희망 없는 선택을 돌아보는 과정. 이들이 처음부터 상황을 바로 파악하고 슬픔 속에서 미래를 내다보았어도, 이런 통찰은 쭉 억눌려져 있다가 회상의 과정을 통해 차츰차츰 의식 위로 올라온다. 결국엔 환자의 가족도 나도 솔직해질 수 있다. 여러 해가 지나 내가 가족에게 솔직한 내 생각을 전할 수 있게 되고, 가족도 내 이야기를 들을 마음의 준비가 되어 있기 때문이다. 회상을 통해 우리는 트라우마의 시간을 다시 살아내고 억압된 기억을 깨워낸다. 상처를 다시 건드리자는 게 아니다. 과거로부터 풀려나 자유를 얻고, 미래에 더 잘 해내도록 준비하기 위해 이런 과정을 거치는 것이다.

빠르고 잔인하게 죽어간 헨리 W.를 생각하면, 암 연구와 치료에 많은 진보가 있었는지 아닌지에 대해 논해봐야 아무 의미가 없다. 무엇보다도 우선 우리의 일이 끝나지 않았음을 겸허하게 받아들이자. 더 나아가, 대부분의 일을 처리하는 전통적인 방식이 경화되어 있다는 사실 또한 받아들여야 한다. 이 책에서 나는, 변화가 얼마나 필요한지 강조하기 위해서 개인의 고통과 괴로움을 세밀하고 끈질기게 다룰 것이다. 개인도 사회도 도그마와 전통이라는 질곡을 벗어던져야 한다. 이 책을 통해 우리가 과학이 갈 길을 근본적으로 다시 그릴 수 있기를 바란다. 생존 기간을 몇 달 늘리는 데 그치는, 근본적인 결함을 가진 모델에서 벗어나야 한다. 그리고 지적이고 기술적이고 물질적이고 감정적인 인간 능력을 우리가 꿈꾸던 본질적인 목표, 즉 조기 발견과 예방을 통해 환자를 진짜로 고치는 일에 집중해야 한다. 마지막에서 처음으로 방향을 돌리는 것이다.

우리 모두의 목표는 하나다. 우리의 지적 능력을 이용해 인류의 고통을 경감하는 일. 고통이야말로 내가 날마다 목격하는 것이며 이 책에 써 내려간 내용이다. 인간의 고통에 관해 다룰 때에는 과학적 충동과 감정적 충동, 시적 충동과 의학적 충동이 쉽게 하나가 되며 따로 분리할 수 없다. 암 연구와 암 치료가 서로 맞서고 있는 상황에서도 이런 식의 융합이 일어난다. 심지어 이에 대해 글을 쓰는 작업에 있어서도 말이다. 이러한 융합과 연민 어린 대화 그리고 공감하고 보살피고 걱정하는 과학. 이 선행조건이 있어야 지금 암 분야가 돌아가는 상황이 당연하다고 여기는 자만심 가득한 안일한 태도에서 벗어날 수 있다. 우리 자신을 무심코 가두고 있는 정신적 감옥으로부터 풀려날 수 있다. 우리의 삶은 위기다. 우리의 미래도 위기다. 새로운 기술과 새로운 아이디어를 통해 우리의 연구실과 영혼을 새로 정돈하고, 막다른 길을 돌파해야 한다. 책임을 지고 기회를 붙잡자. 인간의 고통이라는 관점을 통해, 무관심한 과학을 해체하고 재건하자.

　　　그러나 누가 견딜 수 있을까

　　　나의 두 눈이 본 폐허를

　　　누가 그리 용감할 수 있을까

　　　그들이 언제나 눈을 뜨게 하라

　　　키메라들이 그들의 속눈썹 가닥을

　　　감아 내릴 때에도

　　　포탄 파편이 몸을 뒤흔들며

　　　호흡 속에 치고 들어올 때에도

　　　심지어 삶이 평생 동안

　　　울부짖을 때조차

　　　　　　　　　　－ 아마드 파라즈Ahmad Faraz, 「안구 은행Eye Bank」

　　　　　　　　　　안줄리 파티마 라자 콜브가 우르두어를 번역

1

오마르

삶의 고귀함이란
이런 데 있다

참새 한 마리가 떨어지는 데도 특별한 섭리가 있지.

때가 지금이면 앞으로 오지 않을 것이고, 앞으로 오지 않는다면 지금이

때겠지.

때가 지금이 아니라도, 앞으로 때가 오겠지. 준비가 전부야.

– 셰익스피어, 『햄릿』, 5막 2장

딱 두세 번만 제외하면 나히드는 내가 오마르와 만날 때 항상 같
이 있었다. 나히드는 오마르의 어머니다. 우리가 뉴욕에서 알고 지낸
지는 16개월쯤 된다. 2007년 여름 처음 오마르에게 연락을 받았을 때
부터 침대에서 몸을 움츠린 채 곁을 지키는 엄마를 두고 그가 죽어가
던 마지막 순간까지, 두 사람의 고귀한 관계를 목격한 건 나만의 특권
임을 완벽히 알고 있었다. 물론 사랑은 결코 정량화할 수 없는 것이지

만, 오마르와 나히드 사이에 존재한 정만 담아내려 해도 새로운 하늘과 새로운 땅이 필요하리라.

> 하늘도 모든 별도 네가 얼마나 큰지 헤아릴 수 없다
> 내 마음만이 그 비통함을 품을 만큼 넓다
>
> — 카화자 미르 다르드Khwaja Mir Dard

나히드는 2007년 9월에 두 아들을 데리고 나를 만나러 왔다. 내가 막 뉴욕으로 이사한 직후였다. 서른여덟 살의 장남 오마르는 옥스퍼드대학과 컬럼비아대학을 졸업했으며, 왼쪽 어깨에 악성 골육종osteo-genic sarcoma 진단을 받았다.

그들은 저녁 식사를 하러 왔다. 오마르는 며칠 전 암세포를 적극적으로 공격하는 화학요법을 한 차례 받았다. 그래서 그의 입안은 궤양으로 따가웠고 점막은 긁혔으며 잇몸에서는 피가 났다. 전쟁터가 따로 없었다. 우리가 가족 및 친한 지인 몇 명과 함께 앉아 잘 준비된 음식을 먹는 동안, 오마르는 마치 자기만을 위해 준비된 고급 식사를 먹듯이 속을 달래주지만 아무 맛도 없는 음료가 든 병을 꺼내 홀짝였다. 그러면서도 그는 특유의 재치 넘치는 입담과 관찰력으로 우리를 즐겁게 해주었다. 오마르는 이런 우아함과 세련됨을 가진 사람이었다.

오마르와 내가 맺은 관계는 세 단계로 확실히 구분할 수 있다. 2007년 초여름, 우리는 멀리서 의사와 환자로서 연락을 주고받았다. 그렇게 첫 번째 단계가 시작됐다. 그가 어떤 병원을 선택해야 하는지, 어느 외과의사를 찾아야 하는지, 그가 보스턴에서 다른 의사의 진단도 받아야 하는지, 화학요법이나 다른 요법을 결합한 치료를 받아야

하는지 등의 질문과 대답이 잔뜩 오갔다.

　두 번째 단계는 무섭지만 피할 수 없는 암 치료 과정인 '절단-중독-태움'을 오마르가 시작했을 때다. 그는 먼저 근치수술radical surgery을 받았다. 이것은 의사들이 종양 전체를 절제하는 수술이다. 절제한 종양 덩어리를 살펴보니 불행하게도 암은 이미 혈관을 타고 퍼져나간 상태였다. 이는 사형선고나 다름없었다. 오마르는 미세 종양 세포를 근절하기 위해 공격적인 화학요법과 방사선요법을 받게 됐다. 이런 과정에 그는 대충 익숙해졌다. 치료를 받고 나면 범혈구감소증pancy-topenia이라는, 혈액세포가 감소하는 시기가 온다. 이때 환자들은 보통 감염에 취약한 상태가 되고, 입속에 상처가 나고, 패혈증으로 종종 입원한다. 그리고 잠시 쉬다가 똑같은 과정을 반복한다.

　오마르는 치료를 받을 때마다 무시무시한 독성 때문에 괴로워했지만 치료로 인한 이득은 거의 얻지 못했다. 종양은 쉬지 않고 자랐다. 어느 주에는 결절이 폐에서 자라나 CT 촬영에 어렴풋이 잡혔다. 또 어느 날 아침에는 팔목에 부드럽고 붉은 혹이 생겼다.

　어느 날 오마르가 있는 앞에서 나는 나히드에게 며칠만이라도 카라치에 가서 머물지 않는 이유가 무엇이냐고 물어보았다. 나히드의 어머니는 병들었고, 나히드는 이제 장기간 이곳에 머물 참이라 자기 물건도 가져와야 했다. 적어도 오마르의 화학요법이 끝날 때까지 말이다. "아들이 날 보내지 않을걸요." 그녀는 간단히 대답했다. 나는 오마르를 보았다. 사실이었다. 엄마가 눈앞에서 사라지는 상황을 아들은 견딜 수가 없었다. 그가 말했다. "아즈라 아파('아파'와 '압스'는 나이 든 여성의 파키스탄어 존칭이다), 어머니가 곁에 있으면 자식에게 나쁜 일이 일어나지 않는답니다." 그래서 뉴욕에 며칠간 있으려고 온 나히드는 18개월 동안 아들 곁에 머물렀다. 사실상 깨어 있는 시간의 90퍼센트를 오마르와 함께하거나 그와 관련된 일을 하면서 보냈다.

이 두 번째 단계의 시간은 보통 사람을 가장 지치게 하는데, 놀랍게도 오마르에겐 이때가 가장 생산적인 시기였다. 그는 존제이대학에서 강의를 했다. 시사 문제도 분석했다. 그는 새로운 생각들을 마구 떠올렸다. 글도 잔뜩 썼다. 무엇보다도 그는 자신만만했고 낙관적이었다. 막 결혼한 상태이기도 했다.

오마르의 마음은 결코 수명이 다하지 않았다. 2008년 5월, 리처드 도킨스Richard Dawkins가 나를 방문했을 때 오마르와 나히드가 저녁을 먹으러 온 적이 있었다. 나히드는 직접 쓴 굉장한 책 『카슈미르 숄Kashmiri Shawl』을 리처드에게 선물하려고 챙겨 왔다. 리처드는 그 책을 집에 갖고 갈 생각에 신이 났다. 아내도 분명 그 책에 열광할 것이기 때문이었다. 오마르는 질문거리를 준비해 와서 리처드와 긴 대화를 나누었다. 6월 초, 오마르는 어느 날 저녁에 내게 전화를 해서 '죽기 전에 읽어야 할 책 100권'이 아닌 '살기 위해 읽어야 할 책 100권'의 목록을 작성했다고 했다. 나는 그와 함께 목록을 한번 살펴보고 싶었다. 그때, 예일대학 영문학부 교수로 있는 친구 새러 술레리 굿이어Sara Suleri Goodyear가 같이 있었다. 우리 둘 다 그의 아이디어를 반겼고 그가 목록을 갖고 저녁을 먹으러 오도록 했다. 그날 저녁은 유난히 활기에 넘쳤다. 새러와 나는 오마르가 눈을 빛내며 소개하는 책들에 대해 한마디씩 했다. 우리가 좋아하는 책 대부분이 목록에 있었다. 호메로스, 플라톤, 아리스토텔레스, 헤로도토스, 투키디데스, 베르길리우스부터 구약성서, 신약성서, 바가바드기타, 코란, 마키아벨리, 오마르 하이얌, 이솝우화까지. 그는 아우구스티누스와 세르반테스, 도스토옙스키, 톨스토이, 입센, 플로베르, 프루스트, 람페두사, 가즈오 이시 구로, 살만 루시디, 애덤 스미스, 다윈, 호킹, 스티글리츠, 스티븐 핑커, 버트런드 러셀부터 파인만, 쿤, 다이아몬드까지 목록에 넣었다. 전체 목록은 내가 '3 쿼크스 데일리3 Quarks Daily'에 기고한 오마르에 관한 글에서 볼 수 있다. 그가 돌아가고 난 뒤 새러와 나는 밤늦게까지 오마 르 이야기를 했다. 우리는 삶에 그토록 열중하고 몰두하는, 박식하고 젊은 사람이 자신의 죽음이 거의 확실시되는 상황에서 이렇게 담담할 수 있다는 사실에 감탄했다.

오마르와 나의 세 번째 단계는 2008년 9월부터 시작됐다. 그는 이 제 돌이킬 수 없는 길에 접어들었고 본인도 그 사실을 알고 있었다. 양 쪽 폐 일부 절제를 포함해서 전이된 병변을 절제하는 수술을 여러 차 례 받았는데도, 암은 신체 여러 곳에서 계속 재발했다. 우리가 그의 마 흔 살 생일을 축하하러 모인 날, 그는 화학요법을 받던 중에도 팔에 큰 혹이 생겼다는 진단을 받았다. 좋은 소식이 아니었다.

오마르의 가족은 대응에 나섰다. 나히드, 오마르의 가장 친한 친 구 누르, 헌신적이고 힘을 주는 사랑스러운 아내 무르시는 오마르를 데리고 내과의 제럴드 로젠Gerald Rosen을 만나러 갔다. 그는 세인트빈 센트 종합암센터 소속으로, 뼈와 연조직 육종 전문가로 유명했다. 제 럴드는 오마르의 어깨와 팔과 가슴을 거의 절반쯤 잘라내는 근치수술 을 한 번 더 하자고 제안했다. 원발성 종양primary tumor♦ 주변을 넓게 절제하기 위해서였다. 그 종양이 악성 세포의 근원이라는 확신에서 나온 제안이었다. 제럴드는 이 위험하고 광범위한 수술을 해낼 수 있

♦ 맨 처음으로 발생한 부위의 암.

는 의사들을 모으겠다고 했다. 본질적인 치료라며 말이다. 대부분의 고형 종양의 경우에서 그렇듯이, 제럴드는 오마르에게 생긴 종양을 제거할 수 없다면 이미 싸움에서 진 셈이라고 봤다. 오마르를 담당한 병원의 수술팀은 제럴드의 의견에 동의하지 않았고, 오마르는 고민했다. 오마르 일행 네 명이 제럴드를 만난 다음 내 사무실에 왔다. 오마르는 대놓고 내 생각을 물었고 나는 단도직입적으로 말했다. "제럴드가 권하는 근치수술은 대단히 위험해요. 하지만 그건 당신 삶을 구해줄 유일한 처치죠. 당신은 젊고, 수술을 잘 견뎌낼 가능성이 높아요. 스스로에게 기회를 주고 수술을 받아요." 수술의 대안은 실험적 약물을 시도해보는 일이었다. 오마르에게 말했듯이, 가장 잘될 경우 약물은 그의 수명을 몇 달 더 늘릴 수 있었다. 수술은 완치될 유일한 가능성을 뜻했다. 물론 재앙을 일으킬 가능성도 컸다. 나는 그가 실험적 연구에 참여한다면, 원하는 약은 무엇이든 구해주겠다고 약속했다. 오마르는 차분히 들었다. 마침내 입을 열어 내 이야기에 대해 생각해보겠다고 말했다.

오마르의 뜻을 전해준 건 그의 형제자매였다. 그들은 맏이의 생명을 구하기 위해 씩씩하게 움직였다. 그들은 새로운 치료법에 대한 기사나 임상시험 공고를 쉴 새 없이 살폈다. 오마르의 여동생 새러는 사랑스러운 어린 아들을 데리고 그를 만나러 왔고, 그들이 방문하면 오마르는 힘이 났다. (오마르의 가장 큰 매력 중 하나는 거대한 문제에 관심을 기울이면서도 사소한 일에서 참된 행복을 느끼는 법을 알고 있다는 것이었다.) 오마르는 어느 날 저녁 새러와 함께 저녁 식사를 하러 왔다. 나는 새러가 세세하게 질문을 던져 깜짝 놀랐다. 오마르가 처한 상황과 그가 할 수 있는 선택, 당장의 예후와 장기적 예후에 대해 물었다.

오마르의 남동생 파리드는 브라운대학에서 박사 논문을 쓰고 있었지만, 오마르와 가능한 매 순간을 함께했다. 파리드는 시내에 있을 때면 오마르와 함께 진찰을 받으러 갔고 오마르가 입원했을 때는 병실을 지켰다. 어느 날 저녁 그들이 내 집을 방문했다가 돌아갈 즈음, 오마르가 계속 내게 말을 건네는 동안 파리드가 조용히 오마르의 팔 보호대를 바로잡아 주고 말없이 옷을 입도록 도와주는 모습을 보며 크게 감동을 받은 적이 있다.

오마르의 가족과 친구는 오마르의 상황에 깊이 개입하고 있었지만, 그의 독립성을 완벽히 존중했고 그의 결정에 동의하든 안 하든 그를 지지했다. 그들은 그의 곁에 결연히 서 있었고 용기 있게 비극적 선택과 마주보았다. 이 용기를 보고 파키스탄의 사상가이자 시인 페이즈 사힙Faiz Sahib의 유명한 문장이 여러 번 떠올랐다. "올 것이 오게 하라. 우리의 심장은 견뎌낼 수 있다."

결국 오마르는 제럴드 로젠이 권한 근치수술을 받지 않기로 했다. 며칠 뒤 그는 나를 찾아와 실험적 연구 대상자 명단에 자신을 올려달라고 부탁했다. 이후 그는 몬테피오레 의학센터에서 시험에 참여하기 시작했다. 11월, 나의 집에 무르시와 함께 점심 식사를 하러 왔을 때 오마르는 유난히 기분이 좋아 보였다. 하지만 다음해 1월 초, 시험은 실패로 돌아갔다. 그는 늘 그랬듯 용기를 잃지 않고 다른 가능성을 서둘러 찾아보았다. 우리 모두 정신없이 찾았다. 그는 다사티닙dasatinib이라는 약에 매달리게 됐는데, 그가 걸린 육종의 유형에 쓰는 약이었다. 또 다른 실험적 연구에 참여할 경우 다른 치료법은 제한적으로 쓸 수 있게 되어 그가 주저하긴 했다. 나는 그를 위해 제약회사 측에 예외적으로 동정적 허가compassionate exemption◆를 구하겠다고 약속

했다. 그리고 약을 요청하며 오마르에게 해당되는 임상시험 계획서를
썼다.

　여기까지 오마르는 일곱 번의 대수술을 받아서 살아남았다. 사실
상 어깨의 절반을 절제한 뒤 오른쪽 폐 일부에 이어 왼쪽 폐 일부를 절
제했다. 독한 화학요법을 여러 번 받았고 사이사이 방사선요법을 받
았다. 그런 다음 아무 이득 없는 실험적 연구에 참여했다. 그동안 종양
은 몸의 새로운 부분에서 툭툭 생겨났다.

•

　오마르의 상황이 알려주는 것은 우리가 암 치료에 끔찍하게 실패
하고 있다는 사실이다.

　오마르를 맡은 종양 전문의들과 나는 알고 있었다. 최초의 수술
이 실패한 뒤 화학요법을 받든 실험적 약을 투여받든 그가 병이 나을
가능성은 하나도 없다는 사실을. 수술이 끝난 후 완화 치료만이 우리
가 해줄 수 있는 전부라면, 치료하느냐 마느냐 가운데 어느 쪽이 더 나
은 선택이 될까? 신약을 계속 권하는 건 오마르와 가족에게 잔인한 일
이었을까? 앞날이 뻔한 상황에서 기껏 몇 주 정도 더 살게 해주는 것
이니 말이다. 약을 투여하여 이득을 보는 시간이 얼마나 짧은지에 대
해 그들이 알았는지는 알 수 없다. 약이 FDA의 승인을 받거나 적어도
승인을 받는 중이라면, 목숨을 구하는 약의 효과가 부작용과 그에 따

　◆　아직 승인되지 않은 실험 단계의 약을 예후가 좋지 않을 것으로 예상되는
　　　환자의 사정을 보아 신속히 허가해주는 것.

른 고통을 넘어설 것이라고 오마르와 가족은 굳게 믿었다. 하지만 목숨을 구하는 것이 고작 몇 주 단위에서 유효한 효과라는 사실을 그들은 정말로 이해했을까?

환자는 치료법을 기대하지만 당국의 규제 때문에 상황은 더 꼬인다. 새로운 암 치료제가 시장에 나오기까지는 10년에서 12년이 걸린다. 더구나 가격은 5억 달러에서 26억 달러 사이의 엄청난 고가로 책정된다. 암을 고칠 가능성이 있는 새로운 요법을 밝혀내는 임상 전 연구는 시간이 오래 걸릴 뿐만 아니라 광범위한 지적·재정적 자원도 들어간다. 하지만 환자들에게 실제 이득으로 이어지는 일은 드물다. 3~5퍼센트의 암 환자들만이 실험적 연구에 참여한다. 그중, 1991년부터 2002년까지 참여자의 3.8퍼센트만이 제1상 단계*에서 객관적 임상 반응을 보였다. 제2상과 제3상 단계는 결과가 더 좋지 않았다.

FDA는 종양학 분야에 '미충족 수요', 즉 치료가 필요한 환자는 있으나 아직 적합한 치료법이 없는 영역이 있음을 알고 있다. 그리고 압력 단체와 암 환자들은 새로운 치료를 바란다. 그래서 FDA는 새로운 약이 현재의 치료보다 고작 2개월 반만 더 살게 해줘도 흔쾌히 승인을 해준다. 승인 문턱이 이토록 낮은데도 5퍼센트의 약만이 시판되는 것이다. 암은 스물한 가지 질병 적응증disease indication◆ 가운데 약이 승인될 성공률이 가장 낮다. 그나마 승인된 몇 안 되는 약도 승인받지 못하는 편이 나았을 수도 있다. 비시험 환경에서 투여되었을 때 그

---

* 보통 임상시험은 제1상~제3상 단계를 거친다.
◆ 고혈압, 당뇨와 같이 의학적 접근으로 치료 효과를 기대할 수 있는 증상이나 병.

결과가 승인받지 못한 약보다 나은 게 없기 때문이다. 이는 시험이 수행되는 방식 때문이기도 하다. 실험적 임상 계획에 참여하는 사람들은 엄선된 대상으로 대체로 몸 상태가 좋다. 그들은 까다로운 자격 기준을 통과해야 한다. 전신 활동도도 좋아야 하고, 심장이며 폐, 간, 신장이 정상적으로 기능해야 하며, 심각한 기저 질환도 없어야 한다. 이에 비해 대부분의 암 환자는 훨씬 쇠약하며, 추가적인 동반 질환에 시달린다. 엄격하게 통제된 임상시험 환경 아래서 생존 기간이 조금이나마 늘어나는 효과를 보였다 해도, 약이 일단 승인을 받아서 임상 종양 전문의가 환자를 가리지 않고 그 약을 쓰게 되면 그런 혜택은 사라지는 것이다.

2002년부터 2014년까지 12년 동안 72가지 새로운 항암제가 FDA 승인을 받았다. 약을 먹으면 2.1개월을 더 살 수 있다. 2006년부터 2017년까지 승인받은 고형암 치료법 86가지는 평균 2.45개월을 더 살게 해준다. 지난 20년 동안 승인받은 암 치료제 가운데 70퍼센트는 좋게 봐주려 해도, 측정되는 생존 이득이 없었으니 무용하다. 30~70퍼센트의 약은 사실상 환자들에게 해로울 수 있다.《영국 의학저널The British Medical Journal》에 따르면, 2009년에서 2013년 사이에 유럽 기관에서 승인을 받은 68가지 약 가운데 39가지는 그 약을 그대로 쓰든 위약을 쓰든 다른 약을 같이 복용하든 생존 기간을 늘리지도 못하고 삶의 질을 개선하지도 못한다. 골수형성이상증후군 치료제의 경우도 그렇다. 골수형성이상증후군 치료에 승인된 방식은 두 가지다. 한 가지 치료약은 레날리도미드lenalidomide(약품명 레블리미드)로, 대략 10퍼센트의 환자 집단에만 통한다. 골수형성이상증후군 세포의 5번 염색체 장완에 결실이 있는 경우다. 남은 90퍼센트의 환자들에겐, 승인받은 두 가지 약인 아자시티딘azacitidine 혹은 데시타빈decitabine 가운데 하나를 권한다. 어느 약이든 저위험군 골수형성이상증후군에서 수혈이 더 필요 없는 수준으로 빈혈을 개선할 가능성은 약 20퍼센트 정도다. 약에 반응할 가능성이 있는 20퍼센트의 환자들을 선별할 방법은 현재 없다. 이 말은, 80퍼센트의 환자가 최소 6개월간 매달 5일에서 7일 동안 이득이 거의 없거나 아예 없는데도 독성이 수반되고 엄청난 돈이 드는 화학요법을 받게 된다는 얘기다. 약에 반응하는 환자들의 경우, 질병이 더 진행되지 않을 때까지 하던 대로 계속 약을 써야 한다. 약에 반응한다고 해서 병이 나은 것이 아니다. 반응이 계속 나타나는 시간은 중간값이 10개월이다. 그리고 수년에 걸쳐 관해 상태를 유지하는 환자는 간간히 나타난다.

그렇다면 종양 전문의는 이런 치료법 중에서 선택해야 하는 환자들에게 어떤 조언을 해야 할까? 넓은 의미에서, 우리가 환자에게 제공하는 선택지는 우리가 결코 만날 일 없는 사람들이 미리 정해준 것이다. 내가 그 사람들과 다르게 생각한다 해도, 진정 독립적인 결정을 내릴 수가 없다. 다른 전문가들이 최고의 치료를 위해 공식적 기준을 마련해두었으며, 기준에 따르지 않는 경우 법적 분쟁이 생겼을 때 해결이 어려울 수 있다. 이런 내적인 압력에 눌려, 우리는 다툴 일을 피한다. 현장에선 핵심 오피니언 리더Key Opinion Reader, 즉 KOL이 일괄적으로 책임을 맡는다. 핵심 오피니언 리더들은 기존의 모든 학술 문헌과 셀 수 없이 많은 임상시험 요약을 따져본다. 바닷물을 증류해서 민물을 만들 듯, 경험들을 정제하여 어디에나 적용할 수 있는 규칙으로 만들기 위해서다. 그렇게 탄생한 지침이 근거 중심 의학의 핵심이다. 더 폭넓은 집단인 종양 전문의들은 이 지침에 따라 암 환자들을 분류하고, 단계를 나누고, 환자를 치료한다. 그리고 보편적으로 해석할 수 있는 단일 언어로 결과를 축적한다.

좋은 일이다. 실로, 근거 중심 의학은 기본이다. 그러나 환자 개개인을 치료할 때는 그 자체로 충분하지 않다. 보편적 규칙의 바탕이 된 자료가 아무리 양이 많고 통계적으로 중요하다 해도, 집단에 근거한 통찰을 환자 개개인에게 적용하기란 여전히 쉽지 않다. 30퍼센트의 반응성이 있다는 전형적인 실험적 연구가 실제로 알려주는 건, 임상적으로 또 생물학적으로 비슷한 특징을 지닌 100명의 환자들이 이 약으로 치료를 받는 경우 30명이 반응하리라는 것이다. 오늘날 환자 개인은 본인이 약에 반응할 30퍼센트에 속하는지 아니면 그렇지 않은 70퍼센트에 속하는지 알 수가 없다. 또 그 반응이라는 것이 얼마나 의미가 있나? 예를 들어, 어떤 약에 대한 반응 시간의 중간값이 10개월이라고 해보자. 그러면 약에 반응한 30퍼센트의 환자 중 절반의 경우 10개월이 되기 전에 반응이 사라지며 나머지 절반만 10개월을 넘긴다. 그들 중 소수는 장기간에 걸쳐 약에 반응하겠지만 질병은 재발할 것이다. 오늘날 몇 가지 희귀한 사례에 가장 성공적이라고 평가받는 표적 맞춤 치료도 이런 상황을 피할 수 없다. 환자들은 지지요법sup-portive therapy*을 받는 동안 수명이 몇 개월 늘어난다. 그렇지만 KOL은 2~3주마다 혈액 2단위**를 수혈받는, 5번 염색체 결손이 아닌 저위험군 골수형성이상증후군 노령 환자를 FDA가 승인한 방법으로 치료해

---

* 암 환자가 치료를 받으며 겪게 되는 각종 부작용과 합병증을 조절하고 완화하기 위해 시행하는 치료법.

** 혈액 1단위는 보통 약 525밀리리터다.

야 한다고 한다. 제한적으로 반응이 유지될 가능성이 20퍼센트인데도 말이다. 오마르 같은 환자의 경우, 치료가 생존에 더는 보탬이 되지 못하는데도 실험적 시도를 해야 할까? 여기에 대해서도 KOL은 "그렇다"라고 대답한다.

이제 상상해보라. 당신은 관련 자료를 갖고서, 책상 맞은편의 오마르와 마주한 채 앉아 있다. 한 명의 개인으로서 그를 위해 결정을 내려야 하는 상황에서, 거대 집단을 기반으로 한 최선의 근거 중심 의학은 적용할 수가 없다. 오마르가 겪을 가능성이 가장 큰 상황이 무엇인지 예측하려니 도리어 정보가 너무 적어 난처할 지경이다. 그가 운 좋은 환자 가운데 하나라면, 그 드문 약에 장기간 반응하기를 바랄 뿐이다. 우리는 시도를 해봐야 했다. 모험하지 않으면 얻을 것도 없으니.

종양 전문의들은 실험 약물과 화학방사선요법으로 오마르를 치료하여, 적어도 반응의 가능성을 제공했다고 믿었다. 가능성이 얼마나 되든 간에 말이다. 하지만 문제는 간단치 않다. 그가 받은 약은 결국 도움이 되지 않았다. 그가 받은 조언 또한 문제였다. 우리가 그에게 해준 조언이 현실적이지 않고 솔직하지 않았을 수도 있다. 어쩌면 그에게 남은 시간이 얼마든 간에 삶을 즐기라고 권하는 쪽이 나았을지도 모른다. 화학요법을 한 차례 받을 때마다 뒤집어지는 속과 목에 잔뜩 생기는 벌건 종기를 견디고 역겨운 무맛의 액체를 먹으며 사는 대신 말이다. 적어도 그는 결혼한 지 얼마 되지 않은 아내와 함께 여행을 하고, 영국에 있는 친구들 및 파키스탄과 방글라데시에 있는 가족들을 방문하며 얼마 남지 않은 시간을 보낼 수 있었다. 하지만 그러는 대신 오마르는 쭉 포로처럼 살았다. 한 가지 치료를 받거나 또 다른 치료를 받거나, 아니면 그 치료의 부작용으로 인한 구토나 입의 상처나 아주 낮은 혈액 수치로 고통에 시달렸다. 면역체계는 심하게 억제되었고, 감염의 위험 때문에 자주 입원해야 했다.

그렇다면 아무것도 하지 않는 쪽이 정말 최선의 해결책이었을까? 우리가 치료를 포기했다면 종양은 빠르게 자랐을 것이다. 무시무시하게 아프기도 했을 것이다. 어느 쪽이 덜 고통스러울까? 환자가 엄청난 신체적·재정적·감정적·심리적 부담을 짊어지면서도 아무 쓸모없는 치료를 받아 지독한 독성에 시달리게 되다니, 힘든 일이다. 자라나는 종양 덩어리를 국소적으로 통제하면서 통증을 완화하는 편이 조금이라도 덜 고통스러웠을까? 우리는 오마르에게 치료를 하나도 하지 않는 쪽을 권한 적이 있었나? 권했어야 했나? 과거의 어느 사례는 현재의 환자를 치료하는 지침이 된다. 오늘날 화학요법과 방사선요법의 독성은 잘 알려져 있다. 반면 멋대로 자라난 암이 삶을 얼마나 파괴하는지 살펴보는 일은 드물다. 19세기 말, 심한 악성 육종에 걸린 어느 소녀의 마지막을, 스티브 홀Steve Hall은 탁월한 저서 『혈액 속의 소란A Commotion in the Blood』에서 이렇게 묘사한다.

암의 마지막 단계는 결코 보기 좋지 않다. 의사들이 암을 직접 다루기보다 덜 역겨운 징후들을 추적하는 지금은 그나마 괜찮은 편이다. 이 환자의 유방 종양은 거위알만큼이나 컸고 복부의 종양은 그보다 더 컸다. 그녀의 몸은 머리부터 발끝까지, 콜리가 산탄 혹은 흩뿌린 콩에 비유한 바 있는 작은 종양들로 뒤덮었다. 마지막 단계에는 구토를 하루에도 몇 번씩 한다. 환자가 고형식을 먹지 않아도 그렇다. 곧 그녀는 엄청난 양의 피를 게워내기 시작한다. "공격은 거의 매시간 계속된다." 콜리는 썼다. "그리고 극도로 허약한 환자가 진이다 빠지게 만든다." 엘리자베스 대실은 죽기 직전까지 열여덟 살 먹은 자신의 몸이 끔찍하게 약탈당하고 있다는 것을 알고 있었다. 마침내 그녀는 다행스럽게도 1891년 1월 23일 오전 7시, 뉴저지에 있는 자신의 집에서 사망했다.

통제받지 않는 죽음은 이렇게 끔찍하다. 그런데도 우리는 찾을 수 없는 치료법을 찾느라 희망을 헛되이 쓰고 있다. 물론 기대하지 않은 이득을 얻을 수도 있다. 10년 동안 실패만 거듭하더라도 적절한 약을 찾게 된다면 말이다. 문제는 처음부터 환자와 약을 적절하게 짝지을 방법을 찾는 것이다.

내 환자 중의 한 명인 필립 콜먼은 저위험군 골수형성이상증후군이었고, 이제 다 끝났다고 체념한 상태였다. "2017년 초의 어느 날, 플로리다의 담당 의사는 내게 더 해줄 게 없다고 했습니다. 수혈 횟수가 점점 늘어나서, 일주일에 혈액을 2~3단위씩 받게 되었죠. 의사는 내게 맞는 '연구' 프로그램이 있는지 알아보기 위해 아는 사람 전부에게 연락해봐야 한다고 말했습니다." 오마르와 그의 친척들과는 아주 대조적으로, 콜먼은 이렇게 말했다. "그 얘기를 들으며 내게 남은 시간이 얼마 없다는 사실을 받아들였습니다. 그리고 나는 마지막 준비를 시작했습니다." 그의 마지막 준비 가운데 하나가 내게 편지를 쓴 것이었다. 비록 그는 무덤에 누울 각오를 했지만, 나는 아니었다. 나는 그에게 새로운 연구 프로그램용 검사를 받으러 뉴욕으로 날아오라고 했다. 일단 시작하니 수혈 횟수가 빠르게 줄어들었다. 그는 수혈을 매주 받다가 4, 5주에 한 번씩 받게 됐다. 한때 상태가 약간 나빠졌다가 수혈을 2, 3주마다 받는 단계에서 안정을 찾았다. "이제 나는 새로운 시작과 희망을 약속해줄 다음 단계의 약을 기다리고 있습니다."

•

오마르가 죽기 몇 주 전, 그의 마흔 살 생일을 축하하기 위해 나는 그의 집을 찾았다. 멋쟁이 오마르는 그날 저녁에 옷을 잘 차려입었다. 검은 정장 재킷에 근사하게 모양이 잡힌 바지 차림이었다. 오마르는 나를 한쪽으로 데려갔다. 그러더니 정말이지 티 없이 맑은 태도로 내게 보여줄 게 있다고 했다. 그는 지난 48시간 동안 팔에서 난데없이 자라난, 돌처럼 딱딱한 붉은 혹을 내보였다. 살고자 하는 끈질긴 의지가 있는, 대단히 총명한 이 젊은 남자는 자신의 팔을 응시하더니 육종이 재발한 거냐고 물었다. 그는 내가 아니라고 말하길, 감염이라고 대답하길 기대했다. 오마르와 알고 지낸 시간 동안 딱 한 번 내 몸이 아팠는데, 바로 이때였다. 나는 그의 가족이 아니었는데도 신체적인 반응이 왔다. 무르시와 카말, 새러와 파리드 그리고 누구보다 나히드가 암의 재발을 어떻게 받아들일지 생각하니 마음이 아팠다. 나는 파티에 계속 있을 수가 없었다. 나히드가 말렸지만 나는 자리를 떠났고, 지하철역에 도착하기 전 길에서 헛구역질을 했다.

나의 남편 하비 프리슬러는 쉰일곱 살의 나이로 암 진단을 받았을 때 시카고 러시대학의 암센터장이었다. 그는 종양학과에서 수련을 받던 나를 개인적으로 지도했었다. 그가 강조한 규칙 중 하나는 환자와 너무 가까워지지 말라는 것이었다. 남편이 바란 만큼 내가 그 조언에 충실히 따랐는지는 잘 모르겠다. 그가 "당신이 내 담당 의사를 해줘"라고 말했을 때 나는 겁을 먹었다.

"하지만 하비, 이제껏 당신이 주장했잖아. 의사가 감정 때문에 임상적 판단이 흐려지면 객관적 입장을 견지할 수가 없다고."

내가 반대하자 남편은 간단히 대답했다. "미안해. 난 그저 당신의 판단을 믿어."

이후 5년 동안 우리는 셀 수도 없는 혈액 보고서, MRI 사진, CAT 스캔 사진을 같이 보았고, 그의 복부에서 자라나는 혹과 폐에서 위험하게 퍼져가는 진균 감염을 확인했다. 하비는 그 이미지들이 뜻하는 바를 정확히 알았다. 그는 그릇된 희망을 찾는 사람이 아니었다. 쉽게 속는 사람도 아니었다. 하지만 그는 예외 없이 나를 향해 물었다. "그럼 아즈, 당신 생각은 어때?" 그는 스스로 내리는 판단을 미룰 필요가 있었다. 어떤 감정을 느껴야 하는지 결정하기 위해 나를 보았다. 나는 그의 기운을 꺾지 않으려고 끝없이 애썼다.

줄리 입 윌리엄스는 자신의 결장암에 대해 블로그에 글을 썼다. 그리고 2018년 3월 19일, 마흔두 살의 나이로 사망했다. "암은 희망을 꺾는다. 슬픔과 우울과 절망이 가득한 불모지와 모든 일이 헛되다는 생각을 남긴다. 그런데 희망은 재미있는 존재다. 희망은 내가 어찌할 수 없는 제 나름의 생명과 의지를 가진 것 같다. 희망은 억누를 수 없고, 바로 우리의 영혼과 끊어낼 수 없이 묶여 있다. 희망의 불꽃은 아무리 약해도 꺼지지 않는다." 그녀가 남긴 말이다.

오마르의 선택은 무엇이었을까? 절망과 체념에 굴복하고, 그가 움직일 때마다 아내와 어머니가 지어 보이는 겁먹은 얼굴과 마주하는 것이었을까? 아니면 현대 의학이 제공하는 것들을 한계까지 밀어붙이는 종양 전문의들에게 희망을 거는 것이었을까? 암의 경우 양자택일은 드물다. 희망과 절망 사이에서 하나만 고르는 경우는 거의 없다. 환자들은 희망과 절망을 동시에 혹은 연속적으로 대면한다. 오마르 또한 그랬다. 그는 지칠 줄 모르는 낙관적인 마음과 냉정하고 침착한 태도를 함께 지닌 사람이었다.

●

오마르의 경험 그리고 필립의 경험은 오늘날의 암 연구가 엄청난 근심거리를 안고 있다는 사실을 알려준다.

치료가 효과가 없으면 보통 "이 환자는 약에 맞지 않았다"라고 한다. 약이 환자에 맞지 않았다고 표현하지 않는다. 이는 의미의 왜곡이다. 임상시험을 할 때 병상으로 오는 것은 환자가 아니라 약이다. 성공 기대감이 고작 5퍼센트라도 말이다. 약이 이득을 줄 가능성을 알아내는 데 쓰인 임상 전 연구 자료로는 임상 환경에서의 실제 효과를 예측할 수가 없다. 이런 상황이니 오마르와 필립이 엄청난 재정적·개인적 비용을 치러가며 시행착오를 겪도록 내버려 둘 수밖에 없었다. 각각의 환자에게 어떤 약이 통하고 어떤 약이 안 통할지 더 빨리 밝혀낼 수 없기 때문이다. 우리는 무엇을 잘못하고 있을까? 왜 우리는 큰 주목을 받은 연구 업적을 가지고 환자들의 상태를 개선시키지 못할까?

현재의 연구 패러다임에 문제를 제기할 때다. 물론 현재의 방식에는 장점이 있다. 여러 환자 집단이, 공격성 종양이 있는 환자까지도, 현재의 접근으로 개발한 약으로 성공적으로 치료받았다. 만성골수성 백혈병, 대부분의 소아 악성종양, 몇몇 성인 골수암과 림프암 종류의 환자들이 그랬다. 나는 치료가 성공한 이유를 살펴볼 것이다. 그 성공이 실패가 계속되는 가운데 예외적으로 일어났다는 점 또한 살필 것이다. 이런 실패는 구조적 문제다. 연구자 절대다수는 자신들이 볼 일도 없는 질병을 연구한다. 그리고 자연스러운 과정으로 구할 수 없는 동물들 혹은 암이 인공적으로 창조되어 유지되는 시험관을 이용한다. 그렇게 용케 구한 자료는 실제 종양과는 닮은 데가 거의 없다. 그런데도 이 '모델'들은 심층적 임상 발전을 위해 산업계로 전해진다. 이런 식의 약 개발은, 예외적인 경우를 제외하면 놀라울 만큼 도움이 안 된다. 우리는 어떻게 여기까지 오게 되었을까?

•

1912년 1월, 수술 분야에서 이룬 업적으로 조만간 노벨상 수상자가 될 알렉시 카렐Alexis Carrel은 닭 배아의 심장에서 세포들을 떼서 자신의 연구실 접시에 배양했다. 그는 이후 30여 년간 세포들을 팔팔하게 키워냈다. 과학계는 대단히 놀랐다. 세포들은 적절히 배합한 영양을 공급받는 한 오래도록 살았으니, 기적 같은 카렐의 배양은 다음의 결론에 도달했다. '살아 있는 세포들은 불멸의 가능성을 품고 있다.' 하지만 유감스럽게도 아무도 카렐의 실험 결과를 재현할 수 없었다. 대체로 연구자들은 세포를 배양할 수 있었지만, 수십 년은 고사하고 몇 주 동안도 세포를 살릴 수가 없었다. 또한 카렐의 플라스크에서 세포가 왜 살아남았는지도 설명할 수 없었다.

세포가 품은 불멸의 가능성이라는 이 문제는 1960년, 레너드 헤이플릭Leonard Hayflick이 해답을 내면서 비로소 풀렸다. 일련의 복잡한 실험을 거쳐 헤이플릭은 세포를 배양해서 오랜 기간 키우는 일에 성공했지만, 계속 키울 수는 없었다. 세포는 불멸이 아니다. 나이가 들어 죽는다. 만일 외부적 힘이 세포를 먼저 죽이지 않는다면, 세포는 오늘날 '헤이플릭 한계Hayflick Limit'로 알려진 약 45번의 분열을 거쳐, 두 가지 경로 가운데 하나를 따른다. 생존에 꼭 필요한 정도로 활동을 최소화한 다음 기력을 잃고 '노화'로 접어들거나, 아니면 자살하는 것이다. 헤이플릭은 카렐이 처음의 세포를 그 긴 시간 동안 배양할 수는 없었을 것이라고 생각했다. 대신 카렐이 매일 배양 세포에 준 배양액에 독자적으로 생존할 수 있는 배아줄기세포가 들어 있었을 가능성이 높다고 주장했다. 줄기세포는 스스로 퍼져나가고 성장한다.

헤이플릭 한계는 생물학의 황금률로 받아들여졌으며, 일반 세포의 경우 사실임이 밝혀졌다. 그렇지만 암세포는 다르다. 종양 하나가 실험실에서 분리되어 불멸성을 성취한 일이 있다. 1951년 2월 8일, 헨리에타 랙스Henrietta Lacks에게서 채취한 자궁암세포 조직이 조지 오토 가이George Otto Gey의 연구실로 옮겨졌다. 이른바 '헬라 세포HeLa Cell'다. 그 이름은 환자의 이름과 성의 앞부분 알파벳을 두 개씩 따서 지었다. 이 세포가 배양되어 번식하기 시작했고, 이렇게 해서 최초의 인간 세포배양 조직 '세포주'가 탄생했다. 헬라 세포는 거대한 초개체superorganism처럼 굴면서 시험관에서 배양되는 데 그치지 않고 동물에 이식되기도 했다. 이 세포는 영양가 높은 혼합 화학물을 벌컥벌컥 들이키고, 플라스크에 떠다니고, 메틸셀룰로스로 덮인 페트리 접시 위에 들쭉날쭉한 모양의 길을 만들었다. 위로 올라가고 살금살금 기어가면서 주변으로 영원히 번져나가며 60년을 지냈다. 헬라 세포는 계속 변신했다. 정상적인 인간 세포의 염색체 수가 46개인 데 비해, 헬라 세포의 염색체는 70개에서 164개까지 그 수가 다양하다. 헬라 세포는 가장 어려운 환경 조건에서도 살아남는 능력이 탁월하여, 비할 데 없는 속도로 무기물인 플라스크에서도 유기체인 쥐에서도 자기만을 위한 공간을 만든다.

지금까지 약 1800킬로그램의 헬라 세포가 자라나 연구되었다. 분자 단위로 분해되었고, 유전적 프로그램이 다시 짜였고, 대학원 수업 도구로 사용되었고, 공들여 쓴 중요한 연구 제안서들의 뼈대가 되었고, 그 외 다른 방법으로 과학계로 퍼져나갔다. 이런 시끌시끌한 상황 덕분에 연구자들에게는 좋은 연구 주제들이 넘쳐났다. 소아마비부터 암까지 여러 질병들과 관련된 특허를 얻을 수 있었으니 말이다. 이 예상치 못한 선물은 연구자들에게는 아주 요긴한 존재가 되어 연구소들을 오가고 바다와 대륙을 가로질러 건넜지만, 아이러니하게도 정작 세포의 주인은 이런 상황을 알지 못했고 연구를 승인하지도 않았다. 헨리에타 랙스는 원래의 종양을 골반에서 적출한 뒤 8개월 후에 사망했다. (레베카 스클루트Rebecca Skloot의 2010년 베스트셀러 『헨리에타 랙스의 불멸의 삶The Immortal Life of Henrietta Lacks』은 이 충격적인 헬라 세포 이야기를 인종과 연구, 탐욕, 사업, 생명윤리의 영역을 오가며 솜씨 좋게 다룬다.)

헬라 세포의 성장과 행동은 늘 일관적이고 예측 가능하여 연구자들은 실험에 헬라 세포를 이용할 수 있었다. 이 재현 가능한 시험관 모델로 여러 약물의 효과도 검사했다. 헬라 세포를 쓴 실험이 성공하면서 더 폭넓은 발견을 해냈으니, 계속 실험하고 기술을 늘려나갔다. 여기에 약간의 운이 더해져, 다른 여러 종의 종양에서 채취한 악성 세포를 연구실에서 계속 키우게 되었다. 그렇게 추가로 세포주들이 탄생했고, 모든 유형의 암을 다루는 실험들이 마치 물이 불어나듯 넘쳐났다.

이런 실험들 다수는 조직배양 세포주를 가지고 항암 가능성이 있는 약물의 효과를 검증해왔다. 반응성을 예측하는 믿을 만한 방법을 개발할 수 있기를 바라면서 말이다. 문제는 세포주가 그 조상에게 얼마나 충실하냐는 것이다. 부분적으로는 충실하다. 인간에게서 (혹은 다른 어떤 동물에게서도) 종양이 성공적으로 자라려면 신경 쓸 요인들이 많다. 종양이 주변의 정상 세포를 훼손하며 성장해나갈 때 세포 조직을 얼마나 잘 파괴할 수 있는지도 봐야 한다. 세포주는 종양 세포를 애초의 서식지에서 옮겨 새롭고 적대적인 환경에 적응하도록 떠밀어서 만들어내는 것이다. 인체 기관에서 플라스틱 용기로 옮겨진 세포는 생물 형태학, 유전자형, 표현형, 생물학적 행동의 차원에서 모세포와 몹시 달라져 거의 새로운 종이 된다. 인공적으로 자란 세포는 원래 세포의 특징 일부를 재현할 수 있을 뿐 전부를 재현할 수는 없다. 예를 들어, 이 세포들은 일반적으로 영원히 성장하지 않는다. 그렇지만 성장의 시간이 얼마나 되든 세포는 생존하기 위해 추가적으로 더 변화하는데, 이 과정이 유전체의 원료뿐 아니라 유전자 발현에도 영향을 끼친다. 그래서 오래지 않아 시험관의 세포는 자신들이 유래한 모세포와 닮은 데가 거의 없게 된다. 우선 배양 세포의 배가 시간은 훨씬 빠르다. 사실 이들은 빠르게 분열하고 마구마구 성장하는 바로 그 능력 때문에 장기간에 걸쳐 연구실에서 선택된 존재다. 또한 배양된 암세포들은 산소를 필요로 하는 정도가 몸속 암세포와 다르다. 몸속 암세포는 낮은 산소 농도로도 생존하지만 연구실 암세포는 그 열 배쯤 되는 높은 산소 농도가 필요하다.

후천성 유전적 돌연변이 외에도, 배양 세포와 관련된 또 다른 문제가 있다. 전령 RNAmessenger RNA의 유전자 발현이 그것이다. RNA가 합성되며 DNA의 유전정보를 복사하는 과정이 전사고, 이렇게 발현된 모든 RNA의 총합이 전사체다. 서로 다른 암에서 유래한 다양한 세포주의 유전자 발현 양상을 연구해보았더니, 세포주들의 전사체는 그것들이 원래 유래한 장기 세포들보다 서로를 더 닮은 것으로 나왔다.

문제는 더 복잡해진다. 가장 빨리 자라는 배양 세포 중 일부가 종종 인접 배양 접시로 넘어가는 것이다. 실험 방법을 매우 엄격하게 세워도 그랬다. 이미 1970년대에 이런 문제를 암시하는 사건이 처음으로 일어났다. 갖가지 암에서 유래한 세포주들의 염색체를 연구하는 중에 세포주들이 모두 헬라 세포로 오염되었음이 드러난 것이다. 이후 헬라 세포가 모든 오염 물질의 어머니임이 판명 났다.

이런 세포주로 실험한 약은 해당 세포주에서만 확실히 반응을 예측할 수 있었다. 시험관 시험으로는 약이 환자에게 쓰일 때 어떤 효과를 낼지 알 수 없었다. 헬라 세포는 약을 헬라 세포에 썼을 때 어떤 효과가 있을지만 정확하게 예측했다. 인간에게 썼을 때는 아니었다. 유전적이고 과학적인 실험이 유용하다 해도, 시험관에서 배양된 세포들은 신약 개발 차원에서는 신뢰할 수가 없었다.

그 시점에서 신약 개발에 시험관 모델을 활용하려는 생각을 접는게 논리적이었을 것이다. 그런데 오히려 더 인공적인 방식을 임상 전 모델에 도입했다. 플라스틱 접시 대신 동물 모델에서 자란 세포주는 인체에서 번식하는 암과 훨씬 더 비슷해 보이긴 했다. 그렇지만 동물 모델에서 세포주가 적당하게, 더 중요하게는 인체에서와 비슷하게 자라는 데 필요한 체내 조건이 무엇인지가 확실하지 않았다. 인간의 몸은 너무나 복잡해서 이해할 수도 재현할 수도 없었다. 그러자 연구자들은 종양 세포주를 키울 대리자의 몸을 훔치려 했다. 이제 쥐 모델을 살펴보자.

．

1998년 5월 3일, 두 달 전 암 진단을 받은 남편 하비는 커피잔을 쓱 본 다음 내게《뉴욕 타임스The New York Times》를 건넸다. '실험실의 희망.' 표제가 외치고 있었다. "쥐의 종양을 뿌리 뽑는 약을 경외심을 품고 조심히 맞이하다." 기사의 첫 문장은 너무 놀라워 정신을 못 차릴 지경이었다. "실험이 계획대로 잘 진행된다면, 1년 내로 첫 번째 암 환자에게 어떤 암이든 뿌리 뽑을 수 있는 두 가지 신약이 투여될 것이다. 이 약은 쥐의 경우 확실한 부작용도 약제 내성도 없었다. 암 연구자들은 이 약이 이제껏 본 것 가운데 가장 흥미로운 치료제라고 말한다." 국립암연구소NCI, National Cancer Institute의 소장 리처드 D. 클라우스너Richard D. Klausner는 "곧 벌어질, 단 하나의 가장 흥미진진한 일"이라고 말했다. 또 DNA 구조를 발견한 노벨상 수상자 짐 왓슨Jim Watson은 이렇게 말했다. "유다는 2년 내로 암을 치료할 것이다." 이 이야기의 핵심에 있는 당사자인 연구자 유다 포크먼Judah Folkman은 더 신중했다. 기사를 작성한 지나 콜라타에 따르면, "포크먼 박사는 '당신이 암에 걸린 쥐라면 우리가 잘 고칠 수 있다'는 사실을 알 뿐이라고 말했다."

하비와 나는 직업 생활을 이어오면서, 실험실 약 개발의 성공에 대해 미친 듯이 열광했다가 기대가 허물어지는 과정을 여러 번 보았다. 이제 우리 사이는 보다 사적인 관계였다. 하비는 이 약에 회의적이었지만, 암 환자로서 기대하는 마음도 있었기에 우선 내게 어떻게 생각하느냐고 물었다. 이 전략은 기본 전제가 흥미진진했고 관련 동물 자료는 대단히 설득력이 있었다. 두 가지 약 모두 종양으로 가는 피

공급을 차단해서 종양을 굶주리게 하여 성장을 막고, 결국 어떤 독성도 내지 않으면서 종양의 퇴행을 불러온다는 것이다. 《뉴욕 타임스》의 기사 덕분에, 이 놀라운 이야기는 보스턴의 연구실을 벗어나 전국에서 신문과 텔레비전 뉴스 기사의 표제를 장식하게 됐다. 암 환자들은 담당 종양 전문의에게 사정했다. 간절히 약을 구하려 하고, 임상시험에 선정해달라고 빌고, 필요하면 어디든 갈 준비를 하면서. 약을 생산한 엔트리메드 회사의 주식은 하루아침에 몇 배나 급등해 12달러에서 85달러까지 올랐다. 나는 포크먼 박사와 연락했다. 그는 드물게 답을 잘 주는 친절한 사람이었다. 그는 보스턴에서 하루 종일 열리는 학술 컨퍼런스에 나를 초대했다. 임상시험 계획 관련 자료가 모두 발표되는 곳이었다. 나는 회의에 참석하기로 했다. 약이 곧 인간을 대상으로도 성공을 거두리라는 기대에 한껏 고무되었다. 하지만 얼마 후, 이런 말이 나왔다. 약은 쥐에게 아주 극적으로 통했지만, 인간에게는 극적으로 실패했다고.

비록 쥐와 인간의 계보가 8500만 년 전에 갈라졌지만 인간은 문명의 시작부터 쥐의 생리학적 특질을 관찰해서 기록해왔다. 동물을 모델로 해부학과 생리학을 연구하여 인간 개체 발생을 이해하고자 하는 체계적인 활동의 역사는 고대 그리스로 거슬러 올라간다. 그리고 아리스토텔레스의 방법론은 고대 무역길을 따라 퍼졌다. 동물 모델은 아랍과 훗날 유럽의 의사들이 가장 선호하는 연구 수단이 되었다.

18세기 중국과 일본에서는 여러 종류의 쥐를 길들여 반려동물로 키웠고, 이는 결국 현대 실험용 생쥐의 개발과 창시로 이어졌다. 빅토리아 시대의 영국에서는 '집에서 키우는' 쥐를 사고팔기 바빴던 한편, 20세기 초에는 동물 모델이 생물학 연구를 수행하는 방법으로 확립되었다. 멘델 유전 이론은 쥐를 교배하여 연구되었으며, 유전적 교배는 일찍이 1915년 초부터 활발히 이루어졌다. 암 연구에 쓰일 쥐 모델을 개발하면서 여러 방법이 시도되었는데, 모든 모델이 그렇듯 각각 장점과 한계가 있었다. 예를 들어, 인간 유전자의 거의 97퍼센트가 쥐의 유전체에 대응하는데, 이는 다른 실험실 생물과 비교해 쥐가 가진 확실한 장점이다. 그러나 쥐와 인간은 뉴클레오티드 서열Nucleotide sequence*이 50퍼센트만 일치한다.

이런 차이는 많은 경우 두 종이 진화한 환경이 달라서 생긴다. 쥐와 인간의 주요 차이점은 쥐의 생애 주기 같은 요인과 관련이 있다. 쥐는 6주에서 8주가 지나면 성적으로 성숙하며, 임신 기간은 3주 내로 한배에 다섯 마리에서 여덟 마리의 새끼를 낳는다. 그리고 3년 정도밖에 살지 못한다. 쥐는 대사율이 인간의 일곱 배다. 쥐를 모델로 실험한 약은 아주 빠르게 대사 작용이 일어나기 때문에, 쥐와 인간에게 쓰이는 양은 아주 다르다. 임상시험에서는 약의 투여량이 대폭 줄어든다. 쥐의 면역체계는 땅의 병원체와 싸우도록 진화했는데, 인간 면역체계는 대체로 공기 중 병원체 때문에 어려움을 겪는다. 이렇게 면역체계가 극명하게 다르니, 두 종의 피 속에서 돌아다니는 세포 형태에도 이 차이점이 반영된다. 인간은 70퍼센트가 호중성 백혈구neutrophil**고 30퍼센트가 림프구다. 반면 쥐는 10퍼센트가 호중성 백혈구고 90퍼센트가 림프구다. 이런 두드러진 차이 외에도 인간 종양 세포의 생체 주인으로 쥐를 사용할 때 가장 큰 난제 가운데 하나가, 암에 걸린 인간

---

*   핵산을 구성하는 단위체 분자의 배열 순서.

**   세균을 파괴하고 방어하는 백혈구로 중성구라고도 한다.

과 달리 표적 연구의 쥐는 건강하다는 점이다. 쥐가 이식된 인간 세포를 이물질로 여기고 거부하는 반응 없이 받아들이게 하려면, 수용 쥐의 면역체계를 먼저 파괴해야 한다. 이렇게 면역력이 약해진 쥐는 암세포가 번식하는 인간 신체의 생체 환경을 거의 재현할 수 없다. 그러나 과학자들은 이런 세포들의 반응이 환자에게 유용한 약을 규명하는 데 도움이 되리라고 큰 기대를 품었다.

종양 세포가 잘 성장할 환경을 마련하기 위해 동물을 이용하자는 발상은 오늘날 가장 자주 사용되는 '세포주 유래 이종이식CDX, cell line-derived xenograft'의 탄생으로 이어졌다. 암 치료학에서 더 신뢰 가능한 모델을 개발하기 위해, 조직배양 세포주를 쥐에 주입한 것이다. 항암제 개발에서 임상 전 단계 플랫폼으로 동물 모델을 이용하는 일은, 1960년대에 쥐에서 쥐로 종양을 이식하면서 본격적으로 시작되었다. 특정 쥐의 종양을 이식하는 모델은, 프로카바진procarbazine과 빈크리스틴vincristine 같은 여러 세포독성 화학요법이 다수의 암 치료에 유용하다는 사실을 밝혀내면서 초반에 성공을 거두었다. 하지만 CDX 모델이 그 자체로 효율적이라고 말할 수는 없는데, 세포독성 약물은 일반 세포건 암세포건 무차별적으로 죽이기 때문이다. 그래서 이런 약은 환자에게 투여될 때 아주 독하다. 손이 덜 가고 가격이 싼 세포배양 체계에서도 CDX와 똑같은 결과가 나올 수 있었다. 그런데도 무슨 종류의 약을 개발하든 CDX 모델이 선택되었다. 여러 종의 암에서 세포독성 약물에 대한 반응은 25퍼센트에서 70퍼센트까지 다양하다. 미국 국립암연구소는 여러 흔한 종양을 대상으로, 종양 하나당 여섯 개에서 아홉 개의 세포주를 생산하는 일에 아낌없이 투자했다. 이 세포주들이 변동성에 효율적으로 대처하길 바라면서 말이다. 그렇게 9종의 암에서 유래한 60개의 세포주로 구성된 NCI-60 패널이 탄생했다. 이후 패널은 CDX 모델의 개발을 위해 연구자들의 손에 넘어갔다.

그들은 약 개발에 관한 한 똑같이 실패했다. 사실 이런 약 개발 모델들은 연구 자원을 줄게 만드는 무책임하고 심각한 낭비 행위에 해당한다. 종양학에서만 그런 것도 아니다. 동물의 패혈증과 화상, 트라우마가 인간의 패혈증, 화상, 트라우마와 관련해서 염증성 변화의 모델로도 연구됐다. 둘 사이에는 상관관계가 없었다. 쥐 치료에 성공했다는 이유만으로 급성질환자에게 주어진 패혈증 치료제 150가지는 모두 엄청난 재앙이 되었다.

현실을 오도하는 동물실험에서 인간은 이득은 얻지 못하고 해를 입는다. 특히 표적 치료의 효과를 예측할 때 그렇다. 표적 치료는 환자 개인의 특성에 맞춰 암을 유발하는 특정 단백질을 공격하기 위해 개발되었다. CDX 모델을 통해 밝혀낸 표적 치료는 임상 환경으로 가면 성공률이 5~7퍼센트로 최악이다. 여기에는 BRAF, EGFR, HER2, 그 외 몇 가지의 유전자 돌연변이를 표적으로 삼아 개발된 치료제도 포함된다. 종종 약효가 인간과 시험관 모델 모두에게 통할 때는, 질병의 생리가 닮아서가 아니라 약이 일반적인 세포독성 약물이라서 그렇다. 포크먼 박사의 업적에 열광적인 반응이 쏟아질 때 의사 티모시 존슨 Timothy Johnson은 《보스턴 글로브The Boston Globe》에서 이렇게 말했다. "의사로서 내가 볼 때 동물 암 연구란 과학적 가십 같은 것으로 간주해야 한다. 진실일 가능성, 즉 인간에게 진짜 효과가 있을 가능성이 가십과 똑같으니 말이다…. 가십은 그에 휘둘린 사람들을 아주 괴롭게 할 수 있는데, 이번 경우 전 세계의 절박한 암 환자 수백만 명이 괴로울 것이다." 그가 옳았다.

시험관 실험과 CDX로 해본 여러 시도가 실패로 돌아가면서, 암의 씨앗이 이식되는 토양보다 그 씨앗의 질을 향상하는 방향으로 관심이 쏠렸다. 임상 전 생체 내 CDX 모델을 만들기 위한 시작점으로 배양 세포주를 사용하는 대신, 막 입수한 인간 종양을 동물에 이식했다. 때로는 장기와 장기를 짝지었다. 인간 췌장의 암세포를 쥐 췌장에 주입하는 식으로 말이다. 이런 '환자 유래 이종이식PDX, patient-derived xenograft' 모델은 환자의 암세포가 쥐의 몸 안에서 자라는 동안 그 암세포를 직접 공격하는 여러 약을 시험하는 것이니 '아바타'처럼 기능할 수 있다. 다시 한번, 국립암연구소는 연구를 위해 수백 가지 PDX를 생산하고 배포하느라 막대한 비용을 투자했다.

안타깝게도 기술이 언제나 통하는 건 아니었다. 한 가지 예로, 이 연구를 수행하는 어느 회사는 도움이 필요한 1163명의 환자 가운데 절반의 종양만을 배양할 수 있었다. 연구자들은 마지막에 PDX 모델에 근거하여 치료받은 환자가 92명밖에 없었다는 사실을 알게 됐다. 당시 PDX 모델의 예측 정확도가 87퍼센트이기는 했다. 하지만 이런 접근이 얼마나 현실적일까? 종양이 쥐에서 자라나 일련의 약을 적절히 시험할 준비가 될 때까지는 6주 이상이 걸릴 수 있다.

무엇보다도, 이식된 종양이 새로운 환경에 적응하기 때문에 PDX는 일반적으로 예측이 쉽지 않을 것임을 시사하는 강력한 징후들이 있다. 종양의 유전체가 쥐에 여러 차례 이식되는 동안 어떤 변화를 겪는지 알기 위해, 24종의 암을 대표하는 1000가지 이상의 PDX가 연구되었다. 이식된 종양은 모세포와 다르게 진화한다. 교모세포종glioblas-toma은 인간의 경우 7번 염색체의 여분의 사본을 얻는 한편, 그것의 PDX 모델은 시간이 지나며 사본들을 잃었다. 국립암연구소는 이미 인간 치료에 성공적으로 쓰인 열두 가지의 항암제를, 서로 다른 48종의 인간 암을 키우는 PDX 쥐에 실험했다. 63퍼센트가 약이 통하지 않았다. 이 연구를 다룬《네이처Nature》의 보도는 더 안 좋은 소식을 알렸다. PDX 쥐에게 도움이 안 된다면 인간에게도 도움이 안 된다는 그릇된 믿음으로 국립암연구소의 연구자들이 인간에게 통할지도 모르는 항암제들에 대해 검증되지 않았다고 결론 내렸다는 사실이다. 하지만 내가 볼 때, 연구자들이 잘 작동하길 바란 모델이 실제로 제대로 작동한다 해도 여전히 근본적인 문제가 남는다. 효과적인 항암 치료법은 극소수다. 그래서 이 모델들을 가지고 예측을 할 때는, 환자에게 무엇을 주느냐보다 환자에게 무엇을 주지 말아야 하느냐를 따지는 게 더 유용할 가능성이 크다. 아무리 강조해도 지나치지 않다. 과학자들은 항암제 개발을 위해 인공적인 쥐 모델과 조직배양 세포주를 계속 만드는 일을 그만두어야 한다. 자원들은 더 나은 연구에 투자될 수 있고, 또 그래야 한다.

하지만 누구도 자신이 아끼는 연구를 자진해서 포기하지는 않는다. 원래 의도와 아무리 멀어졌다 해도, 연구비와 권력을 손에 넣을 수 있는 한 그렇다. 과학계의 문화는 삼각형 모양을 반복한다. 이 모양은 고대 그리스에서 민주정과 귀족제, 군주제가 각각의 타락한 형태인 중우정, 과두제, 독재와 함께 반복해서 나타나는 순환 형태와 닮았다. 처음에는 완벽하게 합리적인 민주적 상태였다고 해도, 소수의 집단이 기관과 조직을 단속하면서 특권을 나눠 갖고 그 분야를 지배하는 데 성공하면 과두제로 바뀐다. 민주정에서 과두제로 이동하면 시간이 지나 '세습 귀족'이 등장한다. 새롭게 등장한 핵심 오피니언 리더들은 과학계 선배들의 승인 아래, 규칙을 정하고 연구 자금 권력을 독점하고 현장의 특전을 서로 주고받는 배타적 권력을 물려받는다. 설상가상으로, 이 몇 안 되는 거만한 패거리들은 한 분야의 전체 서사를 훔치려 한다.

나는 최근에 젊은 남성 연구자 한 사람을 만났다. 자부심으로 똘똘 뭉친 나머지 사람 자체의 밀도가 높아져 그의 주변에선 빛도 굴절된 듯 보였다. 이 연구자는 컬럼비아대학의 어느 세미나에 참석해서 골수형성이상증후군과 관련된 변이 유전자를 가진 쥐 모델을 설명했다. 그는 또한 단백질(변이 단백질이 아니었다)의 활동을 억제하는 약물을 투여하자, 쥐가 무슨 질병에 걸렸든(심지어 인간의 골수형성이상증후군과 조금도 가까운 병이 아니었다) 치료되었다는 자료를 발표했다. 쥐를 통해 보여준 약물 치료 결과가 인간에게도 효과가 있다고 생각하느냐고 묻자, 그는 비웃었다. "유감이네요, 아즈라. 쥐 모델은 없어지지 않아요." 벌써 2년 전의 일이다. 나는 그가 이후 많은 쥐를 치료했으리라 믿는다. 그 연구를 계속하기 위해 연구비도 받았을 것이다. 같은 연구소에 있는 그의 공동 연구자는 최근 1970년부터 현재까지 시대별로 급성골수성백혈병 환자의 생존 곡선을 비교하는 슬라이드로 강의를 시작했다. 그 곡선을 보면 본질적으로 아무것도 나아지지 않았다. 그다음 그는 내가 지난 40년간 들어온 말들을 했다. 급성골수성백혈병 세포 속 복잡한 분자 메커니즘을 어떻게 이해할 것인지, 세포를 죽이는 게 아니라 세포의 행동을 수정해서 더 이상 악성으로 남지 않게 하는 방법을 어떻게 고안할 것인지에 대해 이야기한 것이다. 정확히 이 지점이 문제다. 마치 지난 40년은 존재하지 않은 것처럼 치부하는 태도 말이다. 파도가 밀어닥치듯 새롭게 등장한 똑똑한 젊은 과학자들은 암을 만성질환으로 바꾸어 환자들이 암 때문에 죽지 않고 암과 같이 살 수 있게 하겠다는 계획을 자신만만하게 밝힌다. 하지만 무엇을 토대로? 실제로 오늘날에는 몇 년 전에는 존재하지 않았던, 생각지도 못한 새로운 기술이 개발되었다. 그러나 암의 복잡성은 기술이 닿지 않는 곳에 있다. 이와 다른 방식으로 생각하는 일은 현실적이지 않으며, 희망에 차서 경험을 무시하는 것과 같다.

임상연구자들은 새로운 실험적 임상시험을 공개하기 바쁘다. 그리고 기초연구자들은 다음번에 써낼 연구비 신청서를 걱정한다. 이 상태가 얼마나 기괴한지 폭로하는 유일한 길은 새롭게 개선된 방법을 찾아내는 것뿐이다. 조금 나은 수준이 아니라 비약적인 수준의 개선. 이것이 정확히 종양학이 지금 필요로 하는 것이다. 타자기를 개선할 방법만 계속 찾았다면, 워드 프로세서는 절대 발명되지 않았을 것이다. 오래된 암 치료 모델을 만지작거리거나 수리하는 건 앞으로 더 나아갈 기회를 포기하는 일밖에 안 된다. 암 문제에는 본질적으로 다른 접근이 필요하다. 몇 주 동안 더 살아남는 것을 목표로 삼아서는 안 된다. 우리는 더 높은 목표를 세워야 한다. 종양 전문의이자 연구자인 우리가 원래 목적에서 얼마나 멀어졌는지, 그에 따라 환자가 어떤 대가를 치르고 있는지 이 사회는 알 필요가 있다.

지금 무엇을 하고 있는지, 그 일을 하는 이유는 무엇인지 모두 동작을 멈추고 생각해야 한다. 젊은 연구자와 모든 종양 전문의는 지금까지와는 다르게 생각해야 한다. 도그마에 질문을 던지기 위해, 뿌리 깊은 낡은 전통을 거부하기 위해, 이미 존재하는 부적절한 연구 모델을 버리고 막 등장한 기술을 대담하게 사용하기 위해. 기술은 암 문제를 해결할 흥미진진한 새로운 전략을 탐색하는 도구다. 오로지 새로운 방식의 사고와 행동만이 패러다임을 바꿀 것이고, 오래된 방식을 버리는 선구자들을 구할 것이다. 모든 연구자들은 자기 분야 안팎에서 새롭게 등장하는 기술적 측면에 관심을 기울여야 한다. 환원주의적 전략에만 기대지 말고, 포괄적이고 다원적인 접근으로 암의 복잡성을 다루는 더 넓은 전략을 개발하기 위해 애써야 한다. 젊은 연구자들은 통섭을 실천에 옮길 필요가 있다. 생물학적·기술적 장애물을 해결하기 위해 거리가 먼 분야의 전문가에게 배우고 협업하는 것이다. 암을 치료하는 전통적 전략은 이미 수십 년 전에 잠재적 최대치에 도달했다. 영국의 시민단체 '다잉 포 어 큐어Dying for a Cure'는 한탄한다. "현재의 발전 속도라면 전체 200종의 암에서 생존 기간을 20년 더 늘리는 데 적어도 1778년이 걸릴 것이다!"

앞으로의 도약을 위해, 근본적으로 다른 전략들이 개발되어야 한다. 그리고 다음의 두 가지 조치가 즉각 실행되어야 한다. 동물 연구에서 인간 연구로 전환하고, 마지막 암세포를 쫓는 대신 첫 번째 암세포를 찾는 수단을 개발하는 쪽으로 전환하는 것이다. 기술을 발전시키고, 발명하고, 창조하고, 협업하고, 분야 밖으로 뻗어나가며 지적·감정적 동료들을 활용하자. 우리의 최초이자 최후의 임무는 암 환자에게 있음을 항상 기억하자.

과학자들은 쥐 모델을 계속 바꾸어본다. 씨앗이나 토양을 바꾸고, 면역체계에 손을 대고, 인간의 질병을 재현하는 쥐의 능력을 개량하기 위해 유전자를 주입했다가 뺀다. 종양 전문의들이 효과가 거의 없는 약물을 환자들에게 투여하고 또 투여하는 일을 포기하지 못하는 것과 같은 이유다. 둘 다 포로 상태다. 작은 규모에서는 엄청나게 정밀하기를 요구하면서도 근본 문제에 얼마나 충실한지 따져보는 일은 회피하는 시스템에 붙잡혀 있다. 과학자들은 임상 전 플랫폼을 통해 개발된 약의 성공률이 왜 5퍼센트밖에 안 되는지 이유를 살피기보다 한 가지 실험에서 쓰인 대조물질의 수나 약 투여량을 조사하기 바쁘다. 종양 전문의들은 환자의 비현실적인 기대를 조정하는 대신 전해질 균형을 조정하느라 대부분의 시간을 쓴다. 정해진 규칙을 따라야 하는 상황 속에서 양쪽 모두 판단을 미룬다. 과학자는 실험 계획에 동물 모델을 포함시키지 않으면 연구비를 투자받기 어렵다. 종양 전문의는 핵심 오피니언 리더가 제시한 지침을 따라야 하며, 그렇게 하지 않을 경우 법적 어려움을 감수해야 한다. 종양 전문의는 핵심 오피니언 리더가 정해준 대로 환자를 치료하며, 과학자는 그들의 선배가 정해준 의제를 따른다. 종양 전문의는 환자에게 더 나은 치료법을 제공할 수가 없고, 과학자는 생물학적 현상을 자세히 이해하기 위해 사용하는 실험 모델로 쥐 모델 외에 대안이 없다. 둘 다 기본 전제를 문제 삼지 못한다. 이득을 볼 가능성이 아주 낮은데도 약을 개발하는 데 근본적인 결함이 있는 쥐 모델을 사용하는 과학자도, 환자를 기껏 몇 주 동안 더 살게 해줄 뿐인 독한 약을 가격이 비싼데도 변함없이 투여하는 종양학자도 말이다. 그저 둘 다 해온 대로만 한다. 그들이 할 수 있는 전부이기 때문이다. 밤에 자동차 열쇠를 찾으면서, 열쇠를 떨어뜨린 장소가 아니라 그 근처가 밝다는 이유로 가로등 주변을 찾고 있는 꼴이다.

나는 최근 컬럼비아대학 병례검토회에 참여해서 이런 문제를 일부 지적했다. 내 동료이자 종양학과의 전 과장이었던 에드 겔만Ed Gelamann이 말했다. "아즈라, 회의실의 젊은 사람들이 괴로운 나머지 손목이라도 긋기 전에, 의사로서 어떤 일을 해야 할지 말해주세요. 더 나은 암 치료법이 발견될 때까지 말이죠."

젊은 종양 전문의에게 전하려는 바는, 치료법을 찾을 때까지 의학의 근본 원칙을 꼭 지키라는 것이다. 히포크라테스 선서에 나오듯 "무엇보다 해를 입히지 마라primum non nocere." 의사마다 환자를 다루는 독특한 임상 방식이 있다. 하지만 절대 실패하지 않는 의사란 환자에게 더 많은 시간을 쓰는 사람이다. 누군가 그랬다. 의사는 그저 환자 앞에 나타나기만 해도 대단한 성공을 거둘 수 있다고. 요기 베라Yogi Berra의 유명한 말처럼 "당신은 그저 보기만 해도 많은 것을 발견할 수 있다."

의학은 가장 사회적인 과학이다. 의학에서는 더 나은 의사소통 기술이 필요하다. 환자들은 불안하고, 혼란스럽고, 정해진 시간 동안에만 의사와 만날 수 있다는 사실을 안다. 사람은 질병, 고통, 공포를 겪으면 갈피를 잡을 수가 없게 된다. 그래서 종종 환자들은 누가 먼저 일러주지 않으면 자기들이 겪는 깊은 불안을 말로 표현하지 못한다. 언제나 바쁜 티를 내며 한 손이 손잡이에 가 있는 '문손잡이' 의사와 마주하면, 환자들은 자신이 어떤 걱정을 하는지, 무엇을 기대하는지, 어떤 치료법을 선택했는지 말할 시간이 없다. 그들은 의사의 신체 언어에 민감한 동시에 신체로 훨씬 더 유창하게 말한다. 의사는 의학책 선반에 늘 손을 뻗는 대신, 환자의 신체 언어로 쓰인 책들이 꽂힌 책장에 손을 뻗어야 한다. 이런 책들로 채운 자기만의 도서관을 살펴야 한다. 환자들은 나름의 독특한 형식과 의미와 용법을 갖춘 비언어적 기호로 의사소통을 한다. 의사는 자신만의 도서관에서 신체 언어의 작품들을 살필 때 이런 기호를 과학적으로 연결할 수 있고, 질병과 아픔을 겪는 인간의 경험을 해석할 수 있다.

암세포에서 새로운 분자적 신호 경로를 찾는 것은 물론 대단한 일이다. 연구를 통해 상도 받고 그 분야에서 인정도 받고 동료들의 존경도 얻게 될 것이다. 치료법이 없어 죽어가는 환자를 돌보는 의사는 금메달을 받을 수 없고 이력서에 쓸 내용도 없다. 하지만 그는 더 좋은 의사가 될 수 있고 더 좋은 인간이 될 수 있다. 그 내면의 삶에 더 많은 평화가 찾아올 것이다. 살면서 불가피하게 닥치는 고민거리를 수용할 때 도움도 받을 수 있을 것이다. 겸손한 마음으로 환자의 이야기를 듣고, 공감하는 마음으로 병의 신호와 징후를 해독하도록 하자. 각자 국적이 다르다 해도 우리는 모두 몸이라는 고유하고 유일한 집을 갖고 있는 존재라는 사실을 이해하도록 하자. 이는 상호작용을 풍부하게 하고, 암처럼 잘 알기 어렵고 역설적이며 치명적인 질병을 의사와 환자 모두가 받아들이고 다루는 데 도움이 될 것이다. 널리 알려진 히포크라테스 선서의 1964년판은 간결하고 압축적으로 이런 실천들을 담아냈다. "나는 환자들의 이익을 위해 필요한 모든 조치를 취하는 한편, 과잉주의와 치료적 허무주의*라는 쌍둥이 같은 덫에 빠지지 않도록 할 것입니다. 나는 과학뿐만 아니라 의학에도 예술이 있다는 것을 새기고 따뜻함과 공감과 이해가 외과의사의 칼이나 화학자의 약보다 더 잘 들을 수 있다는 사실을 기억할 것입니다."

다음은 우르두 문학의 위대한 시인 갈립이 쓴 아름다운 이행시다.

아득히 먼 곳에서부터 성취는 인내에 기댄다
비의 승리는 진주가 아니라 눈물이 되는 데 있다

우르두어 시학 속 신화에 따르면 계절에 맨 처음 내린 비의 몇 안

---

* 질병에 적절한 치료법이 없거나 효과가 미미하다는 생각에서 생겨난 풍조.

되는 최초의 빗방울만이 조개 안에 떨어져 진주가 될 수 있다. 이 이행시에서 갈립은 계절의 처음을 놓쳐 진주가 될 수 없는 빗방울을 위로한다. 그는 빗방울이 진주가 될 수 없지만 이제 사랑하는 사람의 눈에서 흐르는 눈물이 될 수 있음을 환기한다. 질병을 치료하는 일은 진주이고, 환자를 치유하는 일은 눈물이다. 의사는 둘 다 할 수 있다.

필립 콜먼이 내게 편지를 썼을 때, 그의 아내 마샤 또한 편지를 썼다. 그녀는 내가 예외적인 의사라며 아낌없이 찬사를 보냈다. 나도 내가 예외적인 종양 전문의라면 좋겠다. 대체로 나는 완전히 실패한 기분으로 산다. 그렇지만 마샤의 편지는 환자와 가족이 의사에게 바라는 것이 무엇인지 분명하게 알려주고 있다. "수년간 필립과 함께 많은 의사들의 진료실에 앉아보았습니다. 의학 문제를 논의하는 동안 내가 투명인간이 된 느낌을 주지 않은 사람은 선생님과 또 다른 의사 한 명뿐이었어요." 그녀는 이렇게 썼다. "가장 인상적인 점은, 선생님이 우리와 거리를 두고 있는 무심한 의사라는 느낌이 들지 않았다는 사실입니다. 선생님은 명확하고 전문적이면서도 동시에 감정이 있는 인간으로서 우리에게 다가왔습니다."

마샤의 편지를 읽고 생각했다. 환자가 환자의 처지에 공감해주는 의사를 만나면 놀라다니, 우리의 의학 문화는 무슨 이유로 어쩌다 이렇게 변태적인 방식으로 진화했을까. 공감은 예외가 아니라 규칙이 되어야 한다. 내 딸이 의대에 막 진학한 때가 기억난다. 대단한 성공을 거둔 의사 친구가 같이 저녁을 먹는 동안 계속 말을 돌려가며 칭찬을 했다. "셰헤르자드, 미래에 의사가 될 생각이라니 기쁘구나. 훌륭한 선택이야! 의사가 되면 네가 세상 어디에 있든 직장을 못 구할 일은 없을 거야. 심지어 낯선 사람들도 널 존경할 거야. 원하는 만큼 돈도 많이 벌 수 있어." 셰헤르자드는 상냥하게 대답했다. "하지만 부모님은 늘 제게 말씀하셨어요. 의사가 되는 유일한 이유는 인간으로서 인간의 괴로움을 덜어주기 위해서라고요."

치료 분야에서는 숙련된 기술의 보건의료 시스템이 갖춰졌다. 하지만 환자를 치유하는 일에서는 그렇지 않다. 응급 상황은 잘 처리하지만 공감 어린 소통을 하는 단순한 행위는 놀라울 만큼 부족하다. 오늘날 입원환자를 맡는 의사들은 환자와 직접 상호작용하는 데 업무 시간의 채 20퍼센트도 못 쓴다. 80퍼센트 이상의 시간이 전자 기록 다루기, 진료 기록 만들기, 검사 결과 확인하기, 엑스레이 사진과 정밀 검사 사진 보기, 그 외 무의미한 행정 업무 처리 등에 쓰인다. 관료제의 악몽과도 같다. 외래환자를 받을 때는 할당된 시간 내에 가능한 많은 환자를 보라는 강한 압박이 있다. 의료와 상관없는 업무는 상당한데, 그 일을 너무 적은 시간 안에 해내야 하니 과로에 시달리고 정서적으로 스트레스를 받고 몸이 힘들어져 스스로를 혐오하는 의사가 된다. 오늘날 대부분 의사는 많은 경우 자신이 하는 일에 불만족스러워하고, 환자들과 더 많은 시간을 보낼 기회를 갈망한다. 아리스토텔레스적 방식으로 가장 엄격히 정의하자면, 행복은 탁월성을 추구하거나 잠재성에 부응해서 사는 것이다. 선생이자 선배로서 우리는 젊은 의사들과 그들이 돌볼 책임이 있는 사람들이 서로 온정적으로 상호작용할 수 있도록 도와야 한다. 그들이 목격한 인간의 고통과 슬픔의 서사에 대해 사려 깊게 숙고하도록 격려해야 한다. 하지만 현실은 이와 거리가 멀다. '해야 한다'는 분명 '한다'와는 다르다. 의욕이 사라지는 가운데 단조롭고 모욕적이고 지루하고 하찮은 일상적 업무에 붙잡힌 젊은 의사들은 부족한 수면 말고 다른 일에 몰두하는 건 생각할 수가 없다. 손가락으로 그들을 가리키기 전에, 우리 사회는 우리 자신에게 질문해야 한다. 우리가 젊은 의사들이 의욕을 가질 수 있는 조건을 만들어왔는지, 그래서 그들이 최고의 의사가 될 기회가 있었는지.

·

암으로 죽는 환자 가운데 약 90퍼센트는 암이 진행되어, 즉 전이되어 목숨을 잃는다. 이런 상황은 지난 50년 동안 거의 변하지 않았다. 새로운 전략이 더 나왔으나 암이 전이된 환자들은 혜택을 받지 못했다. 새로운 치료법은 플레이트나 동물 모델에서 세포주로 자라난, 생물학적으로 다 똑같은 세포 집단을 대상으로 할 경우 종종 대단한 반응을 이끌어낸다. 반면 환자에게 쓰면 대단한 실패를 거둔다. 암은 헤아릴 수 없을 만큼 불균일하고, 무한히 진화하며, 인간의 몸 안에서 계속 돌연변이를 일으키기 때문이다. 이런 처참한 실패의 이유는 무엇인가? 무엇보다도 우리가 적이 극도로 복잡하다는 사실을 계속 부인했고, 문제를 일으킨 유전자 하나를 찾아내거나 쉽게 표적으로 삼을 수 있는 신호 경로를 밝혀내면 해결된다는 환원주의적 접근을 고집해왔기 때문이다. 이번 장에서 우리는 이런 접근이 연구실의 실험에서는 통할지 몰라도 실제 환자들에게는 통하지 않는다는 사실을 살펴보았다. 다음 장에서는 암의 근원을 살피고 그 원인을 알아볼 것이다.

·

오마르가 그토록 원했던 약 다사티닙은 환자에 대한 동정적 배려로 아주 빠르게 승인이 났다. 하지만 그에게 약을 실제로 전해주기 전에, 나는 나히드에게서 중대한 전화를 받았다. 그날은 2009년 1월 20일 화요일 저녁이었고, 나는 집에서 친구 모나 칼리디와 저녁을 먹고 있었다. "오마르가 숨 쉬기 힘들어해요. 당신이 알아야 할 것 같아 전화했어요." 전화를 받고 난 뒤엔 밥을 더 넘길 수가 없었다. 모나는 내 상태를 보고 무척 걱정했다. "무슨 문제가 있어?" 정말 그랬다. 자식이 죽어가는 모습을 부모가 지켜보는 상황이라니, 정말 잘못된 일이었다. 모나가 말했다. "아랍에서는 젊은 사람이 인사를 하면 종종 이렇게 대답해. '나보다 오래 살아서 나를 묻어주길.'" 아, 이건 나히드가 겪어서는 안 될 일이었다.

내가 오마르의 집에 도착했을 때 그는 침대에 몸을 기대고 있었다. 숨이 아주 가쁜 상태였다. 아버지 카말은 잿빛 얼굴로 거실에 앉아 있었다. 나히드와 오마르의 친구 누르는 오마르 곁에서 안절부절못하고 있는 한편, 다정한 아내이자 유능한 간병인인 무르시는 가정 전문 간호사에게 전달받은 세부 지침대로 설하 투여 모르핀을 식탁에서 준비하고 있었다.

숨이 가빴지만 오마르는 여전한 모습이었다. 그는 분홍색 라코스테 셔츠를 입고 있었다. 결코 패션 감각을 잃지 않았다. 그는 나를 보자마자 다사티닙에 대해 물었다. 약을 받았다고 하자 그는 정말 환한 미소를 보였다. 그 미소가 방을 밝혔다. 그는 오바마 대통령의 취임식을 보며 즐거운 시간을 보냈다고 했다. "재미있는 농담 좀 해주세요." 나는 출처가 확실하지 않은 힐러리 클린턴의 일화를 꺼냈다. 기자회견장에서 있었다는 일이다. 남편 빌 클린턴 행정부를 비방하는 목소리가 나오자, 힐러리는 기분이 상했다. 그래서 기자에게 몸을 돌려 활짝 웃으며 차갑게 말했다. "그럼 내 남편이 대통령으로 일하던 8년 동안 무엇이 싫었는지 정확히 알려주세요. 평화, 아니면 번영?" 오마르는 폭소를 터트렸다. 그런 다음 무르시에게 잠옷으로 갈아입혀 달라고 했다. 무르시가 침대에 있으라고 하는데도 그는 일어나서 화장실에 가겠다고 우겼다. 그가 침대에서 일어날 수 있던 마지막 순간이었다. 그다음 그는 경구투약을 한 번 더 받고 설하 투여 모르핀을 입안에 넣었다. 그리고 천천히 얕은 잠에 빠져들었다. 그의 호흡이 조금씩 느려졌다.

나는 오마르가 모르핀을 정맥으로 투여받기 위해 입원을 해야 한다고 생각했다. 하지만 무르시는 오마르의 바람이 집에서 최후를 맞이하는 것이라고 했다. 그렇다면 집으로 모르핀 펌프를 가져오는 게 좋을 것 같았다. 간호사는 그런 복잡한 일에는 시간이 필요하기 때문에 다음 날까지는 갖다줄 수 없다고 했다. 나히드가 냉정함을 잃는 모습을 본 건 그녀를 알고 지낸 16개월 동안 이번이 유일했다.

"시스템이 왜 이런 식이죠, 아즈라? 우린 무슨 치료를 받든 돈을 다 냈어요. 그리고 지금 병원에서 원하는 건 무엇이든 비용을 지불할 준비가 되어 있어요. 약국은 왜 모르핀을 줄 수 없다는 거죠? 하루 24시간 내내 열려 있을 텐데. 이 나라에서 언제나 신경 쓰는 건 돈이잖아요, 안 그래요? 원하는 돈은 다 주겠다고 해요. 아즈라, 말해요! 당장 모르핀을 더 가지고 오라고 해요!"

"잠깐 걷죠." 내가 제안했다. 그녀를 달래야 했다. 우리는 얼어붙는 1월의 밤, 리버사이드 드라이브의 건물 밖에 서 있었다. 그녀는 담배를 피웠다. 얼굴엔 표정이 없었다. 마침내 그녀가 몸을 돌려 나를 응시하더니 시간이 얼마나 남았느냐고 물었다. 나는 그녀의 시선을 오래 마주할 수가 없었다. "정말 솔직하게 말할까요?"

"네." 그녀는 인도를 멍하니 응시했다.

"며칠 더 남았을 수도 있어요. 하지만 내 생각에 오늘 밤을 넘길 것 같지 않아요."

나히드는 눈을 돌렸고 담배를 계속 피웠다.

우리는 조용히 올라왔다. 30분 뒤 나히드는 거실 소파에 같이 앉아 있어달라고 했다. "좋아요. 이제 최후의 순간에 어떤 일이 있을지 자세하게 말해줘요." 나는 그렇게 했다. 느릿느릿 조심스럽게. 얼마 뒤 나히드는 오마르 곁에 가서 누웠다. 이후 몇 시간 뒤 나는 그들에게 작별인사를 했다. 시간이 지나고 새벽 5시 반이 되었을 때 나는 나히드의 전화를 받았다. 오마르가 숨을 거두었다고 간단히 알려왔다.

•

나는 오마르가 뉴욕의 내 집에 처음 왔던 때를 기억한다. 우리가 정성껏 준비된 식사를 하는 동안 오마르는 놀라울 만큼 침착한 모습으로 차분하게 맛없는 단백질 셰이크를 삼키며 마음을 다잡았다. 그의 입술은 액체가 살이 벗겨진 입속 상처를 건드리며 흘러갈 때 아주 살짝 일그러졌다. 파키스탄의 시인이자 작가 마흐무드 다르위시Mahmoud Darwish가 컬럼비아대학의 문학과 교수 에드워드 사이드Edward Said의 말을 인용해 이렇게 말했다. "미학이란 균형 상태에 이르는 것이다." 그 순간 오마르의 입이 보인 동작 하나, 최후를 맞이하기 몇 달 전의 그 무해한 홀짝임에서 나는 오마르의 미학을 알아보았다.

　　　　　　　　　　　　・

　『안토니우스와 클레오파트라』1막 1장에서 마르쿠스 안토니우스
는 말한다. "로마여, 티베르 강물 속에 녹아버려라, 너른 아치도/ 제국
을 받치다 쓰러져라! 여기가 내 살 곳이다/ 왕국은 진흙 덩어리, 우리
의 더러운 지구도/ 사람도 짐승도 똑같이 먹여 키운다/ 삶의 고귀함
은 이런 데 있다." 실로, 삶의 고귀함이란 오마르와 나히드가 그 악랄
한 시간에 맞서 함께 해낸 일에 있다. 그 두 사람에게 경의를 표한다.
그들을 알게 되어 내 마음은 경외감으로 충만했다.

　　궁극의 완성을 얻으려고 애쓰는 건 천사가 하는 일이 아니다
　　오로지 용기를 광대하게 비축한 이들만이 이런 모험을 한다

　　　　　　　　　　　　　　　　　　　　　　　－ 알라마 이크발

2

퍼

모래 더미와
암

2001년, 나는 마크 뷰캐넌Mark Buchanan이 쓴 멋진 책『우발과 패턴Ubiquity』을 읽으며 물리학자 퍼 백Per Bak, 차오 탕Chao Tang, 커트 바이센펠트Kurt Wiesenfeld가 고안한 '모래 더미' 게임과 '임계 상태'라는 개념을 알게 됐다. 백, 탕, 바이센펠트는 모래 알갱이가 한 알씩 모래 더미로 떨어지는 컴퓨터 모델을 만들었다. 모래 더미의 부피가 커지며 불안정해지면, 하나의 모래 알갱이가 전체 균형을 깨고 더미 전체를 무너뜨릴 수 있다. 모래 사태를 일으키는 알갱이는 이미 더미에 쌓인 여느 알갱이와 다르지 않다. 오히려 변화는 모래 더미에서 온다. 알갱이가 계속 떨어지면 모래 더미가 점점 더 민감해지고 불안정해지며 스스로 고유한 조직을 형성한다. 이 조직은 평형 상태에서 벗어나, 갑작스러운 대격변을 겪기 쉽다. 이런 상태가 임계 상태다. 외부에서 힘을 가해 조직이 만들어지는 것이 아니라, 모래 더미 내부에서 자체 조직으로 발전하는 것으로 보인다. 이런 현상은 모래 더미에서만 일어나는 것이 아니다. '자기 조직적 임계성self-organized criticality'은 지진이나 산불, 주식시장 붕괴, 종의 대멸종 등 서로 전혀 다른 사건들의 바탕에 있는 것임이 밝혀졌다.

책을 읽은 지 얼마 지나지 않은 무렵이었다. 나는 이 보편 법칙을 암에 적용하려고 생각하고 있었다. 특히 모래 더미에서 일어나는 자기 조직화와, 골수세포들이 자기 조직화를 하여 백혈병이 발생하는 과정 사이의 유사성에 주목했던 것이다. 그때 나와 상담하고 싶다는 암 환자의 전화를 받았다. 런던에서 전화를 걸어온 환자의 이름은 퍼 백이었다. 그는 골수형성이상증후군 진단을 받았다.

퍼 백은 너무 아파서 미국으로 올 수 없었다. 그래서 나는 런던의 내 동료에게 퍼를 의뢰했다. 퍼는 화학요법도 받았고, 최종적으로 골수이식 수술도 받았다. 병원에 입원한 퍼에게 끝이 보이지 않는 우울한 시간이 몇 주 동안 계속되었다. 마침내 퍼가 차도를 보인다는 좋은 소식이 내게 전해졌다.

여러 날 동안 퍼는 최근의 검사 결과에 대해 묻거나, 혈액 전문의의 말을 이해하는 데 도움을 달라고 했다. 환자와 의사로서 상담을 끝내면, 우리는 종종 임계 상태 및 '멱법칙Power Laws'*이라는 관련 개념에 대해 논했다. 퍼와 대서양을 가로질러 대화를 나누며 처음으로 내 생각이 분명해졌다. 세포가 모래고, 몸이 모래 더미라고 상상하면 어떨까? 나이가 들면 몸은 노화의 의도치 않은 결과로 많은 변화를 겪는다. 그래서 불안정해지고, 과거에는 별 영향을 끼치지 않았던 세포의

---

* 자극의 크기와 역치로 감각의 크기를 나타내는 법칙.

무해한 행동 때문에 걷잡을 수 없이 무너질 가능성이 높아진다. 질병
의 개시와 팽창, 전이, 치명적인 행동을 불러오는 잠재적 원인들을 이
런 관점에서 탐색하게 되면, 암이라는 씨앗이 번식하는 토양에도 관
심을 기울일 필요가 있다. 씨앗보다 더 관심을 기울이거나, 적어도 똑
같은 관심을 기울여야 하는 것이다. 이는 근본적인 관점의 변화다. 병
든 세포의 특성에 집중하는 대신 몸 전체의 건강을 살펴보자는 것이
다. 끊임없이 나를 괴롭히는 기운 빠지는 사실이 있다. 1971년 이래로
5000억 달러 이상의 돈이 암에 쓰였다. 이는 지난 40년간 사망한 환자
당 약 2만 달러를 썼다는 뜻이다. 그런데도 우리는 암의 근원을 밝혀
내지 못했고, 지금도 모른다. 의학과는 완전히 다른 분야의 누군가가
우리에게 새로운 통찰을 줄까? 퍼 백처럼 명민한 통찰력을 가진 사람
도 그럴 수 있을 것이다.

•

암의 원인은 무엇인가?

W. H. 오든W. H. Auden은 그의 시 「미스 지이Miss Gee」에서 1930년
대에 만연했던 관점을 가차 없이 비판했다. 그때는 암이 개인의 결함
과 관련이 있다고 생각했다.

의사 토마스가 저녁 식사 자리에 앉았다
아내는 종을 치려고 기다리고 있었지만,

빵을 굴려 동그랗게 뭉치며 그는 말했다

"암은 재미있는 녀석이야.

아무도 원인이 무엇인지 모르지.

누군가 아는 척하지만

숨은 암살자가 상대를 치려고 기다리는 것 같아.

아이 없는 여자가 걸리지.

은퇴한 남자도 걸리고.

분출될 공간이 있어야 하는 것 같아.

좌절한 창조적 불꽃을 위한."

아이 없는 여자와 은퇴한 남자만이 암에 걸리지는 않는다. 오늘날 남자 두 명 중 한 명이, 여자 세 명 중 한 명이 암에 걸린다. 내 환자들은 대체로 암 진단을 받고 당황한다. 의사 토마스의 말처럼 창조적 불꽃 때문이 아니라 이제껏 살아온 생활 방식 때문이다. 이들은 절대 담배를 피우지도 술을 마시지도 않았고 규칙적으로 운동했다. 굉장히 근사한 책『맥시멈 시티Maximum City』의 저자 수케투 메타Suketu Mehta는 내가 뉴욕에 온 지 얼마 되지 않아 친구가 되었다. 2009년 어느 날 저녁, 수케투에게서 생각지도 못한 전화가 왔다. 그의 목소리는 흔들렸다. "아즈라, 난 방금 폐암 진단을 받았어요. 어떻게 이런 일이 일어날 수 있어요? 난 마흔다섯 살이에요. 한 번도 담배를 피운 적이 없는데." 파트너 및 가족과 함께 저녁 식사로 칠리를 먹은 수케투는, 자다가 가슴이 쿵쿵 뛰어 깨어났다. 그는 심장 질환으로 서른네 살에 세상을 떠난 삼촌이 생각나 걱정이 되어서 의사를 만나러 갔다. 의사는 그의 심전도를 측정했다. "심장은 괜찮아요. 심장이 뛰는 건 그냥 가슴

쓰림 때문일 거예요. 하지만 가슴 엑스레이 사진을 한번 찍어봅시다. 혹시 모르니."

거기 있었다. 내 폐에 자리 잡은 5센티미터 크기의 점. 악성종양의 극초기 단계. 나는 한 번도 담배를 피운 적 없으니, 내 폐의 상태를 확인할 일이 전혀 없었다. 조짐이 나타날 무렵엔 너무 늦었을 것이다. 폐암 진단을 받은 사람들의 85퍼센트가 6개월 내로 사망한다.

암은 우리 자신의 일부가 영원히 살고 싶어 하면 생긴다. 몸은 하나의 유기체라기보다 다 같이 움직이기로 합의한 세포 연방이다. 세포 하나가 죽기를 거부하고 그 고집 센 생명력을 주변에 퍼뜨리면, 우리는 암을 얻는다. 불멸을 갈구해서 생겨난 죽음.

불멸을 추구하자는 합의. 그런 합의는 어디에서 유래할까? 암은 생활 방식, 독소 노출, 식생활 혹은 거주지와 관련이 있을까? 아니면 무작위로 일어나는 사건일까? 나이듦의 결과일까? 과학 저술가 웨이트 깁스Wayt Gibbs의 기억할 만한 문장을 보자. '암에 관한 이론'을 세우려는 사람이면 누구나 "암이 왜 대체로 노년의 질병인지 그리고 왜 모든 사람이 암으로 죽지는 않는지 설명해야 한다. 일흔 살은 악성종양을 진단받을 가능성이 열아홉 살에 비해 100배 높다. 하지만 다수는 암에 걸리지 않은 채 나이 든다."

암은 유전자와 함께 시작된다. DNA로 구성된 유전자는 체세포가 분열하는 동안 염색체 속에 꼬인 모양으로 담기며, 단백질 합성 정보를 옮긴다. DNA는 먼저 RNA로 복사되고, RNA는 세포의 단백질 합성에 필요한 틀로 기능한다. 단백질은 세포의 기능을 수행한다. 세포는 분열할 때마다 DNA를 정확히 복제해야 한다. DNA가 두 개의 딸세포에 똑같이 들어가야 하기 때문이다. 30억 염기쌍이 빠르게 복제되어야 하다 보니, 오류나 돌연변이가 일어난다. 세포 내부의 메커니즘이 돌연변이를 계속 교정하고 수선하고 바로잡는다. 만일 수리가 안 되면, 돌연변이가 필수 유전자에 일어났다면, 세포는 자살 명령을 받는다. 만일 돌연변이가 세포에 필수적이지 않은 유전자에 있다면, 명령에 저항해 다음 세대로 전승될 수 있다. 대부분의 DNA 돌연변이는 중요하지 않다. 돌연변이로 생겨난 단백질은 미미하게 변하거나, 전혀 변화하지 않는다. 그렇지만 성장을 증진하거나 억제하는 기능의 유전자가 영향을 받는다면, 세포는 완전히 비정상적인 경로로 유도되어 걷잡을 수 없이 증식할 수 있다. 이것이 바로 암이다.

본질적으로 암이 시작되는 계기는 나이듦이나 유전적 성향 같은 개인의 신체 내부적 요인일 수 있다. 혹은 외부적 요인들, 즉 DNA를 손상하는 환경적 독소나 담배, 알코올, 자외선 혹은 병원체 등일 수도 있다. 병원체가 악성종양의 원인체라니 놀라워 보일 수도 있지만, 전 세계적으로 암의 약 20퍼센트는 바이러스나 박테리아 때문에 발생한다. 1977년에 성인T세포림프종adult T cell lymphoma이 일본인들에게서 나타났다. 이후 로버트 갈로Robert Gallo의 연구실에서 발견한 '사람 T세포림프친화바이러스-1HTLV-1, human T cell lymphotropic virus-1'이 그 원인으로 밝혀졌다. HTLV-1은 포도막염이나 척수병증 같은 비악성이면서도 아주 위험한 질병을 일으킬 수 있으며, 암을 유발하거나 종양을 형성할 가능성이 아주 높다. 암의 원인으로 여겨지는 또 다른 바이러스로는 유두종바이러스papilloma virus(여러 종류의 암과 관련 있는데, 자궁경부암으로 가장 악명 높다), 엡스타인바 바이러스Epstein-Barr vi-

rus(버킷림프종, 비인두암과 위암의 몇몇 종류), B형과 C형 간염바이러스
(간암), 사람헤르페스 바이러스-8 HHV-8, human herpes virus-8(카포시육종
연관 바이러스)이 있다. 헬리코박터 파일로리 Helicobacter pylori는 암(위암
과 위림프종)과 직접적으로 관련된 것으로 밝혀진 최초이자 유일한 박
테리아다.

위의 병원체들은 흡연이 폐암을 일으키는 방식과 비슷하게 암을
유발한다. 어느 하나의 세포가 끝없이 계속 분열하도록 변화를 일으
키는 것이다. 정상적인 성장과 억제 자극은 손을 놔버린다. 그렇게 암
세포는 자체적으로 하나의 생명을 획득한다. 진화하고 변신해서 살인
기계가 된다. 불법적이고 반항적이며 난폭한 독립적 기계. 폐암은 환
자가 담배를 끊는다고 사라지지 않는다. 흡연으로 입은 해는 암이 개
시되는 사건일 뿐이기 때문이다. 계기가 흡연이든 바이러스든 혹은
독성 노출이든, 결국 암에 걸렸다고 하면 일반적으로 세포 안에 유전
적 변화가 일어났다고 보는 것이다.

어떤 유전적 변화가 생길까? 암세포에는 암을 막아주는 유전자
를 막는 것으로 보이는 돌연변이와 암을 유발하는 듯한 유전자를 깨
우는 것으로 보이는 돌연변이가 있다. 또한 이수성異數性, aneuploidy[*],
즉 세포 내 염색체 구성이 달라진 상태도 보인다. 여분의 염색체 사본
이 있거나, 염색체가 손실되었거나 부서진 모습일 수 있다. 요약하자
면, 원인은 유전학(유전자 관련) 혹은 세포유전학(염색체 관련)과 관련
되어 있거나, 아니면 둘 다와 관련되어 있는 듯하다. 그래서 내가 퍼
백과 논의한 문제들은 이렇다. 각각의 변화를 모래 알갱이에 비유할

---

[*] 염색체 수가 원래 정해진 수보다 많거나 적은 상태.

수 있을까? 그리고 모래 더미가 갑자기 붕괴하는 순간이 암일 수 있을까? 암이 초래한 무법적 내란 상태, 즉 체내의 허무주의적 중우정치가 외부적 요인이 세포를 반란으로 이끈 결과일 수 있을까?

•

1879년 볼티모어에서 태어난 페이턴 라우스Peyton Rous는 어려서부터 생물학에 엄청난 관심을 보였다. 그는 1905년에 존스홉킨스 의대를 졸업한 뒤, 1909년부터 아흔 살로 세상을 떠난 1970년까지 뉴욕 록펠러연구소에 몸담았다. 1910년, 라우스는 병원체 연구자로 일하고 있었다. 어느 날, 한 농부가 가슴에 혹이 있는 횡반플리머스록 품종 닭을 갖고 왔다. 라우스는 그 혹이 육종이라고 보고 자신의 연구소에서 연구했다. 그는 원발성 종양에서 악성 세포를 떼서 다른 동물에 이식했다. 혈통적으로 관련 없는 동물에 이식하니 아무 일도 생기지 않았다. 하지만 관련이 있는 동물에 이식하니 신선한 종양이 생겨났다. 게다가 종양은 이후에 점점 더 악성에 침습성으로 발전했다. 라우스는 보고서에 썼다. "이것은 닭의 방추세포 육종◆으로, 4세대까지 전파되었다. 처음에 혹이 생겼던 가축과 혈통적으로 관련 있는 적은 수의 순종 가금을 사용하여 얻은 결과다. 시장에서 산 같은 품종의 닭은 별 영향을 받지 않았다. 잡종 닭이나 비둘기, 기니피그도 마찬가지였다."

암이 하나의 동물에서 다른 동물로 옮겨 간 것이다. 그러나 원인체가 무엇인지는 여전히 알 수 없었다. 라우스는 식염수 속의 종양을

◆　방추형 세포로 이루어진 악성 암의 한 종류.

갈아서 여과지에 통과시켰다. 여과지는 아주 촘촘해서 세포나 박테리아처럼 작은 입자도 걸러낼 수 있었다. 그는 여과된 추출물을 관련이 있는 건강한 가금에 주사했다. 새로운 종양이 생겼다. 암세포와 박테리아 둘 다 여과지로 걸렀기 때문에, 라우스는 세균체보다 더 작은 존재, 즉 바이러스가 육종의 원인이라고 결론을 내렸다. 이 발견으로 종양 바이러스학 연구가 시작되었다. 라우스 육종 바이러스RSV, rous sar-coma virus는 훗날 그것의 RNA 유전체 때문에 RNA 바이러스로 분류되었으며, RNA가 어떻게 DNA로 역전사되는지 밝혀진 후에는 레트로바이러스로 분류되었다. RSV는 최초로 알려진 암 유발 바이러스다.

라우스는 이 발견으로 결국 반세기 후 노벨상을 탔지만, 처음에 그의 연구는 인정받지 못했고 검토도 되지 않고 무시당했다. 라우스가 자신의 발견을 발표할 무렵, 암은 널리 검사하는 질병이 아니었고 인기 있는 연구 주제도 아니었다. 바이러스 또한 그러했다. 그 시대의 학자들은 새의 종양이 인간과 어떤 식으로든 관계가 있을 수 있다고 상상하기 어려웠다. 라우스 본인도 자기 발견의 중요성을 의심하고 암 연구를 포기했다. 그러나 이후 1930년대에 두 번째 암 유발 바이러스가 나타났다. 리처드 쇼프Richard Shope가 유두종바이러스가 토끼 사마귀의 원인임을 알아낸 것이다. 이제는 라우스의 연구를 무시하기 어려워졌다. 두 번째 암 관련 바이러스의 발견으로 RSV에 대한 관심이 되살아났다. 페이턴 라우스는 다시 주목을 받아 자신감을 찾았으며 암 연구로 돌아왔다. 이어서 쥐나 고양이, 영장류 등 다수의 다른 동물에서도 암 유발 바이러스가 발견되었다. 1964년, 엡스타인바 바이러스는 인간에게서 림프종의 한 종류를 일으키는 원인으로 밝혀졌다. 과학자들은 새로운 종양 유발 바이러스와 그것들이 세포 내부에서 암 특징적 행동을 유도하는 메커니즘을 경쟁적으로 찾기 시작했다.

RSV는 근친교배한 동물 모델에선 육종을 확실히 전염시켰다. 분자 기술을 쓸 수 있게 되자 RSV 연구가 본격화되었다. 유전체에서 돌연변이를 인공적으로 유도하고, 그 돌연변이 계통에서 계속 복제를 하도록 만들었지만, 암 유발에는 실패했다. 피터 듀스버그Peter Duesberg와 피터 보그트Peter Vogt는 암을 유발하는 RSV 계통과 암을 유발하지 않는 RSV 계통을 비교했다. 그리하여 전자에는 RNA의 큰 서브유닛 하나와 작은 서브유닛 하나가 있는 반면, 후자에는 작은 서브유닛 하나만 있다는 사실을 밝혀냈다. RNA의 큰 조각(서브유닛)이 궁극적으로 악성 표현형을 유도하는 운전자driver였다. 이렇게 첫 번째 종양유전자oncogene가 확인된 것이다. 이 유전자에는 'src'라는 이름이 붙었는데 육종sarcoma을 유발하기 때문이다. 바이러스의 변형 활동이 바이러스 내부의 종양유전자에 의존한다는 사실이 밝혀졌고, 그 이후로 새와 포유류에 암을 일으키는 또 다른 종양유전자가 빠른 속도로 계속 발견되었다. 1980년대에는 아직 종양유전자를 찾지 못한 일류 암 연구자를 찾아보자는 농담도 있었다.

어느 현명한 사람이 말했다. 과학에서 중요한 발견 뒤에는 느낌표가 아니라 세미콜론이 붙어야 한다고. 과학이란 언제나 연속적 과정이기 때문이다. 마이클 비숍Michael Bishop과 해럴드 바머스Harold Varmus, 두 명의 과학자가 인간 세포에도 src 종양유전자가 약간 다른 모양으로 존재한다는 사실을 밝혀내면서, 종양유전자 이야기는 확실히 더 흥미진진해졌다. src 종양유전자는 인간 세포로부터 RSV 레트로바이러스를 통해 옮겨졌을 것이다. 바이러스의 타고난 생애 주기 동안에 말이다. 이제 약간의 차이가 있는 두 종류의 종양유전자를 살펴보게 되었다. v-src라고 불리는 RSV 바이러스 유형과 c-src라고 불리는 인간 세포 유형이었다. v-src와 c-src가 만든 단백질은 세포의 근본 기능인 증식과 죽음을 통제한다. 인간 세포의 c-src는 기존의 암과 직접 관련되지는 않기 때문에, 전암유전자proto-oncogene로 불린다. 정상적으로 기능하는 전암유전자는 세포 분열을 적당히 촉진하는 역할을 맡는다. 이 유전자는 한 가지 혹은 두 가지 방식으로 고장이 난다. 하나는 유전자의 행동을 바꾸는 돌연변이가 일어나, 정상적인 성장 신호가 없어도 세포 분열이 일어나도록 유도하는 방식이다. 다른 하나는 정상적으로 통제되지 못해 유전자 사본에 여분이 많아지고, 또 그로 인해 조절 단백질도 많아지는 방식이다. 어느 쪽이든, 결과적으로 조직이 멋대로 자란다. 암의 특징이다.

암은 성장을 억제하는 신호가 없을 때도 생길 수 있다. 조직의 성장 억제를 담당하는 유전자는 종양억제유전자TSG, tumor suppressor gene다. 그중 TSG p53이 가장 중요한 일원이다. p53은 세포를 살피며 DNA의 손상 여부를 확인한다. 수리되지 않은 DNA 조각이나 비정상적 성장 신호를 추적하여, 세포에게 얼른 자체적으로 수리하거나 자살하라고 명령한다. 그렇게 세포가 암처럼 행동하는 일을 방지한다. p53은 '유전체의 수호자'라고도 한다. 이것은 세포 분열에 제동을 거는 단백질을 활성화하기도 한다. 암에 저항하는 가장 중요한 세포 내 방어자인 셈이다. 암세포는 세포의 주기를 지키는 경찰 같은 p53을 넘어가기 위해 p53의 정상적인 감시 기능을 억눌러야 한다. 그래서 유전자 돌연변이는 비정상적 p53 단백질이 생산되도록 유도한다. 비정상적 p53 단백질은 세포 전반을 관리하는 필수적인 업무를 수행하지 못하고, 세포의 계획된 죽음을 이끌어내지 못한다. 이렇게 고장이 나면 세포는 멋대로 성장한다. 실제로 p53은 여러 종의 암에서 가장 흔히 변이되는 유전자다.

종양억제유전자의 생식 계열 돌연변이 또한 암에 걸리기 쉬운 상태를 초래한다. 리프라우메니증후군LFS, Li-Fraumeni syndrome은 유전적 질환으로, 이 병이 있는 사람은 결국 모두 암에 걸리게 된다. 그들 중 절반은 서른 살이 되기 전에 악성종양을 얻고, 일흔 살이 되면 모두가 악성종양을 얻는다.◆ 가장 흔히 혈액, 뇌, 유방, 뼈, 생식샘, 부신, 소화 기관 등에 암이 생긴다. p53의 돌연변이는 리프라우메니증후군 환자의 70퍼센트에서 나타나는 한편, 나머지 30퍼센트에서는 CHEK2라는 또 다른 종양억제유전자의 돌연변이가 나타난다.

샘 갬비어Sam Gambhir는 형언하기 힘든 개인적 비극을 겪으며 가족이 리프라우메니증후군을 가지고 있다는 사실을 알게 되었다. 그의 열네 살 난 명민한 아들 밀란은 호수에서 고무보트를 타다가 머리를 다쳐 뇌진탕에 걸렸다. 담당 의사는 두개 내 출혈이 없는지 확인하기 위해 밀란의 머리를 CT로 촬영했다. 아무도 상상하지 못했다. 이 단순한 진찰 행위가 세포 하나를 뇌암을 유발할 만큼 손상할 줄은. 밀란은 인류가 아는 가장 공격적이고 무자비한 살인마 가운데 하나로 인해 열여섯 살에 세상을 떠났다. 바로 교모세포종이다. 발병하면 5년 동안 생존할 가능성이 5퍼센트보다 낮다. 샘 갬비어는 연구자로서 평생을 바쳐 암을 조기 발견하는 방법을 연구했다. 그 전해에 샘은 암의 조기 신호를 추적하기 위해 천만 달러의 연구비를 따내는 데 성공했다. 밀

◆ 현재는 일흔 살에 100퍼센트 악성종양을 얻는다고 보고 있지 않으며, 90퍼센트로 보고 있다.

란은 스탠퍼드대학의 카나리아센터에서 복잡한 미세기포 기술을 이용하여 암의 재발을 조기에 발견할 수 있는 초음파 손목 밴드를 개발하는 일에 참여하고 있었다. 상황은 참담하고 아이러니하게 꼬여버렸다. 밀란이 발작으로 응급실에 실려간 뒤 스탠퍼드대학 방사선과 과장이었던 샘은 CT 촬영 기계로 아들의 두개골 속에 있는 커다란 덩어리를 확인했다.

샘 갬비어의 아내 아루나 갬비어는 이미 유방암을 두 차례 앓았다. 밀란은 어머니가 유방암 조기 발견 덕분에 목숨을 구한 데서 영감을 얻어 손목 밴드를 생각해냈다. 밀란이 암 진단을 받은 뒤 어머니와 아들은 유전자 검사를 했고, 둘 다 p53 돌연변이가 있다는 사실을 알게 됐다. "CT 촬영 때 노출된 방사선 때문에 아들이 종양이 생겼을 수도 있어요." 샘 갬비어가 말했다. "p53 돌연변이가 있으면 방사선에 훨씬 민감해집니다. 일반인에게 CT사진은 별것 아니겠죠. 하지만 이 돌연변이를 지닌 사람이라면 암이 생길 가능성이 커질 수 있어요. 정말 CT 촬영 때문에 암이 생긴 것인지 정확히 알 수는 없겠죠, 결코."

p53의 기능이 온전한지의 여부는 암의 예후와도 관련이 있다. 예를 들어, 골수형성이상증후군 환자들에게 다양한 염색체 손상이 있으면 암 유전체는 아주 불안정하고, 그에 따라 환자들의 예후도 좋지 않다. 그런데 여러 연구에서 밝혀낸 바에 따르면, 세포유전적 손상이 복잡하게 나타날 때 p53 돌연변이까지 있으면 예후가 매우 나쁘지만, p53 돌연변이가 없으면 손상된 염색체가 많아도 질병이 진행되지 않아 오래 살 수 있다. 주요 운전자는 p53 돌연변이지 손상된 염색체가 아니다. 한편, 5번 염색체의 장완에 고립된 결손이 있는(결손 5q) 골수형성이상증후군 환자들은 예후가 좋다. 질병이 안정적으로 천천히 진

행되면서 오래 생존하는 것이다. 그러나 이렇게 저위험군으로 보이는 질병에 걸린 환자들 다섯 명 가운데 한 명은 p53에 돌연변이가 있고, 그런 경우 급성백혈병acute leukemia으로 빠르게 진행되기 쉽다. 그러므로 환자가 세포유전적으로 복잡해서 예후가 좋지 않을 수 있다거나, 5q 유전자 결손이 있어 예후가 좋을 거라는 식의 정보는 p53 돌연변이가 있는지 알아내야 의미가 있다. 세포유전학보다 유전학이 더 중요한 것이다.

최근 p53의 또 다른 별난 특징이 밝혀졌다. 돌연변이가 자연 발생할 가능성은 세포가 분열할 때마다 증가한다. 몸집이 큰 동물일수록 세포가 더 많으니, 돌연변이도 더 많고 암도 더 많이 발생할 것이라 생각하기 쉽다. 그러나 사실은 그 반대다. 인간의 암 발병률은 쥐보다는 낮고, 돌고래보다는 높다. 코끼리는 암에 거의 걸리지 않는다. 이 난제는 '피토의 역설Peto's paradox'이라고 불리는데, 역학자 리처드 피토Richard Peto의 이름을 딴 것이다. 왜 암 발병률은 유기체의 조직 세포 수가 증가할수록 늘어나지 않을까? 피토는 동물이 몸이 커지고 나이 먹는 동안 그 동물의 세포 내 고유한 생물학적 메커니즘이 암으로부터 동물을 보호한다고 추측했다. 타당성 있는 추측이다.

동물의 크기는 중요하다. 몸집이 크면 체력이 더 좋아지고 포식자를 피해 더 오래 살 수 있다. 동물계에는 태반포유류가 11종이 있다. 그중 10종은 큰 몸집을 갖게 됐고, 그에 따라 암을 피하는 서로 다른 여러 전략을 찾아냈다. 최근 알려진 사실에 따르면 코끼리에게는 p53의 사본이 스무 쌍이나 있다. 전암유전자가 그 사본의 개수가 증가하면 종양유전자가 될 수 있듯, p53의 사본 수가 많으면 전체적으로 암을 예방할 수 있다. 이 발견으로 다들 흥분했다. p53의 사본들을 우리 유전체에 주입하면 우리는 코끼리처럼 암의 역사를 끝낼 수 있을까? 이렇게 여분이 생기면 더 많은 전사가 일어나 무작위 돌연변이로 인해 유전자 사본이 망가지는 일을 막아줄 것이다. 과학자들은 연구실에서 이 아이디어를 가지고 고심하다 마침내 p53이 과잉 활성화된 쥐를 만들었다. 보통 악성종양을 유도하는 DNA 손상 물질에 이 쥐를 노출해보니, 쥐는 암 발생에 저항력이 있었다. 아주 흥미진진한 발견이지만 안타깝게도 문제가 있었다. p53이 과잉 활성화된 쥐는 빠르게 나이 들었다. 몇 달 만에 겉모습이 아주 늙었고 생애 주기는 30퍼센트 줄어들었다. 이렇게 빨리 나이 든 이유는 인슐린 유사성장인자-1IGF-1, Insulin like growth factor-1이라는, 세포 증식을 담당하는 호르몬이 자극을 받아서라고 밝혀졌다. IGF-1은 p53의 통제를 받는다. 증폭된 IGF-1 신호는 세포가 노화 단계로 접어드는 속도를 올렸다. 그리고 노화는, 우리가 알고 있듯, 나이듦과 밀접한 관련이 있다. 요약하자면, p53이 없으면 세포는 암세포로 발전하기 쉽다. 하지만 p53이 과잉 활성화되면, 세포는 빨리 나이가 들고 죽는다.

여기서 끝이 아니다. 뜻밖의 놀라운 이야기가 또 펼쳐진다. p53은 Mdm2라고 불리는 제어자의 감독을 받는다. p53는 스위치가 켜지자마자 Mdm2를 활성화하는데, Mdm2는 p53의 약화를 책임진다. 그래서 p53이 축적되고 과잉 활동하는 상황을 막는다. Mdm2의 활동을 인공적으로 억제하면 p53의 활동이 증진될 것이다. 이 관계를 연구하기 위해 제어자가 완전히 제거된, Mdm2 녹아웃KO 쥐가 탄생했다. 하지만 p53을 자극하는 약물을 KO 쥐에게 투입해보니 결과는 최악이었다. 쥐는 실제로 온몸의 세포가 대규모로 마구 자살하여 죽어버렸다. p53을 만지작거리다가 의도하지 않은 결과가 나온 것이다. 이런 상황들은 수 암스트롱Sue Armstrong의 대단히 재미난 책『p53, 암의 비밀을 풀어낸 유전자P53: The Gene That Cracked the Cancer Code』에 잘 설명되어 있다.

p53 이야기는 더 복잡해진다. 2002년에 또 다른 연구팀이 여분의 p53 사본을 지닌 쥐에 대해 발표했다. '슈퍼 p53' 쥐는 암에서 보호받았고 너무 빨리 나이 들지도 않았다. 아마도 p53이 정상적인 통제를 받고 있다는 뜻일 것이다.

그러나 p53 또한 몸집이 큰 동물과 암의 문제에 대한 유일한 해답은 아니다. 돌고래는 암에 걸리지 않는데, 그 이유는 코끼리와 다르다. 심지어 수명이 200년이나 되는 거대 북극고래에게는 종양억제유전자 p53의 여분의 사본이 따로 없다. 몸집이 큰 동물이 암을 예방하는 한 가지 방법은 물질대사의 속도를 늦추고 DNA의 손상을 초래하는 활성산소의 생산을 줄이는 것이다. 암을 예방하는 또 한 가지 방법은 벌거숭이두더지쥐에서 찾아볼 수 있는데, 이는 히알루론산을 이용하여 다른 암 억제 경로를 활성화하는 것이다.

이 가운데서 인류가 암을 피할 방법을 알려주는 연구는 거의 없다. 그래도 비교생물학 연구는 분명 지식의 몸집을 엄청나게 키우고 있다. 언젠가 그 지식은 이 행성의 모든 동물을 위해 아주 유용하게 이용될 수 있으므로 연구는 계속 진행되어야 한다.

•

돌연변이가 종양유전자의 활동을 촉발하든 종양억제유전자의 기능을 바꾸든, 버트 보겔스타인과 크리스티안 토마세티Christian Tomasetti는 통계분석을 통해 신체 기관의 줄기세포가 분열한 횟수가 그 기관에 암이 생길 가능성을 결정한다는 사실을 밝혀냈다. 32종의 서로 다른 암에서 악성 진행을 유도하는 돌연변이, 즉 '창시자 돌연변이founder mutation'의 66퍼센트는 DNA 복제 오류 때문에 생겼다.

보겔스타인 연구팀은 대장암 연구를 통해 돌연변이의 발생률과 돌연변이가 실제로 세포에서 암을 발생시키는 비율 또한 밝혀냈다. 대장암은 천천히 진행된다. 진행 과정은 시작과 팽창과 전이, 뚜렷한 세 단계로 구분된다. 완전히 발달한 형태에 도달하기까지 20~30년이 걸린다. 이 상태가 암이 진행된 사례다. 세포가 불멸성을 얻는 가장 흔한 이유는 DNA에 생긴 체세포 돌연변이 때문이다. 이 돌연변이는 유전적으로 생길 수 있고, 환경적 요인 때문에 생기기도 한다(벤젠 노출로 인해 생겨난 돌연변이가 2차성 골수형성이상증후군과 급성골수성백혈병을 유발할 수 있다). 그러나 DNA 돌연변이의 절대다수는 세포 내부의 활동에서 생겨난다. DNA가 복제될 때마다 평균 세 번의 복제 오류가 일어난다. 그 외에, 돌연변이는 염색체 DNA의 두 가닥 염기쌍에서, 마치 양자 효과처럼 아주 세부적인 차원에서 일어나는 사건들 때문에 생긴다. DNA 중합효소(DNA 분자가 자신을 복사할 수 있게 해주는 효소)로 인한 실수, 활성산소종Reactive oxygen species으로 인한 물질대사적 DNA 손상, DNA 쌍을 다른 형태로 바꾸는 효과를 내는 가수분해성 탈아미노화Hydrolytic deamination. 이런 사건들이 DNA 손상에 중요한 원인이 된다. 보통 필수 유전자에는 한 개 혹은 몇 개 안 되는 운전자 돌연변이가 있다. 운전자 돌연변이는 세포를 악성 상태로 유도한다. 이런 돌연변이가 나타나게 하는 운전자 유전자는 약 140개가 있다. 운전자 유전자는 세포의 증식과 분화 및 암 표현형을 관리하는 정상적 기능과 관련 있는 약 열두 가지 주요 신호 경로에 직접 영향을 끼친다. 이들 유전자 가운데 90퍼센트는 세포의 운명과 생존을 결정지으며, 5~10퍼센트는 모든 유전자의 변이율을 조절한다. 후자 가운데 가장 친숙한 유전자가 BRCA1과 BRCA2다. 이 유전자의 돌연변이를 물려받으면 다양한 암이 생길 위험이 아주 높은데, 특히 유방암과 난소암에 걸리기 쉽다.

이런 운전자 돌연변이는 치료의 확실한 목표로 보일 수 있다. 이 돌연변이들은 어린이에게도 있다. 소아암의 악성 세포에서 세포가 수십 년에 걸쳐 획득하는 수많은 '승객 돌연변이passenger mutation'*를 찾기는 어렵다. 암세포에는 일반적으로 하나 혹은 두 가지의 창시자 돌연변이가 있는데, 이것은 딸세포를 생산하여 퍼뜨린다. 이 각각의 딸세포가 서로 다른 승객 돌연변이를 얻는다. 승객 돌연변이는 증식 기능에 직접 영향을 끼치지는 않지만, 창시자 돌연변이에 편승하여 클론clone◆의 팽창에 영향을 줄 수 있다. 암은 자라서 진화하며, 돌연변이와 유전적 다양성을 더 획득한다. 그래서 클론 생태계는 처음의 창시자 돌연변이와 추가로 더 생긴 승객 돌연변이를 품은 가운데 만들어진다.

하나의 클론이 커지려면 클론의 유전적 구조와 클론이 자리 잡은 미세환경microenvironment이 잘 들어맞아야 한다. 위장에 생긴 원발성 종양은 간으로 전이된 딸세포 중 하나와 비교해볼 때, 그 토양이 아주

---

* 운전자 돌연변이가 암의 발생과 진행에 핵심적인 돌연변이라면, 승객 돌연변이는 암이 진행될 때 그에 수반되는 돌연변이를 뜻한다.
◆ 공통의 조상에서 분화되어 유전적으로 동일한 세포군.

다르다. 위에서 자라는 클론이든 간에서 자라는 클론이든 창시자 돌연변이 자체는 똑같을 테지만, 치료에 대한 행동과 반응은 승객 돌연변이의 총량과 토양이 보내는 국지적 신호에 따라 달라질 것이다. 창시자 돌연변이를 표적으로 삼는 약은 우위를 점하는 세포 클론을 제거할 수 있는데, 그렇게 되면 종양이 확 줄어든다. 그러나 옆에서 기다리던, 유전적 양상이 다른 아클론subclone이 결국 성장에 우위를 확보할 것이다. 그렇게 종양은 재발한다. 그냥 재발하는 것이 아니라, 일종의 앙갚음을 하기 위해 다시 돌아온다. 이 아클론들은 바로 치료에 저항성을 갖고 있다는 점 때문에 선택되었기 때문이다.

이렇게 결론을 내리면 몇 가지 의문이 생긴다. 첫 번째 질문은 예방과 관련되어 있다. 만일 암이 언제나 세포의 고유한 오류 때문에 생기며 환경 같은 세포의 외부 요인과 아무 상관이 없다면, 생활양식을 아무리 바꿔도 어떤 차이도 없는 것 아닌가? 그렇지 않다. 우리는 암의 발생에 영향을 미치는 생활양식을 알고 있다. 폐암을 예로 살펴보면, DNA 복제 오류는 돌연변이의 35퍼센트만 설명하고 환경 요인이 나머지 65퍼센트를 설명한다. 두 번째 질문을 할 차례다. 세포가 복제를 준비할 때 언제나 돌연변이가 생길 수 있다면, 암은 왜 노년에 더 흔한 병일까? 이제 퍼 백의 연구와 삶으로 다시 시선을 돌려보자. 퍼를 힘들게 한 골수형성이상증후군은 세포의 내적 요인과 세포 주변의 미세환경이 모두 원인이다. 염증성 변화가 잔뜩 일어나게 된 미세환경 말이다. 아마도 그런 독한 환경에서 살아남을 수 있는 유일한 씨앗은, 일반적인 '성장-통제' 신호에서 벗어나게 하는 유전적 돌연변이를 가진 세포일 것이다. 인체의 미세환경이 어떻게 변하면, 정상 세포를 훼손해가며 생존하는 돌연변이가 생길 가능성이 커지는가? 자기 조직적 임계성에 대해 알게 되니, 악성 변이를 일으키는 세포 내 '유전자-염색체 재앙'에 앞서 일어나는 사건이 궁금해지기 시작했다. 조직은 이미 불안정해진 상태였을 것이다. 아주 작은 소동에도 무너질 준비가 된 정도로.

•

무너질 채비를 갖춘 불안정한 조직에서 일어나는 소동은 이수성에서 비롯될 수 있다. 이수성이라는 생물학적 현상은 현재 유전자에만 매달리는 암 연구자들에게 이의를 제기한다. 인간은 두 개씩 한 쌍을 이룬 스물세 쌍의 염색체를 갖는다. 부모에게서 하나씩 물려받은 것이다. 세포의 염색체 수가 46개보다 많거나 적으면 이수성을 갖는다고 말한다. 이수성은 세포가 분열할 때 딸세포 하나가 염색체를 46개보다 더 많이 가져가고, 다른 하나가 더 적게 가져가면서 염색체 개수가 달라질 때 생긴다. 유전자 돌연변이, 특히 손상된 DNA의 수리를 조절하는 유전자의 돌연변이가 염색체 불안정성을 유발하는데, 이것은 이수성의 원인이 된다. 1902년, 독일 과학자 테오도어 보베리The-odor Boveri는 성게 난자가 이수성을 보일 때 배아가 비정상적으로 발달한다는 사실을 발견했다. 그 후 그는 염색체 수에 오류가 생기면 세포가 암에 취약하게 된다는 가설을 세웠다. 이수성 세포는 활동하는 유전자의 수 때문에 단백질의 양을 비정상적으로 생산하는데, 이 단백질이 세포에 핵심적인 증식과 죽음의 신호를 방해한다. 약 90퍼센트의 고형암과 75퍼센트의 액체암이 이수성이다.

유전자 돌연변이와 이수성 모두 악성의 특징이다. 그러나 암의 최초 원인으로 둘 중 무엇이 상대적으로 더 중요한지에 대해서는 수십 년 동안 논쟁이 이어졌다. 한쪽은 이수성이 먼저이며 유전적 돌연변이는 염색체가 손상되었기 때문에 생기는 것이라고 주장했다. 반면 다른 한쪽은 유전적 돌연변이가 운전자 역할이고 이수성이 그다음이라고 주장했다.

2017년, 콜드스프링하버연구소의 연구자들은 나란히 두 종류의 세포를 배양해서 실험을 했다. 한쪽은 염색체 수가 정상이고 다른 한쪽은 염색체가 하나 더 많았다. 이수성 세포는 처음에는 천천히 자랐다. 하지만 갑자기 폭발적으로 성장해서, 거의 하룻밤 사이에 빠르게 분열하기 시작했다. 세포가 늘어날수록 염색체 수에서 점점 더 비정상성이 나타났다. 실험실의 접시는 신체에서 일어나는 현상을 재현하는 듯했다. 원발성 종양이 한동안 느릿느릿 자라다가 갑자기 공격적으로 전이를 일으키는 현상 말이다. 이수성을 가진 세포는 정상적 염색체 수를 가진 세포에 비해 생존에 이점이 있었다. 이 세포들은 유전적 불안정성도 보였다. 세포가 분열하여 생긴 딸세포에서 이수성은 점점 더 심해졌다. 모세포에 비해 어떤 딸세포는 염색체를 더 많이, 어떤 딸세포는 더 적게 가졌다.

초기의 느린 성장이 자기 조직화 단계에 해당될 수 있을까? 조직은 엔트로피가 끈질기게 증가한다. 모래 더미처럼 점점 더 불안정해져, 결국엔 자기 조직적 임계 상태에 이른다. 어떤 사건이든 조직을 붕괴시킬 수 있는 상태가 되는 것이다. 모래 더미를 무너뜨린 마지막 모래 알갱이가 여느 알갱이와 차이가 없듯, 재앙과 같은 변화를 일으키는 세포는 실험실 접시의 여느 세포와 크게 다르지 않을 수 있다. 세포가 있는 접시 전체는 점점 민감해지고 불안정해져서 그런 변화가 일어나기 쉬워졌다. 이런 환경에서는, 세포 분열 과정에서 나타난 DNA의 사소한 복제 오류나 승객 돌연변이가 조직을 무너뜨릴 수 있다. 다른 때라면 별다른 영향을 끼치지 않았을 테지만 말이다.

•

2000년 초반의 어느 아름다운 아침이었다. 나는 하비, 셰헤르자드와 함께 거실 창문 너머 미시건호의 눈부신 해돋이를 보며 즐거워하고 있었다. 시카고의 우리 집에서는 레이크쇼어 드라이브와 링컨공원 동물원이 내려다보였다. 또 존행콕 빌딩부터 시어스 타워까지 시가지가 파노라마처럼 펼쳐졌다. 하비는 기분이 좋았다. 행복한 아침이었다. 셰헤르자드는 주위에서 뛰어다니며, 부모가 잠시 한숨 돌린 모습에 기뻐했다. 하비는 특별히 원하는 일이 있냐고 물었다. 그는 안정적이고 편안해 보였다. 그래서 나는 어려워 보이는 부탁을 했다. 호수까지 같이 조깅을 가자고 한 것이다. 우리는 함께 달리는 걸 좋아했었다. 하지만 하비는 몇 달째 나서지 못하고 있었다. 그의 눈이 빛났다. "왜 안 되겠어?"

우리가 페기 노트배트 자연사박물관에 거의 다 왔을 때였다. 우리가 사는 건물에서 두 블록 떨어진 곳이었다. 갑자기 하비의 속도가 느려졌다.

"왜 그래?"

"잘 모르겠지만, 숨을 제대로 쉴 수가 없어." 그가 대답했다.

우리는 걸음을 멈추고 잠시 쉬다가 다시 걸었다. 한 블록 더 가자 또 같은 일이 벌어졌다. 우리는 집으로 돌아왔다. 시간이 갈수록 그는 숨이 가빠지기 시작했다. 응급실에 가자고 했으나 그는 거절했다. 나는 그에게 세헤르자드의 네뷸라이저nebulizer*를 주었다. 그건 한동안 도움이 되었다. 우리는 집에서 불안한 하루를 보냈다. 하비는 침실에 누워 남북전쟁을 다룬 켄 번스Ken Burns의 다큐멘터리를 보았다. 그는 무척이나 시청에 몰두했다. 그의 상태가 어떤지 주기적으로 확인하는 건 그를 성가시게 하는 일이었다. 나는 그를 혼자 두려고 애썼다.

당시 세헤르자드는 우리가 계획을 잘 세워놓고도 갑자기 취소하는 상황에 익숙했다. 우리가 집에서 밥을 먹게 될 거라고 말해도 눈도 깜빡하지 않았다. 우리는 일찍 잠들었다. 새벽 4시, 하비가 나를 깨웠다. 도와달라고 했다. 그는 땀을 흘렸고 거의 의식을 잃을 것 같았다. 호흡을 가다듬으려고 애썼다. 나는 911에 전화하고 싶었지만 하비는 그 대신 내게 운전을 해달라고 했다. 구급차는 우리를 가장 가까운 응급실로 데려갈 테지만, 하비는 러시대학병원에 가길 바랐다. 그곳은 우리의 직장이었다. 가사 도우미의 도움을 받아 하비의 옷을 갈아입히고 그를 차에 태웠다. 나는 먼저 병원에 전화를 해두었다. 우리가 병원에 도착하니 직원이 문가에 휠체어를 갖고 와서 기다리고 있었다. 하비는 몇 분 만에 삽관술 처치를 받았고 산소 호흡기를 달았다.

하비가 그 기계를 떼기까지 며칠이 걸렸다. 피곤한 정밀 검사가 이어졌다. 기관지 내시경 검사도 받았다. 폐 문제는 원인을 찾지 못했다. 마침내 성인형 천식이라는 진단이 나왔고, 그는 결국 스테로이드와 기관지 확장제를 다량 복용하게 되었다. 천식이 갑자기 공격적으로 나타났는데, 이 증상이 림프종과 어떤 식으로든 관련이 있을까? 폐

---

* 흡입 치료에 사용되는 보조 기구로 연무식 흡입기를 말한다.

질환 내력이 없는 경우, 관련이 있다고 생각해봐야 했다. 하지만 확실한 답은 찾을 수 없었다. 겨우 1년 뒤에 소급적으로 다시 진단을 받았다. 하비의 원발성 종양으로 인한 신생물딸림증후군paraneoplastic syndrome*으로 천식이 일어났다고 했다.

하비가 겪은 혹독한 징후는 혼란에 빠진 그의 면역체계가 림프종과 싸운 결과였다. 그렇게 싸우는 동안 면역체계는 불을 지르고 파괴를 일삼으며 그의 황폐해진 몸속을 휘저었고, 증상은 며칠 혹은 몇 주동안 계속 발현되었다. 그다음엔 섬뜩하게도 잠잠해졌고, 그는 기진맥진해서 몸을 전혀 쓸 수 없는 상태가 되었다. 1999년 11월, 우리는 간단한 회의 때문에 맨해튼의 플라자 호텔에 있었다. 하비는 셰헤르자드를 센트럴공원 동물원에 데려갈 생각에 신이 났다. 다음 날 아침, 그는 옷을 갈아입다가 불쑥 주저앉아 왼쪽 종아리를 붙잡았다. "경련일 거야." 그가 말했다. 이미 나는 그가 겪는 모든 일이 림프종과 관련 있다고 생각하고 있었다. 그는 그런 식의 해석을 참지 못했다. 자신의 병이 자꾸 떠오르기 때문이었다. 우리가 시카고로 돌아올 무렵, 그는 눈에 띄게 다리를 절었다. 나는 그를 내과로 보냈다. 초음파 검사를 받으니 종아리에 심부정맥혈전증, 즉 DVTdeep vein thrombosis가 있다고 했다. 그를 맡은 종양 전문의, 호흡기내과의, 류마티스내과의, 내분비내과의 모두 같은 의견을 냈다. DVT, 식은땀, 이동성 다관절염migratory polyarthritis 및 이전 해에 진단받은 천식까지 모두 연결되어 있다고 한 것이다. 하비의 징후는 몸을 돌아다니는 림프종 때문일 수 있었

---

* 신생물이란 새로 생긴 세포 조직이라는 뜻으로 종양을 지칭하는 또 다른 말이다.

다. 피부에서 폐까지 범위를 확장해서 국소적 반응을 일으킨 것이다. 그런데 같은 종류의 징후가 고형 종양에서도 나타난다. 고형 종양solid tumor은 그 종양이 자리한 기관에만 묶여 있는데도 말이다. 이 상황에 대해 어떻게 설명할 수 있을까?

신생물딸림증후군은 때때로 그전에는 몰랐던 악성종양이 처음으로 모습을 드러낸 징후일 수 있다. 이 증후군은 어떤 조직이나 장기, 기관에도 영향을 끼칠 수 있다. 어디에 나타날지는 알 수 없다. 데이비드 안사리David Ansari는 췌장암과 혈전증이라는 특이한 연합을 추적하면서 이 증후군에 대해 우리가 알아온 역사를 설명했다.

맨체스터의 외과의 찰스 화이트는 1784년에 처음으로 입증했다. '우유 다리'는 몸에 남은 젖이나 오로 때문이 아니라 혈관을 막고 있는 덩어리 때문에 생긴다는 것을 말이다. 1847년, 독일의 루돌프 비쇼(1821~1902)는 정맥 혈전이 종종 폐로 이동하는 현상을 관찰했다. 1865년, 프랑스의 의사 아몽드 트루소(1801~1867)는 자신의 췌장암 투병 생활 중에 움직이는 정맥 혈전이 발생했다고 설명했다. 오랫동안, 췌장의 암종이 임상적으로 의미 있는 혈전이 생기기 쉬운 체질로 만드는 고유한 능력을 갖고 있다는 주장이 '사실'로 여겨졌다. 나중에 이의가 제기되었으니, 췌장암과 혈전색전 질환의 관계는 덜 강조되어야 한다는 의견이 나왔다. 혈전색전증이 췌장 암종에만 고유하게 나타나는 것도 아니고, 특수한 관계를 맺는 것도 아니라는 이유에서다. 내장의 다른 악성종양에도 혈전이 그만큼 자주 나타날 수 있다.

원인이 무엇이든 질병으로서의 암은 하나의 기관에만 묶인 종양을 넘어선다. 하비의 경험 또한 이 사실을 깨우치게 했다. 원발성 종양이 아니라면, 암에 대한 신체의 면역반응은 신체의 어떤 부위에도 영향을 끼칠 수 있다. 아리송하고 예상치 못한 방식으로, 때로는 종양 그 자체보다 아프게. 만고불변의 치료법은 근본이 되는 암의 제거뿐이다. 그 외 다른 방법은 통증과 감염을 줄이기 위해 완화적이고 증상 중심적으로 치료하는 것이다.

식은땀 증상을 보면 뭔가에 전염된 게 아닐까 생각하게 된다. 면역체계와의 관련성이나 사이토카인 분출도 염두에 두게 된다. 사이토카인은 신체가 암에 반응하여 싸울 때 필수적인 단백질이다. 신체는 뭔가 문제가 있다는 것을 알고 사납게 면역반응에 착수한다. 암세포는 표면에 "날 먹지 마"라는 신호를 띄우거나, "날 먹어"라는 신호를 숨겨서 그 분노를 피한다. 면역반응은 암세포를 제거하는 대신 정상조직을 손상하여 해를 더 끼치고 만다. 암 환자의 면역반응이 늘 억제되는 건 아니다. 오히려 과도한 활동성을 띤다. 때로 과도한 동시에 저하된 상태를 보이기도 한다.

하비는 반복적으로 감염되었지만 면역체계가 제대로 반응하지 못해서 생명이 위험해졌다. 생애 마지막 한 해 동안 한 달에 몇 번씩 병원에 입원을 해야 했다. 면역력을 높이기 위해 정기적으로 면역글로불린immunoglobulin 정맥 투여를 받았다. 동시에 식은땀이 마구 흘러 고통스러웠고 이동성 다관절염으로 너무나 아팠으니, 림프종에 대한 면역반응이 과잉으로 이루어지고 있다는 신호였다. 면역반응이 저활동성인 동시에 과잉 활동을 보인다는 것은 받아들이기 어려운 개념이다. 한 가지 가능성은, 암이 친구인 척하며 면역체계를 놀리지만 완벽하게 속이지는 못했을 수 있다는 것이다. 다른 가능성은, 종양에서 분비된 화학물질과 단백질이 혈액을 타고 온몸을 도는 가운데 민감도가 높은 조직에서 반응을 이끌어낸 것일 수도 있다. 그 반대 또한 가능하다. 즉 면역체계에 먼저 결함이 생겼고, 그 결과 암이 생겼을 수 있다. 만일 암이 결과적으로 생긴 거라면 신체에서 어떤 조직적 변화가 일어났기에, 변이가 일어나 달라진 악성 세포가 살아남기 좋게 되었을까? 과잉으로 활동한 면역체계의 염증성 반응이 원인일 수 있을까?

환원주의적 접근은 생의학 분야에서 진보를 추동하는 힘이다. 하지만 이 방식은 개인의 경험을 무시하고 만다. 암이라는 질병을 개인의 사례에서 보면, 악성 세포는 기관 하나에만 제한되어 있어도 여러 기관을 아프게 할 수 있다. 암은 발현 극초기에만 각각의 구성 요소가 지닌 성질로 정의되거나 그런 성질에 국한된 모습을 보인다. 암이 멀리 떨어진 곳까지 널리 퍼져서 신체에 폭넓은 영향을 미치는 것이 각각의 악성 세포 혼자 오작동을 일으킨 탓이라고 할 수만은 없다. 그보다는 세포끼리 서로 상호작용을 주고받고 또 신체의 방어 작용에 대응하면서, 하나의 집단으로서 예측 불가능한 행동을 보이는 것이다. 면역 세포는 암을 낯선 존재로 인식하지 않는 것 같다. 적어도 일부 환자의 경우에는 그렇다. 불타오르는 활성화된 면역체계는 진짜 표적을 놓치고 암이 아니라 주인에게 더 상처를 입힌다. 어떤 부위가 면역 공격의 목표가 되는가에 따라, 환자는 기묘한 신생물딸림증후군을 겪는다. 물이 상태가 변하면서 느닷없이 창발성*을 보이는 상황과도 비슷하다. 물은 얼어붙으면 얼음이 된다. 액체 상태든 고체 상태든 물의 분자 구성에는 변화가 없다. 그렇다면 얼음의 미끄러움은 무엇 때문일

---

* 부분 요소에는 없는 특성이나 행동이 전체 구조에서 나타나는 현상.

까? 개별적 부분의 합으로는 전체 단위에서 나타나는 복잡성을 설명할 수가 없다. 신생물딸림증후군은 암의 창발성과 같다.

이 복잡한 문제를 종합적으로 탐색하기 위해서는 암 유발 돌연변이를 찾기 위해 종양의 유전체 염기 서열을 분석하는 일 이상을 해야 한다. 암은 면역 조직을 파괴한 건강한 동물에만 인공적으로 이식될 수 있다. 그 결과 동물 모델에서는 다음과 같은 부분을 알 길이 없다. 암에 동반되는 신체 반응은 무엇인지, 암이 어떻게 작용하기에 면역 반응이 목표를 잘못 잡게 되는지, 악성종양에 대해 전체 조직은 어떻게 반응하는지, 신생물딸림증후군에는 어떤 징후들이 포함되는지 등을 확인할 수 없는 것이다. 쥐에게서 나타난 관절 통증과 식은땀을 가지고 B-증상을 정리한 사람이 없는 것은 이 때문이다.

•

암 발생률은 나이와 함께 증가한다. 비록 나이듦과 암은 생물학적으로 서로 완전히 반대편에 있는 과정이지만 말이다.

세포가 나이 든다고 꼭 죽는 것은 아니다. 세포들은 '노화'라고 불리는 일종의 가사 상태에 접어든다. 증식을 중단하고 물질대사 활동과 에너지 소비를 최소화한다. 그 어떤 유용한 기능도 더 이상 수행하지 않는다. 하지만 살아 있기 때문에 자연히 쓰레기는 계속 배출한다.

세포가 분열 능력을 잃고 수명이 다하는 헤이플릭 한계에 다다르면, 노화 단계에 들어서거나 죽는다. 세포 분열의 수를 추적하는 시계는 각각의 염색체 끝에 있는 DNA의 뻗은 부분으로, 텔로미어Telomere(말단소체)라고 한다. 텔로미어는 세포가 분열할 때마다 줄어든다. 대개의 암은 텔로머레이스telomerase라는 효소를 생산하여 노화나 죽음을 거부한다. 텔로머레이스는 사라진 DNA를 재건할 수 있다. 엘리자베스 블랙번Elizabeth Blackburn과 캐롤 그라이더Carol Greider, 잭 스조스택Jack Szostak, 이 세 명의 과학자는 염색체가 텔로미어에 의해 보호받는 방법과 텔로미어 DNA가 텔로머레이스에 의해 복구되는 방법을 연구하여 2009년 의학과 생물학 분야에서 노벨상을 받았다.

나이듦은 텔로미어가 짧아지고 노화 세포가 축적된 상태와 관련이 있다. 노화 세포는 살아 있기 위해 최소한의 생물학적 행동을 하며 쓰레기는 계속 배출하지만, 유용한 기능은 아무것도 수행하지 않아서 문제가 된다. 신체의 '쓰레기' 제거 조직은 몸에 필수적인 기능을 수행하고 분열하는 세포의 잔해뿐만 아니라 이런 무임승차자의 잔해도 제거하느라 초과근무를 한다. 그 외에도 노화 세포는 만성염증을 유발하는 단백질을 생산한다. 그 결과 유독한 환경이 완벽하게 갖추어진다. 변이된 세포가 생겨서 성장하기 딱 좋은 환경이다. 유독한 환경은 암 및 다른 노화 관련 질병의 중대한 원인이다. 변이된 씨앗은 나이든 몸에서 적당한 토양을 찾는다.

나이듦은 염증을 유발한다. 암세포는 염증성 토양에서 번식한다. 앞서 살펴보았듯이, 물론 나이듦과 함께 DNA 돌연변이 집단이 나타난다. 그 집단의 수는 나이와 함께 함께 증가한다.

보통 예순 살이 넘는 사람들 중에는 건강하고 질병이 전혀 없어 보이는데도, 혈구의 2~20퍼센트가 유전자 돌연변이를 지닌 클론에서 생산되는 경우가 있다. 그 돌연변이는 골수형성이상증후군이나 급성골수성백혈병 같은 심한 악성 질병과 관련된다. 놀라운 일이다. 혈액 수치에서 임상적으로 확실한 비정상성이 드러나지도 않고 식별 가능한 골수 질병이 없는데도 혈액과 골수세포에 질병 관련 돌연변이가 존재하는 것이다. 이는 클론성조혈증CHIP, clonal hematopoiesis of indeterminate potential이라고 불린다. 이 이름은 심각한 병리적 상태와 관련된 돌연변이를 지닌 세포 집단 혹은 세포 클론이 있다는 뜻이다. 그러나 낮은 혈액 수치가 나타나지 않아서 질병이 발생할지 확실히 알 수 없다. 클론성조혈증의 발생률은 나이가 들수록 늘어난다. 60대가 되면 20퍼센트까지, 80대가 되면 50퍼센트까지 증가한다. 클론성조혈증은 골수형성이상증후군으로 진행될 가능성이 아주 낮다(약 1퍼센트). 하지만 심혈관계 질환이나 뇌졸중 같은 다른 질병과 관련이 있다. 특히 뇌혈관계 질환의 경우 겉으로 드러나는 위험 인자를 쉽게 확인할 수 없을 때 더욱 관련성이 높다. 백 살이 넘은 사람의 경우 클론성조혈증이 거의 없다. 만일 백 살까지 살고 싶다면, 클론성조혈증이 없어야 한다.

노화 세포에 더하여 세포와 세포 사이의 신호를 교란하는 요인들이 있다. 변이된 DNA 조각이 축적되는 것, 쓰레기가 늘어나는 것, 고령자의 경우 전 염증성 미세환경이 나타나는 것, 나이가 들면서 골수 공간이 개편되는 것 등이다. 정상 신호들은 생리학적으로 신호의 강도가 각각 다르다. 세포 활동은 적어도 부분적으로는 화학적 신경 신호를 통해 미세환경이나 기질 세포stromal cell*의 통제를 받는다. 이때, 신호를 전달하는 물질의 양이 핵심적이다. 그리고 두 세포 사이의 물리적 거리도 어느 정도 중요하다. 나이가 들면 실제 조직이 크게 소실된다. 세포가 증식 한계에 다다라 죽기 때문이다. 건강한 성인의 경우

---

* 기관들을 연결하는 조직 세포.

골수의 절반가량은 혈액을 생산하는 세포가 채우고, 나머지 절반은 빈 공간으로 지방이 채운다. 나이가 들면, 지방과 세포의 50 대 50 비율이 변한다. 일흔 살이 된 노인의 경우 흔히 골수의 70퍼센트가 지방으로 채워져 있다. 이렇게 지방이 늘어나면 신호 전달을 맡는 효과기effector와 표적 세포 사이의 거리가 멀어진다. 억제 신호의 양이 조금만 줄어들어도 표적 세포는 증식에 유리해진다. 증식을 통제하는 기질 세포와의 거리가 멀어진 상황이어도 그렇다. 그런 표적 세포가 돌연변이도 축적하면, 점차 감시받지 않는 하나의 클론으로 팽창하게 된다. 이런 비정상적 상황이 제멋대로 계속되면, 골수는 결국 '단일클론', 즉 세포 하나의 딸세포군으로 구성된 상태가 된다. 이런 단일클론 세포군monoclonal population*은 식별 가능한 특정 돌연변이가 특징이다. 클론성조혈증과 관련된 가장 흔한 돌연변이로는 TET2, DNMT3A, ASXL1 유전자 변이가 있다.

단일클론 세포군이 나타났다고 해서, 그 세포군의 딸세포 중 하나가 악성 세포로 바로 변한다는 뜻은 아니다. 그보다는, 단일클론성으로 인해 세포가 악성으로 발전하기 쉬워진다는 얘기다. 클론이 빠르게 팽창하면서, 단일클론 세포의 수는 증가하고 조직은 평형 상태에서 벗어나 자기 조직화와 임계 상태로 향할 수 있다. 골수 속의 비정상적 건축물 아래에서 세포 구성이 재편될 때, 이 조직에도 모래 더미의 자기 조직화와 같은 규칙이 적용될까? 임계 상태에 도달하면 조직은 갑자기 한꺼번에 무너지는 변화를 겪기 쉽다. 여러 발견이 이를 뒷받침한다. 예를 들어, 만성골수성백혈병에 걸린 환자의 모든 악성 세

---

* 세포 하나가 분열해서 만들어진, 유전적 특성이 동일한 세포들.

포는 실제로 염색체 9번의 일부와 22번의 일부가 서로 자리가 바뀌어 붙어 있다. 이 발견이 이루어진 도시의 이름을 따, 이런 이상을 필라델피아 염색체philadelphia chromosome라고 부른다. 수년 전에는 필라델피아 염색체에 앞서 클론의 팽창과 단일클론적 상태가 나타난다는 것이 밝혀졌다.

단일클론성의 발생률은 나이듦과 정비례한다. 60세 이상의 여성 가운데 40퍼센트가 단일클론에서 비롯된 골수 기능을 보여준다. 암은 거의 대부분이 단일클론적이다. 이뿐만 아니라 이형성증dysplasia이라고 불리는 암의 전 단계 또한 단일클론적이다. 정상 세포는 비정상적 환경에서 이형성을 보이기 시작한다. 그래서 골수와 자궁경부, 간과 식도와 위에 영향을 미치는 이형성 상태는 모두 단일클론적이다. 이형성 형태는 비정상적 토양, 즉 비정상적 미세환경을 시사한다. 조직이 임계 상태의 보편성을 따르게 되면, 그 조직이 겪게 될 과정은 예측할 수가 없다.

•

나이듦은 가장 강력한 발암물질이다. 나이가 들면 암을 일으키는 모든 사건들이 우연히 같이 일어나게 된다. 재치 있는 풍자력과 날카로운 관찰력을 지녔던 노라 에프론Nora Ephron이 남긴 유명한 충고가 있다. 여성들은 마흔세 살이 되면 목을 가리라는 말이었다. "우리는 얼굴을 감출 수 있지만 목은 속일 수 없다. 삼나무의 나이가 알고 싶으면 나무를 잘라야 한다. 하지만 나무에 목이 있으면 자르지 않을 것이다." 요즘 거울을 보며 종종 생각한다. 만일 이 모습이 겉으로 드러난 변화라면, 몸속은 나이가 들면서 어떻게 파괴되고 있을까? 적어도 네 가지의 근본적인 생물학적 변화 때문에, 나이 든 몸은 악성 세포가 번식할 수 있는 온상이 된다. 나는 이를 '나이듦의 안개'라고 부른다. 첫 번째 변화는 돌연변이다. 유전과 유독한 환경 노출에 더하여, DNA가 세포 분열로 매번 복제될 때마다 새롭게 복제 오류가 생긴다. 세포의 물질대사 또한 DNA 손상을 일으킨다. 이렇게 발생한 돌연변이는 시간이 갈수록 늘어난다. 두 번째는 면역체계가 무능해지는 것이다. 신체 진행 과정은 나이가 들수록 노쇠하게 되고, 면역체계가 최초로 생겨난 암세포를 머뭇거리다 제거하지 못하게 만든다. 세 번째는 나이가 들면서 노화 세포가 증가하는 것이다. 노화 자체는 항암적이다. 세포가 분열을 그만두기 때문이다. 그렇지만 다른 세포에 암을 유발할 수 있는데, 노화 세포가 여전히 물질대사 작용을 함으로써 쓰레기를 배출하고 축적하여 서식지를 유독하게 변화시키기 때문이다. 염증이 일어나기 쉬운 이런 미세환경은 비정상적인 암세포 씨앗 성장에 이상적인 토양이 된다. 마지막으로 나이가 들면서 세포 조직이 사라지는 문제가 있다. 얼굴과 목에서는 이런 훼손이 아주 잘 드러나는데, 신체 내부에서도 똑같은 일이 일어난다. 세포 조직이 감소하면, 장기 조직은 세포 사이의 거리를 다시 조정한다. 골수가 조직 손실로 생겨난 세포 사이의 공간을 다시 따져보는 것이 그 예다. 그런데 세포는 화학 신호의 정확한 생리학적 강도에 따라 활동한다. 이 네 가지 요인이 안개처럼 내려와 고령자의 암 발생 가능성을 높인다. 퍼의 모델에서는 모래 알갱이 하나가 조직을 톡 밀어 무너뜨릴 수 있는데, 나이 든 신체는 이런 발암 요인 무리에 에워싸여 있다.

유전적 성향을 물려받았건 나이듦으로 변화했건 아니면 독성 물질이나 병원체에 노출되었건, 모든 발암물질은 종양유전자나 종양억제유전자에 혹은 둘 다에 돌연변이를 일으킨다. 이론적으로 보자면 유전적 돌연변이의 해결책 찾기를 목표로 삼아 연구하면 일이 간단해질 것이다. 하지만 문제는 이런 변이가 일정하지 않다는 것이다. 암세포가 매번 분열할 때마다 새로운 돌연변이가 생길 수 있다. 이런 수백 가지 작은 조각들이 다 같이 움직이기 때문에 성인 암은 창발적으로 복잡하다. 그래서 소아암보다 노인의 암을 치료하는 일이 더 어렵다. 노인층의 경우 돌연변이 조합이 개인마다 다른 것으로도 모자라서, 환자 한 사람의 체내에서도 암세포의 세대마다 다르다. 젊은 사람의 경우 DNA 복제 오류가 축적될 시간이 없다. 암은 주요 유전자 신호, 즉 노달 신호 경로nodal signaling pathway*의 오작동으로 생긴다. 오작동으로 인해 세포는 성숙하는 대신 끝없이 증식하는 주기로 들어선다. 표적 하나를 공격하는 일은 유독한 전 염증성 미세환경에서 기능하는 많은 단백질의 누적된 오작동을 고치려고 애쓰는 일보다 효과적일 가능성이 크다. 만성골수성백혈병의 경우 그렇다. 그러나 이 병에서조차 약은 질병이 안정적인 만성 단계일 때만 효과적이며, 급성으로 빠르게 진행되는 단계에서는 효과가 없다. 마지막으로, 암세포와 면역체계의 상호작용으로 인해 암 환자는 기존의 암과는 완전히 다른, 고통스럽고 생명을 위협하는 증상과 징후를 겪는다. 이런 증상과 징후를 모두 신생물딸림증후군이라고 한다. 반세기에 걸쳐 이어진 생물학 연구는 앞으로 이런 발암 현상의 불가해한 속성에 대해 충분히 밝혀내야 한다. 다음 장에서는, 이런 지식을 응용하여 개인마다 다른 치료

---

* 세포에 신호를 전달하는 분비성단백질 전달 체계.

를 고안하는 일을 살펴보고, 정밀 의료 계획에 대해 논의할 것이다.

•

퍼 백의 비극적 이야기는 멀리 유럽에서 벌어진 일이었고, 나와는 제법 거리가 있었다. 나는 그저 전화와 이메일로만 자세한 상황을 알게 됐다. 그래도 내겐 아주 중요한 일이었다. 나는 그에게 인생 최후의 결정 몇 가지를 처리하라고 조언했다. 하비와 내가 똑같이 직면한 문제들이었다. 이렇게 운명이 평행선을 달리다니, 도무지 현실로 받아들일 수가 없었다. 명민하고 활력 있고 열성적이고 제 일에 집중하는 두 명의 남자. 그들은 경력이 절정에 다다랐고 미래에 대한 큰 계획을 세워놓았다. 그런데 갑자기 결승선을 맞게 되었다. 두 사람 다 어린 자식들이 있지만, 그들이 어른으로 성장하는 모습은 볼 수 없을 것이다. 대학을 졸업하고 결혼하고 손주들을 안겨주는 모습도.

수많은 밤이 있었다. 하비가 등을 돌린 채 침대 끝에 꼼짝하지 않고 앉아서 깊은 생각에 잠긴 모습을 바라보던 밤. 그 시간만큼은 끝없이 계속될 것 같았다. 시간을 다 써가는 사람에게 시간은 무엇을 의미할까? 잘 알 수는 없지만 직감했다. 그저 입을 다물어야 한다는 것을 알았다. 그의 마음속 은밀한 흐름을 방해하지 않기로 했다. 저 남자는 매일 더 가까이 다가오는 죽음의 발소리를 듣고 있다. 죽어감, 상실, 고통, 슬픔, 쇠약하고 황폐한 느낌 그리고 뒤에 남기게 될 것들 때문에 터져 나오는 참을 수 없는 슬픔. 이를 어떻게 받아들일까? 달리 어떻게 할 수 있을까? 몸을 허약하게 만드는 암은 느리면서도 끈질기게, 꾸준히, 아프게 타격을 입힌다. 또렷한 의식과 예민하고 논리 정연한 정신이 아프고 뼈만 남은 신체에 머물러야 한다. 암에게 수치를 당할 때마다 정확한 감각으로 기록하면서. 시카고의 이 울적한 밤들 동안, 우리는 굳은 자세로 옴짝달싹 못하고 자기만의 지옥에 갇힌 채 고통받는 두 영혼이었다. 그가 수직 자세로 가만히 있다면, 그에 어울리게 나는 수평 자세로 꼼짝 않고 있었다. 둘 다 서로가 깨어 있다는 사실을 알기를 겁냈다. 알면 언어가 끼어들게 되기 때문이었다. 우리가 힘들어하고 있다는 사실을 언어화하는 일, 고통을 말로 객관화하는 일이 두려웠다. 아무리 말을 아낀다 해도, 그 말은 매섭고 아찔하고 어질어질한 속성을 축소할 위험이 있다. 그 속성, 그에겐 육체적이고 나에겐 정서적이다. 곧 나는 하비의 목소리가 영원히 부재하는 공간에서 말을 하게 될 것이고, 그의 호흡을 담지 않은 공기로 숨 쉬게 될 것이다. 가슴이 두근거려 조절하려고 애쓸 때조차, 내 마음은 은밀히 침입한 이성에 붙잡혀 차갑게 미시적 분석을 내렸다. 내 감정이 정확히 어떤 상태인지 확인하고, 내가 하비를 애도하는 것인지 아니면 그 없이 살아갈 셰헤르자드와 나 자신을 걱정하는 것인지 구분했다. 생각과 감정이 서로 갈등하고 혼란을 일으켰다. 남아 있는 희망이라는 보호벽에 동시에 덤벼들어 그 벽을 몽땅 박살 냈다. 나는 그렇게 울적한 애수에 젖어들었다. 내 삶에 다가올 공허, 앞으로 기다릴 외로운 날들. 폭력적일 만큼 예리한 공격이었다. 신체적으로도 난폭했다. 마른 목이 메고, 한바탕 구역질도 났다.

다른 암 환자들도 이런 문제를 경험할까? 덧없이 영혼을 파괴하는, 더 이상 줄일 수도 없는 고통의 아찔함을 말이다. 다른 환자들도 지친 손가락으로 톱니같이 날카로운 비통함을 쏟아낼까? 그들도 잠을 이루지 못하는 밤의 침묵 속에서 말할 수 없고 들을 수도 없는 언어로 안녕을 고할까?

•

　퍼와 나눈 가장 슬픈 대화 중 하나는 그가 골수이식 수술을 받은 지 몇 달 지난 후에 이루어졌다. 모든 것이 제자리를 찾아가는 듯하던 그때, 그에게 무시무시한 이식수술 합병증이 생겼다. 심한 폐 손상이 온 것이다. 퍼는 치료를 여러 차례 받았다. 어떨 땐 용감하기까지 했다. 그런 후에 그는 결국 자신이 살아남지 못하리라는 것을 알게 되었다.

•

　하비와 퍼는 몇 개월 간격으로 죽었다. 정신없는 속도로 강렬하게 살았던 두 생명이 갑자기 폭발했다. 제 영역을 확장하고 증폭하고 키워나가, 남겨진 사람들에게 놀랍고 거대한 충격을 안겼다. 그들은 너무 빨리 생명을 강탈당했다. 나는 나만의 안개 같은 공간으로 들어가 마지못해 움직였지만, 내내 스스로가 쪼개지고 갈라지는 기분이 들었다. 든든한 엄마 노릇을 하고, 일터에 가고, 환자를 보고, 연구소를 운영하고, 하비의 과학 프로그램을 마무리짓고, 갑자기 일자리가 사라져버린 열두 명의 과학자에게 자리를 찾아주려고 애썼다. 재산 문제와 사회보장제도, 병원 청구서, 보험회사와 씨름하고 슬퍼하는 친척들, 위로하는 친구들을 맞이했다. 동시에 나만의 우주적 격동을, 마음속의 우울한 생각들을 처리했다.

나는 내 마음속 틈을 느꼈다

마치 나의 뇌가 쪼개진 것처럼

나는 틈을 맞추려고 했다

하지만 맞출 수가 없었다

다음에 올 생각을

앞서 한 생각과 연결하려고 했다

그러나 흐름은 손에 닿지 않았다

마치 바닥 위의 공처럼

－에밀리 디킨슨Emily Dickinson

3

레이디 N.

장전된
총

마르셀 프루스트Marcel Proust가 말했다. 진짜 여행이란 새로운 풍경을 찾는 게 아니라 새로운 눈을 갖는 거라고. 나는 프루스트의 명언과 비슷한 일을 매일 겪는다. 내 환자의 시선을 통해 새로운 통찰을 얻는 것이다. 레이디 N.만큼 철저하고 예리한 통찰력을 지닌 사람도 없었다. 그녀는 혈기왕성했고, 기지와 유머가 반짝이는 시끌시끌한 사람이었다. 상식적으로 서로 상관없어 보이는 것들을 연결하는 묘한 습관이 있었으며, 대단한 지성과 아무나 흉내 못 내는 유머 감각을 지녔었다. 직관도 뛰어났다. 그리고 무엇보다 중요한 점은, 178센티미터나 되는 큼직한 체구 어디에나 삶을 향한 불타는 열정이 깃들어 있었다는 사실이었다.

예순두 살의 레이디 N.은 2008년에 처음으로 나의 진료실을 찾았다. 그녀는 엉뚱한 소리를 했다. "참고로 난 적어도 25년에서 30년 동안 심한 빈혈을 앓았어요, 계속 앓지 않는다면 말이죠. 나는 내 골수형성이상증후군에 유전적 요소가 있다고 확신해요." 그녀는 계속 말했다. "고모가 낳은 첫아이는 태어났을 때 뼈에 골수가 없었거든요." 그녀는 오랫동안 빈혈을 앓긴 했지만 나를 만나서야 비로소 골수형성이상증후군 진단을 받았다. 처음 몇 년간은 그리 나쁘지 않았다. 병든 세포는 5번 염색체의 장완에 결실이 있었다. 이 특이한 골수형성이상증후군 아류형은 병이 느리게 진행되고 생존 기간이 길며 레블리미드에 특히 잘 반응한다. 레블리미드는 한때 악명 높았던 약 탈리도마이드thalidomide◆를 개량한 약이다.

●

1999년 당시, 나는 직접 하비에게 탈리도마이드를 처방했었다. 하비는 동정적 배려 차원에서 그 약을 받은 첫 번째 림프종 환자들 가운데 한 명이었다.

하비의 암이 별안간 통증이 심한 신생물딸림증후군으로 발현되었을 때였다. 이젠 특정 종류의 화학요법을 받아야 했다. 이 무렵 국가 단위의 학술회의에서 어느 종양 전문의가 탈리도마이드를 림프종 환자에게 쓰니 간헐적으로 효과가 있었다고 발표했다고 듣게 되었다. 이 방법이 하비에겐 더 안전한 대안이 될 수 있겠다고 직감했다. 그때 하비는 여전히 화학요법을 주저하고 있었다. 나는 하비에게 탈리도마

◆ 1950년대부터 60년대까지 임신부의 입덧 방지용으로 판매된 약으로, 처음에는 안전하다고 광고되었으나 수많은 기형아 출생을 유발했다.

이드는 시도해볼 가치가 있다고 했다. 시간을 잃는다고 해도 얼마나 될까? 몇 주쯤? 하비는 내 말을 듣더니 제안에 따르겠다고 했다. 약을 그렇게 실험적인 차원에서 사용하려니 지원군이 필요했다. 우리는 시카고에서 하비의 주치의인 종양 전문의 스티브 로젠Steve Rosen을 찾았다. 그는 카리스마 있고 환자에게 깊이 공감할 줄 아는 친절하고 세심한 의사이자 좋은 친구로, 노스웨스턴대학의 암센터장이었다. 우리는 하비의 치료 선택지를 살폈다. 몇 가지 종류의 화학요법이 다였다. 스티브는 탈리도마이드에 대한 나의 설명을 듣고 약을 처방하는 계획에 동의했다. 스티브와 더불어 슬론케터링기념암센터 림프종과 과장 오언 오코너Owen O'Connor 덕분에, 나는 제약사 셀진으로부터 동정적 배려의 차원에서 단일 환자에게 사용되도록 한 약을 받을 수 있었다.

우리는 탈리도마이드를 추천받은 용량의 절반만 하비에게 투여했다. 골수형성이상증후군 환자들에게서 나타나는 독성 때문이었다. 약은 양을 줄여도 효과가 놀라웠다. 복용한 지 48시간 만에 하비의 얼굴 부종이 눈에 띄게 사라지기 시작했다. 한 주가 끝날 무렵 피부가 움푹 들어가 울퉁불퉁해진, 기괴하게 부은 얼굴이 완전히 사라졌다. 그는 보기 좋은 외모를 되찾았다.

•

마침내 레이디 N.의 혈액 수치가 떨어졌다. 개입이 필요했다. 바라던 대로, 적혈구를 자극하는 호르몬제 프로크리트Procrit에 이어 레블리미드까지 처음에는 반응이 좋았다. 빈혈은 기대 이상으로 개선되었다. 그녀는 근사한 생활을 누렸다. 고양이 여러 마리를 돌보고, 친한 친구들을 여럿 만나고, 쇼핑을 하고, 아흔아홉 살의 어머니와 식사를 했다. 삶을 전반적으로 최대한 즐겼다.

레이디 N.은 경과 관찰을 위해 정기적으로 병원을 찾았다. 그때마다 마주치는 모든 이의 호의를 샀다. 그녀는 솔직한 태도로 시끌시끌하게 재미있는 말들을 건넸다. 자조적인 모습도 보여주는 한편, 놀라운 기억력으로 타인의 개인사를 기억해내 애틋하게 걱정해주었다. 누구나 금방 그녀를 좋아했다. 또 그녀만의 독특한 능력이 있었으니, 업무 때문에 나를 만나러 온 어린 친구들과 굉장히 잘 소통한다는 것이었다. 여름 동안 실습하는 고등학생이건 골수형성이상증후군에 대한 논문을 쓰는 박사학위 준비생이건 혈액과 수련을 받는 펠로우건, 그녀는 몇 가지 질문으로 그들의 사정을 알아낸 다음 상대에게 맞는 본인의 일화나 개인사를 들려주어 상대를 끌어당겼다. 나는 레이디 N.의 젊은 팬들을 여럿 떠올릴 수 있다. 특히 매트 마크햄이라는 청년은 나와의 일이 끝난 뒤에도 그녀와 오랫동안 연락을 주고받았다. 레이디 N.은 이렇게 사람을 끄는 매력이 있었다.

레이디 N.은 '레이디 캣'이기도 했다. 이젠 고인이 된 그녀의 남편이 살아 있을 때, 그녀는 그와 함께 키우던 아름다운 고양이들을 데리고 미국과 유럽을 다녔다. 고양이들은 사람들의 감탄을 자아내고 상도 탔다. 그녀는 오리엔탈 쇼트헤어 품종을 번식시켜 선보였다. 상을 받아 떠난 여행 이야기를 병원 직원들에게 끝도 없이 즐겁게 들려주었다. 그녀는 아끼는 고양이 윌리엄을 기념하여 코넬대학의 고양이 건강센터에 고양이 복지 관련 기념재단을 만들기도 했다. 또 그녀는 자연 풍경 및 새 사진을 잘 찍는 사진작가였다. 버몬트대학의 프로젝트에도 참여했는데, 여기에는 잉글랜드 이스트 도싯의 인디애나 박쥐 연구도 포함됐다. 그녀는 멘사 회원이었고 브리지와 체스 토너먼트에 참여했다. 또한 컴퓨터를 아주 잘 다루었다. 그녀는 다양한 분야를 넘나드는 광대한 지식을 남들과 공유하며 엄청난 기쁨을 느꼈다. 대화를 나누다 별난 사실들을 언급하여 상대를 놀라게 하기도 했다. 나는 그녀를 흠모했다.

레이디 N.은 자신의 골수형성이상증후군이 어디에서 유래했는지 알아내기 위해 과거를 계속 살폈다. 유년 시절 휴가를 보냈던 오두막집의 등유 난방기가 관련이 있는지도 궁금해했다. 그리고 자신의 미래에 대해 구글 검색이 제공하는 것보다 더 만족스러운 답을 구하기 위해 언제나 나의 지혜를 빌렸다. 그녀는 특히 표적 치료에 대한 연구가 최근에 어떻게 진행되고 있는지 무척 알고 싶어 했다. 내가 질병의 첫 번째 단계 혹은 두 번째 단계에서 시험 중인 몇 가지 신약에 대해 알려주자 그녀는 무척 들떴다. "난 선생님을 믿어요. 사랑하는, 사랑하는 우리 선생님. 20년이 안 된다면 적어도 10년이라도 내가 더 살게 해주시겠죠. 우리 둘과 선생님의 동료들이 다 함께 노력하면 안 될 게 뭐 있겠어요!" 그녀는 여러 번 말했다. "선생님이 골수형성이상증후군을 에이즈 같은 만성질병으로 바꾸어낼 때 내가 거기 있었으면 해요."

이후 피할 수 없는 일이 일어났다. 레이디 N.은 더 이상 레블리미드에 반응하지 않았다. 이제 수혈에 의지해야 했다. 조건이 맞는 기증자에게 적혈구를 가득 받는 와중에도 그녀의 사악한 유머 감각은 건재했다. 나는 그녀가 종종 보내는 주간 연재만화를 읽으며 진료실 한가운데서 미소를 짓거나 웃음을 터트렸다. 결국 그녀는 비다자Vidaza◆로 화학요법을 받기 시작했다. 그리 유쾌한 경험은 아니었다. 비다자를 복용한 네댓 달 동안 받은 수혈 횟수를 보면 안심할 수가 없는 상황인데, 예상치 못한 새로운 증상까지 슬금슬금 나타났다. 그녀가 원인 모를 피로를 느끼기 시작한 것이다. 여덟 시간을 자고 일어나도 밤새 수레를 끌고 다닌 기분을 느꼈다. 양치 같은 단순 행동으로도 완전히 지쳐버렸다. 목욕하고 머리를 말릴 때는 중간에 적어도 세 번은 쉬어야 했다. 팔이 납처럼 무겁게 느껴졌다. 커피를 마셔서 몸 상태를 끌어올리고 기운을 내려고 엑세드린Excedrin(편두통약)에 이어 리탈린Ritalin(각성제, 주로 ADHD 환자에게 사용)을 먹었다. 하지만 아무것도 듣지 않았다. 여러 주 동안, 그녀는 진료실 내 맞은편에 앉아 그녀가 끝낼 수 없는 허드렛일 목록을 설명했다. 우리는 그녀의 헤모글로빈 농도를 10g/dl로 유지하면서(정상 수치 12.5~16g/dl) 수혈을 많이 받도록 했다. 그래도 그녀가 심하게 탈진해서 당황스러웠다. 그녀는 헤모글로빈 농도가 10g/dl일 때보다 7g/dl일 때 기분이 더 나았다. 가능한 원인으로는 영양 부족이나 갑상선 이상, 약의 부작용 등이 있었는데, 결국 다 제외하게 되었다. 우리는 그녀가 신생물딸림증후군 때문에 힘들다는 사실을 인정해야 했다.

우리는 비다자 사용을 중단했다. 덕분에 그녀는 잠시 안정을 찾았다. 그녀는 이런 편지를 보냈다.

　　최근 나는 수혈을 아주 많이 받았어요. 병원에서 처방받는 '뱀파이어'로 직업을 바꾼 기분이네요…. 사람들에게 말하고 싶어요. 내가 '혈액 도핑'을 너무 많이 받아서 텔레비전으로 올림픽 경기를 보면

◆　성분명은 아자시티딘으로 골수형성이상증후군에 사용되는 항암제다.

안 될 것 같다고요. 농담이에요. 하지만 기분은 훨씬 좋아요. 말초신경증도, 밤에 갑자기 열이 치솟는 일도, 졸리고 의식이 흐려지는 일도, 불쾌한 부작용들도 다 사라졌어요. 무엇보다도 화학요법을 받을 땐 아이큐가 50은 줄어든 기분이 들었거든요…. 아이큐가 다시 돌아와서 좋네요.

우리는 안심하기 시작했다. 어찌 손을 써야 할지 알 수 없는 힘든 상태에서 레이디 N.이 잠시 벗어났다는 사실에 기뻐했다. 이 상황이 영원하지 않으리라는 걸 아주 잘 알았지만. 그녀는 병원으로 뛰어 들어와 키스를 보내고 쿠키와 도넛 같은 진짜 '해로운' 기쁨을 나누어주었다. 간호사들과 하이파이브를 하고 안내원과 실랑이를 벌였다. 그녀다운 독특한 모습을 다시 되찾게 되어 행복했다. 모두가 안도의 한숨을 내쉬었다.

우리는 레이디 N.을 증상 중심으로 치료했다. 그런데 그녀는 눈에 띄게 나빠졌다. 수혈을 더 받아야 했고, 이제 혈소판까지 받아야 했다. 2014년 크리스마스가 다가올 무렵에 그녀는 어머니와 함께 버몬트로 차를 몰고 가서 가족과 친구를 만나겠다고 밝혀, 우리를 무척 걱정시켰다. 그녀는 "요즈음 새로운 일상을 만들고 있다"라고 하면서 우리의 걱정을 누그러뜨리려 했다. "일정을 짜는 거죠. 군사 작전 비슷하게." 그녀는 운전을 포함해서 앉아서 할 수 있는 일은 뭐든 괜찮다고 우겼다. "제 헤모글로빈 수치가 완전히 망하고 정신이 흐려지는 일이 없다면 말이죠." 그녀는 인정했다. 차에서 걸어 나와 가게 입구로 가는 일 같은 '직립 활동'을 하려면 훨씬 신경 써서 계획을 짜야 한다고 했다. 그녀는 계획을 세웠다. 입구 근처에 차를 댈 수 있고 쇼핑 카트에 몸을 기댈 수 있는 가게들을 찾기로 했다. 그러나 이런 계획은 분명 의도적으로 현실을 부정하는 일이었다. 그녀는 자신에게 무슨 일이 일어날지 전혀 알고 싶지 않아 했고, 내게 해결책을 달라고 끈질기게 요구했다. 자신을 치료하는 과학 전반에 대해, 특히 의사인 나의 능력에 대해 지나친 신뢰를 보이며 터무니없는 소리를 했다. 그래서 그녀의 치료와 관련된 모두가 좀 불안해했다.

레이디 N.은 아이큐가 높고 멘사 회원에다 박식하고 여행도 많이 다닌 비범한 사람이었다. 하지만 이런 이도 죽음이 다가온 상황을 받아들일 수 없어, 단호하고 강력하고 결연한 태도로 현실에 저항하고 현실을 거부했다. 그녀의 행동은 인간이 가진 복잡다단한 면을 보여주는 것이었다. 인간은 이토록 알 수 없는 존재다. 내가 오마르의 치료에 대실패를 거둔 지 얼마 지나지 않은 무렵이었기에, 암에 대한 오마르의 반응과 레이디 N.의 반응을 자연히 비교할 수밖에 없었다. 서른여덟 살의 젊고 뛰어난 교수였던 오마르는 병을 치료할 방법을 집요하게 찾으면서 마지막까지 희망을 버리지 않았다. 하지만 나는 느꼈다. 딱 잘라 말하기 어려운 어느 단계에서, 그는 조용히 아주 우울하게 죽음이 임박했음을 예견했다. 암 선고를 받은 그 순간부터 그는 어떤 문턱에 있었다. 삶과 죽음 사이의 공간에서 힘없이 기다렸다. 어떤 일이 일어날지 모른 채 거기 있었다. 문턱을 넘을 수도 뒤로 물러날 수도 없었다. 자신의 위치가 어디인지 다 설명할 힘도 없었다. 그는 마음이 여리고 다치기 쉬운 사람이었다. 겉으로 속 편히 삶을 예찬할 때조차 무언의 낙담이 엿보였다. 어떤 순간, 『템페스트The Tempest』에서 마법사 프로스페로가 죽음을 피할 수 없는 삶의 덧없음을 딸에게 환기하듯, 오마르 또한 삶을 축하하면서도 최후를 선언할 준비가 된 것 같았다. "우리는 꿈들이 만들어낸 존재고, 우리의 짧은 인생은 잠으로 둘러싸여 있다." 오마르의 심리적 내면에는 설명하기 어려운 독특하고 깊은 균열이 있었고, 그는 자신의 죽음을 수용했다. 이런 오마르의 미학적 존엄함은 레이디 N.이 대담하게 현실에 반박하는 모습과 선명한 대조를 이루었다. 그녀는 고집스럽게 기다렸고 끊임없이 기대했다. 반드시 살고자 하는 날카롭고 맹렬한 욕망의 물결이 몰아치는 모습이었다.

레이디 N.은 어머니의 100번째 생일을 축하하면서 한층 더 확신하게 되었다. 자신은 튼튼하고 파괴할 수 없는 유전적 구성을 물려받았다고 말이다. 그녀는 어머니처럼 살리라 다짐했다. "어머니는 기계 같아요! 정말 단단한 사람이에요! (다 그런 건 아니지만) 여러 가지 면에서 내가 자라면서 엄마를 똑같이 닮게 돼서 좋아요. 특히 엄마처럼 백 살까지 정신적으로 흔들림 없이 혼자의 몸으로 살면서 스스로 해낼 거예요. 내 말은, 어머니는 정말 대단하다는 거죠."

이 무렵, 그녀는 질병에 대한 완전히 새로운 철학과 대처법을 생각해냈다고 했다. 나는 다른 골수형성이상증후군 환자들에게 알려주고 싶으니 글로 써달라고 했다.

나의 만트라:

나는 나의 암이 **아니다**.

내가 암에 걸렸다고 해서 '희생자'는 아니다.

내가 암과 싸운다고 해서 '영웅'은 아니다.

나는 삶과 나중에 법정에서 따질 계약을 맺은 적이 없다. 내가 차를 타러 길 건너 주차장으로 가다가 쓰레기 트럭에 치일 수도 있는 것이다.

내가 암에 걸렸다고 해서 사람들이 나를 무시하도록 내버려 두지 **않을** 것이다. (사람들은 누가 암에 걸렸다고 하면 그 사람을 무시하는 경향이 있다.)

레이디 N.은 골수형성이상증후군에 걸렸을 때 무엇이 제일 나쁜지, 자신은 그에 어떻게 대처했는지도 썼다. "암이란 배낭을 메고 등산하는데 걸을 때마다 누군가 배낭에 벽돌을 한두 개씩 집어넣는 것과 같다. 위로 한 걸음씩 내디딜 때마다 몸이 무거워지고 허약해지다니 실로 놀랍다. 이런 상황에 어떻게 대처할 수 있을까? 어렸을 때 빙하나 알프스산맥의 산에 오르며 얻은 만족을, 한 줄짜리 계단을 오를 때 얻으려 애쓴다." 그리고 그녀는 어떤 산을 오를지 선택하는 법에 대해 조언했다.

내겐 매일 쓸 수 있는 에너지가 정해져 있다. 잠자리를 정돈하거나 집을 치우거나 빨래를 하는 대신, 차를 몰고 나가거나 식당에서 점심을 먹거나 영화를 보러 가는 데 에너지를 더 쓰자고 결심한다면, 그건 괜찮다. 그리고 나를 방문한 손님이 지저분한 집 상태나 정돈되지 않은 침대, 씻지 않은 접시가 마음에 안 든다면, 그럴 때 손님에겐 세 가지 선택지가 있다. 첫째, 쓰레기를 무시한다. 둘째, 정말 불편하면 스스로 치운다. 셋째, 내 집을 떠난다.

•

레이디 N.은 버몬트에서 돌아온 직후 응급실로 보내졌다. 고열과 오한에 땀이 마구 났다. 속이 너무 메스껍고 구토를 참을 수가 없었다. 패혈증 쇼크가 오기 직전이었다. 우리는 그녀를 입원시켰다. 정해진 대로 진 빠지는 감염 검사를 받아야 했다. 원인이 될 수 있는 모든 병원체에 대처하기 위해 정맥을 통해 치료했다. 이런 환자들 다수가 그렇듯, 고열의 원인은 역시 찾을 수 없었다. 그녀는 상태가 급속히 나빠지기 시작했다. 아침마다 나는 그녀의 병실에 들렀다. 침대 위의 그녀는 애처롭게 나를 바라보았다. 샤워기에 대해 불평했고 민감한 부분을 슬쩍 얘기했다. "병원에서 나오는 스파게티는 가짜 같아요. 모조 파스타라고 부르겠어요." 우리는 정체 모를 감염을 통제하려고 애썼다. 짐작건대 진균성 폐렴이었다. 하지만 그녀의 백혈구는 성장을 멈추었고 혈액 속에서 천천히, 불길하게 증식하기 시작했다. 우리가 보는 앞에서 골수형성이상증후군이 급성백혈병으로 변하고 있었다.

레이디 N.이 패혈증과 싸우는 동안 나는 내 무능력을 절실히 느꼈다. 그녀에게 우리가 다루고 있는 수많은 역설적 상황과 불확실성을 제대로 설명하기가 어려웠기 때문이다. 재난이 임박했음을 알리는 확실한 조짐은 대혼란이 벌어지기 6개월 전에 나타나기 시작했다. 그 무렵, 그녀의 골수에서 태동한 백혈병 세포는 적대적 인수합병을 막 시작할 참이었지만, 양적인 차원에서는 여전히 관리가 가능했다. 미성숙한 세포의 비율이 높아지면서, 새로운 세포유전적 비정상성이 골수에서 발견되었다. 상황을 알리자 그녀는 창백해졌다. "좋아요. 이건 내가 기대한 소식이 아닌 것 같군요." 하지만 곧 자신의 평소 성격에 맞게 굴었다. "절대 포기하지 말아요! 반드시 희망을 가져요! 더 공격적으로 치료하는 건 어때요? 선생님이 언제나 그렇게 말했잖아요. 지붕을 고칠 적기는 태양이 빛나고 있을 때라고. 지금 제 상황은, 태양이 빠르게 지고 있을 뿐 아니라 벌써 지붕에 금도 가고 있어요. 지금 뭔가 확실한 치료를 해보는 게 어떨까요? 나를 기니피그처럼 다뤄도 좋아요. 하고 싶은 대로 하세요. 선생님을 믿어요. 선생님이 말하는 대로 정확히 따를게요." 그녀의 요구가 절대적으로 옳았다. 그때는 백혈병이 그 추한 머리를 막 쳐들기 시작하는 시기였으니 말이다. 내가 애초에 골수형성이상증후군 연구로 관심을 돌린 것도 이를 위해서가 아니었던가? 초기에 백혈병을 발견해서 치료와 예방을 위해 병을 다루는 것 말이다.

레이디 N. 그리고 모든 암 환자의 문제는 암이 초기에 외과수술로 제거 가능한 고형 덩어리로 모습을 드러내지 않는다면, 몸속을 돌아다니는 몇 안 되는 암세포를 안전하게 제거할 수 있는 효과적이고 확실한 치료법이 없다는 것이다. 우리의 치료법은 몇 개 안 되는 비정상 세포보다 더 많은 정상 세포를 파괴하는 화학요법이 전부다. 백혈병이 완전히 발달하면 화학요법은 쓸 만한 가치가 있다. 골수의 세포 대부분이 백혈병 세포이기 때문이다. 일반 감기는 치료할 수 없지만 폐렴으로 발전하면 치료할 수 있다고 말하는 상황과 비슷하다.

골수형성이상증후군을 배경으로, 레이디 N.의 골수 속 클론 세포 하나에서 돌연변이가 일어났다. 이 세포는 분화할 힘을 잃은 채 미성숙한 아세포blast로 남았다. 존재 자체가 DNA 복제에 이어 체세포 분열을 끊임없이 반복하는 것이다. 유일하게 효과적인 치료는 골수 이식일 터였다. 이식수술을 하려면 환자의 골수에 있는 세포를 모두 죽여야 한다. 악성 세포뿐만 아니라 정상 세포까지. 그런 다음 조건이 맞는 증여자에게 받은 새로운 세포를 주입하여 빈 골수를 다시 작동시켜야 한다. 골수를 파괴하는 일은 아주 강한 독성이 수반되고 사망의 위험이 아주 크기 때문에, 이 과정은 신중히 선택된 소수의 젊은 골수형성이상증후군 환자들에게만 적용해야 한다. 레이디 N.은 골수이식 수술 대상자가 아니었다. 나이도 그렇고 다양한 동반 질환으로 심장, 폐, 신장, 간의 기능이 최적의 상태가 아니었기 때문이다.

레이디 N.의 골수 속에서 변형이 일어나고 있다는 극초기 신호를 처음 추적한 지 6개월이 지났을 무렵, 백혈병이 빠르게 환자의 신체를 장악하는 가운데 패혈증 때문에 상황이 더 복잡해지고 있었다. 감염만 치료하면 백혈병이 환자를 차지할 것이다. 늘 하던 화학요법 체제로 백혈병을 치료하면 감염은 막지 못한 채, 억제당한 텅 빈 골수 때문에 환자가 더 빨리 사망하는 상황에 이를 것이다. 우리가 무엇을 하든, 그녀가 생존할 가능성은 커지지 않았다. 진퇴양난이었다.

•

지난 50년 동안 급성백혈병 치료 전략은 공격적인 '유도' 화학요법을 한 차례 써서 가능한 많은 비정상 세포를 죽이는 것이었다. 이를 위해 환자는 여러 주 동안 병원에 입원해서 '7+3 프로토콜'이라고 알려진 처치를 받아야 했다. 7일 동안 사이토신 아라비노사이드, 줄여서 사이타라빈cytarabine이라고 불리는 약을 투여하고, 3일 동안 다우노루비신daunorubicin을 투여하는 것이다. 이 세포독성 약들은 신체에서 백혈병 세포도, 그 외 빠르게 분열하는 다른 세포도 다 죽인다. 그래서 화학요법과 관련된 가장 흔한 세 가지 부작용을 일으킨다. 모낭이 죽어서 머리카락이 빠지고, 위장관 세포가 죽어 메스꺼움과 구토가 유발되고, 골수에 남아 있는 정상 세포가 죽어 혈액 수치가 낮아지고 감염에 취약해지는 것이다. 이들 세포형은 아주 빠르게 증식하기 때문에 화학요법에 의한 파괴에 가장 민감하다. 골수는 건강한 성인의 경우 하루에 세포 1조 개 정도를 생산한다. 화학요법이 골수를 비우는 기간을 아플라시아aplasia라고 하는데, 다시 회복되려면 2주에서 4주가 걸린다. 그동안 환자는 감염으로 목숨이 위험할 수 있어 복합적 항박테리아제, 항진균제, 항바이러스제로 공격적 정맥요법을 받아야 한다. 골수가 회복되면서 백혈병 세포 수치가 5퍼센트 미만으로 줄면, 완전 관해*다. 잠시 동안 축하할 일인 건 맞다.

문제는 완전 관해 그 자체로는 충분하지 않다는 것이다. 수학적 의학 용어를 쓰자면, 7+3 치료를 한 차례 시행하면 백혈병 세포의 몇 '로그'를 파괴할 뿐이다(여기서 로그는 백혈병 세포수가 10분의 1씩 감소했다는 뜻이니, 3로그는 백혈병 세포수가 1000분의 1로 감소했음을 의미한다). 이후에 환자가 치료를 받지 않으면, 현미경으로나 알아볼 수 있는 백혈병 세포가 골수에서 보이지 않는다고 해도 병은 재발한다. 완전 관해를 '공고'하게 하기 위해서는, 관해유도 요법에 이어 7+3 치료를 반복하거나 그것을 변형한 치료법을 써야 한다. 인간의 몸이 한 번에 세포독성 공격을 견딜 수 있는 수준은 정해져 있으므로, 한 차례의 치료는 보통 한 달에 5~7일간의 화학요법 기간과 2~4주의 회복 기간으로 구성된다. 환자는 잠시 집으로 돌아갔다가 다음 주기의 치료를 받

---

* 관해요법 이후 골수검사 시 모세포 5퍼센트 이하에 세포충실도 20퍼센트 이상을 보여주며, 피의 수치가 정상을 회복하여 이러한 상태가 4주 이상 지속되는 것.

기 위해 7~10일 동안 재입원한다. 내가 1980년대 초반에 종양학과에서 수련을 받기 시작할 무렵, 우리 과에서는 '공고요법'을 몇 번 해야 적절한지 판단하기 위해 선구적인 시험을 해보았다. 3회나 4회 혹은 8회씩 후속 조치, 즉 관해 후 화학요법의 결과를 반복해서 비교한 것이다. 8회는 확실히 너무 많았다. 장기간의 가혹한 고문 같았던 그 과정을 마친 몇 안 되는 환자가 기억난다. 오늘날 관해 후 요법의 주기는 2회에서 4회가 표준이다.

우리의 '바람'은 환자 고유의 면역체계가 '미세잔존질환MRD, minimal residual disease'으로 백혈병을 관리할 수 있도록 백혈병 세포의 개수를 줄이는 것이다. 비정상적 MRD 세포 수백만 개 혹은 수십억 개 가운데 단 하나라도 잡아내기 위해 다양한 기술이 개발되었다. 그런데 그런 세포를 찾아낸다 해도, 우리에겐 7+3보다 더 효과적인 치료법이 없다. 이 프로토콜을 쓰면, 몇 안 되는 백혈병 세포를 죽이지 못할 가능성은 높은 반면 정상적인 세포 수십억 개를 죽이게 된다. 이 전략은 3분의 1의 환자들에게 실패로 끝나거나 혹은 처음부터 실패한다. 다른 세포들에 비해 우위를 점한 백혈병 클론이 7+3에 전면적으로 저항하여 완전 관해가 이루어지지 않거나, MRD가 병의 재발을 불러오기 때문이다.

1970년 이래로 더 좋은 치료 전략이 나오지 않았다는 사실은 믿기 힘들다. 1982년, 로스웰파크기념병원에서 어느 방문 교수가 한 말이 기억이 난다. "우리 아이들은 불신 가득한 눈으로 우리를 쳐다보며 '선생님은 암 환자들에게 무슨 치료를 했나요? 화학요법? 정신 나갔어요?'라고 말하겠죠." 30년이 흘렀고 많고 많은 아이들이 태어나고 또 그들의 아이들까지 태어났지만 우리는 여전히 같은 치료법을 쓴다. 지난 40년간 매해 수백 명의 환자들에게 같은 말을 반복하고, 같은 통계를 쓰며 같은 부작용 목록을 알려주어야 했다. 무척 당혹스럽고 우울한 일이다.

레이디 N.이 2019년까지 살아 있었다면, 루스패터셉트luspatercept 라는 신약을 써볼 수도 있었을 것이다. 루스패터셉트는 골수형성이상 증후군 환자를 치료하려고 개발한 약은 아니었다. 성공적인 암 치료 법 대부분이 그렇듯, 이 약 또한 원래 기대한 증상 말고 다른 증상에 유용하다는 사실이 운 좋게 발견되었다. 루스패터셉트는 세포 표면의 수용체에 달라붙으려고 하는 분자들을 감싸는 약이다. 세포 수용체에 무언가 달라붙으면, 수용체는 뼈 형성에 중요한 신호를 보낸다. 이 신 호 경로가 과잉 활동을 하면 뼈가 손실될 수 있다. 다발성골수종multi- ple myeloma 환자의 경우 뼈가 쉽게 문드러지고 용해성 병변lytic lesion이 라 불리는 구멍이 생기기도 한다. 루스패터셉트는 그 신호를 막아 뼈 에 용해성 병변이 덜 생기게 하려고 개발한 약들 가운데 하나다. 연구 팀은 건강한 실험 지원자와 다발성골수종 환자에게 이 약을 투여하 자, 복용자의 헤모글로빈 수치가 종종 위험한 수준까지 상승했다는 사실에 주목했다. 어떤 경우에는 수치가 너무 심하게 올라 환자가 피 를 뽑아야 했다. 이에 연구자들은 방침을 바꾸어 목표를 빈혈증 치료 로 다시 세웠다. 골수형성이상증후군으로 가게 된 것이다.

루스패터셉트의 제2상 임상시험이 유럽에서 수행되었는데, 결과 가 고무적이었다. 특히 골수에 환상철적모구ring sideroblast가 있는 빈 혈증 환자들에게 효과가 좋았다. 환상철적모구는 초기 적혈구 세포의 핵을 철 입자가 둥글게 둘러싸고 있다. 풍요 속의 빈곤을 보여주는 예 다. 철(헴)은 풍부하지만, 적혈구 전구체precursor는 이 헴을 글로빈과 결합하여 헤모글로빈으로 만들 수가 없다. 환상철적모구는 헤모글로빈 없이는 완전히 성숙한 적혈구가 될 수 없다. 이들은 죽어버리고 빈혈을 유발한다.

2016년, 우리는 컬럼비아대학에서 이 약물을 가지고 다기관 공동 제3상 임상시험을 수행했다. 70퍼센트의 환자가 이 약을 받았고 30퍼센트는 위약을 받았다. 시험 참여자 가운데 한 명이 펀 프리스틀리였다. 그녀는 수혈에 의존하는 환상철적모구성 빈혈에 걸린 환자여서 시험에 적합했다. 레이디 N.의 골수에도 환상철적모구가 있었다. 시험은 블라인드로 진행되었으므로 우리는 펀 프리스틀리가 위약을 받았는지 진짜 약을 받았는지 알 수 없었다. 하지만 그녀는 약의 부작용을 경험했다. 특히 시험 초기 단계에 그랬다. 그래서 본인이 무슨 약을 받았는지 바로 추정할 수 있었다. "난 위약을 받은 게 아니라는 걸 알았어요. 왜냐면 3주마다 약을 투여하고 나면 정말 피곤했거든요." 밖에서 비가 오는지 알기 위해 일기예보관이 될 필요는 없다. "하지만 매번 조금씩 좋아졌어요. 내 몸이 결국 약에 적응했다고 생각했죠." 임상연구는 그녀에게 딱 맞았으니, 골수형성이상증후군 진단을 받은 지 19년 만이었다. "병과 관련된 제 이야기 중에서 가장 좋은 대목이죠." 그녀는 몇 주에 한 번씩 루스패터셉트를 투여받아 헤모글로빈 수치가 안정되었고, 이에 무척 기뻐했다. "말 그대로 삶을 되찾았어요."

하지만 펀의 이야기는 너무나 슬프고 비극적으로 끝났다. 펀과 남편 엘던 프리스틀리는 치명적인 자동차 사고를 당했다. 2018년 8월 12일 일요일, 펀은 즉사했다. 엘던은 중상을 입고 넉 달 뒤 세상을 떠났다.

세상만사가 너무도 지겹고 낡고 진부하며 무익하구나.

—『햄릿』, 1막 2장

•

연구에 참여한 환자가 새로운 통증을 호소할 경우, 약 때문일 수
있으니 주의해서 지켜보아야 한다. 환자의 징후는 약과 직접 관련되
었을 수도 있고 아닐 수도 있다. 하지만 실험적 치료를 할 때 새로운
증상이 나타나면 아주 주의 깊게 살펴야 한다. 실험적 치료 단계에서
는 약이 단기간에서 장기간에 걸쳐 유발하는 독성에 대해서 충분히
알 수 없기 때문이다. 이것은 새로운 약 시험에 우리가 치르는 대가다.
루스패터셉트 처방을 받은 내 환자 중 한 명이 이 문제를 겪었다.

2011년, 나는 거슨 레서라는 환자를 만났다. 몇 번의 만남으로 그
는 내 이상형이 되었다. 큰 키에 잘생긴 외모를 지녔으며 무섭도록 총
명하면서도 관대한 성격의 소유자로, 유대인 집안 출신의 박식하고
사려 깊은 뉴요커였다. 의사이자 교수이고 연구자인 그는 자기처럼
똑똑하고 사랑스러운 아내 데비와 함께 왔다. 정기적으로 만나면서
우리는 가까워졌다. 그는 인생의 많은 시간을 적극적 정치 활동에 썼
다. 그 시작은 스페인내전 동안 스페인공화국을 위해 행진한 일이었
다. 그는 2011년에는 월스트리트 점령 시위의 중심지였던 주코티공원
에서 시간을 보냈다. 시위에 참여한 거슨의 사진이 인터넷에서 유명
해졌다. "거짓이라고 비난했어요." 거슨이 말했다. "러시 림보가 월스
트리트 반대 운동에 대해 비열한 소리를 했거든요." 방송인 러시 림보
는 이런 말을 했다. "이 항의자들은 실제로 몇 명 안 되며, 아무 데도

이바지하지 않는다. 그들은 진짜 순수한 기생충이다. 대다수는 심심하고, 용돈이나 타 쓰는 놈들인데, 자기들이 뭔가 대단한 존재인 줄 안다. 그들이 중시하는 건 무의미한 인생들이다." 아흔 살을 훌쩍 넘은 거슨은 보조기를 챙겨 나와 오후마다 시위에 참여했다.

치료 관련 대화가 끝나면 우리는 그 두 배의 시간 동안 서로에 대해 물어보고, 정치와 문학, 과학과 음악을 이야기했다. 그는 종종 자기가 막 읽어보았거나 내가 좋아할 법한 책을 가져다주었다. 나는 책을 같이 읽자며 그들을 내 집으로 초대했다. 우리는 근사한 맨해튼 식당에서 여러 번 저녁도 함께 먹었다. 내 마음속 특별한 소수의 사람들을 위한 자리에 거슨과 데비도 들어왔다. 나는 운이 대단히 좋은 사람이라고 매일 느낀다. 내 직업 덕분에 비범한 삶을 목격하고, 더할 나위 없이 내밀한 관계 속에서 인간의 가장 고귀한 면모를 엿보며 향유하는 기회를 얻었으니 말이다. 이런 은총을 받을 때 할 수 있는 일이란 감사뿐이다.

내가 거슨을 처음 만났을 때, 그는 8년 동안 느리게 진행 중인 만성빈혈로 고생하고 있었다. 결국 나는 그에게 루스패터셉트를 투여해보기로 했다. 그의 반응 또한 놀라웠다. 몇 그램만 투여했는데도 그의 헤모글로빈 수치는 10년 만에 처음으로 거의 정상으로 돌아왔다. 그러나 동시에 운동 시 호흡곤란이 발생했다. 약 때문에 그럴 수 있어, 우리는 거슨을 시험에서 제외했다. 그는 곧 수혈에 다시 의존하게 되었고 오늘날까지도 그렇다.

편과 거슨 둘 다 임상시험 약에 놀라운 반응을 보였지만, 한 명은 불운한 사고로 사망했고 다른 한 명은 약을 계속 쓸 수가 없었다. 인간이란 이다지도 불확실하다. 그래도 루스패터셉트는 FDA의 승인을 받기만 하면 치료법을 갈구하는 골수형성이상증후군 분야에서 환영받을 것이다.* 문제는 환상철적모구가 있는 100명의 환자에게 이 약을 투여했을 때 38명만이 반응을 보였다는 사실이다. 이들은 수혈에 의지할 필요가 없게 되었지만, 나머지 62명은 약에 반응하지 않았다. 그리고 지금까지의 경험으로 볼 때, 아무도 병이 낫지 않을 것이다. 오늘날 임상시험이 30~40년 전과 똑같은 방식으로 계획되고 있는 것도 실망스럽다. 예를 들어, 치료에 적합한 환자를 고르기 위해 환상철적모구를 표지자로 사용하는 건 충분하지 않다. 모든 환자가 반응하는 건 아니기 때문이다. 루스패터셉트의 제3상 임상시험을 수행할 때 62명의 환자는 왜 반응을 보이지 않았는지, 또 이들은 어떤 점이 특이했는지 본격적으로 알아보려 하지 않았다. 시험 대상자들에게 약을 투여하기 전에 먼저 혈액과 골수 샘플을 받아둘 수도 있었다. 그리고 결과가 나오면, 최신 분자 도구를 사용하여 약에 반응한 사람과 반응하지 않은 사람의 샘플을 비교할 수 있었다. 이런 비교를 통해 약에 반응할 가능성이 있는 환자를 선별할 단서를 구할 수 있었다. 규제 당국의 태도도 똑같이 실망스럽다. 임상시험 후원사에 더 엄격하게 굴지 못하고 있기 때문이다. 루스패터셉트의 승인 후 62퍼센트의 환자는 약에 반응하지 않으면서 부작용으로 고생하고 엄청난 비용을 지불해야 할 텐데, 당국은 이들을 보호하기 위해서 무엇을 했나? 유감스럽게도 아무것도 하지 않았다. 제약회사들은 루스패터셉트가 FDA 승인을 받으면 그 약만으로 유럽과 미국에서 수십억 달러 규모의 시장이 생길 거라고 기대한다. 만일 내가 젊다면, 약이 듣지 않는 62명 때문에 스트

---

* 이 약물은 2019년 11월 FDA의 승인을 받았다.

레스를 받기보다는 38명의 치료에 성공했다는 긍정적인 결과를 더 중시할지도 모른다. 하지만 이제 나이가 들어서인지, 독성도 무시할 수 없고 실험적 약으로 인해 환자들이 신체적·경제적으로 치러야 할 대가도 무시할 수가 없다. 레이디 N.이 아직 살아 있어서 루스패터셉트를 복용했다 해도, 그녀가 약에 반응했을지는 알 수 없다. 얼마나 오래 반응했을지, 어떤 부작용을 겪게 됐을지도 모른다. 그리고 약에 더 이상 반응하지 않게 되었을 때에는 질병이 계속 진행되어 죽음을 몰고 왔을 것이다. 급성백혈병으로 발전하거나, 혈구감소증을 심화해 혈액 수치를 돌이킬 수 없는 수준으로 떨어뜨려서 말이다.

이런 힘 빠지는 소식은 골수형성이상증후군과 급성골수성백혈병에만 해당되는 것이 아니다. 비네이 프라사드Vinay Prasad는 오레건 보건과학대학에 있는 젊은 혈액학자이자 종양학자로, 미국이 보건 분야에 7000억 달러를 사용하는 방법을 비판하는 주요 인사다. 그는 약값과 이해 충돌 문제, 항암제 및 암 진단과 관련된 부실한 임상시험 등을 지적한다. 또 의료 현장의 주요 쟁점인 "치료에 쓴 약의 절반 이상이 증거가 부족하고 아마도 효과가 없을 것"이라는 주장을 실제로 확인했다. 2008년에서 2012년 사이 FDA가 승인한 54종의 항암제를 분석해서 결과를 발표한 것이다. 54종의 약 가운데 67퍼센트인 36종이 소위 '대리결과변수surrogate end point'를 근거로 승인되었다. 즉 약이 종양에 효과를 보여 생존 기간을 늘리게 되었는지를 보지 않고, 다른 변수를 근거로 삼았다는 얘기다. 사실상, 이후 몇 년간의 후속 결과를 보면 승인받은 36종 가운데 31종이 환자의 생존에 입증 가능한 혜택을 주지 못했음을 알 수 있다. 우리는 무엇을 잘못하고 있을까? 어쩌면 약 하나로 다 치료하겠다는 접근이 문제일까? 환자 개개인에게 적용하는 맞춤 치료로 이 울적한 수치를 개선할 수 있을까?

•

맞춤 치료라는 이상은 겉보기엔 매력적이고 논리적이기도 하다. 예를 들어, 레이디 N.은 6개월 동안 비다자를 투여받았지만 효과가 없었다. 다른 골수형성이상증후군 환자들은 비다자에 대한 반응이 제법 좋아서, 치료를 받는 횟수가 점점 줄어들었다. 몸을 쇠약하게 만들 수 있는 치료를 더 적게 받게 된 것이다. 여든 살의 마크 드 노블은 2015년에 이 약을 쓴 뒤 차를 몰고 전국을 다닐 수 있게 되었다. "이제 2019년 2월이네요. 저는 6주마다 5일씩 비다자를 투여받고 정기적으로 골수 생검을 받기 위해 때마다 라자 선생님을 만납니다. 제 아내와 저는 1년에 여러 차례 여행합니다. 대부분 차를 타고 다니죠. 새로운 장소에 가보고 가족들과 친구들을 만납니다. 집에 있을 때는 친구들과 가족들을 초대하기도 하죠. 이제 우리는 은퇴했으니, 방황하는 열다섯 살 청소년들이 거주하는 쉼터에 한 달에 한 번씩 자원봉사를 하러 갑니다. 다 같이 세 가지 코스의 식사를 준비하면서, 아이들에게 요리를 어떻게 하고 조리 도구는 어떻게 쓰는지, 상차림은 어떻게 하고 음식은 어떻게 내어야 하는지 등을 가르쳐줍니다. 그리고 함께 맛있는 식사를 하죠."

드 노블 씨는 비다자에 아주 놀라운 반응을 보였다. 레이디 N.이 똑같은 약으로 반년 동안 치료를 받고도 효과를 보지 못한 상황과는 달랐다. 현미경으로 보면 그들의 질병은 비슷해 보인다. 사실 드 노블 씨는 그 약으로 오래도록 완벽하게 이득을 보았으니 예외적인 반응자를 뜻하는 특별한 호칭도 얻었다. '유니콘.' 전통적으로, 실험적 약으로 임상시험을 할 때는 약에 반응하는 환자의 수가 통계상 시험 전에 미리 정한 하한선까지 나와야 한다. 만일 그 수를 채우지 못하면, 약은 목욕물을 버릴 때 아기까지 같이 버리듯 그렇게 버려진다. 이런 상황은 2012년, 요로상피세포암urothelial cancer 환자들에게 에버롤리무스everolimus◆를 복용하게 했을 때 달라졌다. 전체적으로는 결과가 형편 없었지만 시험 대상자 45명 중 단 한 명에게서 아주 대단한 반응이 나온 것이다. 환자가 왜 그렇게 놀라운 반응을 보였는지 심층적으로 연구해보니, 예전에는 이 종류의 암과 관련지어지지 않았던 뜻밖의 돌연변이가 나왔다. 형태학적으로는 같은 종양이라도 그 안에 깊은 생물학적 가변성이 있음이 다시 한번 증명된 것이다. 예외적인 반응과 관련된 분자적 특성을 밝혀내기 위해 선행 연구가 시작되었고, 국립암연구소가 자금을 지원했다. 앞서 언급한 연구에서 에버롤리무스는 그 예외적인 반응자에겐 완벽한 약이었다. 하지만 다른 환자 44명이 아무 이득도 없이 독성으로 고생할 만한 가치가 이 약에 있었을까?

이상적인 상황은 반응 가능성이 있는 환자를 선별해 약을 투여하는 것이다. 환자와 약을 짝짓는 맞춤 치료를 하기 위해 예측표지자를 규명하는 작업은 종양학 분야에서 '성배 찾기' 같은 일로 남아 있다. 이 전략은 어디까지 왔을까? 전국적으로 진행 중인 임상시험의 90퍼센트 이상이 시험에 앞서 종양 샘플을 모아 예측표지자를 밝히려는 작업을 하지 않는다. 앞서 언급한 국립암연구소가 지원한 예외적 반응자 연구에서도, 가능성 있는 예측표지자로 살펴본 건 유전적 돌연

◆　면역 억제제로 항암 치료에 쓰인다.

변이뿐이었다. 약이 반응한 이유가 돌연변이 유전자 때문이 아니라 RNA 차원의 비정상적 유전자 발현이었다면? 혹은 종양의 미세환경과 관련이 있어서, 완전히 종양 세포 바깥에 원인이 있었다면? 필요한 만큼 상황을 전체적으로 보는 태도로 노력하는 건 어떨까? 소수 환자의 생존 기간을 몇 주만이라도 늘려주는 효과만 있다면 얼른 약을 승인받으려는 목표에 사로잡힌 이 단기적인 정책을 누가 밀어붙이고 있을까?

오랜 기간 동안 아주 가까워진 골수형성이상증후군 환자가 있다. 바버라 프리힐이다. 그녀는 저위험군 골수형성이상증후군이었는데, 병이 진행되어 골수이형성/골수증식종양MDS/MPN, myelodysplastic-mye-loproliferative neoplasm을 앓게 됐다. 그녀는 꾸준히 수혈을 받으면서 2주에서 3주에 한 번씩 나를 보았다. 그녀는 침착하고 위엄 있는 성격에 화려한 외모와 대단한 지혜를 갖고 있었다. 치료를 맡게 되어 행운이라는 생각을 들게 하는 감동적인 환자들 가운데 한 명이었다. 우리는 그 어떤 이야기도 나눌 수 있었다. 나는 그녀를 오랫동안 다코젠Daco-gen♦과 레블리미드로 치료했다. 그녀는 내 담당이었고, 몇 년 동안 한 달에 두세 번씩 나를 보러 왔다. 그러던 어느 날 그녀가 약속 없이 나타났다. 간호사가 오더니 바버라가 급히 대화를 원한다고 말했다. 나는 그녀를 만나러 갔다. 그녀는 거의 숨을 쉴 수가 없었고, 무척 불안한 상태였다. 그녀의 막내딸인 서른아홉 살의 켄드라 세스가 중환자실에 입원한 것이다. 켄드라는 이 충격적인 이야기를 책에 소개해도 좋다고 했다.

♦ 성분명은 데시타빈으로 골수형성이상증후군에 사용되는 항암제다.

몸의 오른쪽이 아파서(뛰다가 근육이 결린 줄 알았어요) 응급실로 가게 되었습니다. 통증은 약간 아픈 정도였는데 곧 심해졌습니다. 긴 밤을 보낸 뒤 CT 촬영을 한 결과 내 간문맥에 거대한 혈전이 생겼음을 알게 되었습니다. 혈전은 사실상 신체 주요 장기로 가는 피의 흐름을 옥죄고 있었습니다. 내가 살아나려면, 가능한 빨리 혈전을 제거해야 했습니다. 수술은 세 번 실패했고 그다음에 어떤 적절한 조치가 가능할지 희망이 거의 없는 가운데, 엄마는 자신의 담당의가 '왕진'을 와주었으면 했죠.

나는 엄마에게 그러지 말자고 했습니다…. '가장 좋은 기회'였던 수술이 실패한 뒤 나는 정신적으로 육체적으로 계속 기운 빠진 상태였습니다. 내 몸은 완전히 반란 상태에 접어든 것 같았고, 내가 몇 주 동안 먹지도 못한 가운데 물 무게로 체중이 13킬로그램이나 늘어났습니다. 손가락이나 발가락을 구부릴 수가 없었고 심지어 돌아누울 수도 없었습니다. 문자 그대로 침대에 갇힌 죄수였죠.

이해할 수가 없었어요. 1년 전의 나는 킬리만자로산 등반에 성공했는데, 내 삶이 십수 개월 만에 이렇게 달라지다니. 다른 의사들이 와서 똑같은 질문을 던지고 답은 주지 않는 상황은 정말이지 원하지 않았어요.

그 후 라자 선생님을 만났습니다. 선생님이 문을 열고 들어왔을 때, 우리는 '최선'의 선택에 대해 이야기하고 있었습니다. 장기 다섯 개를 이식받는 수술이었지요. 내가 바라는 건 그저 집으로 돌아가서 남편과 네 명의 어린 자식을 만나는 일이었고, 그래서 나는 수술에 동의했습니다. 내가 얼마나 절망적이었는지 아시겠지요. 라자 선생님은 조용히 들어와선 으레 하는 질문은 하나도 하지 않았습니다. 나를 사례가 아니라 사람으로 대해 주셨습니다. 선생님의 사람됨을 단번에 알 수 있었죠. 라자 선생님은 내가 JAK2 돌연변이 검사*를 받는 게 좋겠다고 했습니다. 열흘 후 검사는 양성으로 떴습니다. 내가 건강해지는 길을 알려주는 첫 번째 단서였죠.

켄드라의 이야기에서 가장 극적인 대목은 그녀가 중환자실에서 심하게 아파하며 장기 다섯 개를 이식하는 수술을 고려하다가, 아스피린만 처방받게 되었다는 사실이다. 기본적으로 켄드라는 골수중복증후군MDS/MPN 때문에 혈소판 수치가 올라가고, 그로 인해 크고 작은 혈관에 혈전이 형성된 상태였다. 아스피린은 혈소판의 응집을 막아 혈전의 형성을 억제한다. 네 아이를 둔 엄마는 증상에 딱 맞는 약을 처방받은 덕분에 살아났다.

●

켄드라의 경우를 보면 위대한 계획이 떠오른다. 환자 암세포의 DNA 염기 서열을 분석하여 돌연변이를 찾고, 그 돌연변이가 단백질을 억제하는 약을 찾은 뒤에, 어느 기관에 종양이 있든 상관없이 약을 투여하는 계획 말이다. 이런 접근은 이용 가능한 최적의 기술과 치료에 반응할 가능성이 있는 선별된 환자들을 조합한다. 그렇게 환자 개인의 필요에 부응하는 맞춤화된 치료가 탄생한다. 정밀 의료, 개개인에

---

* 혈액 전문의인 내 동료 조 주릭Joe Jurcic이 켄드라의 사례를 살폈고, 환자의 혈소판 수치가 높다는 사실에 주목하여 먼저 검사를 시행했다.—지은이 주

게 맞춘 건강 관리, 표적 치료, 예측 모델링, 최적화 전략 등.

모두 대단해 보인다. 미래의 물결이자 유행에 맞는 일이다. 하지만 대체로 이런 방식은 통하지 않는다. 어떤 일이 일어났는지 살펴보자. 두 가지 유형의 임상시험이 구상되었다. 하나는 우산형 임상시험umbrella trial으로, 같은 장기에 발생했지만 유전자 돌연변이는 서로 다른 종양에 맞춤형 표적 치료를 하는 것이다. 예를 들어, 어떤 폐암은 EGFR 돌연변이 때문에 생기고, 이 폐암 환자에게 최적의 치료는 엘로티닙erlotinib 같은 EGFR 억제제가 될 것이다. 한편 또 다른 환자의 폐암은 HER2 유전자 돌연변이 때문이고, 이 경우는 헤르셉틴Herceptin이 맞을 것이다. 두 번째는 바구니형 임상시험basket trial으로, 여러 장기에 종양이 생겼어도 하나의 유전자 돌연변이를 추적한다. 표적 치료가 모든 종양에 통할 것이라는 아이디어 때문이다. 예를 들어, EGFR 유전자 돌연변이가 있는 췌장암 환자는, 같은 돌연변이가 있는 폐암 환자처럼 엘로티닙에 반응할 것이다. 정밀 치료라는 이상을 위해 많은 암 프로그램이 시작되었다. 그렇게 해야 할 것 같아서다.

정밀 치료적 접근에는 몇 가지 문제가 있다. 첫 번째, 환자가 하나의 암을 유발하는 하나의 유전자를 갖는 일은 아주 드물다. 두 번째, 그런 돌연변이가 확인된다 해도, 치료 효과가 있는 승인된 표적 치료는 많지 않다. 세 번째, 유전자 돌연변이에 맞는 약이 있다 해도, 반응하리라는 보장이 없다. 사실 반응률은 기껏해야 30퍼센트다. 마지막으로 모든 일이 계획대로 진행되고 환자가 표적 치료에 반응한다 해도, 생존 기간은 비표적 치료에 비해 6개월 이상 늘어나지 않는다. 생존 기간은 이런 식의 접근 대부분이 안고 있는 근본적인 문제다. 암 치료는 생존 기간을 늘리지 못하거나, 늘린다 해도 그 기간은 몇 주에서 몇 개월로 예상될 뿐이다. 엄청난 신체적·경제적·감정적 부담을 져야 하는데 말이다.

　이런 희귀한 환자들을 찾기 위해 얼마나 많은 종양의 염기 서열을 분석해야 할까? 엄청난 금액을 치르면서, 이득도 거의 없다시피 한데 말이다. 비네이 프라사드는 2016년 《네이처》에서 아주 많은 서열 분석이 필요할 거라고 논했다. MD앤더슨암센터의 서열 분석 프로그램은 2600명의 환자 가운데 6.4퍼센트에게만 확인된 돌연변이에 맞는 표적 치료제를 줄 수 있었다. 국립암연구소는 (2016년 5월에) 고형 종양과 림프종이 재발한 795명의 환자를 대상으로 임상시험을 했는데 2퍼센트의 환자만 표적 치료를 쓸 수 있었다. 거기에다 프라사드는 다음의 사실을 환기한다. "그런 치료를 받는다고 해서 이득이 확실한 것도 아니다." 오직 환자의 3분의 1만이 생물학적 표지자를 기반으로 약에 반응한다. 그리고 무진행 생존 기간progression-free survival*의 중간값은 6개월을 넘지 못한다. 프라사드는 국립암연구소에서 시행한 임상시험의 결과가 그랬듯 정밀 종양학은 1.5퍼센트의 환자에게만 이득이 될 거라고 추정했다.

　미국암연구협회American Association for Cancer Research의 2018년 회의에서 슬론케터링기념암센터의 데이비드 하이먼David Hyman은 2만 5000명이 넘는 환자들의 종양 자료를 발표했다. 그들 가운데 15퍼센트는 FDA가 승인한 약이 맞았고, 10퍼센트는 임상시험 중인 약이 맞았다. 프라사드의 최근 분석에서도 비슷한 비율이 나왔다. 전이암이

───────

*　종양의 크기가 줄어들거나 그대로여서 암이 더 이상 성장하지 않는 가운데 생존하는 기간.

있는 61만 명의 미국 환자들 가운데 15퍼센트가 FDA의 승인을 받은 유전체 유도 치료제에 적합했다. 그러나 약이 적합하다고 해도 6.6퍼센트의 환자만이 이득을 얻었다. 비슷한 결과는 유럽의 연구에서도 나타난다. 2009년에서 2013년까지 유럽의약품기구는 68가지의 적응증에 사용하는 48종의 항암제를 승인했다. 그 적응증 가운데 26가지, 즉 38퍼센트에 해당되는 경우만이 생존 기간이 늘어났다. 그 기간의 중간값은 2.7개월밖에 되지 않았다.

수억 달러가 들어가는 이런 식의 임상시험들이 실제로 얼마나 유용한지에 대해 의문을 갖게 되었을 때, 나는 꽤 독선적인 대답을 종종 들었다. "흠, 아즈라. 그 6.6퍼센트의 환자들에겐 5~6개월가량 더 산다는 게 중요하죠." 물론 시간은 중요하다. 그렇지만 우린 중간값 얘기를 하고 있고, 절반의 환자가 중간값 이하의 이득을 얻게 된다는 사실도 중요하다. 그리고 이득을 하나도 받지 못한 93.4퍼센트의 환자들이 겪을 독성은? 수천 가지 종양의 염기 서열을 분석하는 데 소비되는 자원은 또 어떤가?

정밀 종양학 분야의 최신 사례를 살펴보자. 2018년, FDA는 라로트렉티닙larotrectinib이라는 약을 승인했다. 신경영양수용체 티로신 키나아제NTRK, neurotrophic receptor tyrosine kinase 융합 유전자가 발현된 성인과 소아의 고형암을 치료하는 약이다. 이 작은 분자를 대상으로 임상시험을 시행하여 약이 승인받게 되었는데, 시험은 총 55명의 환자를 대상으로 치러졌다. 그중 22퍼센트가 완벽한 반응을 보였으며, 53퍼센트가 부분적으로 반응을 보였다. 반응은 얼마나 오래 유지되었을까? 3분의 2에 해당하는 환자들은 6개월간 반응했고, 40퍼센트는 1년 동안 반응했다. 희귀한 사례를 찾기 위해 시험 자체에만 환자당 수천 달러가 들었다. 치료를 하려면 수십만 달러가 들 것이다. 적어도 1년 동안 이득을 본 환자들에겐 약의 승인은 굉장한 소식이다. 그러나 미국에서만 2018년 한 해에 173만 5350명이 암 진단을 받고 60만 9640명의 환자가 사망하게 되는 현실 앞에서 이 수가 얼마나 적은지 명심해야 한다. 미래를 생각할 때 이 방식은 비용 대비 효과가 가장 좋은 치료가 될 수 없다. 그래도 약은 승인을 받고 나면 새로운 지평이자 게임 체인저라고 평가받고 패러다임의 이동을 이끌었다고 환영받는다. 하지만 우리가 유전체 기술을 암의 조기 발견에 사용하면, 정기적인 유전자 검사를 통해 위와 같은 드문 사례들도 미리 확인할 수 있다. FDA의 치료제 승인은 승리 선언이 아니라, 미래를 위해 다수의 사례에 도움이 될 더 나은 전략을 구상하는 추동력 구실을 해야 한다.

정밀 종양학은 암의 진화적인 속성을 무시하기 때문에 결국 실패하게 된다. 러시아의 유전학자 테오도시우스 도브잔스키Theodosius Dobzhansky는 말했다. "진화를 고려하지 않는다면 생물학에서는 그 어떤 것도 의미가 없다." 1837년 찰스 다윈Charles Darwin은 공책에 나무 둥치를 그렸다. 뻗어나가는 가지는 공통의 조상에서 나와 진화하는 종을 표현한다. 오늘날 암의 유전적 다양성과 원발성 종양에서 뻗어나와 서로 경쟁하는 수많은 암세포 부분 집단들의 존재를 시각적으로 묘사한다고 해보자. 그 결과물은 다윈이 그린 진화의 나무와 겹친다. 종양학자들이 이를 이해하기까지는 오랜 시간이 걸렸다. 초기에 연구자들 사이에 생긴 이상한 분열 때문이다. 분자생물학이 1970년대에 본격적으로 등장할 무렵, 연구자들은 암의 수수께끼를 풀 것이라고 확신하게 되었다. 환원주의자들은 세포 속 분자 단위의 사건 연구에 몰두했다. 자신감이 넘쳐났다. 이들은 종양의 행동을 하나의 전체로 추적하는 다원주의자들을 압도했다. 두 집단 사이에는 거의 어떤 논의도 오가지 않았다.

피터 노웰Peter Nowell은 암을 하나의 진화하는 존재로 간주하고, 그에 수반되는 치료적 함의를 밝혔다. 그의 통찰은 오늘날엔 진정 혁명적인 사상으로 환영받지만, 1976년에 처음 발표되었을 때는 대체로 무시당했다. 다행히 남편 하비는 관심을 가졌다. 그리고 노웰 사상의 비범함을 바로 알아보고 내게 발표를 맡겼다. 하비는 매주 열리는 연구소 회의에서 아주 작은 실수에도 가차 없이 굴었다. 그는 발표자가 세부적인 부분까지 숙지했는지를 중점적으로 보았다. 아무리 작은 실수라도 전체 발표의 신뢰를 떨어뜨릴 것이기 때문이었다. 나는 노웰의 논문을 주의 깊게 공부해야 했다. 논문에 담긴 사상을 일관성 있게 전달하기 위해 배경 자료를 전부 읽었다. 이 하나의 논문 덕분에 나는 일을 시작한 초기부터 암에 대해 근본적으로 다른 관점을 갖게 됐다. 과학의 언어는 전문적이고 밀도가 높으며, 마치 전보를 칠 때 쓰는 문장과 같이 느껴진다. 이런 점이 독자들의 인내심을 시험하게 될지도 모르지만, 노웰의 고전 논문 「종양 세포 군집의 클론적 진화The Clonal Evolution of Tumor Cell」의 초록을 옮겨 오고자 한다. 겨우 영어 단어 138개밖에 안 된다.

내 의견으로는, 종양 대부분은 하나의 세포에서 기원한다. 종양의 진행은 더 공격적인 하위 집단이 차례로 선택되게 만드는, 원 클론 내부의 획득된 유전적 변이성 때문이다. 종양 세포 군집은 분명 일반 세포보다 유전적으로 더 불안정하다. 아마도 종양 내 특정 유전자의 자리가 활성화되고 발암물질이 계속 존재하며, 심지어 종양이 영양 부족 상태여서 그렇기도 할 것이다. 획득된 유전적 불안정성 및 그와 관련된 선택 과정은 세포유전적으로 쉽게 알아볼 수 있는데, 이 과정은 인간에게 심한 악성종양을 유발한다. 이 종양은 핵형적으로도 생물학적으로도 아주 개별화되어 있다. 그래서 각 환자의 종양은 각각 다른 치료를 필요로 하기도 한다. 심지어 치료에 저항하는, 유전적으로 다양한 하위 집단이 나타나 치료가 실패할 수도 있다. 종양이 보통 임상적 암에서 관찰되는 말기 단계에 도달하기 전에, 그것의 진화적 과정을 이해하고 통제하기 위해 연구를 더 많이 진행해야 한다.

40년도 더 된 글이다. 오늘날 우리는 각 환자의 종양 수백 개에서 돌연변이를 찾아내고 있지만, 조금이라도 의미 있는 암 치료법을 개발하는 데는 놀라운 실패를 거두었다. 노웰이 쓴 논문의 단어 하나하나가 얼마나 진실한지 확인된 셈이다. 간단히 말하자면, 종양 또한 자연선택이라는 다윈적 과정을 따라 진화한다. 암은 세포의 성장-통제 신호로부터 벗어난 하나 이상의 유전적 돌연변이가 있는 세포 한 개에서 시작된다. 세포가 멋대로 증식하는 동안 딸세포에는 돌연변이가 추가되고, 그렇게 나무 하나에서 여러 개의 가지가 뻗어나가게 된다. 창시자 세포의 유전자 돌연변이와 새로운 승객 돌연변이가 있는 각각의 세포 가지는 새로운 물질대사적·생리학적 성질을 획득한다. 유전자형이 미세환경과 맞는 세포는 성장에서 우위를 차지하게 되고, 선택적으로 군집을 키워나간다. 다른 세포들은 조용히 순서를 기다린다. 어떤 환자도 하나의 암에만 걸리지는 않는다.

암마다 그 속에 무수한 암이 있다. 화학요법이 모든 암세포를 죽일 수 없으니, 살아남은 세포는 선택적으로 적응하고 다시 성장한다.

그렇기 때문에 가장 성공적인 표적 치료마저 실패한다. 표적 치료는 그 치료에 민감한 특정 성질을 지닌 세포만 죽인다. 다른 세포들은 생물학적 다양성을 바탕으로 성장하게 된다.

모든 암이 저마다 고유하다고 하지만, 어느 암에나 적용할 수 있는 공통 규칙이 있다. 바로 악성으로 진행되는 과정은 하나의 세포에서 시작된다는 것이다. 사실상 우리가 아는 모든 암이 그렇다. 돌연변이는 증식, 세포의 성장, 세포의 죽음과 관련 있는 핵심 유전자에 축적된다. 결국 성장의 우위를 점한 세포 하나가 생겨난다. 이 세포는 빠르게 분열해서 자체적인 클론을 생성한다. 모든 딸세포는 창시자의 유전적 돌연변이를 갖고 있지만, 추가로 몇몇 딸세포에게서는 돌연변이가 더 나타난다. 그래서 모세포와 구분되는 생물학적 특질이 생긴다. 이런 아클론의 형성이 종양에서 계속 일어나지만, 보통 몇몇 클론이 우위를 점하고 다른 클론들은 조용히 다음 순서를 기다린다. 물론 악성 세포들은 전이를 일으키려고 원래의 서식지를 떠나 몸속을 돌아다니기도 한다.

이처럼 수도 없이 많고, 생물학적으로 뚜렷이 구별되는 딸세포가 존재한다. 돌연변이도 염색체 변화도 추가됐다. 딸세포는 영양학적으로, 물질대사적으로 다른 조건을 필요로 한다. 그러니 최고의 표적 치료조차 잠시 동안만 혜택이 유지될 뿐이다. 클론 하나에 민감한 치료를 하면, 다루기 어렵고 저항력 있는 아클론이 나서고 침습의 정도가 더 심해지게 된다. 생물학적으로 새로 생긴 암은 완전히 다른 자연 경과를 거치며, 증식과 분화의 규칙도 새롭다. 침습성이 새로 나타날 수 있고 치료에 어떻게 반응할지 알 수 없다. 질병이 놀라울 만큼 갑작스럽게 탈바꿈하는 모습은 혈액 수치의 변화, 신생물딸림증후군, 면역

반응 같은 임상 증상으로 관찰된다. 참으로 보기 괴로운 광경이다. 임상의로서 우리는 종종 생체 내에서 실시간으로 암세포들이 제 모습을 드러내고 만화경 같은 형상으로 반복적인 춤을 추는 것을 목격한다.

서로 경쟁하는 세포 집단은 팽창과 수축을 차례로 반복한다. 장소를 바꾸고, 어딘가에 침투했다가 사그라들지만, DNA 가닥이 풀려 복제되는 과정에서 새로 오류가 생기면 다시 등장한다. 이것들은 그 무엇도 없던 침대에서 안락을 구한다. 골수 내 틈새에서, 도움을 주는 장기를 피난처 삼아서, 협조적인 동료들과 동맹을 맺는다. 때로 백혈병은 골수형성이상증후군을 배경으로 악의를 품은 듯 사납게 생겨난다. 우리가 할 수 있는 일은 무법천지의 반란 앞에서 넋을 잃고 무력하게, 무질서 상태로 아찔하게 추락하는 모습을 바라보는 것뿐이다.

종양의 미세환경은 클론이 선택되고 번성하는 데 있어 중요한 역할을 한다. 토양의 특성은 신체의 여러 부위마다 다르다. 난소암 종양은 피나 림프계를 통해 돌아다니기보다는 배 속에서 직접 주변으로 전이되는데, 이런 경우 암의 부분 집합들이 장소 특이적으로 증식한다는 사실이 밝혀졌다. 다른 클론에 비해 어느 한 클론의 성장이 더 촉진되도록 미세환경이 달라진 것이다. 하나의 씨, 하나의 토양인 셈이다. 돌연변이를 통해 성질이 변한 씨는 새로운 집을 찾아야 한다. 그렇기 때문에 세포주와 환자 유래 이종이식을 사용하는 임상 전 암 플랫폼들은 약 개발 모델로 완전히 부적절할 수 있다. 여기에는 생체 미세환경이 결여되어 있다.

•

친절한 말이 분명 거짓말이라는 것보다 내게 더 심한 아픔은 없다.

— 아이스킬로스Aeschylus

인생의 성공 비결은 관계다. 관계를 잘 맺는 비결은 신뢰다. 신뢰를 쌓는 비결은 순수하고 단순한 진실의 인식이다. 인생에서처럼 종양학에서도, 진실이 순수한 경우가 드물며 절대 단순하지 않다는 것이 문제다.

나는 파키스탄의 카라치에서 10대 시절을 보냈다. 그때 처음 알게 된 뒤로 계속 기억하는 역사적 사건이 있다. 파키스탄의 초대 지도자 M. A. 진나M. A. Jinnah와 관련된 일이다. 진나는 인도 아그라에서 약 만 명의 군중을 대상으로 연설을 했다. 1940년대 초반, 인도와 파키스탄이 분리되기 이전이었다. 군중 가운데 약 500명은 영어를 잘 알아듣지 못했고, 약 10퍼센트의 엘리트만이 제대로 이해했다. 런던 링컨스인 법학원에서 변호사 교육을 받은 진나는 40분간 영국 억양의 소박한 영어로 연설했다. 그리고 마지막 몇 분 동안 우르두어와 힌디어와 영어를 서투르게 섞어가며 일반 시민들에게 말을 건넸다. 놀랍게도 사람들은 그의 말을 하나도 이해하지 못했지만 그의 연설에 흠뻑 빠져서 앉아 있었다. 나중에 무엇 때문에 그의 연설에 그렇게 이끌렸는지 물어보니, 누군가 이렇게 대답했다. "내가 진나의 영어 연설을 하나도 알아듣지 못한 건 사실입니다. 하지만 그가 무슨 말을 했든, 그건 나를 위한 말이고 나를 보호할 의도로 한 말이라는 걸 확신합니다."

이 사람의 맹목적 신뢰는 정당할까? 신뢰란 그저 설탕 옷 같은 존재가 아니다. 신뢰는 필수이고 핵심이며 또 중요하다. 믿고자 하는 의지가 지나치면 기만을 부르는 맹신이 된다. 이런 맹신은 순진한 것이다. 하지만 신뢰가 먼저 확립된 경우라면, 의미 있는 맹목적 신뢰가 정당화되기도 한다. 그는 진나가 이전에 한 행동이며 역량, 신뢰성, 진실성 그리고 보통 사람들에 대한 자애와 공감을 지적이고 경험적으로 평가한 결과 진나를 신뢰하기로 한 것이다. 믿음은 고정된 것이 아니다. 꾸준히 얻어가야 하는 것이다.

진나가 지지층에게 믿음을 얻는 것과 똑같은 방식을 통해, 환자들은 의사를 신뢰할 권리가 있다. 우리는 그런 신뢰를 누릴 자격이 있을까?

1986년, 나는 잠시 파키스탄을 찾았다. 가족 모임에서 만난 어느 나이 지긋한 친척 여성은 몇 년 만에 나를 만나 기뻐하며 의미심장한 질문을 했다. "난 의사학위에는 관심 없어. 심지어 그게 있으면 암을 고칠 수 있다고 해도 말이야. 의사가 시파shifa를 갖고 있다는 말이 없으면, 난 그들과 거리를 두겠어. 난 네가 시파의 가호를 받고 있는지 궁금해." 시파는 우르두어로, 대강 해석하자면 '치료해주는 힘'을 의미한다. 의사에 대한 맹목적인 신뢰를 나타내는 말이다. 환자가 건강이 아무리 위험한 상태여도 의사를 굳게 믿는 마음, 즉 꼬집어 말할 수 없는 신뢰를 일컫는다. 특히 의료적 지식 문제로 힘들 때에도 민감함을 유지하며 공감의 방식으로 환자를 돌보고, 언제나 환자의 이익에만 집중하는 지혜를 의사가 가지고 있다고 믿는 것이다.

레이디 N.은 내게 시파가 있다고 생각했다. 그녀는 병원에 올 때마다 적어도 여섯 번씩 나를 향한 신뢰를 표현했다. 그녀는 나를 전적으로 믿었다. 나는 집요하게 세어보았다. 내가 그녀의 기대를 저버린 일이 몇 번이나 되는지. 겁에 질린 채 나를 신뢰하는 연약한 그녀는 진료실에 앉아서, 몸과 마음이 안팎으로 적에게 포위당한 채 절박하게 구명 밧줄을 찾았다. 내겐 마법을 써서 밧줄을 만들어낼 힘이 없었다. 레이디 N.과 나, 둘 다 그녀가 치명적인 병에 걸렸으며 죽음으로 가는 대혼란의 단계로 접어드는 건 시간문제라는 사실을 알고 있었다. 확실히, 내겐 그녀를 치료할 방법이 없었다. 다가온 백혈병을 제거할 마법의 탄환이 없었다. 그래서 그녀가 나의 시파에 대해 절대적인 신뢰를 드러낼 때마다, 나는 앞으로 일어날 일을 부드럽게 환기했다. 그녀는 내 이야기를 조롱하고, 웃어넘기고, 대화 주제를 바꾸었다. 때로 불안해지면 불쑥 밖으로 나가버렸다. 완화 치료팀을 찾는 문제를 꺼내자, 그녀는 바로 내 말을 일축해버렸다. 정신과의사를 만나는 건? "난 사실상 평생 항우울제를 먹었어요. 내가 두 살 때 우리 어머니는 딸이 지나치게 예민하다고 생각했어요! 더는 약물이 필요하지 않아요. 아무튼 고마워요." 레이디 N.은 최후가 다가오는 현실을 그저 거부했다. 그녀는 자신의 마음이 아니라, 자신의 암을 고쳐달라고 요구했다. 그녀는 내가 어떤 실험적 접근을 써도 기꺼이 기니피그가 될 참이었다.

상황은 놀라운 속도로 손쓸 수 없이 나빠졌다. 며칠 만에 레이디 N.은 고열로 병원에 입원하게 되었다. 이른 아침, 나는 침대에 누워 숨을 쉬려고 애쓰는 그녀 곁에 앉았다. 늘 그녀를 맡던 간호사들과 종양전문의들, 침대 곁에서 목을 길게 뽑고 대화에서 정보를 구하려는 의대생들도 없었다. 이상하게도, 우리 둘만이 가까이 있으니 오히려 거리 두기 효과가 생겼다. 우리의 대화에 어떤 형식이 갖추어진 것이다. 평소답지 않게 예의를 갖추고, 말할 수 없는 것들을 말하기.

"우리는 이제 당신에게 삽관 처치를 하고 인공호흡기를 달아야 해요. 당신은 거절할 수 있어요."

레이디 N.은 숨을 잠시 돌리는 동안 얼굴빛이 창백해졌다. 그다음 그녀는 다시 힘을 찾아 몰아붙이듯 말했다. "거절하면 그다음엔 뭐가 있죠? 라자 선생님, 나는 포기하지 않을 거예요. 내가 살 수 있게 할 수 있는 모든 걸 해주세요. 어머니는 백 살이 넘도록 살고 있어요. 내 유전자는 좋아요. 만일 내가 죽으면 나를 냉동해주세요. 기술이 가능해지면 나를 복제해주세요. 선생님은 할 수 있어요. 선생님은 내가 완전히 신뢰하는 유일한 사람이에요."

나는 레이디 N.에게 키스한 다음 마취과에 연락했다. 우리는 그녀를 중환자실로 보냈다. 몇 분 만에 그녀는 삽관 처치를 받았고 인공호흡기를 달았다.

이어진 일들은 삶을 돕는다기보다는 죽음을 유예하는 쪽에 가까웠다. 레이디 N.이 다시 자력으로 호흡할 가능성은 없었다. 그녀의 근본적인 문제는 빠르게 진행되는 폐렴이 아니라 치료할 수 없는 치명적인 암이었다. 감염이 마구 일어났다. 백혈병으로 구멍 난 그녀의 몸에 갑자기 병원균이 마음껏 들어왔기 때문이었다. 면역체계는 완전한 붕괴 상태로 빠르게 접어들었다. 골수가 신체 방어의 가장 중요한 전선인 백혈구를 생산하는 데 실패하고 있었다. 나는 얼마나 끔찍한 날들이 다가올지 정확히 알고 있었다. 하지만 그녀는 몰랐다.

우선, 나는 의사다. 그리고 나의 의학적·도덕적·윤리적 의무는 질병으로 인한 고통과 괴로움을 줄이는 것이다. 환자들이 상처를 받는 것이 아니라, 과학과 기술이 제공하는 최고의 치료를 받아서 이득을 얻도록 해야 한다. 하지만 나는 죽음이 하나의 선택지인 것처럼 제시하고, 레이디 N.에게 삽관 처치를 하고 인공적인 생명보조 장치를 달았다. 나는 그녀를 보호하지 못한 걸까? 나는 그녀에게 삽관 처치를 제안했다. 그녀가 전혀 아는 바 없는, 형언할 수 없는 공포를 받아들이도록 권유했다. 그 원동력은 무엇일까? 물론 법이다. 그녀가 죽음을 수용하도록 내가 도왔던가? 그녀의 백혈병은 가망이 없으며, 인공 보조 장치를 연결해도 무의미하다고 내가 충분히 설명했나? 어쨌든 거짓된 희망을 전달했으니 그녀의 담당 종양 전문의로서 실패한 것일까? 혼란을 겪을 언어 말고 그녀가 이해할 수 있는 언어를 사용했나? 아니면, 예후가 가망이 없다고 아무리 열심히 설명해도 그녀가 타고난 본성으로 저항하고 상황을 결코 받아들이지 않는다는 점이 문제였나? 내가 분명하게 아는 건, 삽관 처치와 산소호흡기 연결은 그녀가 받은 최악의 처치였다는 사실이다. 말이 안 되는 소리인 건 알지만, 그래도 나는 그녀에게 어쩔 수 없이 선택지를 주어야 했다. 이것은 도덕적으로 그릇된 일일까? 나는 어떤 일이 생길지 다 알면서도, 그다음 주에 펼쳐진 그 악몽 같은 지옥으로 그녀가 들어가도록 놔두었다. 의학적 책임과 개인적 책임은 어디에서 끝이 나며, 사회적 책임은 어디에서 개입하는가?

레이디 N.이 나를 믿은 건 잘못이었을까? 나의 시파는 어디에 있을까?

•

오늘날 죽음과 관련된 이야기는 무엇이든 불쾌하고 해롭게 여겨진다. 하지만 100년 전, 전쟁과 질병과 기근이 무섭게 날뛰던 시절의 사고방식에서 죽음이란 늘 실재하는 위협이었다. 기대수명이 기껏해야 40대 중반이었다. 종종 죽음은 슬픈 최후라기보다 새로운 시작으로 받아들여졌다. 에밀리 디킨슨은 사후세계로 가는 최후의 순간을 상상한다. 영원하기에 헤아릴 수 없는 곳. 그녀는 죽음이 자신을 정중히 맞이하러 왔다고 묘사한다.

내가 죽음을 찾아갈 수 없어서-
죽음이 친절히 나를 찾아왔네-
마차가 섰는데 우리뿐이었어-
그리고 불멸도 함께

우리는 천천히 움직였어-그는 서두를 일 없으니
그리고 나는 집어치웠어
나의 일 그리고 나의 즐거움도,
그의 정중함에 보답하기 위해

우리의 드라마퀸 레이디 N.은 그렇지 않았다. 그녀는 바로 황혼 속으로 사라지지 않았다. 아무도 그녀가 탄 마차를 석양 속으로 부드럽게 몰고 가지 않았다.

그다음 주 동안, 무자비한 혼란이 의식을 잃은 레이디 N.의 몸을 습격했다. 그녀는 생명보조 장치가 그 이용자에게 가할 수 있는 모든 치욕을 다 겪었다. 그녀의 몸은 기괴한 모습으로 울퉁불퉁 부었다. 저혈압을 막기 위해 주입한 액체 6리터가 그렇게 만들었다. 체액은 신체의 낯선 틈에 고였는데, 망가진 신장이 체액 대부분을 배출할 수 없었기 때문이다. 그녀의 눈은 안와골막 부종과 출혈로 인해 검푸른 고리로 둘러싸였고, 얼굴에서 툭 튀어나왔다. 얼굴은 반들반들 부풀어 올라 알아보기 어려웠다. 가차 없이 늘어난 전신의 피부는 몸을 돌아다니는 방랑자 같은 백혈병 세포를 계속 받아들여야 했다. 그 결과 돌처럼 딱딱하고 자그맣게 부풀어 오른 모양이 점점이 생겨났다. 녹색종chloroma이었다. 그 이름은 이 종양이 역겨운 녹색을 띠어 붙게 되었다. 녹색종은 복잡한 무늬의 작고 붉은 자줏빛 점상 출혈 사이에서 솟아난다. 점상 출혈이 생겼다는 것은 모세혈관이 완전히 소진되었고 혈소판 수치가 심각하게 낮다는 뜻이다. 그녀의 신체 구멍마다 튜브가 달렸고, 경정맥에서 대퇴정맥까지 큰 혈관마다 관이 자리 잡았다. 모니터는 산소포화도와 활력 징후부터 폐동맥압과 심장박동까지 모든 것을 기록했다. 높이 조절이 가능하고 바퀴가 달린 금속 막대 위에서 알록달록한 화면들이 깜박였다. 모니터는 끈질기게 삑삑 소리를 내어 면회객에게 겁을 주고 간호사에게 신호를 보냈다. 관심을 받지 못한 가운데 꺼졌다가, 다시 다 같이 꽥꽥 소리를 내며 켜지기도 했다.

필멸이 영원을 향한 불타는 욕망을 천천히 침식했다. 레이디 N.의 몸에 수없는 모욕을 단번에 쌓아 올렸다. 부패하고, 망가지고, 혹사당하고, 괴롭힘을 당한 그녀의 몸. 그 장대한 골격은 온갖 장치가 가득한 중환자실 침대에 묶인 채 수백 가지 튜브와 관으로 둘러싸였다. 그녀는 삶과 죽음 사이의 기묘한 상태에 발이 묶인 채 머릿속으로 장례식과 싸웠다. 대뇌의 움푹 팬 곳, 튀어나온 곳, 접힌 곳마다 반란이 일어났다. 피부의 모든 모낭이 장기 기관의 모든 세포가 싸웠다. 그녀는 죽음을 거부했다. 몸과 마음의 놀라운 여력에 의지하여 죽음을 밀어냈다. 의학적 상상과 예법의 한계에 도전하는, 다층적이고 빼어난 저항이었다. 그녀는 치명적인 질병이 가한 심한 손상을 버티기의 방법론으로 뒤집으려 했다. 고집스럽고 기이하며, 충격적일 만큼 저항적인 태도로 죽음을 거부하고 있었다.

마침내 레이디 N.의 백한 살 된 어머니가 병실에 도착했다. 헌신적인 도우미가 그녀의 휠체어를 밀고 중환자실에 들어왔다. 레이디 N.의 친구들과 변호사가 참석한 가운데, 어머니는 생명보조 장치를 떼달라고 정식으로 요청했다. 기계를 끄고 정맥관을 뽑고 튜브를 잡아당기고 모니터 플러그를 뽑자, 삑삑 하는 시끄러운 소리에 이어 별안간 오싹하고 불안한 침묵이 닥쳤다.

•

핵심 오피니언 리더들은 모집단에서 전략이 성공했는지 실패했는지 밝힌 연구들을 참조해서 치료 지침을 제공한다. 하지만 환자들과 각각의 환자가 처한 실존적인 어려움을 다루는 것은 여전히 담당 종양 전문의가 해야 할 일로 남아 있다. '생명권' 문제에 대해 국가적 논의가 이루어지거나 근거 중심적 의학 지침이 내려오면, 기술적 진보가 없어도 아주 개인적이고 내밀한 순간에 도움이 될 수 있다. 임상 시험 결과를 반복해서 전하거나 약에 대한 반응과 생존 가능성에 대한 통계적 개연성을 되새김질하는 일은 환자들을 돕는 데 꼭 필요하진 않다. 감정이 결핍된 가운데 사실을 나열하는 일을 하는 의사는 마치 말 없는 기수와 같다. 이런 상황에는 진지한 사유가 필요하다. 빠르게 커지는 암의 변덕스러움, 부조리해 보이는 의학적 선택지로 환자들은 불안하고 혼란스럽다. 그들은 담당 종양 전문의에게 의학적 조언을 더 많이 받아야 한다. 의사는 환자의 입장에서 자신의 고유한 정서적·심리적·사회적·지적·철학적 자원과 문학적 자원까지도 활용해야 한다. 그래서 환자 및 그의 가족과 함께 공감과 친절과 이해를 바탕으로 반복해서 중요한 대화를 나누어야 한다. 의사는 환자와 처음 상담하며 의료적 선택지에 대해 논의할 때, 추가로 죽음에 대한 좀 더 균형 잡힌 솔직한 대화를 나누고 의학적 한계와 과학적 지식에 대해 숨김없이 설명해야 한다. 이후의 만남에서도 가능한 한 자주 그런 대화를 하고 설명을 제공해야 한다. 불치병 말기야말로 의과학이 돌봄의 기술로 대체되는 유일한 단계일 것이다. 바로 이 지점에서 종양 전문의들은 오랫동안 자신들이 살펴온 환자를 말기 환자를 전담하는 호스피스팀에게 맡긴다.

죽음과 연명 치료 중단에 대한 대화 말고도, 똑같이 중요한 문제가 있다. 나는 왜 레이디 N.에게 7+3보다 더 나은 방법을 쓸 수 없었을까? 국내 종양 전문의 협력그룹이 지난 몇십 년간 수행한 대부분의 임상시험은 약의 투여량 및 투여 계획을 바꾸거나 두 약의 반응률을 미미하게 개선하는 공식을 세우는 데 집중했다. 하비와 나는 모든 국가 단위 학술회의에 나오는 7+3 관련 논의를 정말 싫어하게 되었다. 우리는 단어 세 개면 충분한 상황에서 단어 일곱 개를 쓰는 사람을 7+3이라고 지칭하게 됐다. 아주 진지한 학술회의가 진행될 때나 저녁 식사에서 손님들이 대화를 나눌 때 누군가 지루하게 계속 중얼거리면, 하비는 몸을 숙여 이렇게 속삭이곤 했다. "7+3이네."

암 치료 분야의 최신 흐름은, 지질을 캡슐화한 연합판 7+3이다. 많은 논문 검토자와 편집자가 패러다임의 변화라고 평가하고 있다. 광범위한 제3상 임상시험이 수천만 달러의 비용을 치러가며 이루어진 끝에, 표준적인 7+3에서 5.9개월이었던 생존 기간이 새로운 7+3에서는 9.6개월로 늘어났음이 밝혀졌다. 생존 기간에 대한 우리의 기준은 왜 이렇게 낮을까? 이전 방식보다 열 배의 비용을 지출하면서 우리가 환자들에게 더 줄 수 있는 최선의 시간이 3.7개월일까?

　지난 50년간 급성골수성백혈병 치료는 개선되었다. 임상 증상과 백혈병 세포의 생물학적·유전적 특질까지 포함된 여러 변수를 이용하여, 화학요법만으로 이득을 볼 사람이나 병이 재발할 위험성이 높은 사람을 가려낼 수 있다. 연구에 따르면, 고령자(예순이 넘은 사람이면 누구나)나 고위험군 급성골수성백혈병 환자들(즉 골수형성이상증후군에서 진행되었거나 화학요법 같은 독성에 노출되어 생긴 급성골수성백혈병을 앓는 환자들)은 7+3에 대한 반응으로 완전 관해가 유도되었다고 해도 전체적인 생존 기간은 늘어나지 않는다. 레이디 N.의 백혈병은 골수형성이상증후군에서 시작되었고, 이런 경우는 암의 저항력이 높기로 악명이 높다. 7+3 요법은 골수의 백혈병 부담을 줄여줄 수 있었지만, 생존 기간을 늘리려면 그녀는 조혈모세포 이식을 받아야 했다. 하지만 그녀의 연령 및 다른 동반 질환을 고려하면 이식수술은 불가능했다(수술이 그 무엇보다도 빠르게 그녀를 죽일 터였다). 그렇다면 그녀를 병원에서 괴롭히는 일이 무슨 의미가 있었을까? 치명적인 부작용이 일어날 수 있는 약을 몇 주 동안 쓰면서 말이다. 그냥 가능한 최선의 지지요법을 제공하면 어땠을까? 혈소판과 혈액을 주입하고, 필요한 만큼 감염을 치료하는 방법을 쓸 수도 있었다. 마지막 순간을 사랑하는 사람들과 함께 집에서 보내는 건 어땠을까? 사실 종양 전문의들은 환자들에게 공격적인 세포독성 치료와 필요한 만큼 수혈을 받고 항생제를 쓰는 지지요법 사이에서 선택할 것을 권한다. 이 지점에서 우리는 낯선 경험을 하게 된다. 불치병의 결과를 부정하고 죽음을 극도로 두려워하는 가운데, 꺼지지 않는 희망의 불꽃까지 지펴 의학적 판단을 흐리게 되는 것이다. 환자들 거의 대다수는 지지요법을 거절하고 공격적 접근을 선택한다. 레이디 N.도 그랬다.

•

레이디 N.은 골수형성이상증후군 합병증으로 세상을 떠났다. 하지만 크게 보면 골수형성이상증후군은 그녀를 이길 수 없었고, 이기지도 못했다. 그녀가 이겼다. 그녀는 병 때문에 만난 수많은 사람에게 용기를 주었다. 그녀는 장전된 총으로 러시안룰렛을 하는 대담한 사람이었다. 아니, 그녀가 바로 장전된 총이었다. 죽음을 결정할 힘은 갖고 있지만 방아쇠를 당길 주체가 없는 총과 같았다.

> 내 삶은 멈추었네– 장전된 총으로–
> 구석에– 어느 날
> 주인이 지나갔네– 알아보고는
> 나를 챙겨 갔어–
>
> –에밀리 디킨슨

나는 레이디 N.이 너무도 그립다. 고양이를 보거나 무척 재미난 만화를 볼 때면 그녀가 생각난다. 어느 겁먹은 젊은 의대생을 볼 때처럼 특이한 순간에, 무엇보다도 골수형성이상증후군 환자의 말이나 몸짓, 질문과 마주하는 순간에, 그녀의 웃는 얼굴이 내게 말을 건넨다. 나는 웃는다. 소리 없이 중얼거린다….

레이디 N.이여, 영원하라!

4

키티 C.

천천히 아물지 않는 상처가
어디에 있을까?

맨해튼의 지하철역에서 보는 월요일 이른 아침의 풍경은 무척 놀랍다. 시끌벅적한 출근 시간 이전이면 말이다. 그런 어느 아침, 나는 57번가와 8번로 컬럼버스서클 역 입구의 가파른 계단을 내려가고 있었다. 168번가의 컬럼비아대학 의과대학으로 가는 A선 지하철을 타기 위해서였다. 역이 너무나 깨끗해 보여서 나는 감동했다. 주말이면 엉망진창 아수라장이다. 술 취하고 땀 흘리는, 지나치게 몸을 쓰며 놀아버린 사람들이 서로 부딪치면서 역으로 돌진해서 차량으로 밀고 들어간다. 이른 아침엔 그런 모습이 없었다. 버려진 맥주 캔과 소다 병, 때 묻은 지푸라기며 부유하는 휴지, 비닐봉지도 남김없이 사라졌다. 취한 노숙자마저도 지친 가운데 어리둥절한 모습으로 돌아다녔다. 예상치 못한 아침의 단정함이라니, 이런 순간은 소중하다. 막 닦은 역 바닥에 기하학적인 무늬가 드러났다. 타일들은 중심 기둥에서 뻗어 나와 개표구에 달린 회전 막대 쪽으로 이어졌다. 부츠와 스틸레토 하이힐의 발소리가 쏟아지는 순간이 그리울 지경이었다. 지하의 턴스타일 식당가는 아직 활기를 띠진 않았다. 하지만 비지스Bee Gees의 노래가 들려왔다.

> 갑자기 네가 내 인생에 왔어
> 내가 하는 모든 일에 네가 있어
> 너 때문에 밤낮으로 애쓰게 되었지
> 너를 놓치지 않기 위해
> … 매 순간이 영원할 수 있어
> 한 여자 이상이지
> 내겐 한 여자 그 이상이지

나는 사람들이 붐비는 병원으로 가고 있었다. 앞으로 12시간 동안 스무 명에서 스물다섯 명 사이의 환자들을 보게 될 테고, 골수형성이상증후군과 급성골수성백혈병 환자들의 골수 생검을 다섯 번에서 열 번 정도 하게 될 것이다. 나는 지하철 안에서 지하 터널의 새카만 어둠을 바라보았다. 그 어둠 위에 아이폰 위로 몸을 숙인 사람들, 거대한 책가방에 기대 꼿꼿한 자세를 유지하며 반쯤 조는 청소년들, 잘 차려입은 모습으로 이어폰을 매만지는 젊은 전문직 종사자들의 모습이 비쳤다. 차량 내부는 춥고 조용했다. 나는 《뉴욕 타임스》를 펼쳤지만 신문에 집중할 수 없었다. 앞으로 할 일을 머릿속에서 정리하기 바빴다. 움직임과 신체를, 처방과 얼굴을 짝지었다. 이미지를 떠올릴 때마다 내 지식의 부족함을 깨닫고 멈칫했다. 병원 진료시간과 연결된 몇

몇 얼굴들이 마음속에 떠올랐다. 오전 8시에는 RG., 오전 8시 30분에는 L. W., 오전 9시에는 키티 C.

　나는 오늘 완곡어법을 사용해 RG에게 나쁜 소식을 전할 것이다. 그리고 쾌활한 경고와 함께 새로운 실험적 연구를 제안할 것이다. 나는 RG와 가능성이 거의 없는 선택지를 놓고 얘기하기 위해 미리 마음의 준비를 했다. 몇 년에 걸쳐 일주일에 한 번씩 만나며 나는 그녀와 가까워졌다. 나는 오스트레일리아에 있는, 겁에 질리고 불안해하는 RG의 딸과 통화를 하게 될 것이다. 딸은 아이들 때문에 다음 비행기를 탈 수 없는 상황이었다. 그녀의 걱정과 희망은 무엇이었을까? 그녀가 어머니를 더 잘 돌보게끔 내가 어떻게 도울 수 있을까? 브롱크스에 사는 RG는 헤모글로빈 수치가 7g/dl이고 6층까지 계단을 오를 때마다 거의 기절하곤 했지만 안식일에는 엘리베이터를 타지 않는 사람이었다. 그녀의 경우 아세포가 적은 수이긴 하지만 불안하게도 일관성 있게 혈액에 나타나기 시작했으므로, 그날 아침에 골수 생검을 할 예정이었다. 병이 골수형성이상증후군에서 급성골수성백혈병으로 변형된 게 아닌지 확인해야 했다. 그다음은? RG와 상냥하고 조용하고 예의 바른 그녀의 남편과 함께, 오스트레일리아에 있는 딸과 보스턴에 있는 아들에게 전화를 할 것이다. 모두 연락이 되면 다음 치료 단계를 논할 것이다. 그들은 모두 긴장하리라. 골수 검사를 하게 될 거라고 지난주에 미리 이야기했기 때문이다.

　RG는 일흔한 살이다. 애정이 넘치며 걱정도 많은 여자다. 그리고 허약하다. 체중이 41킬로그램밖에 되지 않았다. 그녀는 진료실을 찾을 때마다 나를 적어도 다섯 번씩 안아준다. 매번 만날 때마다, 내가 그녀를 도와줄 수 있다고 그녀가 얼마나 굳게 믿는지 상기하게 된다.

자식들은 그녀가 자기네 집 중 한 곳으로 이사 오길 바란다. 하지만 그녀는 혈액 전문의를 바꾸고 싶지 않다며 그 제안을 거절했다. 사실 그녀는 나 말고 다른 사람에게 진료받길 원치 않는다. 내 능력이 얼마나 부족했는지(그리고 지금도 부족한지), 그녀의 골수형성이상증후군이 급성골수성백혈병으로 진행될 경우 내가 제시할 치료법은 얼마나 가망 없는 것인지 생각하니 무척 고통스러웠다. 그렇게 오랫동안 암 연구가 이루어졌는데 가엾은 RG에게 쓸 수 있는 치료법이 7+3밖에 없단 말인가?

나는 갑자기 엄청난 슬픔을 느꼈다. 어찌해야 할지 알 수 없었다. 친구 새러 술래리 굿이어가 시카고대학에서 강연하면서, 저서 『고기 안 먹는 날들Meatless Days』을 읽은 순간을 생각했다. "어찌할지 모르는 상태란 잠깐의 유예입니다. 기차가 도착지로 향하는 역들 사이에서 가짜 최후를 연출하며 잠깐 멈출 수밖에 없는 것과 같아요. 우리는 보았습니다. 죽음은 어느 극단極端으로 가는 변화일 뿐입니다. 우리를 잃는 일이 아니라 우리를 발견하는 일입니다. 적어도 우리가 붙잡히길 원하는 곳에서 우리를 붙잡는 일입니다."

지하를 질주하던 열차는 잠시 대단원을 맞이한 척 125번가 역에 멈추었다. 그 멈춤은 그날 아침에 봐야 하는 또 다른 환자인 키티 C.의 골수형성이상증후군 세포의 진행 상태가 보인 단속 평형 상태punctuated equilibrium*와 딱 맞아떨어졌다. 그 무렵 키티의 질병은 안정적으로 보였다. 우위를 점한 클론은 잠복하고 있었고, 더 작은 아클론은 간헐

---

* 오랫동안 안정된 상태를 유지하다가 갑자기 대도약을 보이는 상태로, 진화의 역사 등을 설명할 때 쓰는 개념이다.

적 팽창과 후퇴 사이에서 움직였다. 그렇지만 그녀는 골수에 시한폭탄을 품고 있었다. 세포가 다음 목적지로 전진하면서 새로운 돌연변이를 얻고, 잠시 쉬었다가 다시 출발해서 통제가 안 되는 단계에 이르기까지 시간이 얼마나 남았을까? 열차가 망가지기까지 시간이 얼마나 남은 것일까?

•

키티는 70대 초반에 골수형성이상증후군 진단을 받았다. 2009년 6월이었다. 1차 진료를 맡은 의사는 그녀의 헤모글로빈 수치가 떨어지고 있다는 사실을 알아챘다. 수치가 8g/dl 아래로 내려가자, 혈액과 동료 데이비드가 그녀를 살피고 골수 생검을 했다. 그 결과 그녀가 염색체 이상과는 관련 없는 저위험군 골수형성이상증후군임이 밝혀졌다. 그해에 그녀는 수혈에 의지하게 되었다. 6주에서 8주에 한 번씩 수혈을 받았다. 처음에는 데이비드가 그녀를 치료했다. 그는 에리트로포이에틴erythropoietin을 처방했는데, 이것은 적혈구의 성숙을 자극하는 약이었다. 그다음에는 FDA가 승인한 치료제인 다코젠을 처방했다. 치료를 받고 나니 수혈을 받는 간격이 늘어났다. 하지만 그리 오래가지 않았다. 수혈 주기는 넉 달 만에 원래대로 돌아왔다.

데이비드는 내 임상시험 대상자 중 한 명으로 키티를 생각해보라고 권했다. 2010년 6월, 내가 그녀를 처음 만났을 때 그녀는 극심한 빈혈에 시달려 2주에 한 번씩 혈액 2단위를 수혈받고 있었다. 키티와 나는 금방 죽이 맞았다. 그녀는 뉴요커 그 자체였다. 마른 체구에 대단한 자유주의자로 혼자 살았고, 센트럴공원과 브롱크스의 뉴욕식물원을 오래 산책하는 습관이 있었다. 종종 지하철을 타고 나가서 지역 문화 센터 '92번가'에서 강의를 듣고 뉴욕현대미술관에서 미술 전시회를 보았으며, 링컨센터의 고전음악 공연을 감상했다. 그녀는 독서광이었다. 우리는 책과 음악을 교환했고, 아이들과 정치, 노라 에프런, 건성 피부, 『모비 딕Moby-Dick』에 대해 이야기했다. 우리는 함께 웃어댔고 농담을 했다. 그리고 그녀의 심한 빈혈과 가능한 치료법에 대해 모든 면에서 진지하게 논의했다. 우리는 친구가 되었다.

나는 다시 골수 생검을 했다. 키티의 골수형성이상증후군이 여전히 저위험군이어서 안심했다. 염색체 검사에서 뜻밖의 반가운 결과가 나왔다. 그녀의 골수 속 세포의 작은 클론에서 del5q라고 하는 5번 염색체 장완 결손이 나타난 것이다. 이는 레이디 N.의 병든 세포에서 보인 바로 그 del5q 비정상성으로, 이 결손이 있으면 레블리미드에 아주 잘 반응한다. 나는 다음 만남에서 이 기쁜 소식을 전했다. del5q인 골수형성이상증후군 환자의 약 70퍼센트가 레블리미드로 치료를 받는 동안에는 장기간 수혈에서 벗어나게 된다. 그녀는 놀라워했다. "전에는 왜 이 약으로 치료하지 않았나요?" 나는 상황을 설명했다. 그녀의 염색체 상태는 정상이었지만, 시간이 흘러 다코젠으로 치료를 받으면서 세포 아클론에 염색체 손상이 나타나기 시작했다고 이야기해주었다. 암에서 클론의 진화란 보통 병이 진행된다는 신호다. 하지만 이번에는 화학요법으로 '좋은' 클론의 존재가 드러난 것이다.

키티는 레블리미드에 대단한 반응을 보였다. 한 달 만에 그녀의 헤모글로빈 수치는 수혈 없이 원래대로 돌아오기 시작했다. 한 주가 더 지났을 때 우리는 혈액 수치가 완만하게 정상으로 돌아오고 있음을 확인하고 깜짝 놀랐다. 만세! 우리는 상담실에서 함께 춤을 추며 밖으로 나가 포옹했다. 요새에서 승리를 선언할 준비가 됐다.

키티는 몇 년 동안 차선책을 써서 세포에 산소 공급을 해왔다. 그러다 처음으로 헤모글로빈 수치가 정상으로 돌아온 것이다. 그녀는 진료실에 앉아 깊은 생각에 잠긴 채 평소답지 않게 조용히 말했다. "갑자기 기분이 너무 달라졌어요. 확실해요. 새롭네요. 내 기분이 어떤지 설명하긴 어려워요. 상황을 정리할 필요가 있어요." 우리는 빈혈이 그녀의 몸에서 통행세를 걷듯 갖고 가버린 것들에 대해 오랫동안 대화했다. 그녀는 계속 생각에 잠긴 모습이었다. 새롭게 되찾은 예전의 자기 모습을 정리해서 목록으로 만들고 그 특징을 확인하고자 했다. "글을 써보는 건 어때요?" 내가 제안했다.

"좋은 생각이네요." 그녀가 말했다.

그리고 다음 만남에서 이 글을 전했다.

몸이 새 약에 반응하는 동안 나는 몸에 관심을 기울였다. 헤모글로빈이 조금씩 늘어나 정상 범위에 진입했다. 나는 신체적으로 나아진 부분에 집중했다. 다시 지하철 계단을 오르내릴 수 있었고, 포트트라이언공원을 언덕까지 포함해서 매일 산책할 수 있었다. 전체적으로 일상을 유지하게 되었다. 나는 이 모든 일을 주의 깊게 관찰했으며 무척 감사했다. 하지만 내가 잃어버렸다는 사실조차 깨닫지 못했던 무언가가 있었음을 알고 정말 놀랐다. 바로 나의 머리였다. 난 신이 난다. 지금 내 머릿속은 생각으로 가득 차 있고, 그 생각들을 서로 연결할 수 있다. 뇌 기능이 활성화되는 기분이다. 내 마음속 생각을 표현하는 일이 훨씬 쉬워졌음을 알게 되었다(내 생각이 똑똑하고 독창적인 건 아니지만, 그래도 그게 나다). 그동안 얼마나 많은 것을 잃어버렸고 얼마나 힘겨웠는지 깨닫지 못하고 있었기에 몸이 좋아지자 그 짜릿함이 두 배로 느껴졌다. 내가 얼마나 불편했는지 상태가 좋아지고 서야 알았다.

그 무렵 나는 동료 종양 전문의 싯다르타 무케르지와 함께 우리 연구소를 위해 모금 행사를 계획하고 있었다. 정부의 지원은 줄고 최첨단 기술에 드는 비용은 점점 늘어나, 우리는 연구 프로그램에 쓸 돈이 간절히 필요했다. 울버린 캐릭터로 유명한 멋진 배우 휴 잭맨Hugh Jackman과 아름다운 그의 아내 데보라 리Deborra-Lee가 고맙게도 모금 행사를 열라고 저택을 빌려주었다. 유명 인사들이 올 예정이었다. 그런 행사에선 아무도 지루한 연설을 오래 듣길 원치 않는다. 그래도 우리는 행사의 중요성과 절박함을 전하고 싶었다. 어느 날 아침, 나는 진료실에서 키티와 대화를 나누다가 모금 행사 얘기를 꺼냈다.

키티가 외쳤다. "나는 휴 잭맨이 너무 좋아요! 행사에 가서 몰래 보기만 하면 안 될까요?"

생각 하나가 번뜩였다. 나는 키티에게 특별 연설자가 되어달라고 했다. 그녀는 처음에는 어려워했다. 그녀는 그렇게 유명한 사람들 앞에서 연설해본 적이 한 번도 없었다. 나는 괜찮을 거라고 했다. 내게 건넨 그 멋진 글을 읽기만 하면 된다고 용기를 주었다. 그녀는 결국 승낙했다.

행사가 열린 저녁, 키티는 아주 멋진 모습으로 도착했다. 새하얀 리넨 드레스에 머리를 새로 단장했다. 길고 그을린 목에 진주 목걸이를 우아하게 걸었다. 그날 저녁 그녀의 조용하고도 기품 있는 모습은 매혹적이었다. 우리는 같이 프로세코를 한 잔씩 마셨고, 그녀는 유명

인사들 가운데 아는 사람이 있는지 열심히 살펴보았다. 탁 트인 휴 잭맨의 거실에 서 있는 사람들 중에는 컬럼비아대학의 고위급 인사들이 있었고, 웬디 머독과 루퍼트 머독, 이방카 트럼프, 도나 카란, 그 외 각계각층의 유명인들이 있었다. 키티는 긴장한 기색을 찾아볼 수 없었다. 그녀는 정직함과 진실함을 담아 설득력 있게 연설했다. 우리 프로그램에 모금해달라는 진심 어린 호소를 했다. 함께 들려준 그녀의 가슴 아픈 이야기와 성공적으로 건강을 되찾은 이야기는 충분한 보답을 받았다. 우리는 그날 저녁 백만 달러를 모금했다. 암 연구에 쓸 돈이었다. 그녀는 기뻐 어쩔 줄 몰랐다. 그녀는 휴 잭맨 부부와 함께 찍은 사진을 친구와 가족에게 돌렸고, 이후 병원을 찾았을 때 그들이 얼마나 즐거워했는지 알려주었다. 우리는 이제 단순한 친구가 아니었다. 동료였다. 암 연구를 널리 알리고 지지를 구하는, 열정을 공유한 사이였다.

키티는 레블리미드를 복용하면서 관해 상태를 유지했다. 한 주에 한 번 대신, 한 달에 한 번씩 나를 보게 됐다. 이렇게 만나는 동안, 우리는 설사 조절법처럼 덜 급한 문제에 대해 이야기를 나누었다. 설사는 널리 알려진 레블리미드의 부작용이다. 그녀는 이 부작용 때문에 외출 때 근심하게 되었고 맨해튼 밖으로 벗어나 지하철을 오래 탈 일이 있으면 주저하게 됐다. 이후 몇 달 동안 여러 약을 써본 뒤, 그녀의 개인적 요구에 맞게 설사약 로모틸Lomotil을 같이 쓰면서 레블리미드 복용 시간을 변경했다. 그녀는 조금 안심했다. 이후 2년 동안 키티가 누린 즐거움은 대단했다. 도시를 누볐고, 자매와 아들, 친구를 만났으며, 남자 형제를 만나러 여행을 떠났고, 오랫동안 고대한 중국 여행에도 성공했다. 그사이에 우리는 정기적으로 만나며 뭐든 이야기했다. 카프카와 스탕달, 설사로 인한 전해질 불균형과 체중 감소까지. 아이스크림과 쿠키를 새롭게 사랑하게 된 이야기도 공유했다. 우리는 서로에게 영화를 추천하고 책과 잡지를 교환해서 보았다. 연극에 대해 평가하고, 용납할 수 없는 쓰레기 같은 정치인들을 비판하고, 어른이 된 우리의 자식들을 어떻게 대할지 의논했다. 그리고 특히 약에 대한 그녀의 경이로운 반응을 축하했다.

●

저위험군 골수형성이상증후군은 직선적으로 진행되는 질병이 아니다. 가만히 유지되다 갑자기 폭발한다. 나는 이를 단속 평형 상태라고 부른다. 생물학자 스티븐 제이 굴드Stephen Jay Gould가 진화 과정을 묘사하며 쓴 개념이다. 질병은 안정적 상태를 유지하다 갑자기 중대 국면에 접어든다. 그 국면이란 아마도 유전적 사건일 텐데, 그로 인해 새로운 질병이 발현된다. 이어 상대적으로 안정된 상태가 이어지고, 이 상태가 새로운 표준이 된다. 안정적 시기는 골수의 정상 세포와 비정상 세포 사이에 일종의 항상성이 확립된 단계로, 이 시기가 몇 개월에서 몇 년 동안 혹은 몇십 년 동안 이어질 수 있다. 상대적으로 잠잠한 이 시기에는 혈액 수치가 대체로 달라지지 않는다. 그러다 다른 돌연변이의 출현일 가능성이 높은 또 다른 사건이 일어나면, 종류가 다른 클론이 팽창하며 혈액 수치가 나빠진다. 그리고 다시 한번 안정기가 이어진다. 이런 과정이 계속된다. 이렇게 저위험군 골수형성이상증후군은 점진적으로 나빠지기보다는 계단식에 가깝게 진행된다.

일반적 규칙이 있다면, 당연히 혈액 수치 악화다. 하지만 이 규칙을 환자에게 적용하는 건 늘 간단하지 않다. 때로 나는 병이 간헐적으로 차도를 보이는 상황도 목격했다. 골수형성이상증후군의 자연 경과는 환자 개인마다 예상치 않은 전개를 보인다.

커트 워든 또한 골수형성이상증후군 환자였다. 그는 레블리미드에 완벽한 반응을 보였다. 문제는 약효가 지속될 것인가였다. 1998년에 진단을 받은 그는 20년이 지난 2018년에 진단 초기의 상황을 돌아보았다.

놀라움이 서서히 커져갔다. 병은 갑자기 튀어나온 것 같았다. 뭔가 문제가 있다는 걸 깨달았다. 나는 피곤했고, 신체 활동을 하면 으레 호흡이 가빠졌다. 피부는 창백하여 색이 가셨고 아파 보였다. 그전에는 이런 상태를 겪은 적이 단 한 번도 없었다. 나는 경력의 정점에 있었다. 뉴스와 다큐멘터리를 찍는 촬영기사로 전 세계를 두루두루 여행했고, 전쟁터며 갈등 지역, 그 외 다양한 현장을 돌아다녔다. 몸을 쓰는 일을 하다 보니 이런 증상들이 업무에 큰 장애가 되었다. 멕시코시티의 고지대에서 일하던 날이 또렷이 기억난다. 필요한 장면을 찍기 위해 최고의 전망을 찾아 언덕을 올라야 했다. 정상에 간신히 오르니 기진맥진한 가운데 숨을 제대로 쉴 수가 없어 충격을 받았다. 그땐 정말 심각했다.

워든 씨의 경우 상황이 실제로 심각했다. 헤모글로빈 수치가 6.6g/dl로 떨어졌는데, 이는 정상의 절반도 안 되는 수준이었다. 그는 3주에서 4주마다 혈액을 3단위씩 수혈받고 있었다. 수혈은 보통 부상을 심하게 입었을 때나 소화관 출혈이 있을 때 외과수술 과정에서 받거나 용혈hemolysis*이 일어났을 때 받는다. 비록 헤모글로빈 수치는 12.5g/dl

에서 16g/dl 사이가 정상이지만, 8g/dl만 넘어도 바로 안심할 수 있다. 연구에 따르면, 헤모글로빈 수치를 10g/dl 이상 올려도 8g/dl인 경우보다 추가적인 이득은 없다. 그러나 수혈은 단기간만 통할 뿐이다. 낫적혈구병sickle-cell disease이나 지중해빈혈thalassemia 같은 선천성 빈혈이 있는 사람 혹은 재생불량빈혈aplastic anemia이나 골수형성이상증후군 같은 골수기능부진증후군 환자는 만성적으로 장기간 수혈에 의존한다. 이런 경우 수혈을 받으면 신체 상태가 나아진다. 하지만 일시적일 뿐이다. 며칠 안도하고 나면 다시 징후가 슬금슬금 돌아온다. 기증자의 혈액 세포가 수여자의 몸에서 소모되기 시작하면 그렇게 된다. 결국 불편하고 허약한 상태가 바닥을 치면서 환자는 다음 수혈을 받으러 간다.

헤모글로빈 수치가 안정되면 그 수치가 낮다 해도, 이런 반복적인 주기와 비교하면 안심이 된다. 좋아졌다가 나빠지고 개선되었다가 악화되는, 삐쭉삐쭉한 선을 그리는 반복적 주기. 마치 심장이 규칙적으로 수축하고 이완하는 그래프 같은 상태다. 대혼란이 찾아온 워든 씨의 일상을 생각해보라. 그는 전선에서 시간을 보내며 살았다. 적진 사이를 내달리고, 탄환을 피하며, 학살의 아수라장을 관찰하고, 녹음하고, 글을 쓰고, 촬영해왔다. 그런 일상에 불쑥 빈혈이 닥치자 그는 에너지를 빼앗겼다. 예민한 지각 능력은 망가졌다. 숨이 가쁘고 허약해져, 일에 필요한 고도의 집중력을 발휘할 수가 없었다.

집으로 돌아와 내과 전문의를 찾았다. 혈액 검사 결과, 내 헤모글

---

*   적혈구가 손상되어 혈구 밖으로 헤모글로빈이 빠져나오는 현상.

로빈 수치는 6.6g/dl로 수혈이 필요하다는 사실이 밝혀졌다. 그때 나는 어떤 진단도 받지 못했다. 20년 전인 1998년, 내 나이 마흔여덟 살 때였다. 당시 나는 아주 심각한 의학적 상황에 직면했다. 수혈을 계속 받아야 했다. 3주에서 4주마다 3단위씩. 이런 상황이 이어졌으나 나는 여전히 진단을 받지 못했다. 아라네스프Aranesp◆를 포함해서 여러 치료법을 써봤지만 별 효과가 없었다. 그러나 놀라운 속도로 증가하는 페리틴(철) 수치를 줄여야 한다는 것만은 확실했다. 만성피로는 계속되었고, 데스페리옥사민desferrioxamine 피하 주사를 맞기 시작하면서 철 수치를 억제할 수 있었다. 침대 옆 탁자에 둔, 휴대용 배터리로 작동하는 주입 펌프를 썼다. 밤마다 8시간 동안 내 신체에 주입된 액체는 철과 결합한 다음 배뇨 작용을 통해 몸 밖으로 빠져나갈 것이다. 나는 시간을 벌고 있었다.

워든 씨는 2005년에 처음으로 나를 만났다. 나는 그가 골수형성이상증후군이라고 진단을 내렸다. 연구소에서 운영하는 조직 은행에 골수 샘플을 저장해도 되냐고 그에게 물었다. 그는 동의했고, 의학 연구에 적극적으로 참여했다. 나는 그가 레블리미드로 치료를 시작했으면 했다. 그는 del5q 비정상성은 아니었다. 하지만 나는 대규모 임상시험 발표를 준비하고 있었다. 레블리미드로 치료를 받으면 del5q 비정상성을 보이지 않는 환자라도 4분의 1이 석 달 안에 수혈에서 벗어난다는 내용이었다. 그의 기록에 따르면, 그는 "주기적으로 수혈을 받고

◆ 성분명 다베포에틴 알파Darbepoetin alfa. 에리스로포이에틴erythropoietin을 개선한 빈혈 치료제.

철분을 제거하는 이 상황에서 벗어나기 위해 뭐든 할 준비가 되어 있었다." 2006년, 그는 레블리미드를 매일 10그램씩 투여받기 시작했다. 철분제거 요법은 더 받아야 했지만, 몇 달 만에 그는 수혈을 받지 않게 됐다.

놀랍게도 나는 경력을 계속 이어갈 수 있었고 일로 인한 신체적 부담도 견딜 수 있었다. 나는 다시 강해졌다…. 미래가 예전처럼 밝으리라는 보장이 없다는 사실을 알았지만 그래도 이런 기분을 느낄 수 있어서 행복했다.

레블리미드는 염색체 5번 비정상성이 없는 환자들에게도 종종 통하지만, 반응이 유지되는 평균 기간은 10개월에 불과하다. 염색체 비정상성이 있는 경우에는 2년이다. 비다자에 반응한 드 노블 씨처럼 아주 드문, 일화적인 사례의 예외적 반응자도 있다. 그런데 워든 씨 또한 운 좋은 유니콘임이 밝혀졌다.

나는 뉴욕으로 떠났고, 그렇게 우리는 연락이 끊겼다. 10년이 지났을 때, 워든 씨가 별안간 뉴욕에 나를 보러 왔다. 알고 싶은 것이 있다고 했다. 은퇴를 고민 중인데, 재정적 이유로 레블리미드를 끊고 싶다는 것이었다. 하지만 약을 마음대로 끊는 건 내키지 않아서 내 생각을 묻고 싶었던 것이다. 그는 시간이 이렇게 흐른 다음 레블리미드 투여를 그만두게 되면 어떻게 될지 알고 싶어 했다. 나는 과학적이고 근거 중심적 입장에서 상황을 살폈다. 새로 뽑은 워든 씨의 골수 샘플과 내 조직 저장소에 있던 예전 샘플을 놓고 유전적·세포유전적·클론적 비정상성을 비교했다. 새로운 돌연변이는 보이지 않았다. 비록 형태학적으로 그는 여전히 저위험군 골수형성이상증후군 환자였지만, 레블리미드를 끊는 것이 합리적으로 보였다. 약을 끊으니, 놀랍게도 그의 헤모글로빈 수치가 두 달 만에 떨어지기 시작했다. "이렇게 시간이 흘렀어도 골수형성이상증후군은 레블리미드라는 브레이크가 사라지자 갑자기 다시 활동을 시작했다." 그는 이렇게 썼다. 그가 다시 수혈에 급히 의존하게 되자 우리는 레블리미드 사용을 재개했다. 다행히 더 적은 양인 5밀리그램을 투여한 지 한 달 만에, 그의 헤모글로빈 수치는 12.5g/dl를 유지하게 되었다.

일반적으로 환자가 어떤 치료를 받고 반응이 있으면, 종양학자는 그 상태를 흔들고 싶어 하지 않는다. 그저 효과가 멈출 때까지 계속 놔두려 한다. 약을 멈추면 그 약으로 억제해둔 세포의 비정상적 클론이 증식하기 시작하고, 그렇게 해서 우세하게 자란 아클론은 예전의 약에 민감하지 않을 가능성이 커질 수 있기 때문이다. 환자가 10년 동안 약에 반응한 경우 치료를 어떻게 진행할지에 대해서는 따로 지침이 없다. 워든 씨 같은 유니콘은 매우 희귀하다. 그의 사례는 골수형성이상증후군이 각각 고유한 방식으로 환자마다 다르게 변한다는 사실을 분명히 보여준다. 그는 13년이 지난 후에도 같은 약에 반응하고 있다. 그 자체로 매우 이례적이다. 게다가 그는 약을 다시 쓸 수 있었고 반응이 대단히 좋았다.

워든 씨의 사례는 반응이 희귀하기도 하지만, 특이한 부분이 몇 가지 더 있어서 복잡했다. 골수형성이상증후군 세포 클론은 20년이 넘는 시간 동안 그의 몸속 혈액을 전부 생산해왔다. 이 일 자체는 어떤 요법에도 반응하지 않는 저위험군 골수형성이상증후군 환자의 경우에 그리 놀라운 것이 아니다. 이들의 수혈 의존성이 골수형성이상증후군 세포가 혈액을 전부 생산한다는 확실한 증거다. 이들은 자신의 골수가 충분히 건강한 세포를 생산하지 못하기 때문에 수혈이 필요하다. 하지만 워든 씨는 레블리미드 복용을 시작하자 곧 수혈에 의존하지 않게 되었고, 12년 동안 치료를 받는 내내 그랬다. 그래서 나는 그의 골수에 있는 세포의 비정상적 클론이 줄어들었을 거라고 예상했다. 그러나 그의 경우 레블리미드는 클론의 크기를 줄이는 데 아무런 영향을 미치지 않았다. 또 그의 세포는 12년 동안 치료를 받은 후에도 레블리미드에 아주 민감하게 반응했다. 현재 그는 행복한 은퇴자의 삶을 살고 있으며 정기적으로 나를 만나러 온다. 그의 골수와 혈액 샘플은 조직 저장소에 보관하고 있다. 나는 최신 기술을 사용해 그가 어떤 생물학적 이유로 예외적 반응을 보였는지 하루빨리 알아내고 싶다.

•

1975년, 나의 오빠 자베드가 카라치에서 결혼식을 올렸다. 팜은 미국에서 온 하객 가운데 한 명이었다. 그녀는 내 언니 아티야의 친구이자 소아과 동료였다. 무더운 7월이었다. 길고 지루한 오후를 여러 날 보내며 팜과 나는 책과 망고를 계기로 친해졌다. 우리는 고온의 날씨에 땀을 흘리면서 밥 딜런과 셜리 바세이와 제임스 테일러에 푹 빠져 지냈다. 그녀가 읽고 있던 책은 제목이 매혹적이었다. 로버트 피어시그Robert Pirsig의 『선과 모터사이클 관리술Zen and the Art of Motorcycle Maintenance』이었다. 그녀는 내게 책을 주었고, 이후 몇 달 동안 나는 그 책을 여러 번 읽었다. 나는 깊은 감동을 받았고, 책 덕분에 실제로 달라지게 됐다. 지금도 내가 책을 완전히 이해했다고 말할 수는 없지만,

'질quality'이라는 문제에 대해 더 생각하게 됐다. 피어시그에게 질이란 정적이거나 동적이다. '정적인 질'은 정의를 내릴 수 있는 모든 것을 대표한다.* 그리고 '동적인 질'이 있는데, 이는 정의가 불가능한 동력으로 움직인다. 피어시그는 이를 '질의 형이상학'이라고 불렀다. 지성을 사용하여 어떤 객관적 이유를 찾아내기 전에, 감정적으로 무언가에 끌리는 상황을 상상해보라. 이런 경험적인, 동적인 질은 정의나 언어적 표현을 넘어서고 지성적인 이해를 초월한다. 외부에서 인위적으로 만드는 것이 아니라, 경험적 차원에서 겪을 수 있는 일인 것이다.

피어시그는 열한 살 난 아들과 함께 혼다305 슈퍼호크 오토바이를 타고 몬태나의 산을 오르며, 이 두 가지 질을 가지고 세상만사를 해체적으로 분석한다. 사물을 좋은 방향으로 이끄는 것이 무엇인지, 아주 정밀한 차원에서 정의할 방법을 찾으려 골몰한다. 그의 사색은 육체적·지성적·영적 경험을 하나로 모으는 기술이 아찔할 만큼 뛰어나다. 가장 까다롭고 양식적이며 형식화된 과학 산업 뒤에 숨겨진 근본적이고 형이상학적인 수수께끼도 잠시 파헤친다. 피어시그는 오토바이 관리 문제라는 간단한 비유를 통해 이를 설명한다. 그리고 문제의 모든 면을 체계적으로 연구하고 탐색하고, 모든 것을 가장 세밀한 부분까지 검증하며, 끝없는 해체 과정을 통해 마침내 문제의 근원을 찾아내는 법을 제시한다. 그렇지만 엄격한 방식으로 고되게 연구를 한다고 언제나 발견의 순간을 맞이할 수 있는 것은 아니다. 그의 과학을 움직이는 것은 지루한 계획이 아니라 본능과 통찰이다. 본능과 통

---

* 언어로 표현할 수 있거나 정량화가 가능한, 세상의 모든 조직과 체계를 정적인 질로 볼 수 있다.

찰이야말로 과학을 맥박이 뛰면서 살아 있게 하는 중대한 활력인 것이다. 바로 이것이 질의 형이상학이다. 이 충동에는 힘이 있다. 우리를 둘러싼 더 큰 우주 속에서 삶을 헤아릴 때 우리를 안내하는 힘. 이제 산의 꼭대기에 도착하는 것만큼이나 그 여정 자체가 중요해진다. "당신이 산의 정상에서 찾게 되는 선Zen은 거기에 당신이 갖고 온 것뿐이다."

나는 새파란 의대생일 때 이 책을 읽으면서, 피어시그가 지도를 주면서 직접 말을 건네는 듯한 기분을 느꼈다. 스물두 살, 경험 없이 드높은 목표만 가진 채 혼성적 진로를 선택한 나였다. 실험과 관찰을 통해 물리적 세계를 조사하는 일과 더불어, 과학 가운데 가장 인간적이고 열정적이고 공감 어린 일인 의료 행위도 아우르게 된 것이다. 의료 행위란 처음 만난 몇 분 동안 낯선 두 사람이 신체와 심리에 대한 아주 내밀한 정보를 공유하는 일이다. 나는 의료 행위에도 과학적 연구에도 이끌렸다. 책을 읽고 나서 나는 해답을 찾았다. 동적이고 형이상학적인 질이 이 두 가지를 동시에 이끌어갈 수 있으며, 또 그래야만 한다는 사실을 알게 된 것이다. 느낌과 감정에, 환자와 더 깊은 관계를 맺는 일에, 주저 없이 나 자신의 약점을 드러내는 일에 진정으로 나 자신을 열어두어야 하는 이유를 알게 되었다. 왜 이 모든 일 앞에서 뒷걸음질 치면 안 되는지 깨닫게 되었다. 피어시그는 정확하고 체계적이고 엄격하게 기초과학 실험을 고안하는 동안에도, 본능을 환영하고 그 요구를 검토하고, 겁 없이 그것을 적용해보라고 가르쳤다.

돌이켜보면, 1975년에는 몰랐다. 타인의 공포와 질병을 목격하는 고통스러운 여정을 지나는 동안, 내가 얼마나 자주 은총이 내린 듯한 숭고한 순간들을 경험하게 될지. 선의 순간들이었다. 실로 가장 위대한 예술만이 위로 없이 기운을 북돋는다. 피어시그는 내가 폭풍처럼 몰아친 슬픔 속에 갇힌 채 허우적거릴 때도 내게 약간의 즐거움을 누리게 해주었다.

> 나는 미워할 시간이 없어, 왜냐면
>
> 무덤이 나를 가로막을 테니까
>
> 그리고 삶은 그리 여유롭지 않아 내가
>
> 증오를 품은 채 죽을 만큼
>
> 사랑할 시간 또한 없지, 하지만
>
> 부지런히 움직여야 했어
>
> 사랑으로 조금 힘들었지만, 생각했어
>
> 그것도 내겐 충분히 큰일이라고
>
> — 에밀리 디킨슨

키티는 내게 조금 힘든 사랑의 시간을 넉넉히 주었다. 아주 즐겁고 만족스러운 순간들이었다. 오랫동안 정기적으로 일주일 혹은 이주일에 한 번씩, 1년에 서른 번 혹은 마흔 번씩 만날 때마다, 우리는 필요한 내용을 논의했다. 혈액 수치가 낮으면 환자들은 무척 힘들다. 수도 없이 수혈을 받아야 한다. 자꾸 감염이 되다 보면 생명을 위협하는 패혈증으로 병원에 입원해야 한다. 우리는 이런 고통들을 함께 겪으며 산다. 키티와 나는 그런 관계였다. 매주 만날 때마다 우리가 꺼낼 이야기의 화제가 판도라의 상자에 들어 있었다. 언젠가는 상자를 열었더니, 헤모글로빈이 부족한 상태에서 걷기가 실제로 무엇을 의미하는지에 대한 얘기가 튀어나왔다. 또 언젠가는 노년이 화제였다. 수혈을 받는 동안 몸에 철이 축적되는 문제가 주제에 오른 적도 있었다. 우리는 보았다. 혼란스럽고 무질서한 상태가 불쑥 나타났다가, 심한 고통 후 종종 안정되거나 사라지는 모습을. 우리는 다가올 회오리바람에 대해 이야기했다. 회오리바람이 닥치면 우리가 할 수 있는 일은 거의 없었다. 앞으로 분명 실망하게 될 테지만, 우리는 주의 깊게 걱정하는 마음으로 스스로를 분석하여 그 상황에 대처했다. 키티는 언제나 현실적이었고 자신의 질병을 수용하고 있었다. 생각지도 않았는데 헤모글로빈 수치가 높게 나온 주에는 소소한 기쁨을 누렸다. 그다음에는 세헤르자드가 컬럼비아대학 입학 허가를 받은 사실에 기뻐했다. 우리는 멍 자국을 셌다. 정맥을 절개한 부위에 형성된 혈종에 혀를 내둘렀다. 우리가 용감하다고 느끼지는 않았다. 하지만 우리는 그녀의 질병이 계속 달라지는 현실에 적응하려고 최선을 다했다. 우리는 당황과 축하 사이를 오갔다. 그리고 이 모든 시간 동안 하나로 뭉쳤다.

어느 날, 키티의 혈액 수치가 예고 없이 올랐던 것처럼 갑자기 떨어졌다. 거의 3년 동안 레블리미드에 적절한 반응을 보였는데, 이제 효과가 사라졌다. 나는 이런 결과를 예상했었다. 끝도 없이 대화를 나눈 덕분에 그녀 또한 어떤 일이 일어날지 알고 있었다. 하지만 일이 실제로 벌어지자 그녀는 무방비로 당했다. 내가 빈혈이 돌아왔음을 알리는 일반 혈액 검사 보고서CBC, Complete blood cell count를 건넸을 때, 그녀의 얼굴에서 핏기가 사라졌다. 그녀는 정말 놀란 것 같았다. 의사가 말하는 것과 환자가 듣는 것이 다르다는 사실은 여전히 당황스러운 문제다. 그런데 종양학에서 이 문제는 특히 중요하다. 환자들은 긍정적이고 희망적인 부분에 관심을 기울이게 된다(이를테면 일부 환자들은 레블리미드에 오래 반응한다는 사실이 여기 해당한다). 그리고 나머지 부분을 무시한다(다른 일부는 반응이 몇 달 만에 멈출 수 있다는 사실이다).

나는 키티의 질병을 생각하며 살고 있었지만, 키티는 질병을 가진 채 살아내고 있었다. 그녀는 여전히 기분이 꽤 좋았다. 악화된 빈혈이 아주 천천히 돌아오고 있어서 아직 심각한 징후는 나타나지 않았다. 레블리미드가 더는 통하지 않으니, 악화된 빈혈을 치료하기 위한 새로운 전략을 찾아야 했다. 다음 한 달 동안 매주 키티의 혈액 수치를 검사했다. 상황은 계속 나빠졌다. 그녀는 다시 수혈을 받기 시작했다. 나는 골수 생검을 해서 그녀의 질병 단계를 다시 평가하기로 했다. 이번 검사로 그녀의 질병이 고위험군 골수형성이상증후군으로 진화했음을 알 수 있었다. 아세포, 즉 미성숙 세포가 골수의 13퍼센트를 차지했다. 5퍼센트까지가 보통 골수형성이상증후군의 일반적인 범위에 포함된다. 한편 아세포의 비율이 20퍼센트가 되면 진단이 바뀐다. 골수형성이상증후군에서 급성골수성백혈병 진단을 받게 되는 것이다. 키티는 2009년 이래로 아세포가 5퍼센트 이하였다. 이번에 세포유전검사 결과는 정상이었다. 하지만 비정상적 세포의 유전자 양상을 살펴보니, p53에 무서운 돌연변이가 있었다. 이 경우 예후가 좋지 않고 생존 기간이 더 짧다.

다음 선택지는 실험적 연구나 비다자였다. 그녀가 아직 받아본적 없는 치료였다. 비다자는 다코젠과 비슷한 저메틸화 약품이다. 키티는 다코젠에 반응하지 않았기 때문에 비다자에도 반응하지 않을 수 있었다. 그렇지만 그녀가 4년 전인 2009년 이후 저메틸화 약을 하나도 복용하지 않았으니, 그동안 레블리미드에 의한 선택적 진화를 거쳐 우위를 점한 세포 클론이 비다자에 민감할 수도 있었다. 우리는 이런 접근의 장단점에 대해 상세히 논했다. 마침내 원래 과정을 단축해서,

5일 과정을 시작했다. 보통은 7일 과정이다. 그녀는 초조했다.

2013년 7월 10일 수요일

오후 3시 25분

라자 선생님에게

나는 월요일부터 비다자 치료를 받기로 되어 있습니다.

치료를 시작하기 전 아침에 선생님을 보게 될 텐데, 질문이 생겼어요. 몇 가지는 그냥 희망 사항이거나 미루기에 대한 거죠.

몇 주 동안 기다릴 경우 어떤 이득이 있을까요? 혹은 어떤 손실이 있을까요?

내 골수 아세포가 늘어나고 있는데, 이를 뒤집거나 속도를 줄이는 일이 비다자(다코젠도?)와 조금이라도 관계가 있나요? 난 분명 답을 알고 있지만 다시 이해하고 싶어요. 이런 식의 뒤집기가 바로 선생님이 쓰는 치료법이라는 것을 확인하고 싶은 거예요.

비다자가 수혈 의존 및 동반 증상들을 피하게 해줄 가능성이 가장 높은지도 궁금해요(나는 50퍼센트라고 알고 있어요).

그리고 (이건 정말 주술적 사고일 텐데) 골수 생검을 또 받으면 기적처럼 아세포 수치가 뒤바뀔 수 있나요?

월요일에 이 편지를 갖고 갈게요.

고맙습니다.

키티 C.

키티는 걱정했지만 그래도 치료를 시작했다. 나는 다시 그녀를 매주 만나기 시작했다. 우리는 대화를 재개했다. 전체적으로 그녀는 비다자를 잘 견뎠다. 하지만 치료를 받는 동안 심한 메스꺼움과 피로, 무기력함을 느꼈다. 5일 과정 후 일주일이 지나자, 그녀는 다시 인간다운 삶을 되찾은 기분을 느꼈다. 그리고 3주째에 그녀는 평소 모습으로 돌아왔다. 그렇지만 그녀는 계속 같은 간격으로 수혈을 받았다. 비다자 치료 후 석 달이 지나자 나는 다시 키티의 골수를 검사했다. 아세포는 25퍼센트로 증가했다. 이제 그녀는 급성골수성백혈병이었다. 병이 이렇게 이행되는 것은 어떻게든 피하고 싶던 결과였다. 왜냐면 급성골수성백혈병은 일반적으로 불치병이기 때문이다.

어느 우울한 아침, 진료실에 키티를 앉게 한 다음 나는 모든 선택지를 살폈다. 진퇴양난이었다. 키티 같은 고령의 환자는 골수이식도 7+3 요법도 잘 맞지 않는다. 대안적 치료는, 만일 대안이라는 것이 존재한다면, 실험적 연구였다. "음. 난 화학요법은 원하지 않아요." 키티가 말했다. 실험적 연구에 참여하면 독성을 겪을 수 있고 골수 검사를 더 많이 받아야 했다. 그렇게 해도 이득이 있을지 확실하지 않았다. "그것도 싫어요. 몇 주 동안 더 살기 위해서? 난 이제부터 수혈을 받으면서 그냥 견뎌볼래요." 나는 그녀의 말에 반박할 수 없었다. 10월의 그 아침, 키티는 진료실을 떠나기 전에 나를 한참 포옹한 다음 고맙다고 했다. 그런 다음 머리를 꼿꼿이 세운 채 밖으로 나갔다.

다음 주, 우리는 진료실에서 만났다. 가장 최근의 골수에서 나온 세포유전 검사 결과가 도움이 됐다. 놀랍게도 스무 개의 세포 중 두 개에 del5q가 있었다. 작지만 '좋은' 아클론이 다시 고개를 들기 시작했다. 그녀가 이미 몇 년 동안 레블리미드로 치료를 받았다는 사실을 고려하면, 다시 나타난 세포들은 그 약에 다시 저항성을 보일 수 있었다. 거의 당연한 일이었다. 하지만 그 무렵 그녀는 거의 6개월 동안 레블리미드를 복용하지 않은 상태였다. 나는 비다자와 레블리미드를 같이 써보자고 했다. 우리 관계에서, 나는 전문적인 의학적 치료 방법을 제공하는 역할이었다. 하지만 내가 제공한 정보를 바탕으로 결정을 내리는 건 그녀의 몫이었다. 그녀는 포기하지 않기로 했다. "라자 선생님, 나는 선생님을 믿어요. 이 치료법을 시도해봐야 한다고 생각하신다면, 따를게요."

•

암과의 전쟁

1960년대 후반, 화학요법은 몇 가지 소아암에서 효과를 보이기 시작했다. 심지어 완치를 이뤄낸 경우도 있었다. 그렇지만 성인의 경우 여전히 결과는 가혹해 보였다. 닉슨Richard Nixon 대통령은 암 연구에 배정된 예산을 깎을 참이었다. 하지만 한 여성이 이를 가로막았다. 메리 래스커Mary Lasker였다.

요약하자면, 메리는 자수성가한 부유한 사업가로 결혼을 해서 더욱 부자가 되었다. 그녀는 미국의 보건 정책에 흥미가 있었으며, 암 문제에 관심이 생겨 집요하게 매달리게 됐다. 그래서 최고의 종양 전문의며 연구자를 찾아 암 치료에 도움이 될 만한 최선의 방법을 물었다. 그들의 의견은 만장일치였다. 암에 유효한 타격을 가하려면 기초연구가 개선되고 확장되어야 한다고 했다. 그녀는 스스로 '국민을 위한 의학'이라고 명명한 캠페인을 벌이기로 결심했다. 텔레비전에 나가 "미국이 껌 개발보다 암 연구에 돈을 덜 쓰고 있으니" 얼마나 창피한 일이냐고 말했다. 그리고 친구이자 칼럼니스트인 앤 랜더스Ann Landers를 설득해서, 닉슨 대통령이 암 예산을 깎는 대신 늘리도록 압박을 가하자고 공공에 호소하는 칼럼을 쓰게 했다. 25만 명의 헌신적인 독자들이 응답했다. 그들은 백악관에 편지를 보내서 이 절박한 문제에 대통령이 관심을 가질 것을 요구했다. 어떻게 되었는지는, 이제는 유명한 리처드 닉슨 대통령의 1971년 연두교서에 요약되어 있다.

암 치료법을 찾는 집중 활동을 시작하기 위해 추가로 1억 달러의 예산을 책정해달라고 요구하겠습니다. 그리고 추가 자금이 얼마가 필요하든 효과적으로 사용될 수 있도록 하겠습니다. 미국은 원자를 쪼개고 인간을 달로 보내려고 노력해왔습니다. 이제는 끔찍한 질병을 정복하는 길에 이 노력을 쏟아야 할 때입니다. 목표를 성취하기 위해 국가 차원에서 전면적으로 노력합시다. 미국은 오랫동안 전 세계에서 가장 부유한 나라였습니다. 이제는 이 세상에서 가장 건강한 나라가 될 때입니다.

매체들은 즉시 이를 닉슨의 '암과의 전쟁'이라고 불렀다. 막대한 돈과 자원을 암 연구에 투자했고, 곧 치료법이 나오리라 기대했다. 진지한 연구자 다수가 1976년에는 끝을 볼 수 있을 것이라고 선언했다. 하지만 미국 독립 200주년 기념일이 지나가도록 치료법은 나오지 않았다. 10년이 더 지나도 여전히 터널 끝에 빛은 보이지 않았다. 아직도

베기(외과수술), 독 주입하기(화학요법), 태우기(방사선요법)가 유효한 전략이었다. 암의 일부 유형은 치료법의 개선이 있었지만(고환암, 소아 악성종양, 림프종), 대부분의 암은 대단한 효과를 보이는 새 치료법이 아니라 기존의 전략을 좀 더 잘 사용하는 방법으로 다루고 있다. 기초 연구 덕분에 중요한 생물학적 통찰을 얻을 수는 있었지만, 암 환자의 상태를 개선하는 데는 크게 실패했다. 흔한 암에 걸린 환자들이 고통스러운 죽음을 맞이하는 비율은 실제적으로 같았다.

1998년, 암 사망률이 줄어들면서 돌파구가 보이는 듯했다. 그러나 오래 기다린 이 좋은 소식에 기여한 사람은 암과의 전쟁을 내세운 닉슨 대통령이 아니라 테리 루터Terry Luther 박사였다. 그는 아홉 번째 미국 연방의무감surgeon general이었다. 영국의 연구자들이 폐암과 흡연의 관계를 밝혀낸 이후, 루터는 연방의무감 소속 전문위원회를 설립했다. 위원회에서는 1964년 1월에 보고서를 냈다. 폐암과 만성기관지염이 일반적으로 흡연과 관련이 있다는 내용이었다. 그렇게 1960년대부터 시작된 금연 운동이 마침내 1990년대에 성과를 거두게 됐다. 대장암 검사는 2만 명 이상의 생명을 구했다. 자궁경부암은 자궁경부세포 검사로 조기에 발견하면 100퍼센트 완치할 수 있게 되었다.

2009년, 《뉴욕 타임스》의 지나 콜라타Gina Kolata는 칼럼에서 충격적인 통계를 제시했다. 암 연구에 1천억 달러 이상을 투입했지만, 모집단의 크기와 나이를 조절해보니 1950년에서 2005년까지 암 사망률이 5퍼센트밖에 떨어지지 않았다는 것이다. 암과의 전쟁은 잘 진행되지 않고 있었다. 왜일까? 돈을 제대로 쓰지 못한 탓일까? 아니면 그저 암이 해결 불가능한 문제이기 때문일까? 1984년 이래로 내 대답은 '둘 다 그렇다'였다. 1977년부터 암 연구에 직접 몸담고 오랫동안 매달린 사람으로서, 나는 지난 몇십 년간 크게 기대했다가 실망하는 모습이 주기적으로 반복되는 광경을 직접 목격했다. 암이 삶과 죽음의 문제라서, 또 어마어마한 액수의 돈이 관련된 문제라서 이에 대한 논의를 할 때는 이해관계가 첨예하고 사방에서 감정이 격해지는 경향이 있다.

닉슨 대통령 및 이후의 행정부는 암 연구에 막대한 투자를 계속했다. 국립암연구소에 배당된 예산만 해도 점점 늘어나 50억 달러 이상이고, 오바마 대통령과 바이든 부통령이 지지한 '암 정복cancer moonshot' 프로젝트로 추가 모금도 받는다. 하지만 그 돈은 사리에 맞게 쓰이지 못하고 있다. 예를 들어, 연구비 지원 기관은 인간과는 거의 관련성이 없는 페트리 접시와 쥐 모델에 근거한 기초연구를 계속 지원하고 있다. 거기에다 연구자 다수가 이종이식 모델을 쓴다. 연구 자금이 어디로 가는지 살펴보면, 상호 검토 과정에 의해 내재적 편견이 생산되고 있음을 알 수 있다. 이는 클리프턴 리프Clifton Leaf가 쓴 놀라운 책 『약간의 진실: 우리는 암과의 전쟁에서 왜 지는가 그리고 어떻게 이길 수 있는가The Truth in Small Doses: Why We're Losing the War on Cancer – And How to Win It』에서 자세히 다룬다. 정부의 엄청난 돈은 똑같은 기관과 대학에 거듭해서 지원된다. 그런 기관에서 한 번의 암 회의 후에 50편 이상의 논문 초록을 쓰는 연구자를 얼마나 진지하게 지원 명단에서 제외할까? 지난 몇 년간 미국혈액학회American Society of Hematology 회의 후에 발간된 초록을 보면, 그런 연구자를 여러 명 찾아볼 수 있을 것이다. 다수가 50편에서 100편 이상의 초록을 쓴다. 이 연구자들이 참석하는 국제회의의 횟수를 고려하면, 저자마다 매해 최소 250편 이상의 초록을 쓰고 있는 것이다. 이는 심사숙고한, 양질의 연구라기보다는 숫자 놀음일 뿐이다. 가장 슬픈 건 이 부분이다. 발표된 논문을 진지하게 검토해보면, 기초연구의 70퍼센트가 재현 불가능하고 임상시험의 95퍼센트는 재앙이나 다름없다는 사실 말이다.

위기를 맞이한 연구비 지원 상황에 대해 리프가 제기한 또 다른 문제는 연구자들이 작은 규모에서 자기들끼리만 아는 제한적인 질문을 다룬다는 것이다. 즉 이들은 으레 암세포의 특정 유전자 연구 같은 주제를 선택한다. 그 결과 여러 연구소에서 똑같은 유전자를 다룬 논문 수천 편이 나온다. 그런 논문에 몇십 명의 연구자들이 매달리지만, 그 누구도 실험이 가져다줄 집단적 이익을 검토하거나 임상적 의미를 이해하려 하지 않는다.

기초 암 연구는 언젠가 종양이 악성으로 변하는 과정을 결정짓는 모든 신호 경로를 밝혀내는 일에 성공할지도 모른다. 그러나 암이 발생하고, 클론들이 팽창하고 침습하고 전이하는 이 모든 과정을 이해하려면 아주 오랜 시간이 걸릴 것이다. 특히 씨앗과 토양이 상호작용하는 미세환경이란 아주 복잡하고 규정하기 어려운 것이라는 점을 고려하면 더욱 그렇다. 이런 접근 방식을 이용할 경우, 효과적인 암 치료법은 생명이 어떻게 작동하고 나이를 먹는지 우리가 이해한 다음에야 발전할 수 있다. 암 환자들이 그렇게 오래 기다릴 수 있을까? 의학의 역사를 살펴보면, 그 작동 원리를 완전히 이해하기 몇 년, 몇십 년, 심지어 몇백 년 전에 터득한 치료법이 수두룩하다(가장 확실한 사례가 디기탈리스(강심제)와 아스피린이다). 암 치료의 목표는 가장 미세한 분자적 차원에서 암을 이해하는 것이 아니라, 암을 관리하는 방법을 아는 것이다. 암이란 창발적 특성을 가진 하나의 복잡한 구조임을 인식하고, 현실적으로 그 구조를 통제하는 전략으로 가는 편이 낫지 않을까?

의술은 한때 전통에 인질로 붙들린 채 경험과 관찰에만 의존했지만, 점차 과학적 근거에 따르는 쪽으로 진화했다. 최근 들어서는 대규모 산업으로 바뀌며 예상치 못한 방향으로 달라졌다. 종양학의 경우, 이 중대 전환이 1990년대에 일어났다. 제약 산업계가 암 치료법을 개발하면 무한한 이득이 나올 미개척 시장이 생긴다는 사실을 깨달은 것이다. 지난 35년 동안 종양학 분야는 전면적이고 근본적인 변화를 겪었다. 이제 약 개발은 학계와 정부 지원 기관이 아니라 업계가 책임질 일이 된 것이다. 물론 양쪽 다 궁극적인 목적은 암 환자의 고통 경감이다. 하지만 후자의 경우 이윤 추구라는 매력적인 동기가 추가된다. 그전에는 약 개발에 얼마 안 되는 금액만 쓸 수 있었는데, 이제 회사가 맡으니 투자금이 손쉽게 수십억 달러로 늘어난다. 그런 가운데 신약은 오랫동안 기다린 대단한 만병통치약처럼 임상시험에 들어간다. 슬프지만, 비극적이고 실망스러운 결말이 기다린다. 약 대부분은 병상의 환자에게 별 소용이 없다고 판명되기 때문이다. 환자 극소수는 고통을 겪으며 몇 주 정도 더 생존하여 임상시험의 1차 목표를 달성한다. 이런 시시하고 부조리한 목표를 거부하는 일은 누가 책임져야 할까? FDA, 국립암연구소, 기관의 심의기구, 환자, 압력 단체, 아니면 종양 전문의?

문제는 우리 모두 이 기괴한 사업의 주주라는 것이다. 우리는 이런 쓸모없는 상황으로 스스로를 몰아가면서, 중요한 자원을 경솔하게 낭비하고 자신도 모르게 생명에 해를 끼치며, 공동체의 전체적인 복지를 훼손하고 있다. 최근 「죽음이냐 빚이냐?: 암에 걸린 개인의 재정 독성을 국가적 차원에서 추산하기Death or Debt?: National Estimates of Financial Toxicity in Persons with Newly Diagnosed Cancer」라는 제목의 연구가

2018년 《미국 의학저널The American Journal of the Medicine》에 발표되었다. 이 연구는 암 환자들이 지게 되는 경제적 부담을 표로 정리했다. '건강 및 퇴직 연구'*의 자료를 이용한 이 종단 연구에 따르면, 미국에서 1998년에서 2012년 사이에 950만 건의 암이 진단되었다. 그리고 진단을 받은 후 2년 동안 42.4퍼센트의 개인이 평생 모은 자산을 쓰게 되고, 38.2퍼센트가 장기간 파산 상태에 처한다. 치료 기간과 사망을 앞둔 몇 개월 동안 비용이 가장 많이 든다. 가장 취약한 집단은 암이 악화된 환자, 노인, 여성, 은퇴자 그리고 당뇨나 고혈압, 폐와 심장에 질환이 있어 이중 질환을 앓는 환자다. 이들은 보통 사회경제적 지위가 낮거나 저소득층 의료보장을 받는 경우가 많다. 삶과 죽음에 관련된 대화가 지닌 민감한 특성으로 인해 종양 전문의와 환자 모두 비용을 따져보는 일을 피한다. 종양 전문의는 치료법을 선택할 때 비용 때문에 조금이라도 편견이 생길까 봐 두려워한다.

약 개발 업무를 산업계로 이양할 때 생기는 감정적·경제적인 문제 말고도 쟁점은 또 있다. 혁신과 창조의 기세가 간접적으로 꺾인다는 것이다. 제약회사 대표들은 주식의 가치를 최대한 끌어올리고 싶어 한다. 그리고 일확천금을 노릴 때 가장 빠르게 돈을 버는 길을 안다. 즉 특허가 만료된 약의 복제품을 만들어, 다른 회사가 이미 이룬 성공에 뭔가를 더 추가하는 것이다. 자신들만의 독자적 연구에 투자하고 약을 근본적으로 다른 관점에서 개발해보려고 노력하지 않는다. 이런 경우의 두드러진 예가 파클리탁셀Paclitaxel, 일명 탁솔Taxol이다.

---

* 50세 이상 미국인 3만 7000여 명의 건강 및 노동과 은퇴 등의 정보를 조사한 연구.

이 약은 유사분열* 활동을 억제하여 세포들을 죽인다. 이 약이 성공하자, 같은 표적을 겨냥한 스물다섯 가지의 약이 여러 회사에서 생산되었다. 이후 수십억 달러를 들였으나, 여러 종의 고형암에 걸린 2000명 이상의 환자들을 대상으로 얻은 반응률이 1퍼센트에 그쳐서, 유사분열은 암세포의 이상적인 표적이 아님이 확실히 입증됐다.

의사 존 콘리John Conley의 기념 강의에서 T. 포조T. Fojo는 드물게 솔직하고 용기 있게 이런 상황을 정리해서 발표한 바 있다. T. 포조와 동료들은 몇 가지 냉정한 결론에 도달했다.

　　암 치료 비용이 빠르게 치솟고, 공보험과 사보험 회사가 규제에 따라 치료를 채택하고, 약을 개발할 때 경제적 위험이 증가하는 이런 상황은 의도하지 않았음에도 진보를 억제하게 되었다. 주변적인 치료적 적응증을 위해 시간과 돈과 그 외 다른 자원을 어마어마하게 써서 초래된 결과다. 그렇지 않다면 왜 신약을 쓰거나 적응증을 확대를 통해 고작 몇 주에서 몇 달간 더 살고자 하겠는가? 빠르게 증가하는 비용 또한 혁신과 창조성을 억제한다. '우리도 묻어가자'는 심리가 촉진되기 때문이다. 그렇지 않다면 왜 회사들이 내는 약 목록이 그렇게 겹치겠는가? 제약회사들은 서로 비슷한 약을 개발한다. 차이점이 없거나, 있다 해도 그것은 수천 명 혹은 수백 명을 대상으로 한 시험에서만 구별 가능할 뿐이다. 시험 대상 수는 거의 알아보기 어려운 차이점에 대해 통계적 의미를 만들어내기 위해서만 필요하다.

---

* 　생물세포 핵분열의 기본 양식.

학계와 제약 업계 사이에서 별난 애증 관계가 생겨났다. 국립암연구소의 예산으로 일군 학계의 주요 연구 및 기업의 극비리 연구와 개발 노력 덕분에 치료 가능성이 있는 유용한 새 전략이 나온다. 병상의 환자에게 이 결과를 전하기 위해, 학계 종양 전문의들은 임상시험을 수행한다. 하지만 이 시험 또한 기업이 보조하고 자금을 댄다. 그러다 보니 업계와 학계는 마지못해 동료가 되어야 한다. 약이 효과가 있는지 알아보기 위해, FDA는 먼저 동물 모델에서 시험해보라고 요구한다. 이제는 독자 모두가 알 것이다. 그런 모델들은 인간과 관련이 없다. 설상가상으로, 인간을 대상으로 한 시험이 승인이 나도, 약은 이미 다른 확립된 치료를 받은 환자들에게만 시험할 수 있다. 결국 질병의 초기 단계에 효과를 보일 수도 있는 많은 약이 사라지게 된다.

마지막으로, 극소수의 대리표지자surrogate marker*만이 임상시험에서 쓰인 약의 생물학적 효과를 가늠하는 데 쓰인다. 대리표지자 혹은 생체표지자에는 비정상적 유전자가 생산한 단백질이 있다. 또한 정상 세포와 암세포를 구별 짓는 특징도 포함된다. 새로운 혈관의 형성, 즉 혈관발생angiogenesis이 그런 예다. 만일 약이 바라던 1차 목표를 내지 못한다면 완전히 버려질 가능성이 크다. 다른 약과 병용해서 쓸 경우 보다 효과적인 생물학적 활동을 할 수 있다 해도 말이다.

1990년대에 인터넷 닷컴 기업의 거품이 꺼지면서, 바이오테크 산업이 승리자가 되었다. 전국 최고의 두뇌들이 방향을 살짝 틀어 이 분야에서 자신들의 재능을 발휘하기 시작한 것이다. 2010년 이래 제약 산업계의 놀라운 변화란, 학계의 뛰어난 과학자와 임상 투자자를 끌

---

* 환자의 임상 상태나 중증도 판단, 예후 예측에 간접적으로 사용되는 지표.

어들일 능력이 생겼다는 것이다. 하지만 이렇게 기세 좋게 모아놓아도, 제약회사가 신약을 승인받으려면 긴 시간을 들여야 하고 수십억 달러라는 엄청난 돈을 써야 한다. 대체로 민간 분야에서 투자하는 만큼, 투자자들은 계속 수익을 내라고 외친다. 몹시 고된 연구개발 과정에 이어 지루하고 긴 시간이 소모되는 노동집약적인 동물 연구를 한 뒤, 인간에게 임상시험을 수행한다. 이 무렵이면 이미 부담이 너무 커진 상황이다. 회사는 제품마다 통계상 아주 미미한 이득이라도 존재한다는 것을 증명하려고 애쓴다.

약 개발 연구에서 인간은 만물의 척도가 되어야 한다. 하지만 시험관 세포주건 생체 동물이건, 심지어 막 채취한 환자의 암세포건, 어떤 모델도 실제로 인간에게 약을 투여한 경우 어떻게 될지 정확히 예측하지 못한다. 그럼 약을 인간에게 직접 주입하면서 시험을 시작하면 어떨까? 현실을 오도하는 모델 체계를 건너뛰는 것이다. '제0상'*임상시험을 통해 이렇게 해볼 수 있다. 임상시험을 수행하는 이상적상황이란 FDA가 정해준 대로 전통적인 네 단계를 따르는 한편, 최신 기술을 사용하여 시험 대상자에게서 가능한 많은 생물학적·임상적 표지자를 확인하는 것이다. 만일 제1상 임상 단계의 참여자 30명에게서 피, 골수, 마이크로바이옴microbiome**, 혈청 분석물, 이용 가능한 암세포를 얻어 AI와 영상 기술, 나노 기술을 이용해 분석한다면, 대리

* 보통 임상시험은 제1상~제3상 단계를 거치는데, '제0상'이란 이보다 앞서 실시하는 신약 개발 단계다. 제1상 임상시험에서는 건강한 사람 20~80명을 대상으로 약물 효과 등을 알아보지만, 제0상 임상시험은 약물의 양을 100분의 1 정도로 줄여 10명 이하의 건강한 사람에 투여한다.
** 인간 신체에 서식하는 미생물 군집.

표지자를 식별할 가능성이 높아진다. 약의 긍정적인 효과와 부정적인 효과가 실제적인 임상 반응으로 이어지지 않는다 해도, 대리표지자를 통해 확인할 수 있다. 이런 정보는 임상시험 다음 단계에서 약에 반응할 가능성이 있는 대상자를 선별하는 데도 도움이 될 수 있다. 생체표지자로 양성 반응이 나오는 대상자만 따로 모으는 것이다. 이것이 주어진 전략에서 약에 반응할 가능성이 있는 대상자를 골라내는 최선의 방법이자 유일한 방법이다. 무척 논리적인 방법인데, 왜 이 방법을 쓰고 있지 않는지 당연히 궁금할 것이다.

오늘날까지도 대부분의 임상시험에서는 반응을 보여줄 표지자를 하나도 확인하지 않는다. 불행한 현실이다. 왜일까? 약 개발 시스템이 그렇게 진화했기 때문이다. 임상시험을 후원하는 제약 산업계는 그저 통계적 목표에 도달하는 데만 관심이 있다. 그래야 약을 승인받기 때문이다. 회사들은 대개 제3상 단계까지 오면서 이미 수십억 달러를 투자한 상황이다. 이미 예산이 늘어난 상황에서 그런 세밀한 생체표지자 분석까지 수행하려면, 더욱 엄청난 돈이 필요할 것이다. 치료 전 단계, 세포주와 쥐 모델 같은 임상 전 모델에서 약을 시험하느라 낭비되는 모든 돈을 아끼고, 대신 생체표지자 분석에 자원을 더 투자하자고 제안해본다. 매 단계마다 굵직한 변화가 일어나야 한다. 영상 분석, 나노 기술, 단백체학, 면역학, 인공지능, 생체정보 같은 빠르게 발전하는 현장 기술을 이용하려면, 이 기술들을 암이 발생하는 요인을 밝혀내는 데 쓰려면, 정부 기관들(국립암연구소, FDA, CDC, DOD), 미국임상종양학회, 미국혈액학회, 연구지원 기관, 학계, 산업계가 다 같이 힘을 합쳐야 한다. 우리 시대의 기념비적인 프로젝트들, '인간 유전체 프로젝트', '인간 마이크로바이옴 프로젝트', '암 유전체 지도'의 성공은 전 세계 과학자들이 힘을 합쳐 이뤄낸 것이다. 이러한 성공 사례들은 암을 조기에 발견하고 예방하는 기술을 개발하고자 하는 '첫 번째 세포 프로젝트'의 모델로 삼을 수 있을 것이다.

•

키티는 병용요법을 시작했다. 다시 매주 같이 할 일이 생겼다. 그녀는 으레 병원에 와서 혈액 검사를 받았다. 우리는 만나서 헤모글로빈 수치와 백혈구, 혈소판을 확인했다. 그런 다음 수혈이 필요할 경우 나는 그녀를 여덟 시간 동안 수혈센터에 보냈다. 헤모글로빈 수치가 괜찮으면 우리는 다음 주 진료 약속을 잡았다. 레블리미드를 쓰자 설사 증상이 돌아왔다. 그녀는 예전처럼 로모틸을 다시 복용했고 식단을 제한했다. 6주 동안 병용요법을 받자, 그녀의 헤모글로빈 수치는 떨어지지 않았고 일주일에 1g/dl씩 증가했다. 우리는 실수일 거라고 여기고 다시 계산했다. 실수가 아니었다. 우리는 무척 놀랐지만 결과를 과장해서 해석하고 싶진 않았다. 샴페인을 따기 전에 일주일을 더 기다리기로 했다. 다음 주, 그녀의 헤모글로빈 수치는 더 좋아졌다. 키티에겐 예상외로 병용요법이 효과가 있었다. 그녀는 때때로 수혈을 받아야 했고 아세포도 그리 줄지 않았다. 2014년 3월에 골수 생검을 했을 때 아세포의 비율이 22퍼센트였다. 하지만 적어도 통제 못할 수준으로 늘어나는 건 아니었다. 우리는 조심스럽게 상황을 낙관하게 됐다. 그녀는 레블리미드 투여량을 조금씩 바꾸고 비다자 투여 간격을 조정하며 이 요법을 계속 받았다.

한 해가 또 흘렀다. 마음을 헤집던 불안감이 줄어들자 그녀는 다시 활동하기 시작했다. 아니, 그 이상이었다. 그녀는 인생의 정수를 누렸다.

2015년 1월 1일 목요일

오후 3시 20분

라자 선생님에게

저는 아주 건강하고 행복합니다. 지난밤에는 지하철 A선을 타고 링컨센터로 갔습니다. 새해맞이 노래를 부르려고요. 친구 한 명과 저는 수천 명의 관객과 함께 뉴욕 필하모닉의 연주에 맞춰 〈올드 랭사인Auld Lang Syne〉을 합창했습니다. 새해를 축하하고 계속 전진하는 최고의 방법이겠죠. 내가 2015년을 맞이하게 될 줄은 정말 몰랐어요!

고맙습니다. 선생님이 2015년에 좋은 일을 맞기를 진심으로 바라고 있어요. 사랑과 건강과 즐거운 놀라움이 가득하길.

노스캐롤라이나에 사는 친구가 전화했어요. 1월 20일에 있을 '행사' 초대장을 받았다고 하네요(그녀는 지난 모금 행사의 기부자였어요). 그 부분에 대해서는 아무 얘기도 들은 바 없어서, 물어보는 편이 낫다고 생각했어요. 내가 따로 담당자에게 연락을 해봐야 할까요?

마음을 담아,

키티 C.

'행사'는 우리가 계획한 다음 모금 행사를 의미했다. 이번에는 폴 사이먼과 제임스 테일러, 다이앤 리브스, 그 외 여러 명사들이 우리의 연구에 도움을 주기 위해 링컨센터에서 공연을 하기로 했다. 키티는 행사에 참석도 하고 친구들에게 기부도 받을 생각에 무척 들떠 있었다. 이 무렵은 키티에게 매력적인 일들이 가득한 시간이었다. 그녀는 하루하루 잘 지내는 일이 얼마나 소중한지 배웠고, 시간을 최대한 활용하기로 다짐했다. 여행을 다녔고, 친구들 및 가족들과 어울렸고, 링컨센터의 행사에 참석했고, 공원 산책과 도시 관광을 즐겼다. 박물관을 찾고 강의를 듣고 영화를 보았으며, 차이나타운에서 식사를 했다. 우리는 대화했다. 내내 대화했다. 진료실에서 매주 만나 병과 관련된 얘기는 빨리 끝내버린 다음, 마음을 내려놓고 일주일 동안 서로 어떻게 지냈는지 얘기했다. 이런 특별한 영혼들과 만나 친구 사이가 되다니, 난 정말 특권을 누리는 것 같다. 일은 정말로 재미 이상의 즐거움이 될 수 있다.

2015년 2월 21일 토요일

오후 12시 57분

라자 선생님에게

미셸 테이퍼가 목요일에 집으로 전화를 걸어 나를 인터뷰했어요. 나는 '내 이야기'를 들려주었습니다. 골수형성이상증후군 연구와 치료를 위한 센터의 중요성에 대해서도 이야기했죠. 그리고 오랫동안 치료를 단계별로 받을 때마다 얼마나 넓고 깊은 전문지식을 접하게 되었는지에 대해서도 얘기했어요.

그녀는 내 이야기를 녹음했어요. 하지만 당분간 촬영을 더 할 것 같지는 않다고 알려주었어요(현재 나온 이야기들은 다 완성한 상태입니다). 그리고 이후에 촬영할 이야기들을 모으는 중이라고 하네요. 언제 무엇을 더 할지는 '몇 가지 요소'에 달려 있대요. 촬영을 재개할 경우, 내게 연락을 할 거라고 하더군요. 그럴 경우에 나는 기꺼이 나설 준비가 되어 있어요.

진심을 담아,
키티 C.

2015년 8월, 나는 다시 키티의 골수 생검을 했다. 골수 흡인 검사로는 부족했다. 아세포 수치를 정확히 측정할 수가 없었다. 지난 3월의 골수 검사와 이번 검사의 결과는 차이가 없었다. 흡인 검사에서는 아세포가 17퍼센트였고, 그 전의 생검에서는 15퍼센트였다. 그 외에 두 검사 모두 골수에서 del5q가 있는 작은 클론이 관찰되었다. 그녀의 병이 적어도 더 악화되지는 않았다고 결론을 내렸다.

키티의 혈액 수치는 천천히 안정되고 있었다. 혈소판 수치는 10만 개 내외로 돌아왔다. 하지만 치료제가 그녀의 골수에는 너무 독하다는 사실이 드러나고 있었다. 뭔가 다른 치료를 해야 했다. 나는 레블리미드와 비다자를 같이 쓰는 대신 다코젠을 이틀이나 사흘씩 짧게 쓰는 치료 주기를 제안했다. 그 무렵 그녀는 다코젠을 5년 이상 복용하지 않은 상태였다. 그녀는 이 방식을 여러 차례 반복했다. 골수를 다시 확인하니 질병은 안정된 상태로 유지되고 있었다.

그러나 다섯 번째 치료를 받은 직후, 키티는 고열이 생겼고 병원에 입원했다. 그녀는 입원을 연장했다. 폐렴 진단을 받았는데 항생제에는 반응하지 않았다. 결국 항진균제에는 반응했다. 그녀는 폐에서 1리터 이상의 체액을 뽑아냈다. 그리고 천천히 나아져서 몇 주 동안 병원에 있다가 집으로 돌아갔다.

2016년 2월과 3월, 키티의 혈류 내 아세포는 겨우 1퍼센트였다. 하지만 5월이 되자 10퍼센트로 증가했다. 6월이 되자 40퍼센트를 차지했다. 이렇게 빠르게 증가한 건 감염 때문이기도 했다. 그녀는 백혈구의 성장을 촉진하는 뉴포젠Neupogen도 투여받았다. 우리는 기다려보기로 했다. 백혈병은 자기 존재를 드러내는 다른 방법을 알고 있었다. 그녀는 폐렴에서 회복하고 백혈구 성장 촉진제와 항진균제 투여를 중단했다. 혈류 내 아세포는 여전히 늘어갔다. 그녀는 더는 골수 검사를 받지 않겠다고 했다.

2016년, 키티는 여든 살이 되었다. 그녀는 자신이 그 나이까지 살 줄 몰랐다며 기뻐했다. 골수 선별 검사는 더는 원치 않았지만, 치료는 더 받을 작정이었다. 이제 나는 그녀에게 다코젠과 6-티오구아닌6-TG, 6-thioguanine이라는 다른 치료제를 병용하기 시작했다. 6-TG는 극소량을 사용하여 동종요법*처럼 기능하도록 했다. 약 자체가 백혈구 수치를 위험할 만큼 낮추고 면역체계를 더 억제할 수 있기 때문이었다. 백혈병 세포를 죽이는 일과 공격적 세포독성 치료로 환자에게 해를 입히는 일은 종이 한 장 차이다. 이 치료를 한 번 받은 뒤, 2016년 8월 세 번째 주에 키티는 다시 열이 올랐고 다시 폐렴 진단을 받았다. 이번에는 3주 동안 입원했다. 9월 14일에 퇴원하고, 외래환자로서 항진균

---

* 질병과 비슷한 증상을 일으키는 물질을 극소량 사용하여 병을 치료하는 방법.

제와 항생제, 항바이러스제, 항원충제를 투여받았다. 이 약들은 이미 손상되어 허약해진 신체의 모든 기관을 잔인하게 사정없이 파괴했다. 갑자기 그녀는 미각을 잃었다. 그녀는 놀라워하며 내게 말했다. "식욕이란 게 얼마나 미각에 의지하는지 난 몰랐어요." 그녀는 먹기를 그만두었다. 영양보충제를 억지로 몇 모금 마셨다. 체중이 계속 줄었다.

우리는 2016년 10월 12일에 다시 골수 검사를 했다. 아세포 수치가 78퍼센트까지 올랐다. 나는 다시 다코젠과 6-TG를 10월 19일부터 21일까지 사흘 동안 투여했다. 그녀는 치료를 잘 견뎠다. 안타깝게도 효과가 없었다. 혈액 수치가 확 떨어졌다. 시간은 흘러갔고 수치는 나아지지 않았다. 그다음 천천히, 악의를 품은 듯 혈류 내 아세포가 늘어나기 시작했다. 갑자기 백혈구 수치가 빠르게 증가하기 시작했다. 그 무렵 그녀는 고용량 화학요법을 받기엔 너무 허약한 상태였다. 그래서 나는 또 다른 화학요법으로, 경구 형태의 하이드록시우레아hydroxy-urea를 투여하기 시작했다.

키티는 병원에 입원하지 않겠다고 했다. 앞으로 쭉.

•

몸과 마음이 서로 다르다는 심신 이원론은 아마 질병의 막바지 단계에서 가장 힘을 발휘할 것이다. 이때는 죽음이 날마다 더 크게 발소리를 내며 다가온다. 골수형성이상증후군에 이어 급성골수성백혈병과 시간을 질질 끌며 잔혹하고 진 빠지는 괴로운 전쟁을 치른 한 인간에게, 마침내 고통스러운 결말이 다가오고 있었다. 키티라는 인간의 일부는 조용히 사라졌다. 그녀는 완전히 지쳤다. 그녀는 작별 인사차 자매와 아들과 함께 병원을 방문했다. 우리는 작은 진료실에서 마지막으로 만났다. 그녀의 사랑하는 아들은 말없이 눈물을 참으며 앉아 있었다. 우리의 만남은 마치 무대 위에서 연기하는 양 부자연스러웠다. 이상하게 양식화된 모습이었다. 연극 리허설이라도 하는 것 같았다. 키티는 허약하고 앙상해 보였다. 세련된 옷이 마치 장막처럼 그녀를 두르고 있어서, 깡마른 체격이 두드러져 보였다. 그녀는 나와 마주보고 앉았다. 남아 있는 모든 정신력을 자기도 모르는 틈에서까지 전부 끌어모은 순간, 천천히 신중하게, 놀랍도록 위엄 있는 태도로 말했다. "나는 먹지 못하고, 걷지 못하고, 읽지 못해요. 그리고 싶지도 않아요. 뭐든 더 해보겠다는 욕망이 하나도 없어요. 매일 마치 잠을 자는 것 같은 기분이에요." 그녀는 깊이 숨을 쉬었다. "나는 죽어가고 있어요."

키티는 호스피스 치료를 받겠다고 했다.

●

키티는 2017년 봄에 세상을 떠났다.

작은 고통이 수없이 더해져 죽음이 되었다.

키티의 인생 황혼기 동안 그녀의 아들이 어머니를 자상하게 돌보았다. 우리는 처음에는 매일 전화를 했다. 그러다가 그녀가 너무 기력이 쇠해서 대화를 나눌 수 없게 되었다. 우리의 장거리 대화는 줄어들었고 억지 통화가 됐다. 마침내 할 말이 바닥났다. 어느 날 저녁, 나는 우버 차량을 타고 있었다. 5번가에서 차가 막혀서 어퍼이스트사이드 쪽에서 있을 회의에 늦었다. 그때 전화가 울렸다. 키티의 아들이었다. 그는 마른침을 한 번 삼킨 다음 말했다. "라자 선생님, 그동안 고마웠습니다." 더는 말할 필요가 없었다. 나는 급히 움직이는 보행자를, 도로에 가득한 차를, 노란 택시와 버스를, 혼자서 팔을 휘저으며 교통정리를 하는 경찰관을 응시했다. 나를 둘러싼 모든 것은 똑같았다. 단지 내 눈이 변했다. 눈물이 눈앞에 펼쳐진 맨해튼 중간 구역의 풍경을 덮었다. 8년 전 첫 만남에서 마주한 그녀의 목소리가 기억났다.

우리는 허버트어빙 파빌리온의 9층에 있는 딱딱하고 답답한, 무균 처리된 상담실에서 만났었다. 키티의 눈부신 미소와 근사한 이목구비, 선명한 푸른 눈이 떠올랐다. 시선을 끄는 희끗희끗한 곱슬머리는 근사한 후광처럼 보였다. 마른 체격으로 헐렁한 리넨 상의와 배기 팬츠를 입고 있었고, 손에는 책이 들려 있었다. 키티의 독특한 신발에 눈길이 갔다. 종아리까지 끈으로 묶는 갈색 가죽 신발로, 통기성을 위해 구멍이 뚫려 있고 둥근 모양이어서 편해 보였다. "걷는 것 좋아하세요?" 내가 물었다.

"좋아하죠. 선생님은요?"

"난 달리기를 좋아해요. 매일 5킬로미터에서 8킬로미터씩 달려요."

키티는 웃었다. "선생님의 모습, 제가 생각했던 그대로네요. 달리기로 하루를 시작하는 사람, 무엇을 하든 전력을 다하는 사람."

•

하비가 죽은 지 두 달 후, 당시 여덟 살이던 셰헤르자드가 독감에 걸렸다. 호흡기 질환은 어떤 종류건 아이의 만성천식을 악화시킬 수 있다. 48시간 동안 아이는 네뷸라이저와 흡입기로 힘겹게 숨을 쉬었다. 고열에 시달렸고 마른기침을 하느라 밤새 잠을 이루지 못했다. 아이가 다시 안정되기까지 일주일이 걸렸다. 어느 이른 아침, 나는 거실에서 일하고 있었다. 그때 아이가 흐느껴 울며 방에서 나왔다. 나는 독감이 재발해서 상태가 나빠졌다고 생각했다. 우는 이유를 물었지만 아이는 몇 분 동안 대답을 할 수가 없었다. 흐느끼는 동안 작은 몸이 흔들렸다. 마침내 아이가 말을 할 만큼 진정했다. "엄마, 사실 나는 괜찮아요. 하지만 이제 알았어요. 아프다는 게 얼마나 무서운지, 몸이 나아가는 기분이 얼마나 좋은지. 그런데 아빠는 병이 결코 낫지 않았어요." 아이는 이렇게 말하고 새롭게 울기 시작했다.

　　하비가 죽은 후, 나는 세상과 단절된 것 같았다. 세상에 거리감을 느꼈다. 거의 낯설기까지 했다. 약 5년 동안, 내 관심은 오로지 하비의 병을 향해 있었다. 모든 행동, 모든 생각이 림프종과 연결되었다. 이제 나는 갑자기 할 일이 없어졌다. 필사적으로 의사를 만날 필요도 없었다. 밤새 병원에 머무르지 않아도 됐다. 전문의 수십 명을 만나 상담할 계획을 잡지 않아도 괜찮았다. 열다섯 가지 검사 결과를 살피며 근심할 일도 없었다. 복잡한 결정을 내릴 일도, 가능성 없는 선택지와 마주할 일도 없었다. 그동안 이 모든 일을 해치우면서, 셰헤르자드를 아이 돌보미에게 맡긴 채 사람들로 붐비는 병원에서 환자들을 살피고 연구소로 달려갔었다. 이제 침대에 누워 괴로운 이야기를 나눌 일도 더는 없었다. 하지만 이제 나는 신체적 문제를 넘어서는 지적 불모성과 맞닥뜨렸다. 완전히 새롭고 아주 불안한 경험이었다. 대뇌의 주름마다 짙은 황량함이 배어나는 것 같았다. 나는 제대로 사고할 수가 없었고, 생각에 집중할 수가 없었다. 형언할 수 없는 공허함을 느꼈다. 꿈을 꾸다 깨어났는데, 꿈을 기억할 순 없으나 감정은 남아 있어 마음이 어지러운 느낌이었다. 그런 상태로 시름없이 떠다녔다. 나는 하비가 그리웠고, 이상하게도 그와 지내던 시절의 내 모습이 그리웠다. 하비가 떠난 뒤의 새로운 나라는 존재에 익숙해져야 했다. 나는 음악을 들을 수가 없었다. 일만이 유일한 기분 전환이었다. 몇 달이 지났다. 나는 뭔가 해보기로 하고, 서구 문학사 전집 100권을 주문했다(많은 종류의 전집 가운데 이스턴프레스의 근사한 전집으로 골랐다. 화려하게 장정된 책으로, 눈도 즐겁고 갖고 있기도 좋다). 이후 3년 동안 나는 독서에 몰두했다. 에피쿠로스, 아이스킬로스, 호머, 플라톤, 아우구스티누스부터 시작했다. 세르반테스, 도스토옙스키, 루소, 엘리엇, 새커리, 디킨스, 제임스, 워튼, 멜빌까지 읽었다. 독서는 내가 자신을 찾고 삶으로 돌아가도록 도왔다. 하비의 죽음을 슬퍼하고 수용한 다음, 앞으로 나아가도록 해주었다. 소설은 내가 분별력을 구하도록 도왔다. 책은 시간을 멈추게 하는 것 같았고, 이야기는 허구적 서사가 전개되는 맥락 속에서 내 주변 환경을 살펴보게 했다.

종양 전문의들은 날마다 죽어가는 환자들을 어떻게 대할까? 의사들은 영혼이 파괴되는 순간에 붙들린다. 장애와 질병의 소용돌이 속에서, 시간이 얼마 남지 않은 사람들이 늘어나는 후회와 줄어드는 치료 선택지의 목록을 적어 내려가는 그 순간에 붙들리는 것이다. 의사들은 환자를 잃으면 그 슬픔에 어떻게 대처할까? 내 경우에는 이 두 가지 문제와 관련해 소설, 특히 우르두 고전문학과 영문학 고전을 읽는 것이 도움이 되었다. 독서가 아니었다면 헤쳐나가지 못했을 것이다. 소설 속 여러 캐릭터의 입장이 되어 그들의 기쁨과 슬픔, 두려움과 고통을 느껴보면서, 나와 캐릭터 사이의 경계를 줄여보았다. 이 방법은 안일하고 자기만족적이고 마니교적인 단순한 선과 악의 이원론 구도를 넘어서서, 삶의 복잡성을 인식하는 데 도움이 되었다. 캐릭터에 대한 공감은, 내가 이야기에 정서적으로 몰입하는 정도에 정비례했다. 소설은 타인의 감정을 읽어내고, 불안의 정도를 측정하고, 사회심리적 허약함을 진단하는 인지적이고 지성적인 기술을 다듬어주었다. 소설은 세계적 강연가 에모리 오스틴Emory Austin의 충고와도 같은 평정과 자제력을 주었다. "언젠가 마음속에서 노래가 떠오르지 않는 날에도, 어쨌든 노래를 불러라."

확실히 환자마다 최후를 맞이하는 방식이 다르고, 개인적 필요도 다르다. 따라야 할 알고리즘은 없다. 현실적 접근은 단 하나다. 환자가 언제라도 필요한 것을 한 번에 하나씩 우리에게 알려주도록 하는 것. 핵심은 환자들이 이야기할 때 귀 기울이는 것이다. 진지하게 들어야 한다. 보이지 않던 것들이 자연스럽게 보이도록 '진심으로.' 말하지 않은 것을 이해하기 위해 들어야 한다. 환자들은 괴로운 걱정거리, 밤에 잠 못 이루게 하는 근심을 그냥 비밀로 하는 경향이 있다. 이를 알아내려면 집중해서 들어야 한다. 의사는 평균 18초에 한 번씩 환자의 말을 가로막는다고 한다.

최후가 가까워지면 자연이 직접 가만히 다가와 환자를 맡는다. 환자를 위한 안내인이 되는 것이다. 그리고 환자들은 무엇을 어떻게 할지 차례로 우리에게 알려준다.

키티는 내 최고의 선생님 가운데 한 명이었다. "크레용으로 낙서하던 시절부터 향수를 뿌리는 어른이 될 때까지"* 그녀는 내게 많은 것을 가르쳐주었다.

---

* 영국 가수 룰루Lulu의 노래 〈선생님께 사랑을To Sir With Love〉에서 인용한 대목이다.

5

JC

자연의 경이로움을 겪으면
자연에 친숙해진다

내가 처음 JC를 만났을 때 그녀는 몹시 아픈 상태였다. 그녀는
1980년대 초반 로스웰파크기념병원에서 우리가 처음 만나기 며칠 전
에 급성골수성백혈병을 진단받았다. 그녀를 만나서 나는 절실히 깨달
았다. 암 패러다임과 그 잔인한 치료법, 소름 끼치는 부작용이 얼마나
부적절하며 형편없이 실패하는지를. 나는 처음으로 사기꾼이 된 기분
이었다. 오랫동안 똑같이 써온 약 조합 말고는 그녀에게 제공할 게 없
었고, 그녀가 특히 더 치명적인 2차성 급성골수성백혈병이라는 사실
을 알고 있었기 때문이다. 그녀가 2년 동안 생존할 가능성은 정말이지
조금도, 아주 조금도 없었다. 그녀와 만나고 난 뒤 나는 더 솜씨 좋은
치료자이자 더 똑똑한 과학자, 더 좋은 사람이 될 수 있기를 간절히 원
하게 되었다. 그때 나는 서른두 살이었고, 종양학과 전임의 과정을 막
마친 상태였다. 그때까지 내가 본 급성골수성백혈병 환자들은 대부분

예순 살 이상으로, 나보다 나이가 많았다. JC는 나와 같이 가볍게 술 한잔하고 쏘다니면서 즐겁게 지내는 모습을 마음속에서 그려볼 수 있는 사람이었다. 그녀는 서른네 살이었다.

JC는 반짝이는 사람이었다. 키가 크고 검푸른 빛의 근사한 피부를 지녔다. 놀라울 만큼 우아하고 너무나 재미있었다. 전염성 강한 웃음도 지니고 있었다. "인공지능은 타고난 멍청함을 이길 수가 없죠. 라자 선생님, 여자가 똑똑하면 두뇌가 필요 없어요!" JC는 똑똑하면서 두뇌도 갖고 있었다. 그녀는 입원해서 몇 주 동안 7+3 또는 이를 약간 변형한 공격적 치료를 계속 받게 되었다. 나는 매일 정신없이 백혈병 환자들을 치료했고, 바쁜 시간이 지나고 수많은 '해야 할 일' 목록을 대부분 확인하고 나면 늘 저녁 식사 시간 무렵에 그녀의 병실을 찾았다. 지치고 기가 빠진 가운데 중독자처럼 그녀가 베푸는 은총을 구했다. 그녀는 나를 기다리고 있었다. 우리는 서로에게 매일 최소한의 필요량을 보충해주는 비타민과 같았다. 어느 날 저녁 9시 무렵, 나는 그녀의 방에 갔다. 그녀는 저녁 식사 쟁반에서 챙겨둔 젤리를 건넸다. "선생님의 '콜call'은 언제나 '온on' 상태인가요?" 내가 뭔가 말하기 전에, 그녀는 직접 답을 내놓으며 웃음을 터트렸다. "물론 그렇겠죠! '온콜'로지스트oncologist(종양 전문의)니까요!" 죽음이 가까웠지만, 그녀는 활력이 넘쳤다.

JC는 구역질과 구토를 했으며 욕지기를 느꼈지만 계속 활기차게 투덜댔다. "병원에선 제 폐에서 숨겨진 보물이라도 찾는 것처럼 폐렴을 찾고 있네요." 그녀는 난감하게도 경박하게 웃어댔다. "제가 오늘 마음가짐은 좋았는데, 몸가짐은 별로였어요." 그녀의 말투는 진지했다. JC는 암으로 병실에서 지내게 된, 이도 저도 아닌 이 기이한 상황으로 인해 삶이 망가져 새로운 공포를 느꼈지만, 그런 감정을 드러내지는 않았다. 그 대신 시어머니를 소재로 농담을 했다. "라자 선생님, 제 시어머니의 문제는 단 하나예요. 숨을 쉰다는 것이죠. 시어머니의 목 위에선 이상한 게 자라요. 그녀는 그걸 머리라고 부르죠." 초반에 자신을 맡았던 젊은 인턴 얘기도 했다. "그 인턴은 완전 풋내기예요. 내가 집에다 백혈구와 혈소판을 놔두고 왔다고 생각해요!" 그녀는 수혈에 대해 불평했다. "멍한 상태예요. 혈액 기증자 피에 알코올이 많았어요. 그 피로 수술 도구를 닦아도 될걸요!" 음식 먹기가 얼마나 힘든지에 대해서도 투덜거렸다. "오늘 아침 식사 수레가 왔어요. 담당 아주머니가 달걀 프라이나 스크램블 가운데 무엇을 먹겠느냐고 물었지요. 제가 할 수 있는 말은 이거였죠. '정맥주사로 부탁해요.'" 그 무렵, 나는 언니 아티야가 준 루이스 사피안Louis Safian의 책 『2000가지 이상의 모욕2000 More Insults』에 빠져 있었다. 아티야는 대단한 지혜와 집안 대대로 내려온 통찰력을 완벽하게 구비한 사람으로, 1973년에 카라치로 이 책을 부쳤다. 그녀는 자신의 자매가 이 책을 받으면 기뻐서 미친 듯이 비명을 지르리라는 걸 알고 있었다. 책에 나온 짧고 신랄한 농담을 써먹으면서 말이다. 우리 가족을 제외하고, 시시한 유머 감각을 공유하며 그 책을 갖고 있는 사람은 JC밖에 없었다. "선생님이 좋아하는 호흡기내과의사가 오늘 나를 보러 왔어요." 그녀는 무표정한 얼굴로 농담을 했다. "내 귀에 보청기를 꼈으면 했어요. 소리 차단하게."

나는 바로 받아쳤다. "맞아요. 그는 끝도 없이 '귀'찮게 하는 사람이죠."

우리는 하이파이브를 하고 포복절도했다.

JC에게는 병에 걸리게 된 기막힌 사연이 있었다. 2년 전 임신한 그녀는 휘발유 냄새에 설명할 수 없는 이유로 집착하게 됐다. 그러지 말자고 생각하면서도 가까운 주유소로 갔다. 그곳에서 약간의 휘발유를 사서 작은 병을 채웠다. 그리고 그 병을 가방에 쑤셔 넣었다. JC는 바보가 아니었다. 그러면 안 된다는 걸 알고 있었다. 그녀 자신에게도, 배 속에 품은 소중한 아이에게도 해롭다는 걸 알았다. 하지만 정신없이 일하는 와중에 짬을 내어, 마약 중독자처럼 충동적으로 작은 병의 뚜껑을 열고 유독가스를 깊이 들이마셨다. 마치 저 하늘에서 그녀더러 쓰라고 특별히 제조해서 내려준 향수인 것처럼. 9개월이 지나고 그녀는 건강한 딸 쌍둥이를 출산했다. 그리고 얼마 지나지 않아 정기 산후 검진을 받았는데, 혈액 수치가 심하게 낮았다.

JC는 부지불식간에 이렇게 될 줄 알고 최악의 상황을 각오했다. 산과 전문의는 그녀를 혈액 전문의에게 보냈다. 골수 검사 결과 골수형성이상증후군임이 밝혀졌다. 세포유전 검사를 해보니 상태가 완전히 엉망이었다. 여러 염색체가 닥치는 대로 끊어지고 손상되고 중복되어 있었다. 몇몇 염색체는 장완이 다 사라졌고, 또 몇몇은 추가 물질이 붙어 커졌다. 한편 일부 염색체는 전위로 인해 다량의 DNA를 다른 염색체와 교환했다. 정상적인 염색체는 하나도 없는 거나 마찬가지였다. 이수성의 교과서 같은 사례였다. 이런 복잡한 모습은 2차성 골수형성이상증후군에서 가장 흔히 찾아볼 수 있으며, 병이 생긴 1차적 원인을 찾아낼 수 있다. DNA를 손상하는 물질에 노출되는 경우 등에 이런 병이 생긴다. 그녀가 병에 걸린 것은 임신 기간 동안 휘발유에 집착했기 때문이었다. 거의 확실했다.

JC가 장기간 생존할 수 있는 적절한 방법은 골수이식이 유일했다. 그녀는 형제자매가 없었다. 특히 그 당시에는 비혈연 기증자를 찾기가 거의 불가능했다. 국립골수등록소National Bone Marrow Registry에 따르면, 오늘날에도 아프리카계 미국인의 경우 25퍼센트만이 비혈연 기증자를 찾을 수 있다. 반면 백인은 75퍼센트, 라틴 아메리카계는 45퍼센트, 아시아인은 40퍼센트가 찾는다. 만일 아프리카계 미국인이 어느 기증자 한 명과 조건이 맞는다면, 그건 등록소 내에서 수술 가능성이 있는 유일한 조합이었다. 그 시절의 80퍼센트가 그러했다. 가장 큰 문제는 인종을 막론하고 전체 인구의 2퍼센트만이 기증자 목록에 이름을 올린다는 것이다. 수전 브레커Susan Brecker라는 아주 용감한 여성은 이 암울한 상황을 바꾸기로 했다.

2013년, 내가 진료실에서 어느 골수형성이상증후군 환자를 진찰하고 있을 때였다. 환자의 딸이 내게 수전 브레커를 아느냐고 물었다. 나는 모른다고 했다. 수전은 위대한 재즈 색소폰 연주자인 마이클 브레커의 아내였다. 마이클 브레커는 고위험군 골수형성이상증후군 진단을 받았고, 그가 살아날 유일한 가능성은 조혈모세포 이식수술밖에 없었다. 그는 본인과 맞는 조혈모세포를 제때 찾지 못했다. 이후 수전은 영화를 만들었다. 암 환자 세 명의 이야기를 담은 영화였다. 환자 둘은 조건이 맞는 비혈연 기증자를 찾아 수술을 받았고, 살아남아 정상적인 삶을 영위하고 있다. 반면 수전의 남편은 기증자가 없어 쉰일곱 살의 나이로 세상을 떠났다. 이미 영화를 본 환자의 딸 덕분에 나도 이 영화를 놓치지 않고 볼 수 있었다. 〈더 살기 위하여More to Live for〉는 아주 감동적인 이야기를 전한다. 나는 즉시 인터넷 검색을 해서 수전의 연락처를 찾아냈다. 내 동료 싯다르타 무케르지와 나는 함께 그녀를 만나 컬럼비아대학 교수센터에서 점심 식사를 했다. 그렇게 멋진 동행이 시작되었다.

〈더 살기 위하여〉는 수십 곳의 학교와 대학 캠퍼스, 교회, 사교 행사에서 성공적으로 상영되었다. 영화 상영 후, 기증 바람이 불어 국립 골수이식등록소National Bone Marrow Transplant Registry에 기증을 약속한 사람들이 늘어났다. 기증 약속을 할 때는 수혈도 필요 없다. 볼 안쪽을 문질러 DNA 채취를 하면, 이식 가능자 목록에 이름을 올릴 수 있다. 만일 실제로 기증을 하게 되어도, 전체 사례의 70퍼센트는 혈액에서 조혈모세포가 다시 생긴다. 이렇게 쉽다. 수전이 노력한 덕분에 이미 수백 명이 생명을 구했다. 그녀는 골수형성이상증후군 환자를 위해 더 많은 일을 할 참이라고 말했다. 영화 프로젝트는 끝났고, 골수 기증에 대한 인식을 제고하는 캠페인은 따로 잘 되어가고 있었다. 싯다르타와 나는 골수형성이상증후군 연구에 필요한 기금 모금을 다시 준비하고 있었으므로, 그녀의 말에 선뜻 달려들었다.

수전은 아주 지적이면서도 전력을 다해 일에 헌신할 줄 알며, 깊은 공감력도 갖춘 보기 드문 사람이었다. 그녀는 끝없이 불굴의 에너지를 쏟아냈다. 그녀의 노력으로 몇 주 만에 폴 사이먼, 제임스 테일러, 다이앤 리브스 및 그 외 다수의 유명한 예술가를 모았다. 믿기 어려울 만큼 대단한 사회자도 함께했다. 행사는 2015년 1월 20일에 '당신 곁의 콘서트'라는 제목으로 링컨재즈센터의 애펠 룸에서 열렸다. 예술가들은 행사에 자발적으로 출연했다. 마이클과 수전을 사랑했고 또 암 연구를 돕고자 했기 때문이다. 로빈 로버츠는 ABC 방송사의 〈굿 모닝 아메리카Good Morning America〉의 진행을 맡고 있는 우아하고 표현력 좋은 앵커였다. 그녀는 그날 저녁 행사 진행을 맡았고, 아주 용감하게도 골수형성이상증후군을 앓다가 조혈모세포 이식수술을 받은 자신의 과거를 공개했다. 그녀는 그날 저녁의 귀빈이었다. 나는 이상하게도 그녀에게 끌렸다. 그녀가 골수형성이상증후군 환자 여러 명을 포함해서 손님들과 함께 어울리며 서로 이야기를 주고받고 사진을 함께 찍는 모습을 보다가, 갑자기 깨달았다. 이 설명하기 힘든 친숙함이 어디에서 유래했는지. JC였다. 몸짓이 똑같았다. 잘 웃고 아주 매력적인 성격을 지닌 것도 닮았다. 공감의 마음이 온몸에서 배어나는 모습까지 아주 비슷했다.

JC는 조건이 맞는 비혈연 기증자를 찾는 행운을 누리지 못했다. 그 말은 그녀의 골수형성이상증후군이 진행되어 급성골수성백혈병이 될 때까지, 할 수 있는 일이 많지 않았다는 뜻이다. 그녀의 병이 급성골수성백혈병이 되자 담당 의사가 '큰 총'을 쓸 거라고 했다. 그녀는 몇 주마다 혈액 전문의의 진료를 받기 시작했고, 결국 빈혈이 심해져 정기적으로 수혈을 받아야 했다. 몇 달 동안 계속 그랬다. 그녀가 내게 진료를 받으러 온 건 1984년에 급성골수성백혈병이 생긴 지 몇 달 지난 뒤였다. 나는 그녀를 치료했고, 그녀의 생존 가능성을 끌어올리려고 했다. 하지만 내 삶을 끌어올려준 건 JC였다.

•

JC는 관해유도 요법과 공고요법을 받았다. 고통스러운 단계였다. 내가 직접 JC의 치료를 맡았다. 특히 힘들었던 어느 날, 나는 그녀의 침대 끝에 앉았다. 별것 아니지만 그녀의 기분을 달래주려고 했다. 농담을 하는 대신 내가 아끼는 시를 암송했다.

이런 삶이

일 년 내내 이어지지는 않으니

비가 내리는 몇 달만 그럴 뿐이다.

마른 숲에서 뜨겁게 타오르는 불이

당장 밥을 지을 것이다.

그리고

무엇이든

날카롭고 선명하게

다시 눈에 들어올 것이다.

비가 그치면

젖은 모든 것을

우리는 햇빛에 내놓을 것이다.

나무 조각까지도

햇빛에 내놓을 것이다.

우리의 마음도 내놓을 것이다.

– 수바시 무코파디아이Subhash Mukhopadhyay

JC는 울음을 터트렸다. 나도 울었다. 도무지 실감나지 않았다. 나는 서른두 살이었고, 의사로서 막 시작 단계였다. 그녀는 서른네 살이었고, 죽어가고 있었다.

•

JC는 넌더리 나는 화학요법 과정을 마치고 좋아졌다. 지켜보면서 병이 악화되지 않길 바라는 것 말고는 할 일이 없었다. 나는 2주에서 3주 간격으로 그녀를 외래환자로 만났다. 그 간격은 4주에서 6주가 되었다. 그녀와 나는 병과는 관련 없는 이야기를 했다. 우리는 서로의 삶에 대해 알아가면서 점점 친해졌다. 관해 상태가 오래 유지될 가능성이 크지 않음을 우리 둘 다 알고 있었다. 그녀 같은 2차성 백혈병은 특성상 고위험이다. 나는 아직도 그 불안감이 기억난다. 우리는 병원에서 혈액 검사 결과를 기다리면서, 잡담으로 기분을 풀며 서로 불안한 마음을 숨기려 했다.

백혈병은 JC가 첫 진단을 받은 후 1년 뒤에 재발했고, 그다음에는 반년 뒤에 재발했다. 이때 그녀는 대부분의 시간을 병원에서 보냈다. 그녀의 근사한 몸은 열에 시달렸고, 내부 장기는 사라져갔다. 그동안 소화관은 득 될 건 별로 없고 대체로 해가 되는 세포유전 약에 저항했다. 최후의 순간은 우리 둘 다 예상한 것보다 빨리 왔다. 악성 세포가 기하급수적으로 증가하면서 그녀의 질병은 며칠 만에 손쓸 수 없는 상태가 되었다. 우리의 무기고가 비었다는 걸 JC는 깨달았고, 불치병이니 입원을 하겠다고 했다. 나는 그녀를 입원시켰다. 저용량 화학요법을 시작했다. 빠르게 증가하는 혈류 내 아세포를 통제하기 위해서였다. 근본적인 골수 질병을 손댈 수 없다는 건 아주 잘 알고 있었다.

매일 아침 회진할 때마다 수분의 섭취와 배설 균형을 맞추는 일이 정말로 그날의 중요한 일인 척했다. 한심하게도 아무 치료 계획도 없었으니, 내 무능함에 한 대 맞은 기분이었다. JC는 낙담했고 말수가 줄었다. 그녀가 나를 놀리던 날들이 그리웠다. 내가 명랑한 분위기를 내려고 별것 아닌 일이나마 시도하려고 하면, 내 뜻을 알아챈 그녀는 그저 힘없는 미소만 지었다. 부드럽고, 거의 다정하기까지 한 미소였다. 그렇게 내 시도를 물리쳤다. 나는 그녀의 심장과 폐 소리를 들었고, 배를 만졌고, 부어오른 발목을 살폈다. 발목은 이제 피부가 팽팽히 늘어나 반들거렸다. 거짓으로 명랑한 기운을 내는 나 자신이 역겨웠다. 젊은 육체는 죽기 위해 만들어진 존재가 아니다. 병이 그토록 악성이어도 육체는 쉽게 무너지지 않는다. 암을 향해 두 걸음 나아갔다가, 삶을 향해 한 걸음 뒤로 물러난다. 놀랍게도 회복세를 보인다. 혼란스럽고 불규칙한 상황 속에서 내부 장기들이 결집한다. 어느 날엔 폐 엑스레이 사진이 깨끗해 보인다. 그다음, 신장 수치가 완전히 나빠진다. 이후 폐렴이 낫지만 그 뒤로 간 기능이 멈출 뿐이다. 그녀는 체중도 줄었고 희망도 잃었다. 식사를 그만두었다. 웃음을 잃었다. 아침저녁으로 병동 주변을 산책하는 일도 멈추었다. 그녀는 더 이상 병실을 나가지 않았다.

그러다 어느 순간 무언가가 JC 안에서 폭발했다. 시들시들 말라빠진 몸에서 별안간 맹렬한 기운이 되살아났다. 손에 잡힐 듯 새롭게 생겨난 에너지가 가득했다. JC는 펜과 종이를 달라고 했다. 그리고 글을 쓰기 시작했다. 기운 빠진 무기력함이 사라진 격렬한 모습이었다. 졸려서 몽롱해진 모습도 더 이상 없었다. 신체 내부는 해체 절차를 밟다가, 그녀의 지적인 열의가 힘을 발휘한 덕분에 갑자기 그 진행을 중단했다. 그녀는 마치 신들린 것 같았다. 많이들 쓰는 노란 노트를 글로 채우며 펜을 다 썼다. 밤이고 낮이고 담당자가 없는 시간에도 종이와 볼펜을 더 달라고 청했다. 다가올 내일이 얼마 남지 않았고, 그녀는 하루도 허투루 쓰지 않았다. 몸이 무너지는 동안 마음은 열정적으로 글쓰기에 임했다. 나는 직업 생활을 이어오며 셀 수 없이 많은 불치병 환자를 치료했는데, 그런 와중에 종종 이렇게 최후에 힘이 산발적으로 터져 나오는 모습을 목격하곤 했다. 그런 힘이 실재함을 알 수 있을 만큼 여러 번 보았다. 몸은 점차 황폐해졌지만, 그렇게 흐트러져도 최후의 맑은 정신으로 거뜬히 힘을 되찾았다. 이런 일이 어떻게 가능할까? 그녀는 손목과 손바닥뼈가 그렇게도 약해졌으면서 무슨 힘으로 몇 시간이고 펜을 들고 종이 위에 글씨를 썼을까? 줄어든 마음의 자원을 어떻게 다시 모았을까? 심한 저산소증으로 머리가 지끈거리는 가운데 어떻게 노트를 채워나갔을까? 여전히 수수께끼다.

　JC는 노트에 무엇을 썼는지 먼저 알려주지 않았다. 나는 겁이 나서 물어볼 수가 없었다. 어느 날 저녁, 우리 둘만 남게 되자 나는 질문을 던졌다. "앉아봐요." 그녀가 말했다. 잠시 동안 그녀는 침묵을 지킨 채 창밖을 바라보았다. 어스름한 햇빛이 들어와 새로 개조한 칼튼하우스 병실의 옅은 색 벽에 그림자를 비스듬히 드리운 순간이었다. 그 확연한 차이에 뼈아팠다. 허약하고 무너져가는 그녀의 육체는 그 큰 영혼을 담기에는 안쓰러운 그릇이었다. 『2000가지 이상의 모욕』 같은 유머가 통했던 나의 동지는 영원히 몸을 떠날 준비가 된 것 같았다. 그녀가 해낸 과업의 무게를 생각하니 겸허한 마음이 됐다. 내게 노트에 무엇을 썼는지 말해주면서, 그녀는 최후를 인식하고 있었다. **카탐-수드**(완전한 끝). 그녀는 얼굴을 돌려 나를 바라보았다. 예전 미소의 흔적이 남아 있었다. "세균도 나를 더는 못 견디나 봐요. 떠날 때가 됐다고 느끼는 것 같아요." 그녀는 마른 침을 힘들게 삼킨 다음 불쑥 말했다. "편지들을 쓰고 있어요. 두 살 반 된 내 쌍둥이 딸들이 매해 생일을 맞이할 때마다 읽었으면 해요." 그녀는 주저하다 곁눈으로 나를 보았다. 쑥스러워하는 듯 보였다. "애들이 스물한 살 생일을 맞이하며 읽을 편지를 쓸 때까지 나를 살려주실 수 있나요?"

이틀 후 세상을 떠날 때까지, 그녀는 딸들이 열두 살 생일날 읽을 편지를 간신히 완성했다.

·

JC의 사망 진단서에 서명하며 깨달았다. 내가 JC를 진료할 무렵에 그녀는 병이 이미 너무 많이 진행된 상태였다. 그래서 그녀가 목숨을 잃은 것이다. 그녀가 전백혈병 단계에서 백혈병으로 넘어가기까지는 1년이 걸렸다. 나는 그녀를 극초기에, 전백혈병 단계에서 치료했어야 했다. 확실히 급성골수성백혈병보다는 골수형성이상증후군이 통제하기 더 쉬울 것이다. 그날 저녁 하비에게 말했다. JC 때문에 이제부터 골수형성이상증후군 연구와 치료에 집중할 것이라고 말이다. 서른두 살이라는 나이에도, 다음 사실을 확실히 알 수 있었다. 즉 동물 모델은 너무 단순하고 인공적이어서 JC의 사례처럼 복잡한 질병의 발달 과정에 대한 요점을 조금도 짚어낼 수 없다. 그토록 지독한 적을 처리할 유일한 희망은 극초기 단계에 그것을 감지해서 최고의 과학기술을 사용하는 것이었다. 그런 기술로 순식간에 아수라장이 벌어지기 전에 질병을 잡아야 한다. 만일 내가 골수형성이상증후군과 급성골수성백혈병을 단계별로 둘 다 연구한다면, 전백혈병 세포가 어떻게 노골적인 백혈병 단계로 넘어가는지 알려주는 생물학적 이정표를 밝힐 수 있을 것 같았다. 그렇게 하면 암으로 이행하는 자연 경과를 더 잘 이해하게 될 것이다. 바라건대, 새로운 잠재적 치료 표적을 찾게 될 것이다.

하비는 이렇게 말했다. "아즈, 당신의 아이디어는 딱 좋아. 하지만 지금으로선 결코 연구비를 받을 수 없을 거야. 골수형성이상증후군은 너무 희귀해. 연구 지원은 고사하고, 그 병 이름을 제대로 발음할 수 있는 사람조차 찾기 힘들어." 물론 나는 그래도 연구를 해냈다. 연구비도 지원받았다. 만일 내가 이 나라에서 학교에 다녔다면, 연구를 하면서 쥐 모델로 질병을 재현하거나 환자의 암세포를 가지고 조직배양 세포주를 만들고자 했을 것이다. 나는 외부자로서 관습보다는 본능을 따르는 뱃심이 있었다. 나는 진료할 모든 환자에게서 세포를 받아 철저히 연구했다. 이와 다르게 해보려는 생각은 결코 하지 않았다. 하비는 언제나 지적으로, 도덕적으로 내 연구를 지지해주었지만, 골수형성이상증후군에는 전혀 관심이 없었고 전처럼 급성골수성백혈병 연구를 지속했다. 우리의 연구는 훌륭한 상호 보완적 협력 관계였다. 우리 둘은 같은 병의 다른 단계를 연구하면서 관련 내용을 쭉 비교했고, 서로에게 배웠으며, 따로 또 같이 고안한 실험에서 새롭고 고유한 통찰을 얻었다.

그렇게 나는 조직 보관소를 열었다. 환자 각각의 질병이 진행될 때 단계별로 샘플을 모았다. 보관소에는 그때도 지금도 전산화된 자료 은행이 딸려 있다. 이 은행에는 환자 각각의 임상적·병리학적 정보가 있다. 보관소는 30년간의 생존 자료를 살펴볼 수 있다는 점에서 독특하다. 이렇게 질병에 대한 후향적retrospective 관점은 무엇 때문에 일부 골수형성이상증후군 환자가 급성골수성백혈병으로 진행되었는지 알아내는 데 유용하다. 어떤 골수형성이상증후군 환자는 5년, 10년 혹은 20년을 사는데, 어떤 환자는 왜 2년 만에 쓰러지고 마는지 알아내는 데도 도움이 된다. 유전체학, 전사체학, 단백체학, 대사체학, 심지어 앞서 언급한 분야들을 포괄하는 분자생물학 기술 및 기술의 병용에 이르는 최신의 기법을 사용해서, 내가 모은 일련의 샘플에서 정보를 얻을 수 있다. 그렇게 얻을 생물학적 통찰은 매우 귀중한 것이다. 이는 암의 개시와 진행, 침습 과정, 치사율, 치료에 대한 반응성, 자연 경과를 알아낼 유일한 방법이다. 이 고속 대량 기술을 통해 백혈병 세포의 중요한 생체표지자를 알게 되면, 최초의 백혈병 세포를 발견해서 치료할 수 있을 것이다. 내가 골수형성이상증후군 및 뒤이어 성장하는 백혈병 세포의 생장 과정을 자세히 규명할 수 있었던 건 보관소 덕분이었다. 초기 환자들에게 브로모계열 티미딘유사체thymidine analogs bromo-와 요오드데옥시우리딘iododeoxyuridine(이독수리딘idoxuridine, 항바이러스제)을 투여해서 알아냈다.✦ 그렇게 생체 내 분열 중인 세포를 단계별로 분류할 수 있었다. 우리는 그전의 가설과는 반대로, 골수형성이상증후군 환자의 골수세포는 과증식성이라는 사실을 밝혀 냈다. 또한 골수형성이상증후군 환자 수백 명의 귀중한 샘플을 사용하여, 골수가 과증식성인데도 혈액 수치가 낮은 이유는 **아포토시스**apoptosis라고 불리는 세포 고유의 자살 방식으로 인해 클론 세포가 미성숙한 상태에서 죽음을 맞이하기 때문임을 알아냈다. 마지막으로 우리는 이런 세포의 죽음이, 적어도 부분적으로는, 염증 촉진 단백질과 종양 괴사 인자TNF, 전환 성장 인자 베타TGFb에 영향을 받으며 가속화된다는 사실을 알아냈다. 그러니 TNF와 TGFb를 막으면 자연히 세포의 죽음이 줄어들어 더 성숙한 세포들이 혈류로 들어가게 되며, 혈액 수치가 개선될 것이다. 이런 항-TNF 효과를 지닌 첫 번째 제제는 탈리도마이드였다. 내가 골수형성이상증후군 환자들에게 이 약을 투여하자, 환자들 가운데 20퍼센트에게서 완벽한 반응이 나왔다. 이는 레

✦ 환자에게 이 두 가지 약물을 투여하면 세포 분화 연구가 가능하다.

블리미드의 발전으로 이어졌다. 레이디 N., 키티 C., 하비가 이득을 본 바로 그 약이다. 최근에는 루스패터셉트가 골수형성이상증후군에서 효과를 보였다. 이 약은 TGF 단백질족*을 억제한다.

　이와 같은 진전은 환자들이 피와 골수세포를 보관소에 기증하기로 동의한 덕분이었다. 최근 30년 동안 내가 만난 환자가 기증을 거절한 경우는 정말 얼마 안 된다. 99.99퍼센트는 즉시 동의했다. 물론 여분의 골수를 뽑아낼 때는 고통이 더해진다. 전기 드릴을 통해 대바늘을 주입하거나 물리적 힘을 세게 가하는 과정은 크게 불편하지 않다. 우리가 바늘이 들어가는 입구의 감각을 완전히 없애기 때문이다. 하지만 주사기로 골수를 뽑기 시작하면, 골수가 뼈 안에서 움직여 수천 개의 신경을 밀리미터 단위로 자극해서 무척 불편한 감각이 유발된다. 고통이라기보다는 불쾌함이다. 나는 이 골수 생검을 수천 번 했고, 요즘도 매주 열두 번 정도 수행한다. 하지만 나는 환자가 내 뜻에 동의할 때마다 겸허해진다. "라자 선생님, 만일 내게 도움이 안 되더라도 누군가에겐 도움이 되겠죠. 선생님을 믿어요. 해야 할 일을 하세요." 몇몇 환자들은 샘플을 수십 번 기증했다. 그들은 어떤 앞날이 자신을 기다리는지 안다. 하지만 미래의 환자를 위해 우리가 더 나은 해결책을 찾도록 도와주려고 그렇게 한다. 이런 비할 바 없는 은총 앞에서 어떻게 머리 숙여 깊이 감사하지 않을 수 있을까?

　나는 더 노력해야만 한다. 보관소에는 가치를 매길 수 없는 자원들이 있다. 근본적인 질문들을 규명할 핵심을 쥐고 있는 자원들이다. 우리 연구의 일부 주제는 골수형성이상증후군과 급성골수성백혈병뿐

---

*　진화상 서로 관련된 단백질.

만 아니라 다른 모든 암에도 해당된다. 지난 수십 년간 연구 목적으로 보관소의 샘플을 쓸 때마다, 우리는 흥미로운 생물학적 정보를 얻어 최고의 전문 학술지에 발표했다. 그러나 이런 작은 규모의 연구 프로젝트는, 비록 전국의 과학자들과 공동으로 여러 차례 수행하기는 했어도, 그 범위가 제한적이다. 이런 연구들은 중요하고 구체적이며 기초적인 해답을 제시하지만, 질병의 한두 가지 측면에 대해서만 그렇다. 샘플의 개수가 기껏해야 수백 개다. 인간 유전체의 배열 순서가 밝혀지고 관련 기술들이 규모의 경제를 실현하게 되자, 나는 환자의 질병이 진행되는 동안 연속적으로 채취한 샘플 수천 개를 철저하고 체계적으로 연구해보고 싶었다. 연구비 지원을 신청했으나 자주 거절의 말이 돌아왔다. 동물 모델처럼 조작 가능한 방식을 사용하지 않는다는 지적과 함께 말이다.

시험관 검사와 동물 모델은 기초연구에 유용하다. 제어 가능하고 명확하고 단순화된 환경에서 유전자의 기능과 상호작용을 이해하고, 신호 경로를 규명하고, 억제유전자의 효과를 관찰하는 데 도움이 된다. 반면 나는 치료 기반 연구에 관심이 있다. 내 환자들을 위한 더 좋은 치료법을 어떻게 개발할 수 있을까? 쥐 모델은 항암제 개발에는 사실상 쓸모가 없다. 그러나 연구비 지원 기관과 현재의 과학계 문화는 그 모델이 실패했다는 사실을 결코 받아들이지 못하는 체계에 너무 깊이 연루되어 있다. 수백 가지의 연구가 이미 약이 동물에게 보인 효과와 환자에게 일어나는 일 사이에는 아무 상관이 없음을 밝혀냈다. 그런 부적절하고 환자와 아무 상관없는 임상 전 플랫폼을 통해서 개발된 약은 환자에게 썼을 경우 실패율이 90퍼센트에 이른다. 이보다 더 확실한 증거가 필요할까? 그러나 일반적으로 동물 모델이 없으면 연구비를 지원받을 수 없다. 이처럼 현실을 일부러 회피하는 상황의 원인은 뭘까? 이런 연구비의 존속 자체가 현실 외면에 기대고 있기 때문이라고 설명할 수밖에 없다. 이런 정신 나간 상태에 맞먹는 것은, 환자의 몸 전체가 암에 침식당하는 와중에 종양 전문의가 전해질 균형을 맞추는 데 집요하게 매달리며 시간을 보내는 상황이다.

연구비는 조직 보관소 유지를 보조하는 목적으로도 받을 수 없다. 나의 생체자원 은행이 가능했던 건 자선사업과 너그러운 환자들 덕분이다. 만일 우리의 후원자들과 친구들, 환자들 및 그들의 가족들이 모금 행사에서 진심으로 기부해주지 않았다면, 나는 샘플들을 연구실 싱크대에 쏟아버리고 보관소 일을 그만둬야 했을 것이다. 실제로 샘플이 버려지는 상황을 목격한 적이 있다. 유명한 심장 전문의가 자신의 연구소 프로그램을 새 병원으로 옮기게 되었다. 그녀의 옛 고용인들은 보관소 이전에 반대했다. 그리고 병원에서는 화풀이 차원에서 샘플을 하나씩 버리며 고소해했다.

●

나는 자원을 제한적으로 쓸 수밖에 없는 현실에 좌절했다. 좀 더 창의성을 발휘할 필요가 있었다. 암이 현실의 인간에게 어떤 것인지 잘 모르는 소수의 사람들이 고안한 규칙에 내 환자와 내가 왜 인질이 되어야 할까? 정말이지, 우리는 이 세계에서 가장 부유한 국가에서 인류 역사상 가장 부유한 시대에 살고 있다. 당연히 이용 가능한 또 다른 자원과 조직 보관소 프로젝트 지원을 위한 대안이 있다. 나는 공개적인 활동을 결심했다. 기회가 주어질 때마다 말했다. 병례검토회와 암

위원회, 만찬회, 국가적 회의에서 발언을 했다. 사설을 썼고 인터뷰를 했고 민간재단과 산업계 거물들에게 제대로 된 일을 하라고 성가시게 굴었다. 모두 예의 바르게 귀를 기울였고 내 의견에 동의했다. 그러고는 집으로 돌아가 그저 자신들이 하던 일만을 계속했다. 아무런 일도 일어나지 않았다.

2014년, 크리스마스 휴가 기간의 어느 날 아침에 나는 깨어났다. 특히 괴로운 상태였다. 레이디 N.은 사망했고 나는 키티를 위해 새로운 치료법을 찾으려고 애쓰고 있었다. 휴일이 있었으니 크리스마스 다음 주에는 병원에서 환자를 평소의 두 배로 볼 것이었다. 크리스마스 기간의 쾌활한 분위기에 영향을 받아 환자들은 터무니없는 희망을 품게 된다. 더 좋은 해결법을 갈망한다. 나는 그들에게 더 좋은 해결법을 주고 싶었다. 부담감이 느껴졌다. 어찌할 수 없는 상황에 심한 좌절감도 느끼고 있었다. 조직 보관소에 저장된 샘플을 철저하게, 체계적으로 연구할 수만 있다면, 많은 해답을 찾아낼 수 있을 것이다. 이 점은 확신할 수 있었다.

건성으로 잡지 한 권을 펼쳤다. 어느 운동선수가 7년간 1억 2600만 달러를 받는 엄청난 계약을 맺었다는 소식을 읽었다.

그렇다고 한다.

우리가 살고 있는 이 사회는 어떤 사회일까? 야구로 수억 달러를 버는 운동선수가 있다. 그런데 나는 더 나은 **암** 치료법을 찾기 위해 얼마 안 되는 금액의 돈을 간청해서 빌리고, 굽실거리며 애원해 받아내야 한다. 암은 더 이상 타인이 겪는 질병이 아니다. 우리 대부분은 기껏해야 암에서 조금 비켜갔을 뿐이다. 그렇다면 왜 이렇게 기묘하게 거리를 둘까? 어쩌면 이렇게도 비정하고 무심할까? 골수와 혈액 샘플들은 지난 30년 동안 환자 수천 명이 견디기 힘든 고통을 겪어가며 제공한 것이다. 우리는 환자의 뼈에 구멍을 내고 혈관에 손상을 가해서 내용물을 빼냈다. 그 샘플들은 냉동 상태로 액체질소에 갇혀 있다. 돈이 부족하기 때문이다. 국립암연구소에서 배정한 암 연구 전체 예산은 50억 달러다. 미국 연방 예산의 0.1퍼센트보다 적다. 내 연구에 필요한 금액은 그 운동선수가 번 터무니없는 돈의 일부면 된다. 이런 상황은 과거에도 지금도 한참 잘못된 것이다.

극단적 질병에는 극단적 치료가 필요하다. 심각한 시대는 심각한 대책을 요구한다. 나는 머리를 비우려고 영하 5도의 날씨에 허드슨강을 오랫동안 뛰었다. 방수가 되고 잘 늘어나고 습기를 빨아들이는 재질의 옷을 겹쳐 입고 장갑을 꼈다. 방한모를 쓰고 안경을 끼고 보온 양말에 가벼운 스니커즈도 신었다. 내가 시도한 전략이 먹히지 않는 게 확실했다. 나는 매해 보관소 유지와 연구소의 헌신적인 과학자 및 연구원의 급여 지급에 드는 돈을 충분히 모았다. 현장에서 믿을 만한 목소리를 계속 내기 위해 중요한 임상기초 생물학 연구를 발표해왔다. 하지만 이제는 내 연구에 좀 더 큰 규모의 투자를 받고 싶었다. 누가 도와줄 수 있을까? 이런 종류의 지원은 국립암연구소처럼 으레 과학 연구를 지원할 것으로 여겨지는 집단의 능력 범위를 넘어선다. 유일한 방법은 이런 필수적 프로젝트를 맡을 재력이 있는 개인을 어떻게든 찾아내는 것이다. 내게 필요한 건 전통적인 방식의 후원자였다.

처음에는 나 자신을 후원자라고 상상해보았다. 사회적인 의식이 있고 마음이 따뜻하고 공감력도 있는데 넘치게 부유해서, 인류를 돕기 위해 뭔가 하고 싶어 하는 사람이라고 말이다. 만일 내가 진정한 대의를 위해 후원을 해줄 조직을 찾으려 한다면, 조사를 꽤 많이 해야 할 것이다. 가급적 무수한 매개자들, 면세 기관들, 전문적인 모금 기관들과는 상관이 없는 곳을 원할 테니까 말이다. 이건 힘든 일이다. 이렇게 힘을 들이지 않고 후원을 할 만한 가치가 충분한 명분을 저절로 찾게 되기를 기다리는 사람이 있지 않을까? 가령 암의 치료를 가속화하겠다는 명분 같은 것을 말이다. 나는 조금이라도 숨을 돌리길 갈망하는 넋 나간 환자들의 얼굴을 봐왔다. 그 얼굴들을 떠올려 용기를 내고, 나는 이 나라 부자들에게 직접 다가가기로 했다. 의미 있는 방식으로 암 연구에 기여할 근사한 기회가 있다는 걸 알기만 한다면, 그들은 서로 나를 도우려고 달려올 것이다. 한 가지 문제가 있었다. 어떻게 그들에게 연락할 수 있을까?

생각 하나가 번뜩였다.

얼어붙은 아침에 달리기를 하다, 나는 서쪽 86번가로 정확히 우회전을 했다. 그리고 브로드웨이와 만나는 곳에 있는 서점 반스 앤드 노블로 가서 잡지 《포브스Forbes》 최신호를 한 부 샀다. 잡지에는 가장 부유한 사람 100명의 목록이 있었다. 나는 하루 종일 그들이 편지를 받는 주소를 찾았다. 대부분 각 회사의 자선사업 부서를 통해서만 연락할 수 있었다. 그래도 나는 억만장자의 실명을 직접 거론하며 간단하게 개인적 편지를 썼다. 나의 독특한 조직 연구소가 이룬 기적을 알렸다. 보관소의 샘플을 연구할 수 있는, 최신 분자생물학 병용 기술을 설명했다. 이런 연구를 통해 암을 조기에 발견하고 치료할 때 쓸 새로운 표적을 찾을 수 있다고, 표적을 찾으면 질병을 처음부터 저지할 수 있다고 드높은 희망을 전했다. 골수형성이상증후군에서 급성골수성백혈병으로 병이 진행될 때 일어나는 분자 단위의 유전적 사건을 규명하면, 세포가 불멸성을 획득하는 과정에 적용되는 보편적 원칙과 알고리즘을 이해하는 데 도움이 될 것이라고 주장했다. 불멸성의 획득 과정에서는 유전자가 활성화되고 신호 경로가 점화되고 단백질이 억제된다. 그리고 면역 관문이 침묵하는 동안 악성 전 단계의 세포가 주체성을 획득하고 노골적인 악성을 띠게 된다. '골수형성이상증후군-급성골수성백혈병' 조직 보관소 샘플 연구는 전립선암과 유방암, 폐암과 위장관 종양을 이해하는 데 도움을 줄 수 있었다. 나는 이 연구에 내포된 의미가 어마어마하고 흥미진진하다고 썼다. 연구를 위해 자금을 지원해달라고 요청했다. 12월 31일, 나는 직접 쓴 편지가 잔뜩 담긴 커다란 종이 상자를 모퉁이 우체통으로 갖고 가서 편지들을 부쳤다.

이후 몇 주 동안 나는 숨죽인 채 기다렸다. 열 통의 답장을 받았다. 모두 형식적인 편지였다. 나처럼 간청하는 사람들에게 직원이 종종 보내는 답장이었다. 실제로 내 편지를 읽은 억만장자는 없었다. 만일 내 편지를 읽었다면, 왜 긍정적인 답을 보내지 않았겠는가? 석 달이 지났다. 나는 또다시 끝도 없는 연구비 지원서를 쓰느라 바빴다. '억만장자 프로젝트'는 잊었다. 3월의 어느 오후, 사무실에서 일하고 있는데 전화가 왔다. "안녕하세요, 라자 선생님. 나는 패트릭 순 시옹Patrick Soon-Shiong입니다. 얼마 전에 편지를 보내주셨죠? 미안합니다. 지금 막 편지를 보았네요. 말할 필요도 없겠지만, 선생님이 지난 30년 동안 조직 샘플을 모아서 해온 작업에 무척 감동을 받아서 전화를 드렸습니다. 축하드립니다. 곧 뵈어야 할 것 같군요."

•

패트릭 순 시옹은 내가 상상한 모습과는 달랐다. 우선, 그는 목소리가 아주 부드러웠다. 지난 몇 년 동안 그를 알아왔지만, 나는 아직도 그가 언성을 높이는 모습을 상상조차 할 수 없다. 사실 그는 자기주장을 밝히고 싶을 땐 목소리를 더 낮춘다. 그가 아름다운 아내 미셸과 아주 다정한 사이라는 사실도 의외였다. 그들이 편안하고 느긋하게 대화를 나누는 모습을 보면 마음이 무척 든든하고, 그들을 더욱 인간적이고 친근하게 느끼게 된다. 우리가 처음 만난 날, 나는 컬럼비아대학 소속으로 우리 골수형성이상증후군 연구 프로그램을 맡고 있는 명민한 의사 압둘라 알리Abdullah Ali와 약속 시간보다 30분 일찍 벨에어 지역의 으리으리한 저택에 도착했다. 근무 중인 경비원은 무거운 철제 문을 닫은 채, 좁은 틈을 통해 밖에서 기다리라고 무례하게 말했다. 우리는 뜨거운 캘리포니아의 햇빛을 피하려고 길을 건너 나무 아래에 서 있었다. 그때 SUV 한 대가 왔다. 젊은 운전자가 우리를 살폈다. 그동안 문이 열렸고 차는 안으로 들어갔다. 몇 분 뒤 운전자가 옆문으로 나왔다. 그는 패트릭의 비서 필 양이라고 밝히며 보안요원의 태도에 대해 사과했다. 그가 안내해준 덕분에 우리는 아름다운 회의실에서 편안히 기다렸다. 회의실은 최신식 시청각 장비가 마련되어 있었고, 안뜰로 통하는 문이 열려 있었다. 뜰은 화려하게 가꾼 식물과 생울타리로 둘러져 있었다. 필이 따뜻하게 환영해주니 우리는 안심할 수 있었다. 곧 패트릭의 과학 사업체 책임자인 샤루즈 라비자데가 노트북을 들고 나타났다. 필과 샤루즈의 비서와 함께 우리는 발표용 슬라이드를 준비하고 패트릭을 기다렸다.

그는 약속 시간에 딱 맞춰 나타났다. 일상적인 아침 운동을 막 끝낸 다음 바로 씻고 면도를 하여, 일정이 꽉 찬 하루에 대비한 모습이었다. 그는 친절한 미소로 우리를 맞이했다. 무척 호기심 어린 모습이었다. 의례적인 인사를 주고받은 뒤, 우리는 본론으로 들어갔다. 나는 정식으로 발표를 했다. 경이로운 경험이었다. 패트릭이 아주 지적인 사람이라는 사실은 말할 필요도 없다. 놀라운 점은 그가 내 발표의 의미를 번개처럼 빠르게 이해했다는 것이었다. 그는 아마 의대생 시절 이래로 골수형성이상증후군을 의미하는 머리글자 MDS를 접해본 적도 없었겠지만, 이 이질적인 질병의 자연 경과를 규명하는 일이 기본적으로 복잡하다는 사실을 바로 이해했다. 그는 관련 질문을 많이 던졌다. 내 논의 속 문제를 다양한 관점에서 요약하고, 압둘라와 기술적인 부분에 대해 상의했다. 그리고 내게는 임상적인, 환자와 관련된 사려 깊은 질문을 했다.

다음 날에는 패트릭의 재택근무 사무실에서 규모가 큰 오믹스omics* 회의가 열릴 예정이었다. 전국에서 초대받은 암센터 국장과 유명한 과학자가 모이는 회의였다. 그는 그 자리에서 내 아이디어를 발표해달라고 부탁했다. 그러고는 내가 슬라이드를 고르는 것을 도우며 중요한 질문들을 준비하더니, 끝에는 협업할 일련의 연구에 대해 이야기했다. 그가 지닌 지식의 폭과 깊이에 나는 정말로 감동을 받았다. 미셸은 가뿐하게 떠다니듯 걸어 다녔다. 여름 드레스를 입은 아름다운 모습이었다. 그 뒤는 비서가 따랐다. 그녀는 비서에게 의자의 배치를 설명했고, 점심 탁자를 둘 위치를 알렸다. 또 그날의 주요 일정을 정하고, 전원이 저녁에 외출하는 계획을 세웠다. 그녀는 우리가 앉

---

* 유기체 또는 유기체의 구조, 기능 및 동력으로 변화하는 생물학적 분자 풀의 집단적 특성 분석 및 정량화를 목표로 하는 학문.

은 곳으로 다가와 점심을 먹는 게 어떻겠느냐고 다정하게 물었다. 우리는 함께 완벽하게 설계된 정원을 걸었다. 패트릭은 정원을 보여주면서, 자신이 좋아하는 나무와 식물을 가리켰다. 마침내 주변에 그림 같은 풍경이 펼쳐진, 숨 막히게 근사한 정자에 도착했다. 우리는 가볍게 샐러드를 먹고 대화를 나눈 뒤 다시 산책을 했다. 시끄럽고 늘 바쁜 도시 한가운데서 목가적 장관을 즐겼다. 우리는 과학적 논의를 이어갔다. 다섯 시간이 지날 무렵, 우리는 서로의 임무를 아주 잘 이해하게 되었다. 2015년, 어느 화창한 아침에 시작된 패트릭, 미셸 부부와의 우정은 시간이 지나면서 더욱 깊어졌다.

우리 셋을 끈끈하게 묶어주는 건 환자에 대한 관심이었다. 단 한 번의 만남으로 이 부부가 인간의 고통에 깊이 공감하고 있으며, 그 고통을 경감하기 위해 쉼 없이 끈질기고 용감하게 헌신해왔다는 사실을 알 수 있었다. 패트릭과 미셸이 지닌 특징이라면, 그들이 타인을 존중한다는 점이다. 이런 존중을 가장 잘 보여주는 방식 중 하나는 타인이 하는 말을 사려 깊게 듣는 것이다. 연구의 가치가 인간에게 무엇을 의미하는지는 신경 쓰지 않고 사실 확인에만 매달리는 과학자도 있다. 그들은 그런 숨 막히는 덫을 피했다.

패트릭과 미셸은 남아프리카에서 태어났다. 편견과 차별이 익숙한 곳이었다. 하지만 그들은 결코 지지 않았다. 포트엘리자베스와 요하네스버그 생활을 거쳐, 패트릭은 캐나다에서 석사학위를 취득하고 UCLA에서 교수직을 얻었다. 전 세계 최초로 췌장 도세포를 캡슐화하여 넣는 동종이식 수술에 성공했다. 또 서부 해안 지역에서 처음으로 췌장 전체를 이식하는 수술을 해냈다. 그다음 그는 나사 연구원으로 일했다. 아브락산Abraxane(유방암, 폐암, 췌장암에 쓰는 화학요법의 한 종류)을 개발하기도 했다. 그리고 현재는 기업의 대표로서 전설이 되었다. 하지만 이 남자의 이야기는 그 전설보다 더 가치 있을 것이다.

UCLA 최초의 췌장 이식 환자 두 명은 수술이 아주 잘되었다. 둘다 이식에 거부 반응을 보인 것만 제외하면 수술 자체는 성공적이었다. 췌장 이식 거부 반응은 가장 겁나는 일이다. 췌장을 방광에 연결해두었기 때문이다. 장기가 거부 반응을 일으키면, 포도주 같은 피가 배뇨용 도관에서 솟아오른다. 나는 혼잣말했다. "이게 정말 환자한테 해야 할 일일까?" 이런 질문 뒤에 나는 학과장에게 내가 책임자로서 진행하던 프로그램을 중지하겠다고 말하게 되었다. 재생의학을 이해할 필요가 있었다. 면역 내성을 유도하려고 애쓰고 있었기 때문에* 면역체계에 관심을 갖게 됐다. 암세포가 내성을 유도하는 방법을 파악한다는 사실을 알게 된 건 이때였다. 암세포는 신체에게 "난 사실 너와 같은 존재니까 나를 먹지 마"라고 말한다. 아이러니하다. 내 경력의 전반부는 이식수술 때문에 내성을 유도하는 일이 차지했다. 그런데 후반부는 신체가 암세포를 죽이도록 내성을 깨는 일을 하게 되었다.

의사인 우리는 환원주의자로 훈련받았다. 우리는 프로토콜을 엄격히 따른다. 그러나 삶은 그런 방식이 아니다. 암은 선형적이지 않다. 완전히 비선형적이며 혼돈의 과학 속에서 산다. 통제하려 해도 아무 소용이 없다. 따라서 시공간을 가로질러 비선형적 방식으로 암을 공격해야 한다. 암을 관찰하고 암과 함께 정말 춤을 추어야 한다.

---

* 이식된 장기가 공격당하지 않게 하려면 면역체계를 억제해야 한다.

만일 유방암 환자를 같은 날에 두 번 생검을 해서, 한 번은 가슴을 다른 한 번은 림프절을 검사한다면, 진행 단계가 다른 암세포를 얻게 된다. 이런 이질성은 환원주의자의 모든 가정을 깬다. 현재 겨냥하고 있는 표적은 무엇이고, 왜 그것을 고르게 되었는가의 문제 때문이다. 내 생각엔 우리에게 주어진 유일한 가능성은, 소위 미시적 제거와 거시적 제거를 같이 하는 것이다. 미시적 제거는 작은 표적을 쫓는 것이다. 아마 화학요법도 약간 써야 할 것이다. 거시적 제거는 외과수술이나 방사선요법 혹은 면역요법을 뜻한다.

패트릭은 DNA만이 암 치료의 열쇠를 쥐고 있다는 널리 퍼진 도그마를 특히 싫어했다. 그는 암 및 암의 미세환경에 대해 보다 종합적으로 연구해왔다. DNA와 RNA의 자세한 정보 및 단백질 측정법에 대해서도 조사했다. 패트릭은 계속 지적했다. 전통적인 고용량 화학요법 방식은 면역체계에 손상을 가하는데, 바로 그 면역체계가 암과의 싸움에서 가장 필요하다고 말이다. 그는 다층적이고 아주 흥미로운 임상연구를 시작했다. 진행성 암에서 세포 치료와 백신을 사용하는 연구다. 좀 더 전통적인 화학요법적 접근과 표적 치료도 겸한다.

2015년 무렵, 바이든 부통령이 아들의 뇌암 때문에 나를 찾았다. 나는 진단의 일부에 관여하게 되었다. 그의 아들은 2015년 5월에 세상을 떠났다. 10월까지 나는 2페이지짜리 백서를 썼다. 유전체 서열과 빅 데이터를 사용해서 암 면역요법의 속도를 높이는 연구에 대한 백서였다. 내과의사이자 외과의사, 종양학자, 면역학자, 전 나사 과학자이자 기업의 전 CEO로서 나는 이 모든 경력이 한데 어우러지도록 하고 있다. 우리는 아주, 아주 야심찬 프로그램을 진행하고 있다. 2020년까지 암을 치료할 것이라는 말이 아니다. 하지만 아마도 암과 싸울 몸속 T세포를 활성화할 수 있을 것이다.

미셸과 패트릭은 예상치 못한 방식으로 아주 바람직한 도움을 주었다. 그들은 컬럼비아대학에 기부를 하여 '찬 순 시옹' 교수직을 만들었다. 나는 그 자리에 가게 되었고, 임상과 기초연구에 쏟을 시간이 생겼다. 장시간에 걸친 어느 인터뷰에서, 패트릭은 나도 동의하는 견해를 피력했다. 그는 암세포는 우리가 암 환자에게 시행하는 치료에 반응해서 진화하고, 변화하는 환경을 창조한다고 확신하고 있었다. 그렇기 때문에 그는 기초연구가 어느 정해진 시점에 수행되기보다는, 임상 치료와 관계를 주고받으며 수행될 필요가 있다고 했다. 그런 생각에서 그는 환자의 면역체계를 활성화하는 암 백신을 개발하는 일에 자신의 자원을 쏟았다. 동시에 종양 주변 세포들의 특성에 대한 기초연구를 후원하길 바라게 됐다. 패트릭과 나는 계속 연락을 주고받으며 종종 암 치료와 관련된 문제를 논의한다.

내 조직 보관소의 후원자를 찾는 문제는 여전히 출발선상에 있다.

패트릭과 미셸은 결코 자기만족을 위해 열정을 좇고자 하지 않았다. 그들은 인류를 위해 일하며 공감과 열정을 통합하고자 했다. 이렇게 하려면 사물을 그냥 보는 게 아니라 예리하게 꿰뚫어 볼 줄 알아야 한다. 그들은 높은 이상을 품고 큰 계획을 세우며, 목표를 향해 끈질기게 일한다. 아마도 평생의 여정이 될 것이다. 미국의 정치인 찰스 에번스 휴즈Charles Evans Hughes가 말했듯 "인생 자체가 그렇듯이, 의학도 매일 우리를 시험하고 있다. 성공은 끊임없이 얻어내야 하는 것이고,

결코 마지막 순간에 성취할 수 있는 게 아니다. 이제껏 얻은 이득을 하루에 다 잃어버릴 수 있다. 이득이 더 클수록 잃을 위험도 크다. 결코 길 끝을 보아서는 안 된다. 우리는 언제나 새로운 길의 시작에 서 있으므로."

•

JC가 입원 초기에 전에 없이 침울하고 사색적이었던 날이 기억난다. 그녀는 한숨을 쉬더니 고백했다. 건강할 때 가족을 더 소중히 여기지 않아서 후회스럽다는 것이었다. 특히 같이 사는 시어머니와 사소한 문제로 의미 없고 어리석은 다툼을 벌인 바람에 불화의 시간을 보냈다고 말했다. 서른네 살의 나이에 불치병에 걸린 JC는 두 번째 기회를 소망했다. 자신이 본디 갖고 있던 '선한 천사'를 모두에게 보여줄 수 있는 기회. 병에 묶여 지낸 그녀는 영혼이 자유로워졌고 더 너그러워졌다. 1년 동안 관해 상태를 유지할 때, 어느 날 그녀는 짓궂게 고백했다. 최근 시어머니와 한참 동안 말을 주고받던 도중에 갑자기 입을 다물어버렸다는 것이다. 그 상황이 얼마나 '정상적'으로 느껴지는지 깨달아서였다. 그녀가 병에 걸리기 전의 자기 자신으로 돌아간 것이다. 불만 많고, 오만하고, 괴팍하며, 별 생각 없는 모습으로 회귀했다. "그런 점들은 제 장점의 일부죠!" 그녀가 앓는 소리를 냈다. "나는 질병이라는 굴 속에서 진주를 만들려고 했어요. 그런데 나이 든 불평분자 흉내나 내게 되었네요. 경고할게요, 라자 선생님! 제가 성격이 좋아졌다 싶으면, 암의 재발을 의심하세요."

아마도 내가 풋내기인 시절이었으니 그랬을 것이다. 어쩌면 JC의 매력 때문이었는지도 모른다. 젊고 아주 근사한 외모의 그녀. 막 엄마가 되어 취약한 상태였고, 고약한 유머 감각을 지니고 있었으며, 침착했다. 그녀는 막 의사가 되어 불안한 담당 수련의와 기꺼이 친구가 되어, 수련의가 암과 인생을 알아가도록 훈련시켜주려고 했다. 아리스토텔레스는 비극이란 발견의 순간이라고 정의 내렸다. 그 발견은 어떻게든 정화되어야 한다. 오이디푸스는 자신이 아버지를 죽이고 어머니와 결혼했다는 사실을 알게 되자, 스스로 눈을 멀게 하고 일종의 예언자가 되어 방랑했다. JC와 함께 보낸 시간 동안 나는 산산조각이 났는데, 다시 나 자신을 가다듬고 나서야 그 사실을 알았다. 내 영혼은 해체되었다가 재조립되었다. 고통스럽게 차근차근 재활 단계를 밟았다. 이 단계에선 시작부터 실패하고 퇴보하는 일이 잦았다. 마치 눈이 멀었다가 다시 눈을 뜨는 일 같았다. 나는 종양과 싸우는 새로운 전사가 되길 포기하고, 대신 새로운 어른이 되었다. 암은 전혀 예측할 수 없고, 성내듯 타격을 입히고, 소름 끼치도록 잔인하게 굴었지만, 이런 양태에 더는 놀라지 않게 된 것이다. 그리고 환자 개개인의 괴로움을 쌍둥이처럼 앓는 것을 그만두는 법을 배웠다. 오스카 와일드Oscar Wilde가 지적했듯이, 이 세상의 수수께끼란 눈으로 볼 수 있다. 보이지 않는 게 아니다. JC는 내가 암이라는 가차 없는 허무주의에 빠져 구렁텅이에서 허우적대지 않고, 위로 뛰어올라 삶과 죽음이라는 더 인간적이고 인도주의적인 문제에 대해 생각하도록 했다. 그녀는 강의를 하지 않았다. 책도 쓰지 않았다. 그저 더디지만 확실하게 커튼을 열어젖히는 작은 몸짓을 수도 없이 하면서, 형언할 수 없는 비극을 차분히 수용했다. 나는 그 커튼 사이로 쏟아진 웅장한 광채 속에서 은총을 목격했다. 그녀는 내 시력에 필요한 통찰력을 더해주었다. JC는 보이지 않는 것을 보이게 하고, 새롭고 신비로운 온 세상을 열어 보였다. 나는 그 세계를 거닐면서, 제각각 어렵고 이해하기 힘든 문제를 안고 온 환자들을 맡았다.

JC가 죽었을 때, 평생 그녀를 앗아간 병을 연구하고 치료하겠다고 맹세함으로써 나는 그녀에게 최고의 경의를 표했다. 만일 내가 일흔두 번 더 산다면, 나는 JC에게 일흔두 번 더 경의를 표할 것이다.

> 만일 애정이 똑같을 수 없다면, 더 사랑하는 사람이 내가 되게 하라.
>
> ─W. H. 오든, 「더 사랑하는 사람The More Loving One」

6

앤드루

솔직함은
선택이었을까?

내 딸 셰헤르자드는 열다섯 살이 된 2009년, 방과 후에 앤드루를 데려왔다. "새로운 내 게이 베스트 프렌드를 소개할게요." 내가 쳐다보기도 전에 딸은 말했다. "그럼 이만. 우린 내 방에서 비디오게임을 할 거예요. 그리고 우린 몹시 배가 고파요." 그들은 물 흐르듯 방으로 들어갔는데, 앤드루가 다시 나왔다. "안녕하세요, 아즈라. 저를 맞아주셔서 고마워요. 유명한 파키스탄 음식을 먹게 되다니 무척 신나요." 그는 언제나 예의 바른 친구였다. 앤드루의 이야기는 두 살 많은 그의 누나 캣과 셰헤르자드가 하게 될 것이다.

| 캣

2016년 4월, 앤드루는 오른쪽 팔에 힘이 빠지기 시작했다. 갑자기 푸시업을 할 수가 없었다. 아버지는 지압요법사chiropractor를 만나보

라고 했다. 지압요법사는 신경 압박 때문이라고 하면서 다양한 운동을 권했다. 하지만 도움이 되지 않았다. 4월 마지막 주에 우리 가족은 지인의 생일파티에 갔다. 앤드루는 오래된 아편계opioid 진통제 퍼코셋Percocet으로 자가 치료를 했다. 역시 효과가 없었다. 결국 우리는 지역 응급실에 갔다. 그는 면밀한 검사를 받았다. 다시 한번 신경 압박이라는 얘기를 듣고 강한 진통제를 처방받았다. 브루클린의 집으로 돌아온 다음 날 아침, 그는 어지럽고 침대에서 일어날 수가 없다고 했다. 엄마와 할머니는 유럽 휴가에서 돌아오는 중이었다. 나는 삼촌에게 전화했다. 그는 소아청소년과 전문의였다. 삼촌은 앤드루를 응급실에 보내야 한다고 했다. 아버지가 그를 차에 태워 데리고 갔다. 그는 종일 응급실에 있었다.

일요일이었고 MRI 순서가 밀렸다. 저녁 8시가 되자, 담당자가 퇴근해서 다음 날 아침까지 기다려야 한다고 했다. 앤드루는 병원에 입원하게 되었다. 그는 요폐urinary retention*가 왔다. 관이 삽입되었다. 다음 날 아침, 나는 병원으로 가고 있었다. 열차에서 내려 앤드루에게 전화했다. 여전히 그 순간이 기억난다. 34번가였다. 의사들이 막 들어온 때였다. 앤드루는 스피커폰을 켰다. 그들은 본인들은 전문의가 아니라며, 그의 척수에 큰 종양이 있으니 그를 담당 전문의에게 보낼 것이라고 했다. 그리고 그쪽에서 어떻게 치료할지 결정할 것이라고 했다. 그때가 월요일 아침이었다. 그들은 앤드루를 신경외과 수술팀으로 보냈다. 종양 담당팀이 모여서 앤드루의 종양을 제거하기로 결정한 것 같았다. 우리는 엄마에게 전화했다. 엄마는 발틱해의 크루즈에서 내

---

* 소변을 배설하고 싶어도 배설하지 못해 방광이 부푼 상태.

려 집으로 돌아오는 비행기를 타고 있었다. 앤드루와 나밖에 없었다. 엄마는 집으로 오는 내내 신경쇠약 상태였고, 할머니는 엄마를 진정시키려고 애썼다. 그들은 공항에서 병원으로 바로 왔다. 앤드루는 수요일에 7시간에 걸친 수술을 받았다. 9센티미터 크기의 종양이었다. 앤드루를 맡은 외과의는 아주 냉철한 사람이었다. 우리는 그에게 고마워했고, 그를 높이 평가했다. 그는 솔직하고 친절해 보였다. 믿을 만한 사람 같았다. 자정이 가까워지자, 그가 나와서 말했다. "수술은 아주 잘되었고 종양을 대부분 제거했습니다."

병리학보고서는 아직이었다.

| 셰헤르자드

레베카와 앤드루는 중학교 때부터 내 친구였다. 2009년에 나는 가장 친한 친구 찰스를 앤드루에게 소개했다. 그리고 레베카가 우리 무리에 합류했다. 앤드루는 2014년부터 2015년까지 파리에서 1년 동안 생활했다. 그는 전망이 근사하고 개인 욕실이 딸린 기숙사에서 살았다. 멋진 친구들도 사귀었다. 레베카와 나는 그를 만나러 갔다. 그는 지하 술집과 인기 있는 식당으로 우리를 데리고 갔고 친구들을 소개해주었다. 우리는 최고의 시간을 보냈다. 춤을 추러 갔고, 클럽을 돌아다녔다. 하지만 그냥 집에서 이야기만 하던 밤도 있었다.

기억나는 사건이 하나 있다. 우리의 마지막 밤이었다. 우리는 3시에 돌아와 5시에 비행기를 타러 나가야 했다. 앤드루는 레베카에게 물었다. "자러 가기 전에 설거지 좀 해줄래?" 레베카가 거절하자, 그는 벌컥 화를 냈다. 그들은 서로 예의가 없다고 비난하며 다투었다. 그러다 싸움이 끝났지만, 앤드루는 전과 똑같이 다정한 친구였다. 그는 레베카를 소중히 여겼다. 그는 고집스럽고 완고할 때도 있었다. 하지만 모든 친구를 끔찍이 아끼는 사람이었다.

| 캣

수술 후 이틀이 지났다. 병원에선 앤드루가 신경아교종glioma이라고 했다. 하지만 아직 완전히 확신하는 건 아니라고 덧붙였다. 그다음에는 종양의 악성도가 4등급인 교모세포종이라고 했다. 할머니와 나는 교모세포종을 검색해보고, 그것이 얼마나 치명적인 병인지 알게 되었다. 엄마와 아빠는 찾아보지도 않았다. 그럴 수가 없었다. 앤드루는 뉴욕종합병원에서 가장 고통스러운 경험을 했다. 그의 몸이 마비된 것이다. 장과 방광이 통제가 안 됐다. 결국 대장에 축적된 대변 덩어리를 손으로 제거해야 했다. 상상할 수 있는 최악의 고통이었다고 그는 말했다. 병원에선 그를 재활센터로 보냈다. 그는 걷는 법을 다시 배워야 했다.

이 무렵엔 의사들이 몹시 낙관적이었다. 그가 정말 잘 해내고 있다고 했다. C 의사는 방사선요법과 화학요법을 따로 시행하고 싶어 했다. 둘을 동시에 하면 염증이 너무 많이 발생해서, 다른 문제가 생길 수 있기 때문이었다.

| 셰헤르자드

친구 여섯 명과 단체 채팅을 했다. 채팅 멤버 중 한 명인 앤드루가 메시지를 보냈다. "얘들아, 나 신경 압박이 있어." 그다음엔 이렇게 썼다. "아, 신경 근육과 관련된 거야." 그리고 마지막에는 이렇게 말했다. "암이야." 하지만 그는 모든 게 잘 되어가는 것처럼 굴었다. 심지어 어

떤 진단을 받았는지 말할 때조차 내내 무척 낙관적이었다. 나는 수술을 받기 전 중환자실로 그를 보러 갔다. 그는 이미 마비 상태여서 움직일 수가 없었지만 그래도 낙관적이었다. 그는 찰스와 내가 어떻게 지내는지에 관심이 더 많았다. 그는 차분하고 덤덤했다. "병원에선 절제 수술을 해야 한대. 그다음에는 방사선요법, 그다음에는 화학요법을 받을 거야. 그런데 먼저 수술 후에 다시 걷는 법을 배워야 해."

| 캣

우리는 다른 병원에서 의견을 구했다. 그들은 화학요법과 방사선요법을 동시에 진행하고, 합병증은 나중에 치료하자고 했다. 앤드루는 처음에는 더 편안해 보였다. 의사들은 보다 희망적이었고 낙관적인 의견을 냈다. 동생은 방사선요법을 시작했다. 개인 운동 훈련을 받았다. 방사선 치료는 척추의 일부에서만 진행했다. 그리고 종양이 조금이라도 재발했는지 살펴보기 위해 척추의 같은 부위를 반복해서 정밀촬영 했다. 나중에, 할머니는 병원이 부주의하게도 동생의 뇌와 척추를 정기적으로 촬영하지 않아서 시간을 날렸다고 생각하게 됐다. 어쨌든 방사선요법이 마침내 끝났다.

앤드루는 다시 자기 발로 걷게 되어 행복해했다. 심지어 우리는 그해 겨울에 스노보드를 타러 갈 수 있었다. 척추에 외과적 수술을 받은 후에는 그가 다시 걸을 수 있을지 확실치 않았었다. 그해 겨울에 두 번째로 스노보드를 타러 가려 했는데, 그는 그럴 수 없었다. 다시 약해지기 시작한 것이다. 정말 심한 두통이 왔다. 의사들은 아마 축농증인 것 같다고 했다. 정말 말도 안 되는 소리였다. 병원에서는 동생에게 항생제를 주었다. 동생의 상태는 아주 빠르게 나빠졌다. 그는 응급실로 실려 가야 했다. 먹으면 바로 토했다. 몸이 완전히 시퍼렇게 변해서 덜덜 떨었다. 그는 또 응급실에서 하루를 보냈다. 병원에서는 동생에게 출혈이 생겼나 확인하려고 CT 사진을 찍었다. 뇌수가 넘쳐 뇌실을 막고 있었다. 의사들은 전신 MRI 촬영을 하고 척추와 뇌 여기저기에 생긴 종양을 확인했다. 엄마와 나는 응급실에서 처음으로 이 사실을 알았다. 이 소식을 동생에게 어떻게 알릴지 너무 두려웠다. 고맙게도 의사가 동생에게 전했다. 동생은 무척 차분했다. 이렇게 말했을 뿐이었다. "진짜 짜증 나네요. 그럼 선생님은 이 병을 어떻게 고칠 계획이세요?" 그들은 수술을 또 했고 '션트shunt'라는 관을 집어넣어 뇌척수액의 흐름을 바꾸었다. 그리고 고용량 스테로이드를 처방했다.

수술 후 의사 C가 집중치료실에 왔다. 그녀는 낙담한 가운데 앤드루를 안쓰러워했으며 침울한 모습이었다. 몇 번이고 사과했다. 전신 촬영을 했어야 했는데 안 해서 그러는지, 아니면 이제 도움 될 일을 더 이상 할 수 없어서 그러는지 알 수 없었다. 그녀는 아주 솔직했다. 치료 방법이 있다 하더라도 앤드루가 그에 반응할 가능성이 아주 낮다고 말했다.

앤드루와 엄마는 의사 C가 너무 솔직하다며 싫어했다. 다시 2차로 의견을 구했던 병원으로 가기로 했다. 전에 상담을 해준 의사 T가 앤드루를 맡았다. 의사 T는 앤드루 및 엄마와 잘 지냈다. 의사 T는 무척 낙관적이었고, 앤드루가 참가할 수 있는 실험적 임상시험이 얼마든지 있다고 했다. 앤드루는 의사 T와 있으면 활기가 넘쳤다. 그들은 매번 만날 때마다 웃었고, 자주 농담을 하며 좋은 시간을 보냈다.

| 셰헤르자드

나는 앤드루를 2009년 늦겨울에 처음 만났다. 앤드루는 '슬룹스키 축제'라는 파티를 열었다. 그의 엄마는 자식을 과하게 보호하려 드는 사람이어서, 밖에 나가 노는 대신 친구들을 전부 집으로 초대하라고 했다. 앤드루의 엄마는 위층에 있었고, 우리는 지하에서 파티를 했다. 그곳은 어두웠다. 앤드루는 '크리스탈 캐슬'이라는 일렉트로닉 밴드의 음악을 틀어놓았다. 나는 안으로 들어가서 바로 아이팟으로 향했다. 그리고 펑크밴드 '마인드리스 셀프 인덜전스'의 음악으로 바꾸었다. 어둠 속에서 누가 외쳤다. "왜 그랬어?" 앤드루였다. 나머지 일은 다들 안다. 뱃심 좋은 두 사람이 맞부딪쳤다가 끈끈하게 친해졌다. 이후 나는 슬룹스키 축제의 고정 손님이 되었다. 그리고 그는 시간이 남으면 우리 집에 머물렀다.

| 캣

앤드루는 해외로 공부하러 가길 몹시 원했다. 브루클린에서 자라 뉴욕시에서 대학 생활을 하면서, 동생은 잠시라도 밖으로 나가길 갈망했다. 앤드루는 거의 언제나 원하는 걸 손에 넣었다. 그는 학창 시절 내내 프랑스어를 공부했다. 파리는 그에게 확실한 선택지였다. 우리는 우선 여름에 가족 단위로 두 차례 그곳을 여행했다. 동생은 그곳이 한 학기 정도 해외 유학을 하기 좋은 장소라고 생각했다. 그는 2014년 8월 후반에 파리로 떠났다. 나는 그곳에서 그가 어떻게 지낼지 그리 걱정하지 않았다. 앤드루는 주어진 상황을 바로 최대한으로 활용하고, 쉽게 친구를 만들기 때문이다. 물론 엄마는 마음의 평화를 위해 할 수 있는 한 자주 앤드루와 전화를 하고 싶어 했다. 엄마는 동생을 그리

위했다. 나도 그랬지만, 나는 상황을 더 자연스럽게 받아들이는 편이었다. 요즘은 정말 슬퍼지면, 나는 그가 파리에 살고 있다고 생각한다. 이렇게 생각하면 도움이 된다.

파리에서 지내며 앤드루는 프랑스어와 영화를 공부했다. 돌아온 동생은 프랑스어가 아주 유창해졌다. 내가 아는 몇 안 되는 프랑스어 단어를 말하려 하면, 그는 언제나 내 발음을 가지고 놀렸다. 그가 암으로 입원한 병원의 의료 기술자 몇 명은 프랑스어를 쓰는 나라 출신이었다. 그가 프랑스어로 그들과 쉽게 말을 주고받는 모습을 보니 무척 즐거웠다. 그들은 자기들끼리 은밀히 어울렸는데, 병실에 있는 누구든 그 모습을 보면 미소를 지었다. 앤드루의 마음은 마지막 순간까지 흐트러지지 않았다. 세네갈 출신 기술자 한 명은 앤드루가 입원했을 때 언제나 그를 보러왔다. 자신이 앤드루를 맡지 않았어도, 그냥 수다도 떨고 그의 상태가 어떤지 살펴보려고 했다. 기술자는 앤드루의 마지막 날에 병실을 방문해서 프랑스어로 대화를 나누려고 했다. 하지만 어려운 일이었다. 앤드루가 할 말이 없어서가 아니라, 그에게 투여된 모르핀 때문에 혀가 정말로 무거워졌기 때문이었다. 대화는 불가능했다. 기술자가 정말로 감정적으로 흔들린 채 병실을 떠나던 순간이 기억난다. 나는 그 상황을 이해할 수 없었고 화가 났다. 하지만 지금은 그가 왜 그랬는지 잘 안다. 앤드루의 병은 그 기술자에게도 무척 충격적이었으리라. 그가 매일 말기암 환자를 살피는 데도 말이다. 그에게 앤드루는 여느 환자와 달랐다. 그들 사이에는 유대감이 있었다. 그는 장례식에 참석한 병원 직원 가운데 한 명이었다. 이 사실은 많은 것을 의미했다.

| 셰헤르자드

베를린에서 보낸 하루가 기억난다. 우리는 무얼 할지 정하고 있었다. 나는 수족관에 가고 싶었다. 찰스와 레베카는 싫다고 했다. 그들은 쇼핑을 하고 싶어 했다. 하지만 앤드루는 내 편이었다. 방에 들어갔는데, 벌레가 있었다. 개미가 우리 머리 위로 떨어졌다. 우리는 비명을 지르며 뛰어다녔다. 그 여행 기간 중 최고의 날이었다. 여행 계획을 짜다 갈등이 생길 때면, 앤드루는 언제나 내 편을 들었고, 레베카는 찰스와 한편이 되었다. 우리는 사람들이 앤드루를 내 남자친구라고 생각하는 상황에 대해 농담을 했다. 이런 상황에는 장점이 두 가지 있었다. 남자들이 내게 수작을 걸지 않는다는 것과 친절한 앤드루가 내 쇼핑 가방을 들어준다는 것. 그 외에 그는 내 옷차림에 대해 조언을 해주기도 했다. 내가 쇼핑을 할 때 그가 오지 못하면, 나는 뭐든 물건을 사기 전에 그에게 사진을 찍어서 보냈다.

| 캣

앤드루는 수업을 듣거나 파티에 갔고 새로 만난 친구들과 파리 시내를 돌아다녔다. 그는 파리 패션위크 기간 동안 패션 디자이너 마리 카트란주의 쇼룸에서 인턴으로 일했다. 그는 영어, 프랑스어, 러시아어 등 세 가지 언어를 말할 수 있었기에, 많은 러시아 고객과 의사소통을 할 수 있었고 러시아어를 프랑스어로 통역할 수 있었다. 그는 수업에서 만난 친구와 공동으로 다큐멘터리 영화를 만들었다. 영화는 몇몇 쇼에 참석했던 그들의 친구 유Yu의 시점으로 패션위크를 담았다. 쇼핑은 좋은 놀이였다. 그는 언제나 뭔가 특별한 물건을 찾아다녔다. 그리고 파리 부티크에서 파는 중고 명품을 사기도 했다.

| 셰헤르자드

처음 만났을 때 앤드루는 패션에 관심이 없었다. 그는 평범한 게이 고등학생처럼 옷을 입었다. 대학에 가서 그는 스타일에 대한 진짜 감각을 키웠다. 우리는 함께 홍보 대행사를 차리기로 했다. 또 함께 아이들이 음료를 마시고 춤을 출 수 있는 창고 파티를 열곤 했다. 우리 둘 다 대학에선 잘 차려입고 다니길 좋아했고, 같이 파티를 주최했다. 그는 예술적 감각이 뛰어났다. 언제나 보는 눈이 좋았다. 나는 가방이나 신발 그리고 옷차림에 포인트가 될 만한 패션 아이템 등을 구매하기 전에 언제나 그의 의견을 먼저 물었다. 그는 옷을 어떻게 맞춰 입을지 무척 신경을 썼다. 그는 사진가인 누나 캣을 위해 옷을 골랐다. 그는 프라다와 드리스 반 노튼, 겐조를 좋아했다. 신발과 옷 둘 다 좋아했다. 또한 잘 알려지지 않은 고급 브랜드를 찾았다. 그는 실루엣, 그림자를 활용했다. 지금도 나는 외출하려고 옷을 입을 때, 그가 뭐라고 말할까 생각한다. 셰헤르, 그 옷 당장 벗어? 아니면 옷이 괜찮다고 해줄까? 그는 음악에 푹 빠졌다. 마지막으로 병원에 가기 직전, 그는 파크애비뉴와 39번가 사이에 있는 할머니 집에서 혼자 지내게 해달라고 했다. 그는 애블턴이라는 프로그램을 구했다. DJ들이 사용하는 것이었다. 그리고 노래를 작곡했다. 랩과 힙합, 댄스음악 등 그는 모든 장르를 사랑했다. 우리는 누가 파티에서 음악을 틀지를 놓고 자주 다투었다. 앤드루는 우리와 싸우기도 했지만 모든 친구를 평생 아꼈다.

| 캣

엄마와 나는 12월에 앤드루의 스물한 번째 생일을 축하하러 그를 찾았다. 우리는 파리로 가서 역사박물관 근처에 있는 에어비엔비

로 숙소를 정했다. 앤드루는 우리와 같이 있으려고 기숙사를 나왔다. 우리는 도시를 여행했다. 그는 이제 그 도시를 무척 잘 알았다. 자전거를 타고 다녔는데, 길을 다 외우고 있었다. 이후 우리는 차를 빌려 프랑스 쪽의 알프스산맥으로 갔다. 발디세르에서 우리는 스노보드를 탔고, 엄마는 스키를 탔다. 알프스에서 스노보드를 타는 건 아주 근사한 경험이었다. 어디를 보든 눈으로 덮인 끝없는 꼭대기를 따라 광활한 길이 펼쳐졌다. 앤드루와 나는 스노보드 타기를 좋아했다. 할 수 있는 한 빠르게 움직이며, 먼저 내려가려고 서로의 꼬리에 가까이 붙었다. 그는 음악을 골라 플레이리스트를 동기화했고, 우리는 스노보드를 타고 산을 내려오면서 그 음악을 함께 들었다. 엄마는 언제나 우리가 너무 빠르다고 걱정했다. 하지만 우리는 제일 근사한 시간을 보냈다.

| 셰헤르자드

2016년 10월이었다. 앤드루는 훨씬 좋아졌다. 그는 다시 외출할 수 있었고, 파티도 열었다. 엄마가 내게 물었다. 비영리 교육 단체 '문해력 발달'이 주최하는 행사에서 상을 받고 기조연설을 할 예정인데, 내 친구 중 한 명이 촬영을 해줄 수 있느냐는 것이었다. 앤드루가 그 기회를 잡았다. 그는 무척 신이 나서 장비를 빌려 왔고, 원격 마이크를 어떻게 쓸지 예행연습을 했다. 앤드루, 찰스, 샘과 나는 그랜드볼룸을 살펴보기 위해 행사 전에 치프리아니 호텔에 도착했다. 앤드루는 장비를 준비하고 엄마에게 마이크를 끼워주었다. 화려한 저녁이었다. 우리는 공짜 술을 같이 마시고 농담을 하고 춤을 추면서 신나는 시간을 보냈다. 앤드루는 아주 세심하게, 집중해서 엄마를 촬영했다. 작은 문제가 있었는데, 그 때문에 그는 무척 괴로워했다. 그가 저지른 실수

는 그것 하나였다. 엄마에게 마이크를 끼워주면서 기기를 켜는 것을 잊어버린 것이다.

| 캣

앤드루는 아주 좋아졌다. 그는 다시 독립적인 생활을 했다. 혼자 LA에 갔고, 3주 동안 베를린에 갔다. 화학요법을 받고 여러 가지 임상 시험도 차례로 받았다. 베를린에서 그는 매주 혈액 검사를 받으러 병원에 갔다. 검사 결과는 의사 T에게 보내졌다. 앤드루는 검사를 하는 날엔 베를린의 병원에 종일 머무르게 되어 짜증이 났다. 그는 여행의 막바지에 다시 허약해졌다. 장이 별안간 제어가 안 되어 아주 난처했던 일도 있었다. 그러나 함께 있던 사람들 모두 잘 받아주었다. 앤드루는 그 일을 웃어넘길 수 있었다. 그는 모두의 기분을 좋게 만드는 기술을 갖고 있었다. 그가 베를린에 있던 어느 날, 그와 페이스타임*을 하다가 그의 날카롭고 선명한 얼굴이 부어 보인다는 걸 알아챘다. 나중에 알았다. 그가 복용하는 스테로이드 때문이었다. 이런 상태를 그는 '달덩이 얼굴'이라 불렀다. 이에 앤드루는 속이 무척 상했지만, 스테로이드 복용을 그만두면 얼굴이 정상으로 돌아올 거라고 언제나 말했다. 나중에는 시력이 나빠지기 시작했는데, 이는 어떤 면에서는 축복이었다. 자신의 외모가 얼마나 극단적으로 변했는지 실제로 볼 수 없었으니까.

---

* 아이폰의 영상통화 기능.

| 셰헤르자드

앤드루는 엄마가 자신을 너무 싸고돌며 자신에게 집착해서 무척 힘들어했다. 하지만 그는 더는 혼자 살 수 없다는 사실을 알았다. 가까운 친구들이 그를 계속 찾았고 병원에도 같이 갔다. 친구들은 함께 대기실에서 기다려주기도 했다. 그가 화학요법 때문에 구토를 하고 방사선요법 때문에 목구멍 점막이 최악으로 헐어 궤양이 생겼을 때도 곁을 지켰다. 그가 그토록 힘들어하는 모습을 지켜보는 건 정말 끔찍했다. 그는 무슨 음식이든 많이 먹을 수가 없었다. 삼킬 수가 없었던 것이다. 가장 악몽 같았던 시절에도 그는 결코 불평하지 않았다. 친구들에게 어떻게 지내느냐고 물어보며, 언제나 다른 화제로 이야기를 돌렸다. 언제나 명랑했고 불평 한마디 내뱉는 일이 없었다. 엄마, 어떻게 이런 일이 있을 수 있죠? 앤드루가 너무 아파요. 우린 알 수 있어요.

| 캣

4월 후반 혹은 5월이었다. 엄마와 나는 앤드루와 함께 있었다. 갑자기 그가 횡설수설 떠들기 시작했다. 늘 받던 방사선요법을 받으러 갔을 때였다. 병원에선 응급 MRI을 찍게 했다. 머리에 출혈이 있었다. 다들 동생이 그날 밤에 죽을 줄 알았다. 병원에선 그에게 위임장을 작성하고 심폐소생술 금지 여부를 결정해달라고 했다. 바로 그날 밤, 부모님은 그가 회복할 수 없다는 걸 깨달았다. 그런데도 그는 깨어났고 두 달을 더 살았다. 그는 깨어났을 때 자기가 캐나다에 있다고 생각했다. 일시적 착각이었다. 그는 빠르게 원래대로 돌아왔다.

앤드루의 치료에 참여한 젊은 방사선과의사는 상황이 얼마나 나쁜지 숨기지 않았다. 하지만 적어도 태도는 낙관적이었다. 의사는 동생에게 방사선 치료를 계속 받을 것인지 아니면 받지 않을 것인지 선택하라고 했다. 자신은 소방수 같은 역할이라 급한 불은 끄겠지만 지배적인 문제를 해결하진 못한다고 하면서, 치료가 몇몇 징후에는 도움이 되겠지만 생존에는 큰 도움이 안 된다고 솔직하게 말했다. 이 대화를 나누는 동안 앤드루는 아주 담담했다. "음, 사실 난 죽고 싶지 않아요. 그러니 방사선 치료를 받아야겠죠." 그래서 의사들은 더는 못할 때까지 계속 동생을 치료했다. 그런 다음 동생은 재활 시설로 보내졌다. 그는 '튼튼해지려고' 노력해야 했다. 하지만 한 달 만에 사지마비 상태가 되었다. 보험사는 재활 과정을 승인했다. 그는 현재 상태에서 어떻게 생존할지 배워야 했고, 엄마는 그를 어떻게 보살펴야 할지 배워야 했다. 그렇지만 재활 시설은 동생을 수용하는 문제에 대해 까다롭게 굴었다. 그를 위한 적절한 장비를 갖추지 못했기 때문이었다.

| 셰헤르자드

그날 밤, 엄마에게 전화했다. 앤드루가 방사선과에서 헛소리를 했던 날이었다. 의사들은 응급 MRI를 찍고 그의 머리에서 출혈을 발견했다. 앤드루의 엄마 알레나는 내게 엄마에게 연락해달라고, 도움을 청한다고 했다. 모두 이제 마지막이라고 느꼈다. 앤드루는 죽어가고 있었다. 우리는 다 같이 그와 함께 있다가 번갈아 가며 대기실에 들어가서 울었다. 그리고 다시 허둥지둥 그의 곁으로 달려갔다. 엄마에게 새벽 1시에 전화했다. 감정을 쏟아내 울면서 앤드루를 도와달라고 애원했다. 정말 견딜 수가 없었다. 나는 그땐 정말 미쳐 있었다. 엄마에게 소리 질렀다. "앤드루의 엄마는 유방암에 걸렸다가 살아났어요. 그런데 앤드루는 스물세 살에 죽어가요! 어떻게 이런 일이 생길

수 있어요?"

엄마, 미안해요. 하지만 너무해요. 그 고통, 그의 얼굴, 그가 마비되었다는 사실. 모든 게 너무 가혹해요. 그는 하고 싶은 일을 단 하나도 할 수 없어요. 심지어 비디오게임도 못 해요. 그는 눈이 멀었어요. 나는 평생 엄마와 아빠가 암 환자를 도운 이야기를 들었는데, 엄마는 왜 앤드루를 도울 수 없나요?

| 캣

8월 마지막 주가 앤드루에게는 인생의 마지막 주였다. 우린 그 사실을 미처 몰랐지만 끝은 닥쳐오고 있었다. 그는 앞을 볼 수 없었다. 몸을 움직일 수도 없었다. 소변도 대변도 눌 수 없었다. 어느 아침, 앤드루는 숨이 막혔고 호흡을 멈추었다. 엄마는 재빨리 의료진을 호출했다. 앤드루는 기관 내 삽관을 하고 인공호흡기를 꼈다. 그리고 중환자실로 보내졌다. 병원에선 앤드루의 폐가 알아서 제 기능을 하는지 못 하는지 몰랐다. 그들은 24시간 동안 튜브를 그대로 두었다. 우리 가족은 튜브를 너무 오래 유지하고 있는 건 아닌가 걱정하며 튜브를 제거해야 한다고 했다. 의사인 할머니 또한 그래야 한다고 했다. 동생은 몹시 답답해했다. 그의 정신은 멀쩡했으니까. 그다음에 결정타가 날아왔다. 병원에서 그가 다시는 음식을 먹을 수 없다고 한 것이다. 음식을 씹어서 삼키는 기능이 사라졌다는 것이다. 의사들은 삼킴 검사를 했다. 앤드루는 아주 진지하게 검사에 임했다. 그는 무척 초조해했고 검사를 통과하고 싶어 했다. 물론 실패했고 그는 아주 실망했다. 그는 이 검사를 대입 시험처럼 여겼다. 더 노력하면 다음번에는 더 잘해서 통과할 것이라고 생각했다. 그는 두 번째 기회를 달라고 청했다. 결과

가 같으리라는 걸 알면서도 병원 직원은 다음 날 검사를 다시 했다. 그는 또 실패했다. 의사들은 부모님과 나를 앉혀놓고 호스피스 치료를 권했다. 이 일로 부모님은 완전히 충격을 받았다.

앤드루가 검사에 통과하지 못하자, 할머니와 삼촌은 그가 음식을 삼킬 수 없다면 영양관을 써야 한다고 주장했다. 매일 회진을 돌던 의사 중 한 명은 아주 솔직한 사람이었는데, 단호하게 그러지 말라고 했다. 영양관을 쓰는 경우 자꾸 감염이 일어나고 아주 고통스러울 수 있다는 것이었다. 의사들은 마지막으로 삶의 질 문제를 언급했다. 그전에는 "우리는 이 질병과 계속 싸울 겁니다"라고 말했었다. 하지만 별안간 그들은 태도를 바꾸었다. "아무것도 하지 맙시다."

한 가지 긍정적인 점이 있다면, 집에서 말기 환자 간호를 할 수 있다는 것이었다. 앤드루마저 집에 간다는 생각에 행복해했다. 그는 언제나 용감한 모습을 보였다. 특히 엄마를 위해서 그랬다. 그는 엄마에게 말했다. "아마도 지금 병원은 나한테 아무것도 해줄 수 없을 거야. 하지만 얼마 뒤엔 분명 뭔가 하겠지." 그는 절대 포기하지 않았다. 그럴 수 없었다.

내 심리치료사가 정말 좋은 책을 추천해주었다. 아툴 가완디Atul Gawande의 『어떻게 죽을 것인가Being Mortal』였다. 저자는 현대 의학이 '삶의 질' 문제를 제대로 다루지 못하고 있는 현실을 지적한다. 의사들은 의학적으로 할 수 있는 일이 더 이상 없는 상황이 되면 무엇을 해야 할지 모른다. 책을 읽고 나는 말기 환자와의 대화를 준비할 수 있었다. 일반적으로 우리 사회에서 말기 환자 간호는 부정적인 인상을 준다. 하지만 이 책 덕분에 이제 그것이 얼마나 가치 있는 일인지 알게 되었다. 영양관에도 반대하게 되었다. 소아청소년과 전문의인 삼촌 또한 우리가 영양관을 써야 한다고 주장했다. 내가 반대하자 그는 비난하듯 물었다. "앤드루가 살길 바라지 않니?" 나는 이렇게 말했다. "물론 살길 원하죠. 하지만 이런 식은 아니에요. 영양관은 그에게 아무 도움도 되지 않을 거예요."

| 셰헤르자드

친구 가운데 몇 명은 앤드루를 만나러 오지 않았다. 우선, 우리가 상황이 얼마나 나빠졌는지 모두에게 알리지 않았다. 하지만 주된 이유는 그들 자신이 앤드루를 보는 일을 힘들어했기 때문이다. 나는 친구 여럿에게 전했다. 친구들의 방문은 그에게 아주 큰 의미가 있다고 했다. 그는 우리 모두를 필요로 했다. 우리가 자신과 함께 있길 바랐다. 우리와 같이 있으면 그는 언제나 평소처럼 행동했다. 며칠 동안, 그는 좌절했고 마음이 상했다. 그가 괜찮을 때면 우리는 음악을 틀었고 게임을 했고 대화를 했다. 마지막 순간까지 그는 말을 잘했고 듣기도 잘 들었다. 찰스와 레베카, 나는 당시 모두 직장을 다니고 있었다. 하지만 우리는 남는 시간 전부를 그와 함께하는 데 썼다. 그가 정말 좌절하는 모습을 본 순간은 그 멍청한 삼킴 검사를 받을 때였다. 앤드루는 검사 통과에 집착했다. 문자 그대로 삶이 그 일에 달려 있었기 때문이었다. 그는 무척 순수해 보였고, 통과하려고 애썼다. 하지만 그의 입과 혀는 도와주지 않았다. 그의 눈, 그 눈이 그의 고뇌를 선명하게 보여주었다. 이후 그는 다시 괜찮아졌다. 심지어 호스피스 치료를 받으라는 말에 안도했다. 병원을 떠나 집으로 가는 일이었으니까. 그는 호스피스 치료가 며칠 만에 끝날 것처럼 굴었다.

| 캣

앤드루가 죽기 전 마지막 넉 달 동안, 의사 T는 한 번도 앤드루를 만나러 오지 않았다. 가능성 있는 임상시험들을 애타게 검색하는 사람은 나였다. 병원은 우리를 전혀 돕지 않았다. 그들은 일을 그르쳤다. 나는 온종일 조사만 했다. 마지막 한두 달 무렵, 병원이 동생의 종양에 대해 유전자 검사조차 하지 않았다는 사실을 알게 되었다.

앤드루는 환자로서 받을 당연한 배려를 받지 못했다. 나는 혈액 검사와 앤드루가 서명한 허가증이 필요한 임상시험을 하나 찾아냈다. 앤드루는 처음에 입원했던 병원의 재활 시설에 있었다. 그런데 그곳에서 혈액을 채취해 다른 병원으로 보내는 일이 불가능하다는 걸 알게 됐다. 이게 말이 되는가? 요식 체계란 인간의 생명과 관련되면 너무나 멍청해진다. 서류나 문서에만 신경을 쓰는 일이 허다하기 때문이다.

하지만 우리는 감동적인 사람들도 만났다. 종종 병실에 들러 앤드루와 프랑스어로 잡담하던 사람이었다. 앤드루의 물리치료사인 존은 무척 매력적이고 상냥했고, 앤드루에게 관심을 보였다. 앤드루가 두 번째 병원으로 가게 되자, 존은 앤드루와 시간을 보내려고 일부러 쉬는 날에 찾아왔다. 앤드루가 살았던 마지막 주엔 중환자실에 친구들을 데리고 왔다. 한 보조 물리치료사도 그와 시간을 보내려고 자주 왔다. 그녀를 처음 보았을 때, 내가 본 적 없는 앤드루의 친구라고만 생각했다. 사실 그들은 며칠 전에 만났을 뿐이었는데, 몇 년 동안 알고 지낸 것처럼 친해졌다.

동생이 죽은 날 저녁, 우리는 모두 브루클린에 있는 바에서 만났다. 그의 삶을 기념하고 기억하기 위해서였다. 앤드루를 돌본 간병인 여러 명이 그날 저녁에 왔고, 며칠 뒤의 장례식에도 왔다. 한 치료사가 희귀암 극복을 위한 행사인 '생존을 위한 자전거 타기'에 앤드루의 이름으로 참여하고 싶다고 했다. 사람들이 해준 작은 일들은 무척 감동적이었다.

| 셰헤르자드

병원에서 앤드루와 무척 속상한 저녁을 보낸 일이 있다. 그의 병이 재발했을 때였다. 뇌와 척추에 전이가 일어났다. 5월부터 그는 입원해 있었다. 그러다 다른 곳으로, 재활 시설 비슷한 센터로 보내졌다. 그는 물리 치료를 받게 되었다. 사람들이 그의 팔과 다리를 움직였다. 그는 눈이 거의 멀었고 한 손을 조금 움직일 수 있을 뿐이었다. 사랑니도 몇 개 빠졌다. 가장 고통스러운 일이었다고 했다. 화학요법보다 더. 앤드루가 죽기 일주일 전이었다. 나는 그와 단둘이 있었고, 막 그에게 음식을 먹이는 일을 마쳤다. 그는 워터픽을 써서 입을 닦고 사랑니가 빠져 생긴 큰 구멍에서 음식물을 꺼내야 했다. 음식물이 그 푹 들어간 곳에 끼곤 했기 때문이다. 그는 입안 점막이 다 벗겨져서 칫솔을 쓸 수 없었다. 그는 내게 도와달라고 했다. 나는 워터픽에 물을 채운 다음 그에게 건넸다. 하지만 그는 워터픽을 계속 떨어뜨렸다. 힘이 너무 없어서 쥘 수가 없었다. 내가 대신 그걸 잡으려 했다. "앤드루, 내가 할게." 이 말에 그는 점점 속상해하더니 결국 소리를 질렀다. "제발, 셰헤르! 이 정도는 혼자서 하게 놔둬!" 그는 그때까지 강해 보이려고 무척 애썼다. 마치 고통이 없는 것처럼 굴었다. 하지만 그 순간, 그가 겪고 있는 순간순간의 고통을 이전보다 더욱 확실히 볼 수 있었다. 나는 누가 와주길 기다렸다가 마구 울어대며 병실을 떠났다. 나는 밖에서 울고

또 울었다.

| 캣

마지막 날, 40~50명의 사람들이 중환자실을 오갔다. 병원은 음악 치료사를 보내주었다. 치료사는 병실에 와서 우리와 잠깐 동안 즉흥 연주회를 했다. 병실의 모든 사람이 악기를 받았고, 앤드루가 지휘자 역할을 맡았다. 그 주 내내 그는 먹지 않았다. 통증을 조절하는 말기 환자 담당팀이 앤드루에게 모르핀을 투여하고 그의 통증이 좀 줄었는 지 확인했다. "원하는 건 뭐든 먹을 수 있어요. 하지만 숨이 막힐 수 있 으니까 조심해야 해요." 다시 숨이 막히게 되면, 그때는 그가 삽관을 받을 것인지 결정해야 했다. 나는 그날 저녁 그와 있었다. 그가 선택 을 내려야 하는 저녁에 나는 밤새 병실에 머물렀다. 고요한 밤이었다. 우리는 밴드 '아케이드 파이어'의 새 앨범을 들으면서 잠들었다. 다음 날 밤은 아버지가 동생을 지켰다. 부모님은 그가 다음 날 아침까지 버 티지 못할까 봐 겁이 난다고 하셨다. 엄마와 내가 그날 아침 중환자실 로 달려가던 순간이 기억난다. 우리가 갈 때까지만 그가 버텨주길 바 랐다. 그날 아침, 엄마와 내가 가기 전에 앤드루는 심폐소생술을 받지 않기로 결정했다. 엄마와 내가 없어서 자신의 결정을 소리 내어 전달 하기 쉬웠을 것이다. 그의 곁에는 아빠만 있었다. 엄마와 내가 병실에 있을 때 앤드루는 언제나 평정을 유지하는 모습이었다. 그는 우리를 보호하고 있었고, 그렇게 하면서 진실로부터 자기 자신 또한 보호하 고 있었다.

| 셰헤르자드

앤드루는 무척 수척한 상태였지만 동시에 많이 부어올랐다. 육신은 쇠약했지만 얼굴은 부풀었다. 스테로이드를 잔뜩 투여받았기 때문이었다. 션트가 그의 뇌에서 수액을 빼내고 있었다. 그의 전신은 몰라보게 달라졌다. 그는 브라질리언 주짓수를 좋아했다. 그는 진단을 받은 직후 왼쪽 팔을 잃었다. 그러나 이젠 몸 전체가 약해졌다. 변비가 심각했다. 누군가 손으로 도와주어야 했다. 그는 다시는 그 과정을 겪길 원치 않았다. 척추수술도 마찬가지였다. 그러느니 죽겠다고 했다.

| 캣

병원에서는 동생에게서 모든 기계를 떼어내고 모르핀 투여기를 달았다. 그가 통증이 없다고 말했는데도, 나는 그를 위해 버튼을 계속 눌렀다. 버튼을 눌러도 약간만 더 투여될 뿐이라는 사실은 나중에 들었다. 그냥 처방대로 투여되기 때문에 버튼은 그리 중요하지 않다는 것이다. 하지만 버튼을 누르면서 나는 이 견딜 수 없이 무력한 상황에서 뭔가 하고 있다는 느낌을 받았다. 동생은 코카콜라를 먹고 싶어 했다. 앤드루는 신선하고 차가운 멕시코산 병 콜라를 좋아했다. 나는 작은 스펀지로 그가 콜라를 조금 맛보게 했다. 몇 시간 뒤, 그는 낯설고 시끄럽게, 목이 울리는 소리를 내며 숨을 쉬었다. 콜라 때문에 그렇게 된 것 같아서 나는 죄책감을 느꼈다. 남자친구 에드가 그것 때문이 아니라고, 맛만 보게 했으니 잘못한 것이 하나도 없다고 달래주었다. 동생은 피곤해지자 방에 있는 모든 사람에게 말했다. "제발 떠나지 마. 여기 있어줘. 내 걱정은 하지 말고. 나는 잠깐 잠을 자려고 해. 내가 잠든 동안에는 그냥 날 보지 말아줘." 10시부터 자정까지 그는 깊이 숨

을 내쉬며 잠드는 과정을 반복했다. 그동안 말기 환자와의 대화법을 따랐지만 아무 소용이 없었다. 그가 병원에서 벗어날 방법은 없었다.

| 셰헤르자드

앤드루가 무척 아팠기 때문에 나는 그가 기분 좋아 보이는 영상을 찍었다. 그의 뇌종양에서 출혈이 일어나 그가 상황을 이해하지 못할 때 찍은 것이었다. 그는 무척 귀여워 보였다. 순진하고 어리둥절한 모습이었다. 영상은 갖고 있지만 볼 수가 없다. 앤드루는 엄마와 아주 가까운 사이였다. 그들은 서로에게 자주 소리를 질렀다. 그는 누나와 엄마와 함께 매년 여행을 갔다. 그는 누나를 무척 좋아했다. 지난밤, 나는 그의 누나와 거의 14시간 동안 함께 그의 곁을 지켰다. 그는 눈을 감기 싫어했다. 그렇게 하면 다시는 눈을 뜨지 못할 수도 있다는 사실을 알았다. 그는 우리에게 곁에 머물러달라고 했다. 최후의 순간까지 그의 정신은 완전히 또렷했다.

| 캣

그날 밤 자정에, 모두가 떠난 뒤 나는 동생의 침대에 앉아 그의 손을 잡고 있었다. 엄마와 엄마의 친구는 의자에 앉아 있었다. 나는 뭔가 유치한 이야기를 했다. 앤드루에게서 시선을 돌린 채였다. 엄마의 친구는 간호사였다. 그녀는 그의 호흡이 점점 느려지고 있다는 사실을 알아챘다. 우리는 직원을 불렀다. 그들은 앤드루가 아직 우리 곁에 있다고, 그에게 말을 건넬 수 있다고 했다. 우리는 대기실에 있던 아빠를 불렀다. 나는 앤드루에게 말해야 할 것 같았다. 이제 떠나도 괜찮다고. 그가 떠나기를 원하지 않았지만, 그렇게 말해야 했다. 어떻게 이 이야

기를 꺼낼 수 있을까? 갑자기, 내가 쥐고 있던 그의 손에서 힘이 빠졌다. 나는 침대 위에 앉아 그의 곁에 바짝 붙어 있었기에 그를 볼 수가 없었다. 그래서 일어나서 그를 보았다. 이제껏 본 최악의 광경이었다. 앤드루의 얼굴이 떨구어졌다. 입을 벌린 채였다. 나는 충격을 받고 바로 병실을 나갔다. 그는 떠났다.

| 셰헤르자드

14시간 동안 앤드루의 곁에 있다가 집에 막 돌아왔을 때 캣의 문자를 받았다. 그는 더 이상 이 세상에 없다. 앤드루를 떠나 왔는데, 앤드루에게 돌아가야 한다.

| 캣

엄마와 아빠는 자꾸 동생을 보러 돌아갔다. 나는 답답했다. 이해할 수가 없었다. "왜 자꾸 들어가죠? 거기 있는 건 그냥 시체일 뿐이지, 더는 앤드루가 아니에요!" 말도 안 되는 몇 가지 이유로, 아빠는 앤드루의 벌어진 입에 집착했다. 사후경직이 시작되면서 그 자세 그대로 굳어버리면 어쩌나 걱정했다. 아빠는 결국 테이프를 붙여 앤드루의 입을 다물게 하고 생명 없는 턱을 받쳤다.

•

이제 앤드루를 위해 할 수 있는 일은 아무것도 없었다. 심지어 그가 죽은 지 30분도 지나지 않았는데, 그의 아버지의 얼굴은 몇 년이나 더 나이 먹어버렸다. 죽은 아이란 기묘한 일을 해낼 수 있다.

안 돼, 안 돼, 죽었어?

개나 말이나 쥐도 살아 있는데

왜 넌 더는 숨을 쉬지 않아? 오, 더 이상 돌아오지 않겠구나

다시는, 다시는, 다시는, 다시는, 다시는

－셰익스피어, 『리어왕』, 5막 3장

인도 무굴시대 시인 미르자 갈립Mirza Ghalib이 쓴 가잘* 한 편은 우르두 시문학에 엘레지를 위한 새로운 언어를 제공한다. 격렬한 감정을 조금도 손상하지 않으면서 상실의 분노를 또렷이 표현하는 것이다. 시에서는 비난을 하기 위해 죽은 아들을 호명한다. 시인은 죽은 자는 자신의 길을 반드시 다시 보아야 한다고 선언하고, 그런 다음 왜 혼자 갔느냐는 가슴 아픈 질문을 던진다. 그는 계속 말한다. "이제 혼자 있어라, 언젠가 다른 날이 올 때까지." 이 이행시는 가슴에 사무친다. 날것 상태로 울컥 솟은 슬픔을 표현한 방식이 거의 유아적이기까지 하다. 죽음에는 주고받음이 없다. 멀어짐만이 있을 뿐이다.

우리의 길은 언젠가 다시 마주쳐야 했다

혼자 갔으니, 이제 혼자 있거라, 언젠가 다른 날이 올 때까지

－『갈립: 우아함의 인식론Ghalib: Epistemologies of Elegance』

•

---

* 페르시아에 기원을 두고 있는 서정시.

앤드루가 진단을 받고 나서 맨 처음에 한 말이 있었다. 앤드루의 어머니 알레나를 병원에서 만났을 때, 그녀가 알려주었다. "아즈라 선생님에게 연락해요, 엄마. 선생님이 암 분야에선 최고예요. 난 아즈라 선생님이 나를 맡아주었으면 해요. 선생님은 분명 날 고쳐줄 거예요." 그 말은 깊은 상처가 되었다. 그리고 왜 내가 40년 전에 소아종양학 수련 과정을 그만두었는지 떠올렸다.

나의 언니 오빠 가운데 두 명은 고향을 떠나 뉴욕주의 버팔로에 자리 잡고 있었다. 그래서 나도 1977년 1월 2일, 그곳으로 갔다. 3주 후 버팔로에는 기록적인 폭설이 쏟아졌다. 수백 센티미터의 눈이 사흘 만에 내렸다. 강풍이 눈을 10미터 이상 날려버렸다. 오빠와 언니와 그들의 배우자는 각자의 병원에 발이 묶였다. 두 가족은 복층 집에 살았다. 갑자기 나는 두 부부의 다섯 자녀 곁에 있는 유일한 어른이 되었다. 우리는 거실에 옹기종기 모였다. 빵과 치즈를 많이 먹고 〈뿌리 Roots〉와 〈웰컴 백, 코터 Welcome Back, Kotter〉를 보았다. 열세 살이 된 내 남동생 아바스가 좋아하는 프로그램이었다.

다시 일상이 돌아오자, 나는 일을 구하려고 나섰다. 7월의 인턴십 시작까지 6개월이 비었다. 언니 아티야는 버팔로아동병원 소아과의 3년 차 레지던트였는데, 로스웰파크기념병원에서 수련을 받았다. 언니는 그 병원의 소아종양학과 과장인 아니 프리먼Arnie Freeman에게 동생이 종양 전문의가 되고 싶어 한다고 전했다. 그는 내가 적어도 언니의 반만큼만 잘 해낸다면 병원에서 6개월 동안 수련을 받아도 좋다고 했다. 나는 소아종양학 수련 과정을 시작했다. 그리고 2주 만에 확실해졌다. 나는 버틸 수가 없었다. 능력 부족 탓이 아니었다. 죽어가는 아이들을 대할 수가 없었던 것이다.

나를 맡은 의사이자 아티야의 친한 친구인 주디 오크스Judy Ochs
는 어느 날 오후 내가 구석에서 또 흐느끼는 모습을 보았다. 그녀는 나
와 진지한 대화를 나누었다. 그러고 나서 나를 4층으로 데리고 갔다.
창문 없는 고급 사무실로, 성인 백혈병 프로그램의 책임자 하비 데이
비드 프리슬러가 있는 곳이었다. 그녀는 나를 그에게 부탁했다. "이
친구에게 기회를 주세요. 버틸 거예요. 고통과 대면할 수 있다면, 잘
해낼 거예요." 하비는 면접 비슷한 일을 진행하려 했다. 하지만 나는
그날 백혈병에 걸린 네 살 소녀를 떠나보낸 뒤 너무 슬픈 상태였다. 그
래서 다음 날 아침 일찍 그의 사무실에 갔다. 8년 뒤 나의 남편이 된
남자와 그렇게 평생의 인연이 시작되었다.

얼마 지나지 않아, 죽음에 대한 선구적인 저서 『죽음과 죽어감On
Death and Dying』을 쓴 유명한 의사 엘리자베스 퀴블러 로스Elisabeth
Kubler-Ross가 로스웰파크에 병례검토회를 하러 왔다. 그녀는 처음으로
죽음을 맞이하는 다섯 가지 반응을 설명한 사람이다. 이 반응은 환자
와 환자를 아끼는 사람들 모두에게 나타난다. 부인, 분노, 협상, 우울
그리고 수용. 그녀는 수용 단계가 중요하다고 강조했다. 수용 단계까
지 다다르기는 어렵지만, 일단 거기까지 가면 마음을 조금 내려놓고
평정을 찾게 된다. 심지어 삶과 죽음이라는 더 큰 문제에 대해 더 예리
하게 파악하고, 꼭 필요한 내적 평화를 얻게 된다.

퀴블러 로스는 사려 깊고 침착하게 말했다. 태도도 온정적이었
다. 그래서 그녀의 이야기가 끝날 무렵 나는 용기 내어 질문할 수 있었
다. "불치병을 앓고 있는 환자에게 시간이 얼마나 남았는지 전할 때,
어떻게 하면 좋을지 조언해주실 수 있나요?" 내가 물었다. 그녀는 아
주 잠시 생각하더니 대답했다. "먼저 나서서 알려주지 마세요."

앤드루가 아팠던 16개월 동안, 우리 종양 전문의들은 그를 참혹하게 치료했다. 난 무척 괴로웠다. 앤드루 앞에 놓인 근본적이고 실존적인 문제를 생각하면 특히 가슴 아팠다. 경험으로 봐도, 진찰 결과로 봐도 그가 회복할 가능성은 전혀 없었다. 그럼 암으로 죽게 놔두면 그가 덜 아플까? 아니면 실험적 약을 제공해야 할까? 약을 먹는다 해도 견디기 어려운 독성에 시달리며 고작 몇 주 더 살 수 있을 뿐이지만 말이다. 실험적 약을 먹지 않았을 때, 종양이 장기에 침범하여 심한 두통과 계속되는 분출성 구토같이 견디기 어려운 징후들이 나타나면, 어떻게 대처해야 옳을까? 통증 중심의 완화 치료 및 안정 치료로 가야할까, 아니면 방사선요법에 더 센 화학요법을 해서 관해를 유도하는 공격적인 치료로 가야 할까? 이때 어떻게 해도 장기간 관해가 유지될 가능성은 없다.

앤드루에게 새로운 실험적 연구가 도움이 된다는 희박한 가능성이라도 있었다면, 분명 종양 전문의들이 나서서 그 시험에 지원하자고 했을 것이다. 하지만 어찌 된 일인지 환자와 가족은 종양 전문의들에 대한 믿음을 잃었다. 스물다섯 살의 누이는 남동생을 도울 치료법이 하나라도 있을까 필사적으로 찾았다. 많은 환자와 가족이 그렇게 하듯이, 치료법을 찾는 일은 자기들 부담이라고 생각한 것이다. 왜 이런 일이 일어날까?

한 가지 이유는 질병에 걸린 당사자와 관련이 있다. 나는 매일매일 심각하게 아픈 환자들과 대화를 나눈다. 그들은 자신들이 겪는 일을 제어하고 싶어 한다. 질병 관리는, 만성질병의 경우에는 특히 더, 의사와 환자 둘 다 해야 하는 일이다.

저위험군 골수형성이상증후군은 질병과 치료법 둘 다 시간이 지나면서 달라지기 때문에 이에 맞게 장기간의 복합적인 계획을 세워야 한다. 환자가 의사를 신뢰하는 수준은, 환자가 얼마나 자신의 질병에 주체적으로 대처하려는 의식을 갖는지에 달려 있다. 다음은 환자에게 힘을 실어주고 좋은 결과를 얻은 사례다.

2018년 4월 23일
_____

내 이름은 도나 메이어스이고 나이는 서른 살입니다. 나는 약 25년 전에 빈혈이 생겼고 골수형성이상증후군 진단을 받았습니다. 병이 심각해서 혈액종양 전문의를 찾아가야 한다고 들었습니다. 물론 나는 겁을 먹은 가운데 의사들을 만나기 시작했죠. 그러다가 시카고 의 러시대학병원에서 아즈라 라자 선생님을 만났습니다. 바로 알았 죠. 선생님이 평생 신뢰할 수 있는 사람이라는 사실을요. 선생님은 처음부터 내가 치료 과정에 참여하게 했습니다. 우리가 동반자 관 계라는 걸 알게 됐지요. 내 경우, 병을 어느 정도 조절하고 있다는 느낌을 받았고, 그래서 희망과 주체 의식이 생겼습니다.

나는 도나를 존경하고 사랑한다. 도나는 아주 힘겨운 신체적 문 제를 25년 동안이나 조절하면서 침착하고 평온한 모습을 보여주었 다. 그녀는 심한 빈혈로 기운을 빼앗기고, 쇠잔해지고, 상태가 오락가 락했다. 몸은 약해졌고 미래는 불확실했다. 실험적 임상시험에 몇 번 이고 지원하는 일도 기력을 빼앗아갔다. 이득이 있을지 알 수 없고 부 작용도 예측할 수 없으니 더욱 힘들었다. 내게 진료를 받으려고 때맞 춰 매사추세츠로, 이제는 뉴욕으로 움직이는 일도 부담이었다. 하지만 그녀가 이런 상황에 대해 불평하는 것을 한 번도 들어본 적이 없다. 그녀는 꼭 해야 한다고 생각하는 일 한 가지를 중심으로, 조용하고 차분하게 모든 일을 조절했다. 그 일이란 한 달에 두 번 수혈을 받는 것이었다. 시카고의 노스웨스턴대학 수혈센터에서 도나는 수십 년 동안 친숙한 존재였다. 프로크리트와 아라네스프를 투여받고, 수혈을 받고, 내가 멀리서 처방한 추가 검사와 치료를 받았다. 올가 프랑크푸르트Olga Frankfrut는 시카고에서 도나를 맡은 훌륭한 혈액 전문의인데, 도나는 올가와 나 사이를 아주 성실하게 조율한다. 도나는 헤모글로빈과 철 수치, 수혈 횟수, 받고 있는 처방에 대한 기록을 갖고 있다. 기록은 모두 휴대폰에 저장되어 있어서, 그녀는 답답한 병원에서나 근사한 식당에서나 똑같이 손쉽게 최근의 것을 내게 전달해준다. 그동안 그녀가 얼마나 잘 살아왔는지 안다면 다들 놀랄 것이다.

자신이 병에 걸렸다는 불편한 사실을 잊고 지낼 순 없었지만, 도나는 그래도 아주 알차게 살았다. 직장 생활을 포기하지 않았고 여행도 그만두지 않았다. 그녀는 시카고에서 골프를 치고 여러 취미 활동을 하며, 친하게 지내는 수많은 친구와 가족과 만난다. 멀리서 살고 있는 가족들을 만나려고 여행도 다닌다. 요약하자면, 그녀는 건강을 약화시키는 골수형성이상증후군에 걸렸지만, 건강한 사람들이 마흔 살에 가진 에너지보다 더 많은 에너지를 여든 살의 나이에 갖고 있다. 그녀는 병이 자신의 일상 활동을 지배하도록 놔두지 않는다. 불쌍한 취급을 받는 것도 사양한다. 사랑하는 아이들과 남편은 언제나 그녀와 같이 움직일 준비가 되어 있지만, 대체로 그녀는 혼자서 나를 만나러 온다.

그동안 모든 결정은 아즈라와 내가 공동으로 내렸습니다. 25년 동안 우리는 내 골수형성이상증후군을 같이 조절해왔습니다. 그동안 깊은 유대감, 친밀한 사이, 사랑을 만들어왔죠. 마치 함께 여행을 한 것처럼 느껴져요. 난 여든 살이지만 아직 살아 있습니다. 매일 아침 일어나서 말합니다. 그래! 난 살아 있어. 내가 원하는 걸 할 거고, 가고 싶은 곳에 갈 거야. 내 가족, 내 남편에게 고마움을 전합니다. 그리고 멋진 친구 아즈라, 내 의사 선생님에게 감사하다고 말하고 싶어요. 모두 사랑해요.

도나의 사연을 보면, 만성적 질병의 경우 당사자의 역할이 얼마나 중요한지 알 수 있다. 내가 맡은 젊은 환자들 가운데 한 명인 베티는 심한 재생불량성빈혈aplastic anemia로 힘들었다. 다중 수혈에 혈소판 수혈을 매주 받아야 했다. 어느 날, 그녀는 병원에서 유난히 낙담한 모습을 보였다. 병원까지 오가는 거리가 멀고 수혈센터 대기 시간이 너무 길었던 것이다. 힘이 빠진 그녀는 울음을 터트릴 지경이었다. 나는 베티에게 거주지에서 5분 거리인 시설에서도 수혈을 받을 수 있는지 알아보라고 했다. 베티를 너무나 아끼는 남편 팀에 따르면, 베티는 24시간 만에 다른 사람이 되었다. 마침내 그녀 스스로 상황을 통제할 수 있었기 때문이다. 병원에 전화를 걸고, 약속을 잡고, 자신의 바람이 무엇인지 말하고, 시간표를 정했다. 그녀는 자신의 역할을 부여받았다. 힘을 얻은 것이다.

이렇게 양측이 모두 움직일 때 걱정스러운 부분은 환자와 의사 사이가 동등하지 않다는 점이다. 환자가 겪은 암은 본인의 암이 전부다. 담당 종양 전문의가 치료법을 제시하면, 환자는 구글을 이용하여 미친 듯이 자료를 검색하고 의료 분야와 조금이라도 연결된 사람에게 비공식적 상담을 청해서 치료법을 보충한다. 문제는 환자에게 정보가 많다 해도, 경험은 없다는 것이다. 그들의 지식은 섣부르게 가짜 희망을 창조한다. 본인의 암과는 다른 암에 확실히 성공한 치료법이 있는데 그것을 제공하지 않으면, 종양 전문의에게 속았다고 생각하고 직접 나서서 사방팔방 살펴보기 시작한다. 반면 종양 전문의들은 몇 년 동안 엄격한 수련을 받은 데다 비슷한 사례들을 수백 건 치료한 장점이 있다. 그래서 그들은 치료법을 제안할 권리가 있다. 여러 대처법 가운데 하나를 환자에게 제공할 때, 종양 전문의의 책임은 그 병에 대한 환자의 경험과 지식이 부족한 만큼 늘어난다.

환자와 환자의 가족이, 담당 종양 전문의가 제시한 치료법 말고 다른 치료법을 미친 듯이 조사하는 이유는 또 있다. 매체가 아직 걸음마 단계인 새로운 암 치료 전략을 너무 이른 시점에 과장해서 알리기 때문이다. 하비와 내가 1998년에 이런 일을 직접 겪었다. 쥐의 경우 여러 종의 암에서 효과를 보였지만, 인간에게 시험해보니 효과가 하나도 없던 혈관생성억제제가 문제였다. 최근에는 면역 치료에서 이런 일들이 일어났다. CAR-T라는 면역 기반 치료 전략이 희귀한 소아 백혈병을 치료하는 데 성공했다. 그런데 이 치료법이 모든 암을 치료할 수 있는 것처럼 널리 알려졌다. 매체에서는 이 드문 성공 사례를 엄청나게 다뤘다(정작 종양 전문의 본인은 이 치료법에 대해 말을 얹지 않았지만). 환자들은 그 치료법에 대해 담당 의사에게 질문하기 시작했고, 직접 나서서 찾아보게 되었다.

매체에서 사람들의 관심을 끄는 치료법을 과장해서 보도하는 것 말고도 환자와 그 가족이 다른 치료법을 조사하는 이유가 더 있다. 암은 가족의 일이다. 정서적 이유에서만 그런 게 아니다. 의료 세계의 전통적인 패러다임 안에서는 어떻게 치료할지 의사가 가부장적으로 전부 결정한다. 하지만 이런 패러다임은 자율성과 자기 결정권을 증진하는 보다 민주적인 체계로 대체되고 있다. 치료 선택에 참여하는 것은 환자의 권리다. 이를 위해서는 정보를 얻어야 하는데, 온라인 자료가 이 과정에서 중요한 역할을 맡는다. 특히 어린 환자들에게 그렇다. 가족은 더 이상 무력한 구경꾼이 아니다. 최후의 순간이 다가오면 더욱 그렇다. 사랑하는 가족 구성원에게 모든 조치가 다 취해졌는지 불안한 가운데, 그들은 종양 전문의의 전문지식을 의심하게 되기도 한다. 환자가 자신을 지키는 데 필요한 정보를 다 얻지 못한 건 아닐까 걱정하기도 한다. 그래서 가족들은 맹렬히 자료를 찾고, 절망 속에서 희망을 품을 이유를 찾으려 한다. 그들이 고른 방법이 통하지 않을 가능성이 높다는 것을 알지만, 그래도 인터넷 검색을 계속하는 것이다.

•

죽음은 실패일까?

2004년 3월, 나는 강의를 하러 코네티컷주의 뉴케이넌에 갔다. 우연히 《페어필드 위클리Fairfield Weekly》 한 부를 집었다가 영국 화가 바버라 그리피스Barbara Griffith에 대해 로레인 겐고Lorraine Gengo가 쓴 멋진 글을 읽게 되었다. "화가는 '뉴케이넌의 시선: 현장 연구'라는 제목의 전시에서 두 명의 개인이 집단과 관계를 맺는 방법 및 우리가 사회에 적응하는 방법과 그 일이 우리에게서 앗아가는 것에 대해 고찰한다." 겐고는 〈의복과 행동의 동기화가 죽음의 회피에서 갖는 역할The Role of Synchronized Clothing and Movement in Evading Death〉이라는 제목의 그리피스의 작품에 대해 평가하며 이렇게 묘사했다. 그림에는 신문기사 제목과 같은 설명이 붙어 있다. "다과를 나누며 춤을 춰서 암에 맞서다. 테니스 경기에 나서서 암에 맞서다. 패배한 여성에겐 방울 모자를." 그림 속 여성들은 '가정에 묶인 죄수'로 등장한다. 그들의 비슷한 모습은 일종의 위장으로, 겐고는 이것을 '종교적 행진'이라고 본다. 행진의 목적은 죽음에 대한 저항이다. 겐고는 이렇게 쓴다. "행진하는 몸으로서", 여성은 "고유한 건강과 덕을 확실히 하기 위해, 순종적이지 않은 세포를 거부하는 강력한 유기체가 된다. 쓰러진 여성(혹은 순종적이지 않은 세포)은 통계상 존재하는 희생이다. 다섯 명 중 한 명은 나머지가 살 때 죽는다. 악을 피하는 가슴 아픈 원시적 의식이다." 탄탄한 몸에 그을린 피부의 여성들이 무리 지어 달리며 집요하게 운동하는 모습은 죽음에 대한 상징적 저항이다.

　궁극적으로 이 그림은 암에 대한 사적 대화와 문화적 담론을 통해 반복되는 주제를 다룬다. 암은 투쟁이자 전쟁, 싸움으로 불린다. 환자는 전사이고 보병이며, 대위 노릇을 하는 종양 전문의가 환자를 지도한다. 전쟁은 환자 개인들로 구성된 집단, 가족, 지지 단체, 산업계와 학술계, 병원이 수행한다. 모두 힘을 합쳐 악의를 품은 사악한 적수에 저항한다. 사용하는 무기는 외과수술, 화학요법, 방사선요법이고 때로 마법의 탄환도 쓰인다. 환자 개인은 전의로 무장해서 전투에 참여하라는 부름을 받는다. 환자, 의사, 가족, 사회가 공식 회의와 비공식 대화에서 이런 언어를 구사한다. 이런 언어는 암 치료에 긍정적인 보탬이 될 수 있다. 환자 다수는 이런 전투적 비유에서 위안을 구한다. 그들은 잘 싸워나간다. 적어도 질병의 초기 단계에는. 그렇지만 전투가 계속되고 심해지면, 비유는 힘을 잃는다. 죽음은 극도로 힘들고 험난하며 기운 빠지는 경험으로, 한쪽이 일방적으로 당하는 사건이다. 구토를 하거나, 몹시 지치고 진이 빠지는 끈질긴 통증이 계속될 때는 아무도 용기를 낼 수가 없다.

하비가 그러했다. 진단을 받은 지 2년째가 되자, 남편의 상태는 심하게 나빠졌다. 예측할 수 없는 예상외의 합병증으로 자꾸 입원해야 했다. 18개월이라는 기간 동안 그는 신생물의 발현을 알리는 일련의 징후로 당황스러워했고, 신생물딸림증후군에 시달렸다. 심한 천식, 흠뻑 젖게 하는 식은땀, 아주 고통스러운 이동성 다관절염, 부종으로 알아볼 수 없는 얼굴, 심부정맥혈전증, 대상포진, 안면마비, 결핵수막염, 원인 불명의 잦은 고열 등의 증상이 찾아왔다.

언젠가 하비가 응급실에 입원한 동안 그가 이전 결혼에서 얻은 장성한 자식들인 새러와 마크, 바네사가 병원을 찾았다. 하비는 이들 모두와 아주 가까운 사이였고 서로 자주 대화했다. 아버지가 정말 아프게 되자, 그들은 동부와 서부에서 급히 서둘러 찾아왔다. 아버지를 돕기 위해 무슨 일이든 다 했다. 지극한 사랑과 책임감, 관심으로 셰헤르자드를 돌봐주기도 했다. 어느 날, 그들이 나를 따로 불러냈다. "아즈, 아버지는 자신의 병에 대해 절대 얘기를 안 해요. 아버지에게 뭔가 심각한 문제가 있다고 맨 처음 알게 된 건, 당신이 전화로 우리에게 얼른 와달라고 했을 때거든요. 아버지가 우리에게 병에 대해 털어놓도록 권해줄 수 있나요? 그럼 우리도 상황이 어떤지 더 잘 알 수 있을 거예요." 그날 밤, 나는 하비와 이 주제를 놓고 이야기했다.

하비는 애석해했다. "내가 뭐라고 말할 수 있을까? 다른 사람들에게 하는 말은 대부분 도움을 청하는 내용이잖아. 아무도 나를 도울 수 없어. 자식들에게 뭐 하러 말해야 하지?"

나는 끈질기게 주장했다. 자식들이 이 상황에 더 잘 대처할 수 있게 될 거라고 했다. 과학자로서 그의 반응은 전형적이었다. 그는 타인의 마음을 편하게 해주기 위해 추가로 짐을 지고 싶지 않다고 대놓고 반대했다. "아즈, 내가 매일 아찔한 상황들을 마주하면서 평소처럼 움직이려고 얼마나 많은 정신력을 쓰는지 당신에게도 설명할 수 없어. 다른 사람들이 내 병을 어떻게 대할지 걱정하느라 쓸 힘은 남아 있지 않아. 심지어 그게 내 자식들이라고 해도 말이야. 나도 말하고 싶어. 하지만 암은 내가 상상했던 것보다 더 많은 방식으로 기운을 앗아가. 원한다면 당신이 이야기해도 좋아. 하지만 솔직히 난 못 하겠어."

암 환자에게 유일한 전쟁은 자신의 신체 기관과 치르는 것이다. 본인이 전쟁터가 되는 것이다. 이 전쟁터는 여느 전쟁터와 다르다. 몸은 전쟁이 벌어지는 극장이자 전투 부대다. 싸움은 내부의 사건, 즉 내전으로 출발한다. 암은 기관 한 곳을 공격하며 싸움을 시작해서 그 범위를 확대해나간다. 이 적과 싸우는 일은 무척 힘들다. 유감스럽게도 적을 제압하고 내전을 저지하는 무기인 화학요법과 방사선요법이 2차 피해를 내는 주체다. 무차별적으로 신체를 다치게 하고 손상시킨다. 병에 걸린 부위든 아니든 해를 입힌다. 이제 신체는 내외부의 공격에서 동시에 스스로를 지켜야 한다. 이런 전쟁을 어떻게 정의해야 할까? 이것은 몸을 위한 전쟁이자 몸에서 일어나는 전쟁이고 몸에 의한 전쟁이다. 환자는 내부와 외부의 부대에 인질로 붙잡힌 채, 전엔 결코 몰랐던 신체 부위를 비로소 인식하게 된다. 참을 수 없는 통증과 염증 혹은 툭 솟아난 종양이나 화학요법으로 인한 손상이 그런 신체 부위를 환자의 의식으로 확 떠미는 것이다. 삶과 죽음 사이의 끝없는 투쟁에 붙잡힌 몸은, 어느 날엔 주저하며 암에게 어느 정도 항복하고 그다음엔 화학요법과 방사선요법에 항복한다. 마침내 총체적 혼란이 닥친다. 신체 기관이 암에서 보호받고 싶은지, 치료에서 보호받고 싶은지 불분명하게 된다. 이런 얄궂은 상황에서는 전면적인 무정부 상태만이 막바지 단계다. 이 시점이 되면 암이 전쟁에서 "이기고 있다"라고 한다. 하지만 암만큼이나 치료도 몸을 죽이고 있다. 그렇다면 누가 이기고 누가 지고 있는가? 암인가, 화학요법인가, 종양 전문의인가, 아니면 암 관련 기업인가?

환자를 북돋우려고 쓴 전쟁 비유가 결국 개인이 죽음과 정면으로 마주하는 심오한 인간적 경험을 빼앗아가게 된다. 이 모든 혼란스러운 만행, 신체적 고통, 불안과 슬픔을 겪으며 마주하는 경험 말이다. 환자는 한사코 삶에 매달리지만, 죽음과 신체를 중재해야 이 전쟁에서 이길 수 있을 뿐이다. 암 그리고 해롭고 괴로우며 신체를 녹이는 소름 끼치는 치료. 이 두 세력이 폭력적으로 혈투를 벌이기 전에 중재할 필요가 있음을 받아들이면, 환자는 더 평화로운 승리를 얻을 수 있다. 하지만 이런 식의 사고방식은 현재 암의 과학에서 완전히 배제되어 있다. 암의 과학이란 다급히 재검토해야 할 전통이다.

긍정적 사고를 강조하는 용어가 희생자를 간접적으로 비난하여 깎아내리기도 한다. 아주 똑똑하고 명민했던 소중한 내 친구 미리엄 헨슨이 죽었을 때였다. 시카고대학의 추모 행사에서 몇몇 친구와 동료는 그녀가 암과의 전쟁에서 싸워 여러 해 동안 좋은 삶을 영위했으며, 그것은 긍정적인 태도와 의지 덕분이라고 했다. 그리고 모두가 그녀를 위해 기도했기 때문이라고도 했다. 그녀의 남편 마이클은 이 의견을 부정했다. 그는 아내 미리엄이 여러 종의 암에 걸렸지만 12년을 산 것은 의지나 긍정적인 사고방식 때문이 아니라 종양 전문의와 의료진의 치료 때문이라고 딱 잘라 말했다. 미리엄의 친구와 동료의 말을 달리 생각하면, 암으로 죽은 사람은 의지도 없고 긍정적 사고방식도 가지지 못했으며 그를 위해 기도하는 사람도 없어서 죽었다는 얘기가 되는 것이다.

하비와 미리엄, 오마르와 앤드루같이 불치병에 직면한 환자들은 모두 형언할 수 없는 고통을 겪는다. 그리고 무슨 일이 닥치든 안간힘을 다해 인간으로서의 품위를 지키며 견뎌낸다. 그들의 괴로움을 측정할 눈금이 있는 자는 없다. 그들의 슬픔에 더 잘 들어맞는 치수도 없다. 그들의 고뇌의 무게를 잴 단위도 없다. 분석적 객관화도, 근사한 주체적 묘사도 그들이 신체적으로, 정서적으로 느끼는 크나큰 비통함을 담아내지 못한다. 그들은 암과의 전쟁에서 이기지 못했을지도 모른다. 하지만 죽음은 실패가 아니다. 결국에는 위로도 없고, 정답도 없다. 과학적 입장에서는 결말에 다다랐다고 볼 수 있다. 하지만 인간의 이야기는 이어진다. 우리 환자들이 죽음 앞에서 더 미화될 필요는 없다. 하지만 그들이 무엇을 견뎠는지는 기억해야 한다. 리사 본첵 애덤스는 한창때에 유방암으로 사망했다. 그녀는 편견을 거부했다. 자신을 불쌍히 여기지 말라고 했다. 그녀는 다음과 같은 가슴 아픈 글에서 '수용'이 얼마나 심오한 단계인지 표현했다.

내가 죽으면

2012년 7월 13일

내가 죽으면 나를 잃었다고 생각하지 말아요.

나는 당신과 같이 있을 겁니다, 우리가 만든 기억 속에서 살면서.

내가 죽으면 내가 "전쟁을 치렀다" 혹은 "전쟁에서 졌다" 혹은 "굴복했다"라고 말하지 말아요.

내가 충분히 노력하지 않은 것처럼 혹은 올바른 태도를 가지지 않은 것처럼 말하지 말아요. 내가 그냥 포기했다고도 말하지 말아요.

내가 죽으면 떠났다고 말하지 말아요.

마치 내가 학교 복도에서 당신 곁을 지나친 것처럼 들려요.

내가 죽으면 세상에 무슨 일이 일어났는지 말해요.

담백하고 단순하게.

완곡어도 미사여구도 비유도 쓰지 말아요.

대신 나를 기억하고, 내 말이 살아 있게 해주세요.

내가 해낸 좋은 일들을 이야기해주세요.

내 아이들에게 친절한 말을 건네주세요. 그들이 내게 어떤 의미였는지 알게 해주세요.

할 수 있었다면 내가 영원히 곁에 있었을 거라고 알려주세요.

내가 천사가 되어 하늘에서 아이들을 내려다보고 있다거나, 내가 더 좋은 곳에 갔다는 말로 아이들을 위로하려 들지 말아주세요.

내겐 그들과 함께 있는 곳보다 더 좋은 장소는 없어요.

그들은 슬픔을 배웠고, 더 많이 배우게 되겠죠.

앤드루 283

이런 일은 전체의 일부예요.

내가 언젠가 죽으면 그냥 진실을 말해주세요.
내가 살았고, 내가 죽었다고.
끝.

•

CAR-T 전략은 과도한 대접을 받은 것도 맞지만 주목할 만한 치료법인 것도 사실이다. 이것은 종양학에 대한 과학적인 이해가 합리적이고 성공적인 치료법으로 이어진 보기 드문 사례다. 만성골수성백혈병 분야의 주목할 만한 예외라고 할 수 있다. 일반적으로 연구는 약이 긍정적 효과를 내면 그 후에 분자적 메커니즘을 자세히 살펴보는 식으로 진행되며, 그 역방향으로 가지는 않는다. 루스패터셉트가 최근의 사례다. 이 약은 처음에는 다른 목적으로 개발되었다. 하지만 예상과는 달리 건강한 지원자의 헤모글로빈 수치가 개선되자, 골수형성이상증후군 환자들의 빈혈 치료에 쓰이게 되었다. 정확한 메커니즘은 조사 중이지만 아직 불분명하다. 면역 치료는 이런 규칙의 예외로, 의학의 중대한 진화를 대표한다.

암을 치료하기 위해 신체의 고유한 면역체계를 조절하려는 아이디어는 출연한 지 적어도 100년은 됐다. 그동안 면역체계의 복잡한 기능에 대한 어마어마한 양의 지식이 생산되었는데, 지금은 겨우 해석을 시작한 단계. 면역체계가 어떻게 일하는지 간단히 살펴보자. T세포는 이를테면 신체를 방어하는 부대의 핵심 군인으로, 정상 세포를 끊임없이 조사한다. 비정상적 단백질 조각이나 항원이 세포의 표면에 발현되었는지 살피는 것이다. 그러다 뭔가 찾아내면, T세포는 범죄자를 파괴하기 위해 표적 항원을 발톱으로 붙잡고 독성 화학물질을 뿜는다. 암세포는 T세포를 속이는 전략을 개발한다. 정상 세포인 척하거나 너무 많은 항원을 발현하는 방법으로 공격하는 T세포를 헷갈리게 만드는 것이다. 암세포가 면역체계를 피하려고 사용하는 또 다른 전략은 세포 표면에서 나오는 "나를 먹어"라는 신호를 끄는 것이다. 그래서 암세포는 면역체계에 적이 아니라 친구로 감지된다.

키메라항원수용체 T세포Chimeric antigen receptor T cell, 즉 CAR-T 치료는 암의 이런 속임수를 이기기 위해서 합리적으로 고안한, 정교한 접근법이다. 문제는 몸의 고유한 면역 세포가 암을 공격하도록 조정할 수 있는가였다. 한 가지 방법은 암세포의 표면에서 뭔가 독특한 성질을 찾아내는 것이다. 그러면 T세포는 암세포를 붙잡아 죽일 수 있다. 하지만 50년 동안 모든 방법을 동원하여 살펴보았는데도, 정말 독특한 암 결합성 항원은 나오지 않았다. 암세포가 발현하는 단백질은 정상 세포에서도 똑같이 발현된다. 양이 다를 뿐이다. 급성림프모구성백혈병ALL, acute lymphoblastic leukemia 같은 B세포 암의 경우, 백혈병 세포와 정상적인 B세포가 똑같이 CD19라는 항원을 발현한다.

CAR-T를 개발한 과학자들은 영리한 반전을 이루어냈다. CD19 항원을 표적 삼아, CD19 항원을 붙잡기 위해 새로 조작한 발톱으로 무장한 T세포를 보내기로 했다. 이 표지자를 가진 세포는 정상 세포든 백혈병 세포든 모두 단번에 죽이도록 한 것이다. 이 전략은 재발성 난치 ALL에 걸린 어린이들에게서 기막힌 성공을 거두었다. 지금은 FDA 승인도 받았다. 문제는 이 치료법이 백혈병 세포와 함께 정상적인 B세포도 모두 죽인다는 것이다. 정상적인 B세포는 감염과 싸우는 항체, 즉 면역글로불린을 생산하는 기능을 갖고 있다. 사람은 B세포 없이 살 수 없다. 하지만 B세포의 기능은 면역글로불린을 주입하는 방식으로 대체할 수 있다. 대체요법은 여생 동안 필요할 수 있다. CAR-T 세포가 오랫동안 살아남아 정상적인 B세포가 나타나는 족족 파괴할 것이기 때문이다. 이런 유형의 대체요법이 장기적으로 환자에게 어떤 영향을 미치는지는 현재 완전히 알려지지 않았다.

CAR-T 요법은 여러 가지 이유로 모든 암을 치료하는 보편적인 치료법은 되지 못했다. 가장 중요한 이유는 모든 세포의 기능이 B세포의 면역글로불린처럼 대체 가능한 것이 아니기 때문이다. 나아가 CAR-T 요법을 쓰면 그 자체로 생명을 위협할 수 있는 심한 독성도 겪게 된다. 먼저, 조작한 CAR-T 세포를 환자의 몸에 주입하려면 골수를 어느 정도 비워서 공간을 만들어야 한다. 이렇게 하려면 초고용량 화학요법을 써야 한다. 그 강도가 조혈모세포 이식수술 준비 단계와 비슷하다. 그러니 동반 질환을 겪는 고령의 환자들은 CAR-T 요법의 대상에서 바로 제외된다.

두 번째 문제는 서로 다른 기관에서 생겨난 암세포들에 의해 발현된 항원들과 관련이 있다. 암 특정 돌연변이는 세포 내부에서 활동하는 단백질에 영향을 미친다. 반면 CAR-T는 세포 표면 밖으로 발현된 단백질만 인식한다. 암세포는 세포 외부로는 정상 항원을 발현하는데, 이런 항원은 같은 장기나 기관 내에서도 세포가 어느 조직이나 계통에 속했느냐에 따라 각각 다르다. 예를 들어, 모든 B세포는 CD19를 발현하는 한편, 모든 골수세포(적혈구와 백혈구와 혈소판의 전 단계)는 CD33을 발현한다. 우리가 항원 CD33을 표적으로 삼는

CAR-T 요법으로 급성골수성백혈병을 치료하고자 한다면, 모든 골수 세포는 아주 효과적으로 조작된 T세포에게 붙잡혀 죽게 된다. 유감스럽게도, B세포는 구제할 수 있지만(면역글로불린 주입으로) 골수세포는 그렇지 않다. 그래서 CD33 CAR-T 세포를 이용한 새로운 접근은 이렇게 이루어지는 중이다. 급성골수성백혈병 환자의 모든 골수세포를 백혈병 세포와 함께 파괴한 후, 유전자 조작을 통해 CD33 항원을 제거한 기증자의 조혈모세포를 이식하는 것이다. 이 방식은 통할 수 있다. CD33은 여태까지 필수적 기능을 수행한다고 알려진 바 없다. 이 항원을 제거한 기증자의 골수성 세포를 이식하면, 그 세포는 수용자의 골수에서 다시 증식하여 CD33이 없는 정상적인 골수세포의 생산을 유도할 수 있다. 반면 CD33을 발현하는 급성골수성백혈병 세포는 살아남을 수 없을 것이다. 만일 이 방식이 성공한다면, 다른 암에도 비슷하게 접근해볼 수 있다. 하지만 다시 한번 말하지만, 이 요법은 골수 이식 수술이 가능한 환자들만 선택할 수 있다. 일흔 살이 넘는 고령의 환자는 자동으로 대상에서 제외된다.

그다음으로 표적이 아닌 대상을 공격하는 '오프 타겟' 문제가 있다. 《면역학연구저널Journal of Immunology Research》에 실린 어느 리뷰 논문에 따르면, CAR-T 요법은 다음과 같은 역효과를 낸다.

CAR-T가 표적 외 대상을 인식하여off-tumor recognition 발생한 오프 타겟의 첫 번째 치명적인 사례는 어느 대장암 환자에게서 보고되었다. 환자는 ER BB2/HER2 단백질을 표적으로 삼는 3세대 CAR-T 세포를 다량 주입받았다. T세포가 전달되자 환자는 곧 호흡 장애와 심장마비를 일으켰다. 그리고 5일 후 다발성장기부전으로 사망했다.

CAR-T 세포가 폐 상피조직에서 저수준으로 발현된 ERBB2를 인식하여 폐 독성을 유발했고, 사이토카인 폭풍이 계속되어 치명적 결과를 초래한 것이다. 정상적인 B세포의 감소와 더불어 예상되었던 오프 타겟으로 인한 독성이 실제로 환자 대다수에게서 문제가 되었다. 그리고 CAR의 형태에 따라 B세포 결여증이 몇 달에서 몇 년 동안 나타난다.

아마도 CAR-T 요법의 가장 무시무시한 합병증은 종양용해tumor lysis와 사이토카인 폭풍일 것이다. CAR-T 세포요법은 효과가 지나치게 뛰어나기 때문에, 수십억 개의 백혈병 세포를 한 번에 파괴한다. 종양용해증후군이란 그렇게 엄청난 세포들의 죽음이 어마어마한 잔해를 남겨 신장에 무리가 갈 때 생긴다. 세포가 용해되면, 즉 분해되어 죽어가면 독성 물질이 방출된다. 그러면 정말로 의학적 응급 상황이 일어난다. 이를 빨리 발견해서 치료하지 않으면 환자는 몇 시간 내에 다발성장기부전으로 죽을 수 있다. 사이토카인 폭풍 증후군은 근본적으로 면역체계의 과민 반응으로, 이 또한 치명적일 수 있다. 경제적인 '독성' 또한 어마어마하다. 합병증의 정도에 따라서, 50만 달러부터 시작해서 그 이상의 금액을 지불해야 한다. 노바티스라는 회사의 경우 요법을 시행한 후 한 달 동안 성공하면 즉시 비용을 내도록 한다.

림프성 질병을 앓는 극소수의 암 환자군에게 CAR-T 요법은 '끝내주게' 성공적이다. 비록 단기간 심한 독성을 유발하며, 알려지지 않은 부작용도 많이 일으키지만 말이다. 이 전략의 사용을 확대하려면 분명 많은 연구를 해야 할 것이다. 하지만 CAR-T를 둘러싼 과대광고 때문에 실제로 모든 환자가 내게 묻는다. 왜 자기들은 그런 마법 같은 치료를 받지 못하는지 궁금해한다. 하지만 치료 결과가 언제나 마법 같지는 않다.

엽산 수용체 α를 표적으로 삼도록 한 CAR-T 세포는 시험관 내에서는 표적을 잘 찾아 특정 세포를 파괴했고, 쥐 종양 모델에 써보니 임상 전 효과가 좋았다. 하지만 난소암에 입양 전달*하니, 임상적 반응이 실망스러웠다. 연구 대상인 열네 명의 환자는 종양 부담이 줄어들지 않았다. 효과가 없었던 것은 T세포가 암세포만 잡아내는 일을 해내지 못했고, 이식된 T세포가 아주 잠시 버텼기 때문이었다.

CAR-T의 광고는 크리스퍼CRISPR**에게 쏟아지는 관심과 비슷하다. 이 연구 도구는 분자 가위라고 널리 알려져 있는데, 정체가 상세하게 알려진 건 불과 몇 년 전이다. 하지만 이미 수억 달러의 상업적 거래가 이루어진다. 새로 생겨난 관련 기업들은 고약한 특허 전쟁을 벌이고 있다. 암을 포함한 모든 유전 질환을 치료하기 위해 맞춤 제작된 아기를 만드는 일에 크리스퍼를 쓰는 문제 때문이다. 인간 배아를 바꾸는 데 이 기술을 사용해도 되는지 수많은 전문가들이 윤리적 논쟁을 벌여왔다. 이런 논쟁은 개념 증명 연구가 수행되기도 전에 시작되었다. 마침내 몇몇 연구가 발표되었다. 먼저, 크리스퍼는 단백질

---

* 면역계의 구성 성분을 다른 개체로 이식하여 면역반응을 유도하거나 조절하는 능력을 옮기는 것.

** 회문 구조가 간격을 두고 반복되는 단백질 서열로 Clustered Regularly Interspaced Short Palindromic Repeats의 머리글자를 따서 만든 말이다.

p53의 기능적 사본이 결여된 세포에 효과가 있다. p53이란 그 유명한 '유전체의 수호자'이자 암 연구에서 선호하는 표적이다.

그다음은 나쁜 소식이다. 인간 세포에서 DNA의 특정 부위를 자를 때 크리스퍼를 사용했더니, 큰 DNA 조각이 소실되었다. 잘린 부위에서 수천 개의 염기쌍이 사라진 것이다. 이러한 사실은 크리스퍼가 돌연변이 생성과 암을 유발할 수 있음을 강하게 암시한다. 언론의 홍보에 맞서 이렇게 근본적이고 기초적인 내용을 밝히는 데 왜 몇 년이나 걸릴까? 가장 기본적인 과학 연구에 착수하기도 전에 왜 다들 상업화를 하려고 미친 듯이 달려드는 것일까? 만일 이것이 기술의 문제라면, 왜 그렇게 다들 미리부터 홍보를 할까? 우리 분야의 예측 불허한 모습이란 이렇다. 아름다운 과학. 그렇지 않은 과학자.

•

우리는 앤드루를 저버렸다. 셀 수 없이 많은 방법으로 그를 놓아버렸다. 다른 무엇보다 먼저, 우리는 종양 전문의로서 심한 악성에다 지나치게 고통스러웠던 그의 암을 치료하는 방법을 제공하지 못했다. 우리는 혼란스러운 선택지를 제공하여 일을 더 꼬이게 만들었다. "당신은 이 치료법을 택할 수도 있고, 아닐 수도 있어요. 어느 쪽이든 차이는 없을 거예요." 이렇게 말한 것과 무엇이 다르겠는가? 앤드루는 괴로워하며 죽음을 맞이했다. 그의 가족은 내내 어떤 일이 일어나는지 곁에서 시시각각 지켜보아야 했다. 그의 누나 캣은 치료법이 있을지 미친 듯이 조사했다. 나는 그녀가 연락을 취해달라고 한 사람이면 누구나 연결시켜주었다. 얼마나 헛된 일인지 알고 있었다. 하지만 그녀가 CAR-T에 대해 묻자, 나는 재스민 자인Jasmine Zain과 스티브 로젠에게 전화를 했다. 희망도시연구센터에서 교모세포종을 대상으로 CAR-T 시험을 시도했었기 때문이었다. 스티브는 즉시 나를 연구 책임자와 이어주었다. 그리고 개인적으로도 가능한 모든 방법으로 도왔다. 재스민은 캣에게 아주 친절했고 사려 깊은 모습을 보였다. 이메일을 쓸 때마다 의학적 내용만 전달하는 게 아니라 깊은 공감과 연민을 표했다. 우리에게 이런 감동적인 동료가 있어 정말 다행이었다. 앤드루는 CAR-T 시험에 지원하진 못했다. 션트 때문이었다. 캣은 임상 계획 후원자들에게 이메일을 계속 보냈다. 유전자 돌연변이를 알아내기 위해 동생의 혈액을 검사하도록 직접 나섰다. 병원 한 곳에서 다른 곳으로 혈액 채혈관을 보내기 위해 어처구니없고 번거로운 병원 행정적·법적 절차를 거쳐가면서 동생을 위해 새로운 치료법을 구하려고 뭐든 찾았다.

암이 진행된 환자 대다수는, 최후가 아주 고통스럽다. 병이 환자를 죽이는지 치료가 환자를 죽이는지 알 수 없다. 우리가 제공하는 실험적 임상시험은 기껏 몇 달간 생존 기간을 늘릴 뿐이다. 그로 인해 환자는 신체적으로, 또 재정적으로 막대한 독성에 시달린다.

앤드루는 자신의 생존 가능성을 물어본 적이 있을까? 그와 그의 가족이 알고 싶긴 했을까?

솔직함은 선택이었을까?

겸허한 마음으로 인정하자. 우리는 안타깝게도 앤드루 슬룹스키를 살리지 못했다.

•

| 캣

앤드루샤. 너는 내가 바랄 수 있는 최고의 남동생이었어. 그저 훨씬 더 오랫동안 내 동생으로 곁에 머물 수 있었다면 얼마나 좋았을까. 하지만 23년 동안 너의 누나로 지냈으니 난 정말 운이 좋아.

좋은 추억을 하나만 떠올릴 수는 없을 거야. 다 좋은 기억일 테니까.

네 웃음 없이 산다니, 그건 가장 힘든 일 중 하나야. 네 웃음은 시간이 지나며 발전했지. 넌 아기였을 땐 노인처럼 웃었어. 산타 같았어. "호. 호. 호." 몇 년이 지나자 웃음이 달라졌어. 계속 어려졌지. 나는 네 웃음이 너무 좋아서 네가 눈물을 흘릴 때까지 널 간지럽혔어. 너는 내게 경고했지. 사람이 웃다가 죽을 수 있다고 말이야. 난 그 말을 믿지 않았어. 하지만 가장 아름다운 방식으로, 네가 옳았다고 생각해. 병원에서 보낸 너의 생애 마지막 날에 병실은 웃음으로 가득 찼었어. 네가 우리를 웃게 한 거지. 그래서 난 그 며칠 동안 그냥 웃고 또 미소 지으려고 최선을 다했어. 누구든 울기 시작하면 넌 울지 말고 웃어야 한다고 했어. 넌 우리가 웃기를 바랐지.

너는 인생에 재주가 있었어. 두 번 생각해볼 것도 없이 사실이야. 넌 정말 뛰어났어. 그래서 난 지금 내가 하는 모든 일을 더 잘하려고 노력할 거야. 네가 했을 방법으로 말이야. 넌 네가 몰두한 대상이 언제나 좋다고 믿었어. 그래서 네가 한 모든 일이 그토록 아름답고 자연스러워 보였던 거지. 네가 모든 걸 그토록 쉽게 터득한 건, 네가 그만큼 관심을 깊이 기울였기 때문이었어. 너는 밴드 '아멜리에'나 '그리즐리 베어' 혹은 '메트릭'의 음악을 피아노로 연주하는 법을 배우고 싶어했어. 그리고 그렇게 했지. 너는 믿을 수 없을 만큼 근사한 믹스 테이

프를 만들었어. 네가 어렸을 때 친구들과 그냥 재미로 웃긴 영화를 만들었던 것도 기억 나. 그러다 학교 다닐 땐 생각할 거리가 많은 아름다운 영화를 만들게 되었지. 너는 파리에서 살고 싶어 했고, 프랑스어를 배웠어. 다 해냈어. 우린 네가 정말 자랑스러웠어. 마지막 날들 동안, 넌 네가 세 가지 언어를 한다는 사실을 알게 된 직원 몇몇과 프랑스어로 대화를 나누었지. 네가 아주 자연스럽게 사람들과 말을 주고받으며 가까이 지내는 모습은 무척 아름다웠어.

네가 지금 이 순간 파티를 열고 있는 천국의 베억하인*이 어떤 곳이든, 난 네 옷차림을 모두에게 알리고 싶어. 여러분, 앤드루는 라벨에 꽃 패치가 달린 드리스 반 노튼의 검은색 블레이저를 입고 있어요. 마르니의 하얀 단추 셔츠에 몇 달 전 LA에서 새로 산 검은 프라다 바지를 입었지요. 생로랑 선글라스를 끼고 캐럴이 며칠 전에 준 파란 모자도 썼어요. 모자에는 '이것저것 하기'라고 쓰여 있어요. 그는 사람들이 무얼 하고 있냐고 물어보면, 모자의 그 문구를 가리켜 보이고 싶다고 했었지요. 앤드루에게 옷 하나만 골라주려니 힘들어서, 여분의 옷도 가져가도록 했어요. 그러니 앤드루는 할머니가 몇 달 전에 준 녹색 울 슈트와 중고 옷가게 토키오7에서 나와 같이 산 단추 달린 준야 와타나베 프린트 티셔츠도 갖고 있을 거예요.

앤드루샤, 이 옷들로 네가 행복하길 바라. 네 옷은 다 끝장해. 이번에는 내가 너의 옷을 고르게 되었네. 내가 좋아하는 옷으로 골랐어.

너를 언제까지나 사랑할 거야.

---

* 베를린에 있는 유명 클럽.

7

하비

죽음이 그를 빤히 쳐다본다.
그도 되쏘아 본다

움직이는 손가락이 글을 쓰고 써왔다,
손가락은 나아간다, 네가 아무리 경건하고 재치가 있어도
한 줄 쓴 글의 절반을 지우라고 손가락을 꾀지 못할 것이다,
네가 눈물을 흘려도 단어 하나 지워내지 못한다.

– 오마르 카얌Omar Khayyam

하비는 2002년 5월 19일, 오후 3시 20분에 세상을 떠났다. 사망원인은 소포림프종follicular lymphoma과 만성림프구백혈병이었다. 죽음은 이미 예전에 한 차례 다가왔었다. 서른네 살 때 그는 처음으로 암 진단을 받았다. 재발의 그늘 속에서 몇 년 동안 살아가다 공포를 극복하니, 죽음이 다시 찾아온 것이다. 하비는 두 차례의 암 발병에 용기 있게 대처했다. 놀라울 만큼 침착했고, 심지어 죽어가는 동안에도 평

화로웠다.

하비가 잦은 입원을 하는 동안 '신앙심 깊은 사람들'이 상담을 한다며 나타났다. 특히 마지막 18개월 동안 그랬다. 하비는 그런 사람들을 견디지 못했다. 사후 세계가 있다는 말에 위로를 받지 못했으니까. 그가 마음이 약해진 순간은 딱 한 번 보았다.

1996년, 우리 딸 셰헤르자드가 고열에 시달렸고 심한 천식 발작을 일으켰다. 두 살 반 때였다. 하비의 불안이 손에 만져질 듯했다. 우리는 응급실에서 셰헤르자드를 차례로 돌보았다. 네뷸라이저에 연결된 작은 몸을 안고 흔들어주니 아이는 마침내 잠들었다. 하비는 밖으로 나가자고 했다. 시카고의 밤은 여전히 더웠다. 침묵이 흐르는 가운데 그는 괴로워하며 입을 열었다. "만일 저 애한테 무슨 일이 일어나면 난 자살할 거야. 그 근본주의자들의 말이 옳고 내세가 있을 가능성이 아주 조금이라도 있다면 말이지. 저 어린아이가 혼자 지내는 건 견딜 수 없어."

하비는 자기 일에 대해서는 진실을 직면하고 받아들였다. 남편의 병이 지독하게 고통스럽다 보니 내가 마음이 상할 때가 있었는데, 그는 언제나 침착하고 담담했다. "그냥 내가 운이 나쁜 거야, 아즈. 그 문제로 조금이라도 괴로워하지 마." 인간의 조건을 비인간적일 만큼 평온하게 수용하는 모습이었다. "우리는 언제나 시험당해. 우리가 좋아하는 방식으로는 결코 아니야. 그런 시험이 우리가 예상한 시간에 닥쳐오는 것도 아니지."

W. B. 예이츠W. B. Yeats는 이렇게 말했다. "인간의 지성은 선택을 강요받는다. 완벽한 인생과 완벽한 일 중에서." 다행히 하비에게 이 문제는 둘 중 하나를 골라야 할 일이 아니었다. 그에게는 일이 인생이

고 인생이 일이었다. 둘은 뗄 수 없는 것이었다. 예전에, 죽음이 가까워졌을 무렵 나는 남편에게 하던 일을 줄이고 다른 활동을 해보라고 했다. 전엔 할 시간이 없었던 활동 말이다. 남편은 그렇게 하면 자신이 대표하는 모든 것, 이제껏 살아오면서 해낸 모든 것을 조롱하는 셈이 된다고 대답했다. 일이란 그가 가족 밖에서 품은 깊고 깊은 열정이었다. 죽음을 맞기 사흘 전, 그는 집에서 스무 명 이상이 참석하는 실험실 회의를 열었다. 특유의 소년과 같은 열의로 연구원 각각의 과학 프로젝트를 점검했다. 그는 분명 자신에게 최후가 다가오고 있다는 것을 알았지만, 그래도 철저한 연구가 행해진다면 본인 말고 다른 운 나쁜 암 환자들이 더 나은 미래를 맞이할 거라고 희망을 품었다.

모든 일은 1998년 시카고의 어느 근사한 2월의 아침에 시작되었다. 우리는 하와이에서 막 돌아온 참이었다. 해변에서 독서를 하며 쉬거나 네 살 난 셰헤르자드와 물에서 놀다 보니 하비의 피부가 그을렸다. 그의 모습은 내가 오랜 시간 동안 봐온 가운데 최고였다. 몇 달 전, 그는 갑자기 체중이 몇 킬로그램 늘었다는 사실을 깨닫고 식단을 엄격하게 관리했다. 그의 친한 친구이자 달리기 상대인 뉴요커 헨리 블랙은 레이크쇼어 드라이브의 호수를 따라 더 오래, 더 자주 달려야 했다. 하비는 우리가 사는 풀러턴가에 있는 체육관에서 근력 운동을 했다. 운동 결과에 매우 만족한 그는 더 잘 맞는 옷을 사러 가자고 했다. 나는 기분 좋게 놀랐다. 보통 그가 쇼핑몰 반경 1.5킬로미터 내로 들어가려면 내가 몇 주 동안 잔소리를 해야 했었다. 그런데 그날 아침, 하비가 자신의 서재에서 한참 동안 나오지 않았다. 셰헤르자드가 유치원 수업에 지각을 할 판이었다. 유치원은 집 바로 근처였다. 그는 아침에 딸과 걷는 것을 좋아했고, 종종 오후에 몇 시간 일찍 퇴근해서 아이를 집으로 데려와 같이 놀았다. 나는 결국 그를 찾으러 서재로 갔다. 그는 책상에 앉아 발을 그 위에 올린 채 서재의 두 벽에 줄지어 나 있는 유리창을 바라보고 있었다.

20여 년 동안 같이 지낸 사이니 말이 필요 없었다. 하비의 몸이 많은 정보를 알려주었다. 내 심장이 잠시 멈추었다.

"아이들은 괜찮아?" 내가 물었다. 하비는 전처 소생의 세 자식들인 새러, 마크, 바네사와 아주 가까웠다.

"그럼. 그리고 우리 부모님도 괜찮지." 그는 다음 질문을 미리 알고 대답했다.

"그럼 뭐가 문제일까?"

100년이 지나도 나는 그가 다음의 말을 하리라고 짐작하지 못했을 것이다. "목의 림프절이 커졌어."

실제로 목 앞쪽의 왼편에 작고 딱딱한 뭔가가 있음을 확인한 다음, 나는 남편보다 스스로를 안심시키려고 이렇게 말했다. "하와이에서 감염되었나 보다."

"아냐. 몇 개월 동안 천천히 자란 거야. 더는 무시할 수 없어."

하비는 암에 한 번 걸렸다가 살아남은 후로, 본인이 젊어서 죽을 거라는 운명론적인 생각을 갖게 됐다. 몇 년 전, 그가 팔에 생긴 작은 혹을 찾아낸 적이 있었다. 그는 악성 육종이라고 자가 진단을 내리고 바로 일을 정리하기 시작했다. 신속하게 최후를 맞이할 생각이었다. 나는 그를 피부과 전문의에게 데려갔다. 피부과 전문의는 단순한 피지낭종sebaceous cyst이라고 나와 똑같은 진단을 내렸다. 그러자 하비는 그가 수련을 끝낸 지 얼마나 됐는지 알고 싶어 했다. 나는 하비를 종종 건강염려증 환자라고 놀렸다. 그러나 이번 결절은 다른 이야기였다.

기분이 좋지 않았다. 만지는 것조차 두려웠다.

　나는 러시대학의 내과의사에게 연락해서 그날 오후에 만나기로 약속을 잡았다. 우린 감염이 없다면 그냥 림프절을 제거해버리기로 의견을 모았다. 항생제를 투여받고 몇 주 동안 불안해하며 기다리는 대신에 말이다. 처음으로 하비가 이의를 제기하는 모습을 목격했다. 그는 진실을 알고 싶지 않은 것 같았다. 그가 별것 아닌 일에 걱정하고 있다고 확신한 나는 얼른 손보자고 했다. 진실을 알기 전에는 당신 때문에 내 인생이 불행할 거라고 했더니, 그는 결국엔 내 말을 따랐다. 그래도 여전히 수술을 받기를 주저했다. 나는 다른 일정을 취소하고 1998년 3월 4일, 하비와 함께 수술실에 들어갔다. 목이 절개되자마자 확실히 알았다. 그건 감염이 아니었다. 겉으로 커 보였던 림프절은 속을 들여다보니 콩과 비슷한 크기였고, 제멋대로인 것 같으면서도 어떤 패턴을 형성하며 림프관 위에 흩어져 있었다. 림프절은 일종의 사슬 모양을 띠고 있었다. 그 사슬은 목에서 위아래로 오가다 쇄골 윗부분 뒤로 뻗어 가슴 쪽으로 사라졌다. 의사 윌리엄 파녜William Panje는 근심 어린 모습이었지만 침착하게 입을 다물고 있었다. 그는 조심스럽게 가장 큰 결절을 갈라낸 다음 살균 처리된 도구로 능숙하게 상처를 봉합했다.

　나는 회복실에서 하비 곁에 앉아 있었다. 유치원 수업이 끝난 셰헤르자드를 집으로 데려왔는지 확인하려고 아이 돌보미에게 전화를 하는 동안, 간호사가 다가와 나를 찾는 전화가 있다고 속삭였다. 제리 뢰브Jerry Loew였다. 러시대학병원의 최고 혈액 전문의로 친한 친구 사이다. "아즈라, 이걸 보러 와야 할 것 같아요."

　잠시 후, 제리는 나를 연구실 냉동 구역으로 안내했다. 그의 쌍두

현미경으로 슬라이드를 보니 하비의 증상이 감염일 것이라는 희망찬 망상은 완전히 사라졌다. 다 똑같은 모양의 작고 둥근 림프구. 천진난만한 척하고 있지만 그냥 그 수만 봐도 악성임을 알 수 있었다. 이런 림프구들은 부비동을 조이고, 결절의 구조를 일그러뜨리고, 빽빽한 소포들을 지워버린다. 제리는 현미경을 살폈다. "유감이네요. 정확한 유형은 알 수 없지만, 좋지 않아 보여요. 림프종이에요. 영구절편 검사를 기다립시다."

나는 병리학 연구실의 소독된 복도에 혼자 서 있었다. 날카롭게 톡 쏘는 포르말린 냄새도 느끼지 못했다. 전화를 두 통 걸었다. 우선 스티브 로젠과 이야기를 했다. 그는 노스웨스턴대학 암센터장이자 시카고에서 내가 아는 가장 훌륭한 종양 전문의이며, 가장 친한 친구 가운데 하나였다. 두 번째로는 메릴랜드주 컬럼비아에 사는 언니 아티야에게 전화를 했다. 그녀는 라자 가족 구성원 가운데 가장 훌륭한 임상의라는 평가를 받으며 소아종양학 수련을 멋들어지게 해냈다. "언니, 내 생각에 하비가…." 나는 암이라는 단어를 말할 수가 없었다. 남편의 진단 후 몇 분 동안 홀로 경험한 목이 멘 그 느낌은, 이후 4년 반 동안 간헐적으로 되살아나며 내 곁에 머물렀다. 스티브도 아티야도 바로 내 곁에 오고 싶어 했다. 언니에게는 그러지 말라고 했다. 스티브는 하고 있던 모든 일을 내려놓고 30분 동안 내 곁에 머물러주었다. 하비에게 림프종이 의심스럽다는 말을 하고 싶지는 않았다. 일주일 내로 예정된 영구조직 절편검사 결과 반응성 증식이라고 밝혀질 수도 있었으니까. 하비는 아무런 질문도 던지지 않았다. 스티브는 내 뜻에 동의했지만, 그래도 하비에게 가서 인사를 건넸다. "여기엔 자네 때문에 온 게 아니야. 아즈라가 안절부절못하기에 좀 진정시켜주러 왔어."

그는 내게 어깨동무를 하며 말했다.

하비는 며칠 동안 안심했다. 몸에 생긴 혹을 제거하니 마음이 한결 놓였다. 구름이 걷혔다. 목을 집착적으로 건드리거나 결절의 크기나 모양이나 단단함을 따져보는 일은 더 이상 없었다. 나는 불안했지만 그는 무척 좋아 보였다. 그래서 나도 혼란스러운 가운데 희망을 품게 됐다. 어쨌든 기다리는 것 말고는 할 일이 별로 없었다.

한 주가 흘렀다. 내과의사를 만날 때가 됐다. 의사는 우리에게 최종 병리학보고서를 줄 예정이었다. 하비는 불안했을 수도 있지만, 그렇다고 해도 감정을 겉으로 드러내지 않았다. 대신 그는 나를 안심시키려고 최선을 다했다.

그런데 우리가 의사로서 어떻게든 피해야 한다고 배운 일이, 의사에서 갑자기 환자가 되어버린 하비에게 일어났다. 하비는 가장 최악의 방식으로 암 선고를 받았다. 복도에서 소식을 들은 것이다. 우리는 내과의사의 사무실로 가는 길에 엘리베이터에서 내렸다가 병리학과 과장과 마주쳤다. 그는 우리가 당연히 검사 결과를 아는 줄 알고 불쑥 말했다. "하비, 림프종이라니 너무 유감이에요. 우리가 어떻게든 도움이 되었으면 좋겠어요." 이 말을 들은 다음 하비는 내과의사를 만나지 않겠다고 했다. 우리는 하비의 사무실로 돌아와 제리 뢰브에게 전화했다. 제리가 진단을 확인했다. 소포림프종과 만성림프구백혈병이었다. 내가 통화를 끝내고 나니 하비가 말했다. "우리 드라이브 가자." 우리는 조용히 손을 잡은 채 한동안 미시건호를 따라 차를 타고 달렸다. 우리는 둘 다 종양 전문의였다. 앞으로 어떤 일이 일어날지 아주 잘 알았다. 마침내 그가 입을 열었다. "받아들일 수 있어. 당신이나 셰헤르자드가 아니라서 기뻐. 만일 당신이나 우리 딸에게 이런 일이 일어났다면 난 견디지 못했을 거야."

•

우리가 잠든 사이에도, 잊을 수 없는 고통이
방울방울 심장으로 떨어진다
우리만이 품은 절망 속에서, 우리의 바람과는 달리
신의 지독한 은총을 통해 지혜가 찾아올 때까지

— 아이스킬로스

하비가 암 진단을 받은 뒤, 우리는 모든 만일의 사태에 자체적으로 대비했다. 그래도 완전히 당황할 수밖에 없었다. 통증이 예상외로 심각했고 자꾸 되살아났기 때문이었다. 통증은 뜻밖의 부위에서 뜻밖의 형태로 나타났다. 어느 날에는 관절염인 척하더니 다음 날에는 신경통이 되었다. 정맥혈전증도 생겼다. 신경과 피부와 뼈를, 손가락과 발가락과 근육을, 점막을, 분비선을, 장기 기관을, 팔다리를 해일이 계속 몰려들듯 공격했다. 어떤 세포 조직도 공격을 피해갈 수 없었다. 이 증상들은 모두 부수적 피해였다. 혼란에 빠진 몸의 면역체계와 림프종 사이에 배배 꼬인 엉뚱한 싸움이 벌어져 그로 인해 생긴 피해. 그리고 이 모든 과정에는 강한 통증이 수반되었다.

림프종은 사실상 눈에 띄는 하비의 관절 부위 4분의 1을 맹렬하고 지독하게 휩쓸었다. 몇 개월 동안 폭풍은 계속되었다. 여러 증상이 뒤섞여 간헐적으로 나타났다. 파괴적이었다. 그러다 림프종은 마침내 하비의 부서진 몸에서 면역체계와 공존하기로 협정을 맺은 것 같았다. 하비는 탈리도마이드로 치료받기 시작했고, 병의 징후들은 4주가 지나자 처음에 나타났을 때처럼 갑자기 사라졌다. 고통스러운 전투가 지나갔다. 3개월이라는 짧은 기간 동안 하비는 체중이 9킬로그램 이상 줄었다. 몇 달 전에 멋지게 그을렸던 팔의 피부는 축 늘어졌다. 그는 여위고 수척해 보였다. 온몸에 병색 어린 푸른빛이 감돌았다. 암이 제 모습을 드러냈다. 몸은 오해의 소지 없이 허약해졌고, 갑자기 지방과 근육이 엄청나게 소실되었다. 이는 암의 선언이었다. 자신이 하비의 몸에서 살고 있다는 선언. 하비의 겉모습은 지독한 대혼란이 일어난 불안정한 내부를 반영하기 시작했다. 그는 전례 없이 기진맥진했다.

> 크나큰 고통을 겪고 나면, 형식적인 감정이 온다
> 신경은 격식을 갖추고 가라앉는다, 무덤처럼
> 굳은 심장이 질문한다, 그이니까, 견딘 사람은?
> 그리고 어제입니까, 아니면 수백 년 전입니까?
>
> — 에밀리 디킨슨

하비가 예전의 활기와 유머를 일부나마 되찾기까지는 몇 개월이 걸렸다. 하지만 우리 둘 다 평온한 상태는 일시적이라는 걸 알았다. 그는 시한폭탄 위에 앉아 있었다. 우리는 이 주제에 대해 별로 대화하지 않았지만, 둘 다 마음이 아플 만큼 불안한 가운데 무력하게 붕 뜬 상태였다. 림프종이 그 추한 머리를 언제 어떻게 쳐들지, 어떤 기관이 그 무차별적인 악의의 표적이 될지 우리는 알지 못했다.

2000년 6월, 나는 나흘 동안 열리는 학계 회의에 참석하기 위해 애틀랜타에 갔다. 사흘째 아침에 나는 발표를 했다. 발표를 마치자마

자, 프로그램 행정 임원이자 사랑하는 친구 락시미에게서 온 전화를
받았다. 그녀는 울적한 목소리로 말했다.

"라자 선생님, 걱정하실 필요는 없지만 발표가 끝났으니 먼저 돌
아오시는 게 어때요? 아뇨, 아뇨. 셰헤르자드는 괜찮아요. 프리슬러
선생님도 심각한 문제가 있는 건 아닙니다. 하지만 발진이 심해져서
상태가 그리 좋지 않다고 하시네요."

나는 같은 날 오후 비행기를 타고 집으로 돌아왔다. 오후 6시
30분 무렵에 시카고 오헤어 공항에 도착해서 집으로 향했다. 하비가
좋아하는 이탈리안 레스토랑 마기아노에 들러 음식을 포장했다. 튀김
옷을 입혀 튀긴 송아지 커틀릿과 그가 좋아하는 파스타를 들고서 집
에 갔다. 하비는 거실에 누워 〈소프라노스The Sopranos〉를 보고 있었다.
안도의 숨을 내쉬며 다가갔다. 하지만 그를 본 나는 깜짝 놀랐다. 그의
얼굴 절반이 작고 붉게 솟아오른 병변으로 뒤덮여 있었다. 일부는 이
미 크고 작은 수포로 발전했다.

"다른 데는 괜찮아?" 내가 물었다.

하비는 혀를 내밀었다. 순간 거의 기절할 뻔했다. 혀의 절반이 고
름이 찬 성난 병변으로 뒤덮여 있었던 것이다. 병변 몇 개에서는 옅은
색의 진득한 분비물이 흘렀다. 또 출혈이 있는 병변도 있었다. 병변이
얼굴과 혀의 한쪽에만 분포되어 있으니, 의심의 여지 없이 대상포진
이었다. 상상 가능한 가장 괴로운 통증의 대표자. 나조차도 이런 식으
로 대상포진이 생긴 혀는 본 적이 없었다. 암이 마치 무슨 벌을 내리듯
악의를 드러낸 가운데 하비는 평안했다. 결연하고 성자 같은 모습이
었다. 그는 마기아노의 포장 음식을 보더니 용케 미소를 지어 보였다.
"고마워, 아즈. 하지만 오늘 밤에는 걸러야 할 거 같은데. 당신은 사흘

동안 집을 떠나 있었으니 파키스탄 음식이 먹고 싶겠지. 포장해온 음식은 수위한테 가져다주는 게 좋을 것 같아. 토니는 마기아노의 음식을 좋아하지."

하비는 이틀 전부터 항바이러스 요법을 시작했었다. 하지만 그 시점에는 상태가 나아지는 대신 나빠지는 듯했다. 그 고통과 괴로움이란 무시무시했다. 다음 날 아침에는 상태가 더 심해져 겁이 날 지경이었다. 일요일이었다. 나는 거의 잠을 자지 못하다가, 결국 새벽 4시에 일어나 노트북으로 일을 하려고 거실로 나왔다. 새벽 6시 반쯤 하비가 침실에서 나왔다. 하비가 아닌 것 같았다. 그는 밤에 안면마비가 왔다. 새벽 무렵엔 얼굴이 심하게 비대칭이 되었다. 얼굴의 반이 아래로 무력하게 축 늘어졌다. 입을 꽉 다물 수 없었고 옆으로 침이 흘렀다. 말을 하려 하면, 마비된 뺨은 움직임에 호응하지 못하고 처졌다. 얼굴의 병변들은 서로 합쳐지고 있었고, 혀는 그야말로 볼 수 없을 지경이었다. 하비는 의자에 털썩 주저앉았다. 놀랍도록 잘생겼던 이 남자는 이제 눈을 깜박이지도 못했다. 건조한 눈은 떠진 상태로 마비가 왔고, 가려움에 욱신거렸다. 말을 해도 발음이 불분명했다. 침이 흘렀고 경련이 일었다. 살을 잡아 뜯는 듯한 통증이 입천장과 혀를 갈랐다. 귀는 불에 덴 듯 화끈거렸고 숨은 타들어 가는 듯했다. 하비는 아파서 움찔했다. 그리고 절제 화법의 대가로서 문장 하나를 간신히 말했다. "난 엉망인 것 같아."

보통 죽어가는 사람의 혀가
관심을 끌어낸다고 하지요, 깊은 어울림처럼
말이 부족한 상황에서, 혀는 좀처럼 낭비하지 않아요

진실을 호흡하니까, 고통 속에서 자기 말을 호흡하니까

— 셰익스피어, 『리처드 2세』, 2막 1장

　날이 지나는 동안, 나는 하비의 몸과 팔다리를 열심히 살폈다. 저녁 무렵에는 그의 등에서 새로운 병변을 찾아냈다. 이제 대상포진이 번졌다. 대상포진은 면역체계가 제힘을 발휘하지 못한 채 억눌리고 약해져 신체 기능에 문제가 생길 때 발생한다. 상태가 치명적일 수 있었다. 나는 충격에 사로잡혀 하비를 담당하는 종양 전문의이자 친구인 스티브 로젠에게 전화를 했다. 우리는 하비가 입원해야 한다고 의견을 모았다. 하비는 거절했다. 스티브는 집으로 와서 하비가 복용 중인 약이 기록된 긴 목록을 살폈다. 그리고 약 몇 가지를 더 추가하고 내 손을 잡아주었다. 그가 집을 떠날 무렵 나는 안심했다. 그가 침착하고 자신 있는 태도를 보여주어 고마웠다. 다음 날 아침, 하비의 몸이 곳저곳에서 새로운 병변의 싹이 자랐다. 나는 이를 보고 또다시 충격을 받았지만 하비는 계속 차분했다. 날은 괴로울 만큼 느릿느릿 흘러 여러 주가 지났다. 하비는 계속 진통제 복용으로 도움을 받았고, 결국 반유동식 식사에 적응할 수 있었다. 그 무렵부터 그는 면도를 할 수가 없었다. 얼굴 병변이 계속 베어나 불편했다. 이후 몇 주가 더 지나자 그는 점차 나아졌다. 하지만 2년 뒤 그가 죽을 때까지 얼굴의 비대칭은 사라지지 않았다. 눈에 띄게 얼굴을 손상하는 아주 고약한 방식으로 암은 자신의 존재를 일깨웠다. 복수심에 불타는 흉악한 병이었다.

　누군가 암에 걸렸을 때 림프종을 진단받으면, 보통 조금이나마 안심한다. 치료를 받으면 완치할 가능성이 제법 있기 때문이다. 사실 하비는 한동안 잘 해냈다. 1998년 6월, 하비를 리툭시맙Rituximab(약품명 리툭산)으로 치료한 뒤, 우리는 그의 피에서 줄기세포를 모았다. 언젠가 자가 이식을 결정할지도 모를 때를 대비해서였다. 실제로 어떤 의미가 있기보다는 우리를 심리적으로 돕는 일이었지만, 그래도 이식 팀은 우리의 요청에 따라주었다. 1999년, 상황은 빠르게 나빠졌다. 그는 심부정맥혈전증과 천식과 이동성 다관절염이 생겼고 잘잘 때 식은 땀을 쏟았다. 림프종 세포가 피하조직으로 침투했다. 림프종 세포들이 하나의 부위에서 다른 부위로 일제히 이동해서, 특히 내게 큰 충격을 안겼다. 어느 날 아침엔 그의 비장이 커졌고, 또 다른 날 아침엔 목과 겨드랑이에 혹이 생겼다.

하비는 탈리도마이드로 치료받기 시작했고 반응이 있었다. 하지만 몇 달 뒤 그는 말초신경병증peripheral neuropathy 징후로 무척 아프고 불편했다. 약을 레블리미드로 바꾸었는데, 그 약은 골수에 독성이 있다고 판명 났다. 그의 혈소판 수치가 10퍼센트대로 떨어지자, 우리는 이 약을 쓰는 것을 포기해야 했다. 결국 그는 화학요법을 시작했다. 나는 이 모든 치료가 림프종에 얼마나 효과적인지 알수 없다. 하지만 기본적으로 이 치료들은 하비의 면역체계를 파괴했다. 그는 반복해서 감염되곤 했고, 그 결과 병원에 자주 입원했다. 지금 하비가 살아 있다면, 아마도 이브루티닙ibrutinib으로 치료받아 이득을 보았을지도 모른다. 이 약은 여러 종의 림프성 암에 대단히 성공적이라고 밝혀지고 있다.

림프종이 먼저 나타나 면역체계에 영향을 끼칠까, 아니면 면역체계의 문제로 림프종이 나타날까? 여전히 알 수 없다. 하비는 후자 쪽을 의심했다. 그는 이미 고환암으로 고생했었고, 림프종은 2차 원발성 암이었기 때문이다. 1차 암의 재발도 파생도 아니었다. 그리고 당연한 얘기지만, 하비가 받은 끝이 보이지 않던 치료가 의심스러웠다. 그 치료들이 잘 알 수 없는 파괴적이고 억압적인 방식으로 면역체계를 아수라장으로 만들었을 것이다. 전후관계가 어떠하든, 면역체계가 고장이 나서 하비는 계속 패혈증이 생겼다. 결국 담당 의사들은 나와 그의 장성한 자식들을 앉혀놓고 호스피스 치료를 추천했다. 그러면서 다음에 또 감염이 발생했을 때는 그를 응급실로 보내지 않는 것이 어떠냐고 부드럽게 제안했다. 우리는 일이 자연의 순리대로 돌아가도록 놔둬야 했다. 하비는 그 무렵 결핵수막염tuberculous meningitis에 시달리고 있었고, 제대로 된 결정을 스스로 내릴 수가 없었다.

하비가 집으로 돌아오니 그도 우리도 마음이 놓였다. 그는 결국 결핵수막염에서 회복했다. 지적 활기를 되찾았다. 집에서 말기 환자 간호를 받으며 학계 동료들과 정기적으로 실험실 회의를 했다. 나는 하비의 아들 마크를 보내 하비의 부모님을 플로리다에서 모시고 오게 했다. 레니와 에스텔은 둘 다 90대의 나이로 하비가 말기 환자 간호를 받는 내내 곁에 머물렀다. 그들은 하비의 생애 마지막 순간까지 사랑과 관심을 전했다. 이 무렵 내게 가장 힘든 일 중 하나는 그의 어머니와 마주하는 것이었다. 나는 우리 방에서 나가기 전에 언제나 잠시 마음을 가다듬어야 했다. 에스텔이 불안한 마음으로 내 얼굴을 꼼꼼히 살피고 내 몸짓을 찬찬히 본다는 걸 알았기 때문이다. 하비는 그들의 자존심이자 기쁨이었다.

•

얼마나 많은 오마르와 앤드루가 희생되어야 할까?

우리는 왜 하비의 림프종이 전신에 다 퍼진 무렵에야 진단을 내렸던 것일까? 왜 오마르의 육종이 세포를 혈관으로 쏟아내고 주변 근육으로 침입해 폐와 팔다리에 자리 잡고 나서야 진단을 내렸을까? 왜 앤드루의 종양이 9센티미터의 덩어리로 자라나 척추를 꽉 누를 지경에 이르고, 처음 징후가 나타난 지 며칠 만에 사지마비를 불러온 후에야 진단을 내렸을까? 왜 우리는 가혹한 치료법을 쓰며 마지막 암세포를 쫓는 걸까? 이렇게 하는 대신 암의 극초기 신호를 추적하기 위해 더 애쓰는 건 어떨까? 그럼 이런 질문을 할 것이다. "스물두 살이나 서른 여덟 살 먹은 사람에게 암이 있나 없나 왜 찾아보겠어요?" 하지만 암에 대한 면역은 나이와는 상관없다. 모든 개개인은 정기검진을 받아야 한다. 그렇게 되도록 과학과 기술이 발전해야 한다. 암은 암의 전 단계에서 예방되어야 한다. 이렇게 말하는 사람은 나만이 아니다.

조기 발견은 암 문제를 해결하는 열쇠다. 이 사실은 널리 인정받고 있다. 그래서 수십 년 전에 집단검진이 시작되었고 조기 발견 덕분에 사망률은 적어도 25퍼센트가 감소했다. 이제 우리는 암세포를 훨씬 더 이른 단계에, 정밀촬영 이전에 감지하는 방식으로 나아가야 한다. 그렇다면 이 중요한 연구 분야에 왜 국립암연구소 전체 예산의 5.7퍼센트만이 할당되어 있을까? 동물과 조직배양 세포를 이용하는 진행성 악성종양 연구에 왜 예산의 70퍼센트가 지원될까? 그런 연구들은 임상시험에서 사실상 90퍼센트의 실패율을 보이는데 말이다. 반대로 하면 왜 안 될까? 암의 기원을 찾는 데 연구비를 더 많이 쓰자는 얘기다.

하비를 고치려면 어떻게 해야 했을까? 수술로, 화학요법으로, 방사선요법으로, 줄기세포 이식으로 고칠 수 있는 암은 많다. 그런데 그 고칠 수 있는 암의 종류는 지난 세월 동안 크게 달라지지 않았다. 암 치료 분야에서 중요한 진보가 점점 늘어났지만, 연구는 대체로 위에서 언급한 요법들을 써서 이득을 보기 쉬운 환자들을 더 잘 골라내는 데 집중되었다. 이런 요법들에 저항성이 있는 암의 경우 지난 50년간 진보가 거의 없었다. 표적 치료와 개인별 맞춤 정밀 치료는 생존 기간을 몇 개월 더 늘려 소수의 환자에게 이득을 주지만, 그 대가로 어마어마한 신체적·재정적 부담을 지게 한다. 면역 치료는 1910년 이래 다양한 형식으로 시도되었고, 일부 환자 집단에 간헐적으로 도움이 된다.

이미 앞서 살펴보았듯, 주된 문제는 신뢰성이 없는 임상 전 시험 플랫폼과 동물 모델에 의존하는 데 있다. 동물 모델을 쓰지 말라는 얘기가 아니다. 생물학 연구에서는 동물 모델을 사용하여 분자 차원에서 암을 이해하는 데 엄청난 진전을 보았다. 대부분 조직배양 세포주와 초파리, 줄무늬열대어, 애벌레, 설치류, 원숭이 등의 동물 모델을 이용해 세심하게 연구하여 이뤄낸 진전이다. 하지만 이 방식들은 임상 전 약 개발 플랫폼으로서는 쓸모가 없다. 만일 우리가 같은 방향으로 계속 나아간다면, 쓰던 모델을 개선하겠다며 귀중한 자원들을 소모한다면, 의미 있는 암 치료법을 찾는 데 수백 년의 시간이 더 걸릴 것이다.

재현 가능한 동물 모델은 마치 금본위제처럼 과학계의 표준으로 여겨진다. 하지만 암은 병명이 같아도 환자마다 그 특성이 다르고 환자 한 명 내에서도 암세포는 부위별로 다르다. 악성 세포가 둘로 분열되면 딸세포가 생산된다. 이 딸세포는 모세포와 특성이 같을 수도 있고 완전히 다를 수도 있다. 왜냐하면 DNA 복제 과정에서 끊임없이 복사 오류가 새로 일어나기 때문이다. 또 두 암세포가 일란성 쌍생아처럼 유전적으로 같다 해도, 행동은 서로 다를 수 있다. 수천 가지 변수에 따라 유전자가 발현될 수도 있고 아닐 수도 있기 때문이다. 암세포가 자리 잡은 미세환경, 혈액 공급 여부, 면역 세포의 국소적 반응 등이 변수다. 그 결과 종양 내부에 존재하는 암세포는 더욱 다양해진다. 신체의 한 부위 안에서도 서로 다르다. 숙주의 면역반응이 각각의 새로운 클론에 더해지면, 암은 더욱 복잡해진다. 그래서 당혹스럽고 난처하며 속내를 알 수 없는 상황이 계속 이어진다.

　　질병의 복잡성이란 암에만 해당이 되는 이야기가 아니다. 과학전문기자 존 코언Jon Cohen은《사이언스Science》에 항염증적 항체가 인간 HIV를 대상으로 어떤 효과도 내지 못했다는 내용의 기사를 실은 적이 있다. 에이즈 바이러스와 유사한 유인원면역결핍 바이러스SIV에 원숭이를 감염시켜 입증한 치료법들을 연구한 결과였다. 별개의 연구팀이 병을 앓는 영장류를 대상으로 2차 실험을 해서 결과를 재현하려 했으나 실패했다. 국립알레르기감염병연구소의 수장과 그 연구의 공저자가 낸 결론은, 원래의 원숭이 실험에서 얻은 결과는 "우연일 수 있다"라는 것이었다. 평소와는 달리 이렇게 솔직하게 인정하다니 칭찬받을 만하지만, 나는 앞으로 나아갈 길에 대한 질문을 하고 싶다. 동물 연구는 그 특성상 이렇게 예측 불가능한 우연이 발생하기 쉬운데, 그렇다면 동물 연구를 막기 위해 기관에서는 어떤 조치를 취했을까? 이런 사실들이 밝혀졌는데도, 우리는 왜 동물 연구에 수억 달러를 투자할까? 다음 연구는 인간을 위한 임상적 지침이 되리라는 환상을 왜 버리지 못하는가? 우리 사회는 왜 자원이 배분되는 방식에 대해 더 엄격한 책임을 묻지 않을까? 이런 자원들의 수혜자는 누구일까? 그리고 그들이 수혜자가 되는 이유는 무엇일까? 이런 자원들로 이득을 보고 있는 건 확실히 환자는 아니다.

모든 암 연구는 궁극적으로 더 나은 치료법의 개발을 목표로 한다. 하지만 인간 종양 연구에는 아주 부적절한 수단이 사용되어왔다. 특히 약을 실험하는 플랫폼에서 이런 실수가 더 크게 두드러진다. 우리는 종양 일부에서 얻은 소량의 암세포를 접시에 놓거나 쥐에 주입한다. 그리고 그 암세포들이 아주 이질적인 암의 특성을 요약해주길 기대한다. 암이란 생체 내에서 발달하여 팽창하고 모습을 바꾸며, 기관에 침입했다가 후퇴하고 되살아나 질적으로 달라지는 악성 세포군이다. 실험실에서 무엇이 자라나든 이런 소량의 암세포조차도 대표할 수 없다. 보통 서식지를 벗어난 세포는 새로운 환경에 적응하면서 그 특성이 변하기 때문이다. 시험관에서 자라는 세포주의 세포들은 세포를 채취한 원래 조직(간, 폐, 췌장)보다 서로서로를 더 닮는다. 이런 사실을 보여주는 증거들은 차고도 넘친다. 모든 세포주에서 발현된 유전자 다수는 생체 밖에서 생존하는 데 필요한 것들이다. 이런 점에서, 세포주의 세포들은 동일한 '전사체적 부동transcriptomic drift'*을 띤다고 할 수 있다. 과학자들은 연구를 수행할 때 엄청난 정확성을 따지는 집단이다. 그런데 어떻게 이런 근본적인 오류에서 그저 눈을 돌리고만 있을 수 있나?

---

* 전사체는 세포나 조직에서 DNA로부터 RNA 형태로 발현되는 전사물을 총칭한다. 전사체적 부동은 전사체에 담긴 유전자가 다음 세대로 이동할 때 자연선택이나 돌연변이 없이 유전적 변화가 일어나는 흐름을 가리킨다.

그렇다면 해결책은 무엇인가? 첫 단계는 우리가 거만한 태도를 버리고 솔직하게 인정하는 것이다. 암은 너무 복잡한 문제이므로, 치료법 개발을 위해 고안한 단순한 임상 전 시험 플랫폼으로는 해결할 수 없다는 사실을 받아들여야 한다. 지난 50년간 달라진 건 거의 없었다. 그리고 앞으로 다가올 50년 동안도 거의 없을 것이다. 우리가 계속 같은 방식을 고수한다면 말이다. 가장 빠르고 저렴하게, 무엇보다도 가장 보편적으로 환자를 배려하며 암에 대처할 수 있는 방법은, 질병의 말기 단계에만 맞춘 치료법 개발에서 눈을 돌려 개시 단계의 암 진단과 암의 증식 예방을 위한 기술 개발에 집중하는 것이다. 이제 마지막 세포를 쫓는 데서 손을 떼고, 첫 번째 세포가 남기는 발자국을 밝혀내야 한다.

●

　　암 진단 시 보통 1센티미터 크기의 종양에는 약 30억 개의 악성 세포가 들어 있다. 1밀리미터의 종양에는 300만 개의 세포가 있고, 0.1밀리미터의 종양에는 대략 30만 개의 세포가 있다. 제거해야 하는 세포가 너무 많다. 결국 미래는 숨길 수 없는 흔적을 통해 극소수 암세포의 존재를 감지하는 기술 개발에 달려 있다. 이 흔적이란 어떤 것일까?

　　대리표지자를 찾는 과학은 이제 시작 단계다. 암세포는 빠른 속도로 죽으면서, 그 정체를 드러내는 생물학적 표지자를 내버린다. 피한 방울에 담긴 DNA, RNA와 단백질 조각이 암의 흔적으로, 이는 숨쉴 때 나오는 분자로 탐지할 수 있다. 혹은 극소수 암세포의 존재로 일어난 자기장의 변화를 기록하거나, 펨토몰 수준의 단백질(1펨토몰femtomole은 1몰mole의 1000조 분의 1이다. 몰은 원자나 분자 등의 질량을 나타내는 단위로 그램 단위의 극미량이다)을 묶어서 그 존재를 드러내는 항체를 이용할 수도 있다.

이제껏 반복해서 알아보았듯이, 암의 주된 문제는 조용하고 은밀하다는 점이다. 종양은 아무 징후 없이 자기들이 자리 잡은 기관의 상당 부분을 대체할 수 있다. 바로 수케투 메타, 오마르, 앤드루에게 벌어진 일이다. 수케투는 우연히 폐암을 진단받았으니 운이 좋았다. 하지만 다른 두 명의 경우에는 암을 찾아냈을 때 이미 게임이 끝났다. 나는 오랫동안 치명적인 급성골수성백혈병 사례를 다루었었다. 그리고 결국 이토록 기만적인 적을 따라다녀 봐야 가능성이 없다는 것을 깨닫고, 조기 발견으로 관심을 돌리게 되었다. 그래서 전백혈병을 30년 동안 연구했다. 하지만 골수형성이상증후군 또한 급성골수성백혈병으로 진행되지 않아도 마치 그 병처럼 몰아쳐 살인을 저지를 수 있다. 그래서 나는 검사에도 전념하게 되었다. 평범하고 건강해 보이는 개인에게서 골수형성이상증후군이나 급성골수성백혈병 혹은 일반적인 암의 극초기 신호를 찾는 검사였다.

암은 예전부터 조기에 진단하고자 했다. 암과의 전쟁 선언만큼이나 오래된 일이다. 유감스럽게도, 인구 집단 기반의 일반적인 검진 프로그램은 천문학적 비용이 들지만 기대만큼 극적인 성공을 거두지는 못하고 있다. 나아가 조기 발견과 치료 개입으로 암을 고칠 수 있으리라는 가정 또한 경고성 사례가 있어 어려움을 겪어왔다.

우선 검진은 과잉 진단과 과잉 치료를 유발할 수 있다. 이는 환자들에게 해로울 수 있고, 보건의료 체계에 재정 부담도 줄 수 있다. 암은 하나의 세포에서 시작한다. 하지만 암마다 성장 속도가 다양해서 암이 임상 증상으로 나타나기까지는 수십 년이 걸릴 수 있다. 어느 연구는 유방암의 여정이 자궁에서 시작될 수도 있다고 시사한다. 몇몇 흔한 종양의 경우 수십 년에 걸쳐 퍼지므로, 자연 경과의 특정 시점에서 종양을 찾아내 빨리 제거하는 것만이 암을 치료하는 유일한 길이라는 주장은 분명히 잘못된 것이다. 조기에 발견한 여러 암, 즉 영상기술이나 종양특이 항원검사로 찾은 암들은 비치명적인 다양성을 갖고 있어서, 이후 임상 증상이 나타난 단계에서 찾았다 해도 치료에 반응했을 수 있다. 이런 사실은 그리 놀랍지 않다.

공격적 암은 조기에 발견했다 해도, 그 소식이 그리 반길 일은 아니었다. 그 경우에는 절반 이상이 이미 어떤 식으로든 퍼져 있어서 일찍 진단을 내려도 이득이 없었다. 이를테면 유방암에서 분자 지표를 볼 때 예후가 좋은 종양도 조기 발견이 크게 도움이 되지 않았다. 이런 종양은 무척 천천히 자랄 예정이라, 환자가 살아 있는 동안에는 크게 위험하지 않다. 심지어 임상적으로 탐지되는 단계까지 진행되었다 해도 표준적인 치료법이 잘 통한다. 보다 공격적인 유방암도 조기 발견으로 도움을 얻지 못했는데, 유방촬영검사로 암을 찾아냈을 때는 이미 퍼진 상태라서 고칠 수가 없었기 때문이다. P. 오티에P. Autier와 M. 보니올M. Boniol은 유럽 각국에서 수행한 대규모 인구 집단 기반의 연구들을 검토하여, 유방촬영검사가 검진 도구로서 어떤 역할을 하는지 살펴보았다. 결론은 우울했다. "역학적 자료로 보건대, 유방촬영검사는 유방암 사망률 감소에 별달리 기여하지 않았다. 나아가, 치료가 더 효과적일수록 유방촬영검사로 얻는 이득보다는 위해가 더 커진다. 효과적으로 유방을 검사하는 새로운 방법이 필요하다. 위험 기반의 검진 전략에 대한 연구 또한 필요하다." 미국의 질병예방특별위원회는 쉰 살에서 일흔네 살 사이의 여성들에게 2년에 한 번씩 유방촬영검사를 받으라고 권한다. 다른 연령의 여성 집단이 유방촬영검사를 받을 때 어떤 이득과 위해가 있을지 분석하기에는 현재 자료가 부족하다.

전립선암 사망률 문제의 경우, 다중 연구들을 대상으로 메타 분석이 이루어졌으나 이 또한 전립선 특이항원PSA, Prostate-specific antigen 검사가 사망률을 실질적으로 낮췄는지 아닌지 밝혀내지 못했다. D. 일릭D. Ilic과 동료들은 이렇게 결론을 냈다. "전립선암 검사는 기껏해야 10년 동안 특정 질병의 사망률을 조금 줄였다. 하지만 전체적인 사망률에는 영향을 끼치지 않는다. PSA 기반 검사를 고려하는 임상의와 환자는 검진 시 생기는 이득뿐만 아니라 단기간, 장기간에 걸쳐 생길 위해를 따져볼 필요가 있다. 과잉 진단과 과잉 치료의 위험이 있고, 생검 및 이후의 치료로 합병증이 생길 수 있기 때문이다."

조기 발견 표지자가 꼭 필요한 경우를 하나 들자면, 그것은 난소암이다. 난소암은 매해 미국에서 1만 4000명의 여성을 죽이는 살인자로 악명 높다. 이 병은 일반적으로 근치적 치료가 가능한 상태를 지난 뒤에야 진단된다. 암항원 125(CA-125)는 무려 80퍼센트의 상피성난소암에서 생산되는데, 간단한 피검사로 찾아낼 수 있다. 이는 환영할 만한 진전이었다. 하지만 검진 연구를 해보니, CA-125 검사는 근본적으로 문제가 있었다. 첫째, 초기의 작은 종양에서 생산된 항원의 양은 혈액에서 찾아내기 어려웠다. 혈액 내 항원의 수치가 높아진 무렵이면, 종양은 이미 많이 진행된 후다. 혈액 내 수치는 종양 부담과 관계가 더 깊어 보인다. 1단계 난소암 여성의 경우 3분의 1에서 2분의 1이 검사 결과에 양성으로 나타난 데 비해, 2단계 난소암은 90퍼센트가 양성으로 나타났기 때문이다. 두 번째로, CA-125가 언제나 악성

종양을 시사하는 것은 아니다. 양성에 염증성이 있는 드문 경우에도 CA-125가 존재한다. 스웨덴의 어느 연구에서는 5500명의 여성을 무작위로 검진하여 175건의 수술을 했으나, 난소암은 여섯 사례밖에 없었다(여섯 사례 가운데 두 건은 맞춤형 조기 치료가 가능한 단계였다). CA-125 측정은 암이 확실한 상황에서, 사용된 치료법이 얼마나 효율적인지 살펴보는 데 좋다. 항원이 줄어드는 수준이 종양 부담의 축소와 관련이 있기 때문이다. 클리프턴 리프는 훌륭한 저서 『약간의 진실』에서 CA-125에 대해 다음 결론을 내린다. "진단 검사의 핵심은 불필요한 개입 비용을 낮게 유지하면서, 많은 개인들이 장래에 겪게 될 상황을 바꾸는 것이다. 그런데 이 생체표지자는, 과대 선전된 수백 가지의 다른 후보자가 그렇듯, 어느 쪽으로도 쓸모가 없다."

1980년대 이래로 인구 집단 기반의 일반 검진에 수많은 자원이 투여되었지만 그에 비해 성공은 미미했다. 한스-올로브 아다미Hans-Olov Adami 연구팀은 이제 이런 식의 접근을 그만둬야 한다고 말한다. "인구 집단 기반의 암 조기 검진은 기대를 충족하지 못했다. 그리고 상당수의 건강한 개인들에게 위해를 가했다." 대신 그들은 암이 생길 가능성이 큰 집단을 대상으로 조기 검진을 하자고 제안한다. 유전적으로 민감하거나 위험한 생활환경 혹은 독성 물질에 노출되어 있는 집단을 골라서 검진을 하는 것이다.

한편, 검진은 대장암 환자들에게는 도움이 됐다. 이 암은 양성 선종부터 시작해서 1단계에서 4단계까지 순차적으로 진행된다. 그래서 조기 발견이 유용하다. 비슷하게, 자궁경부암 또한 자궁경부이형성부터 시작해서 1단계부터 4단계까지 뚜렷하게 진행되므로 검진이 대단히 효과적이었다. 팹스미어 검사가 일반화되자 자궁경부암 사망률이 상당히 감소했다. 검진이 효과가 없을 때도 있긴 했지만, 전체적인 암 사망률은 1990년부터 2015년까지 25퍼센트가 감소했다. 주요 공로자는 유방암(39퍼센트까지 감소했다)과 대장암(남성은 47퍼센트까지, 여성은 44퍼센트까지 감소했다)의 수준 높은 검진이다. 중요한 점은, 대부분의 검진은 예방 검사이며 임상적으로 확실한 암을 조기에 발견하는 것이 아니라는 사실이다.

요약하자면, 이제껏 쓴 조기 검진 도구들은 진행 단계가 뚜렷한 암의 예방에 유용하다. 하지만 예측이 안 되는 암에서는 이득을 볼 수 없다. 후자는 갑상선암과 전립선암 외에 몇 가지 유방암이 해당된다. 종양의 크기와 암의 전이 가능성이 상응하지 않는 경우다. 작은 종양이 발생 초기에 암세포를 흘려보낼 가능성이 있는 한편, 크기가 더 큰 종양이 덜 공격적으로 발달할 수도 있다. 이제 당면한 과제는 전암을 찾아내는 방법을 고치는 것이다. 최소한의 침습적 검사로 암이 되기 전에 찾아야 한다.

개선된 암 치료는 매해 암을 진단받는 170만 명 가운데 소수에게만 도움이 되었다. 그 결과 미국에서 한 해에 60만 명이 암으로 사망했다. 조기 발견과 예방 검사를 통해, 우리는 1억 2000만 명의 삶을 구할 수 있다. 1억 2000만 명은 살면서 평생 암에 걸릴 인구의 3분의 1이다.

●

기계를 상상해보자. 아침 샤워를 하는 동안 몸 전체를 자동으로 영상화하는 기계. 혹은 스마트 브래지어를 상상해보자. 브래지어에는 체온과 피부 감촉의 미세한 변화를 관찰하는 200가지의 작은 바이오

센서가 내장되어 있다. 일주일에 한 시간만 착용해도 브래지어와 연동된 앱application에서 사용할 충분한 자료가 나온다. 앱은 극소수 암세포가 감지되면 달라진 상태를 보여주게 되어 있다. 암세포가 흡수하는 성분이 든 약을 먹는다고 상상해볼 수도 있다. 소변이 배출되면 그에 맞춰 설치한 변기 장치로 암세포를 탐지하는 것이다. 리포터 단백질을 생산하는 리포터 유전자reporter gene*가 들어 있는 칵테일을 이용하면, 이를 휴대용 장치로 영상화하여 몸 어디에 암세포가 있는지 알수 있다. 초음파를 이용해서 암에 소리를 지르는 건 어떨까? 적절한 빈도로 초음파를 내보내면 종양이 더 많은 표지자를 혈액에 흘려보내게 된다. 그러면 암이 제 존재와 잠재적 치명성을 드러내는 셈이다. 혹은 정기적으로 손가락을 살짝 찔러 나온 혈액 한 방울로 자기 나노 센서가 악성종양의 대리표지자를 바로 찾아내는 방법도 있다.

위의 설명한 내용은 SF영화 〈바디 캡슐Fantastic Voyage〉에 나오는 것이 아니다. 오늘날 여러 단계로 개발 중인 실생활 기술이다. 스탠퍼드대학 카나리아센터의 샘 갬비어가 이 분야의 선두주자다.** 그는 혈액, 소변, 대변, 체액, 호흡, 눈물을 대상으로 유전, 음향, 영상 기법을 이용하여 암을 조기에 발견하고자 한다. 이런 획기적인 기술의 출현은 여러 분야 출신의 전문가들이 협업한 직접적 결과다. 유전학자, 생의학 공학자, 종양학자, 분자생물학자, 나노 기술자, 인공지능 전문가, 컴퓨터과학자 그리고 생물정보학 웹 데이터베이스, 스포츠에서도 협동과 협업이 승리를 거두는데, 암 분야도 그러면 어떨까?

---

*   유전자의 발현 물질, 발현 정도를 탐지할 수 있는 유전자.
** 샘 갬비어는 2020년 7월 암으로 인해 쉰일곱의 나이로 사망했다.

미래에는 다음과 같은 시나리오가 가능할지도 모른다. 모든 사람이 출생부터 사망까지 최초로 발생한 암을 찾아내는 검진을 정기적으로 받는다. 암이 감지되면 단백질 표지자도 알아낼 수 있을 것이다. 암세포에 일종의 식별 번호가 생기는 것이다. 의사들과 과학자들은 개인에게 받은 혈액 한 팩에서 T세포를 분리하여 활성화하고, 암이 발현하는 고유의 단백질 암호와 RNA 지표에 근거하여, T세포가 암의 식별 번호를 찾아내도록 무장시킨다. 이 CAR-T 세포들을 혈액을 채취한 개인에게 다시 주입한다. 표적을 모조리 찾아내서 죽이도록 하는 것이다. 현재 CAR-T 요법에서 보이는 유독한 효과는 하나도 발생하지 않을 것이다. 이 시점에서 종양 덩어리는 현재 우리가 표적으로 삼는 종양에 비해 매우 작기 때문이다. 결국에는 검진을 위해 피를 채취할 필요도 없게 될 것이다. 대신 모든 아기가 태어난 직후부터 체내에 작은 장치를 이식받게 될 것이다. 작은 문제라도 있는지 계속 관찰하고, 때맞춰 신호를 보내어, 확인과 입증과 치료가 신속하게 이루어지도록 할 것이다. 바라는 바는, 모든 암을 전암 단계에서 찾는 것이다. 이식 장치를 통해 신체를 동적으로 관찰하여, 질병에 취약한 계통에 발생한 작은 변화를 감지하는 식으로 말이다. 물론 이는 꿈같은 이야기이고, 현재의 의료 문화와는 거리가 멀다. 이렇게 되기까지 수천 번의 시행착오가 있을 것이다. 하지만 시작하지 않는다면, 절대 이룰 수 없다. 게다가 나는 인간의 능력을 아주 신뢰한다. 인간은 목표가 있고 재정적으로 지원을 받는 한, 앞으로 나아가 빠르게 혁신한다. 이제 목표는 불확실한 용어로 쓰여서는 안 된다. 우리는 효과가 미미한 치료법을 개발하는 일을 그만두어야 한다. 그리고 국제적으로 적용할 수 있는, 인간적 치료로 가야 한다. 이런 최고의 치료는 예방이다.

첫 번째 암세포의 흔적을 발견하기 위해서는, 암의 초기 생물학적 표지자 지도를 구축해야 한다. 우리의 자원은 이를 표적으로 삼아야 한다. 고맙게도, 경주는 이미 시작되었다. 우리는 심층적으로 협동하여 이득을 얻을 것이다. 어느 이름 없는 현자의 충고를 기억하자. "더 나아지길 원한다면 경쟁하라. 하지만 정말 효과적으로 더 나아지고 싶다면 협동하라."

•

육체의 생명은 혈액에 있음이라.

—「레위기」, 17장 11절

연구는 엄마와 아이의 연결점, 즉 태반에서 시작되었다. 자라나는 태아의 선천성 질병을 양수 말고 산모의 혈액에서 감지할 수 있을까? 배아는 세포를 박리하는데, 그 세포는 태반을 통해 산모의 혈류로 들어간다고 알려져 있다. 하지만 이 태아 세포를 채취, 검사하여 분자 수준으로 자세하게 분석하는 일은 어려웠다. 그 수가 너무 적기 때문이었다. 수량의 문제는 세포 유리 태아 DNAcell-free fetal-DNA, 곧 cff-DNA로 알려진 태아의 DNA가 임신 기간 동안 산모의 혈액에서 순환한다는 사실이 알려지면서 해결되었다. 충분한 양의 cff-DNA가 태반에서 떨어져 나오니, 자라나는 태아의 선천성 질병을 알아내는 비침습성 모성 검진NIPS이 바로 가능해졌다. NIPS는 산모에게서 극소량의 혈액을 채취하여 진행하는 검사다. 출생 전 다운증후군을 가장 잘 진단하는 검사로 알려져 있다.

그렇게 cff-DNA 분석이 양수 검사를 대체하게 되었다. 비슷한 기술을 개발할 수 있을까? 자라나는 종양이 혈액에 방출한 대리표지자를 추적하는 기술 말이다. 이렇게 되면 조기에 암을 진단할 수 있을 뿐 아니라 환자는 침습성 생검을 받지 않아도 된다. 건강한 개인의 경우 세포 유리 DNA, 즉 cf-DNA는 혈액에 있긴 하지만 양이 아주 적다. 하지만 암 환자의 경우, 순환 종양 DNAcirculating tumor-DNA, 즉 ct-DNA는 종양 형성 초기 단계에도 양이 많아서 감지할 수 있다. 면역세포가 혈액에서 암세포를 효과적으로 처리하지 못하기 때문이다. 이 ct-DNA로 분자 단위의 양상을 분석할 수 있고, NIPS와 맞먹는 비침습성 '액체 생검'을 할 수 있다. 연구자들은 이러한 액체 생검을 개발하기 위해 많은 노력을 기울여왔다. 액체 생검은 비침습적으로 혈액 내 암세포에서 나온 유전적 물질의 존재를 밝혀낼 수 있다. 이뿐만 아니라 개시 단계의 암이나 전암성 병변을 진단하기 위해 소변이나 침 속에 있는 분자적 표지자 또한 밝혀낼 수 있다. 이 은밀하고 비밀스러우며 겉으로 드러나지 않은 대리표지자로는 어떤 것들이 있을까?

우선 악성 세포가 죽어가며 내다 버린 돌연변이 DNA가 있다. 다음으로, 비정상 단백질을 합성하도록 안내하는 전령 RNA의 전사물 혹은 그 단백질 자체가 있다. 이 세 가지 모두 악성종양의 생체표지자가 될 수 있다. 생식 세포계열 DNA는 한 유기체 내에서 모든 세포가 같지만, 전사체와 단백체proteome는 세포 계통에 따라 다르다. 백혈구의 전사체와 단백체는 뇌세포의 그것과 다를 것이다. 양쪽의 DNA가 같다 해도 말이다. 암적 성장의 초기 신호는 DNA의 돌연변이나, RNA와 단백질 집단의 비정상적 발현을 통해 감지할 수 있다. 이상적으로 말하면, 미래에는 이 세 가지가 하나로 묶일 것이다. 혈액이나 소변,

침 한 방울만 써도 진실로 포괄적인 그림을 그릴 수 있게 될 것이다. 이런 접근의 임상적 타당성을 확립하려면 지원자 집단을 선별하여 임상시험을 해야 한다. 그러려면 학계와 병원과 산업계와 종양 전문의들이 다 같이 큰 힘을 모아야 한다.

아주 흥미로운 연구가 마지막 암세포가 아닌 첫 번째 세포를 찾아내는 분야에서 진행 중이다. 몇몇 상업적 주체가 대규모 인구 집단 기반의 연구들을 수행하고 있는 것이다. 자신들이 개발한 검진 방법이 얼마나 정확한지, 임상적으로 얼마나 유용한지 알아내기 위해서다. 그리고 연구 결과는 정기적으로 공유된다. 이럴 때 정부 기관이 해야 할 일이 있다. 흔하면서도 치명적인 인간 종양을 체계적으로 연구하기 위해 분야별로 협력할 수 있게 하고, 때맞춰 진보할 수 있도록 지침을 제공해야 하는 것이다. 이제 이 분야에서 진행 중인 시도 가운데 몇 가지를 간단하게 살펴보고자 한다.

마이크로 RNA는 작은 조절 RNA로 단백질을 합성하지 않는다. 이들은 종종 암에서 기능 이상을 보인다. 그리고 인간의 혈장에서 놀라울 만큼 안정된 형태로 존재하기 때문에, 악성종양에 대한 생생한 정보를 줄 수 있다. 이런 정보는 다른 방법으로는 얻을 수 없다. 암의 종류에 따른 고유한 양상을 보여주는 종합적인 자료는 아직 더 수집해야 하지만, 본격적인 연구는 마이크로 RNA 분야에서 다양한 수준으로 이미 진행 중이다. 디지털 미세유체역학을 이용하면, 혈액 한 방울만 있으면 된다. '랩온어칩lab on a chip'*이라고 불리는 이 플랫폼은 환자 중심으로 분산적이며, 과정은 자동화되어 있고 접근이 쉽다. 디

---

* 초소형 바이오칩의 일종으로 아주 적은 양의 시료만으로 검사를 할 수 있다.

지털 미세유체역학을 통해, 폐암이나 난소암 같은 여러 흔한 암이나 위종양의 마이크로 RNA 진단 지표가 생겨나고 있다. 현재 내시경 검사를 하면 그중 1퍼센트만 암 진단을 받는다. 검사의 99퍼센트가 헛된 시도다. 하지만 이 혈액 검사를 하면, 선별된 소수만 침습적 검사를 받게 되니 어마어마한 비용을 아낄 수 있다. 1단계 난소암 환자들을 대상으로 여덟 가지 마이크로 RNA로 구성된 패널을 써서 검사하는 방식은, 조직 표본뿐만 아니라 혈장 표본을 이용할 때도 아주 정확한 결과를 냈다. 비슷하게, 초기 유방암의 생체표지자로서 진단 및 예후, 예측과 관련하여 활용할 수 있는 마이크로 RNA 지표도 준비되고 있다. 폐암의 경우, 마이크로 RNA 지표가 있다. 대장암의 경우에는 수술 전 네 가지의 마이크로 RNA(구체적으로 miR-29a, 200b, 203, 31)의 혈장 내 수치가 생체표지자로, 예후를 예측할 수 있다. 그리고 혈장 내 miR-31, 141, 16의 수치를 확인하면 대장암이 재발하는지 알 수 있다. 마이크로 RNA 분야는 사실 시작 단계에 있다. 하지만 연구 지원 기관이 그 중요성을 더 인정한다면, 더 많은 연구자들이 관심을 가지게 될 것이다.

혈액에서 순환 종양 DNA(ct-DNA)를 감지하는 검사 또한 암을 조기에 발견하는 안전하고 신뢰할 수 있는 발판이 될 것이다. 전 부통령 바이든의 '암 정복' 프로젝트는 '암 관련 혈액 프로파일링 지도BloodPAC, Blood Profiling Atlas in Cancer' 프로젝트를 수행하여, 혈액 내 암 관련 신호에 대한 자료를 모을 것이다. ct-DNA는 종양의 체세포 변화를 전달하기 때문에, 이를 감지하는 검사는 훨씬 신뢰할 만하다. 하지만 이 검사가 쉽지만은 않은데, 유전자 염기 서열을 분석할 때 흔한 암에서 발생 빈도가 가장 잦은 돌연변이도 관찰할 수 있어야 하기 때문이다. 서열 분석은 소량의 ct-DNA와 정상 세포에서 나오는 훨씬 많은 cf-DNA를 구별하기 위해서라도 더 상세히 이루어져야 한다. 현재 암 환자의 돌연변이와 건강한 기증자의 돌연변이에 대한 자료 수집이 이루어지고 있는 중이다. 참여자가 만 명이 넘는 이 연구는 '순환 세포 유리 유전체 지도CCGA, Circulating Cell-Free Genome Atlas'라고 명명되었다. 이것은 암 환자의 혈액에서 발견된 돌연변이를 모은 가장 큰 데이터베이스가 될 것이다.

ct-DNA를 찾으면, 다음에 풀어야 할 난제는 그 DNA가 어디에서 유래했는지 밝히는 일이다. 특정 돌연변이는 DNA가 유래한 조직을 찾는 데 유용하다. 특정 암의 체세포 변화 패턴을 잘 보여주기 때문이다. 과잉 치료를 막으려면 공격적 종양과 덜 침습적인 종양을 구분해야 한다. 이런 구분 작업은, 일련의 샘플에서 나타난 ct-DNA의 양상이 치사율과 어떤 고유한 관계를 맺는지 알아낸다면 더 세밀해질 수 있다. 종양이 유래한 조직을 찾아서 시기적절한 방법으로 종양을 제거한다 해도, 잠복성 전이가 이미 다른 부위에 나타나지 않았다고 볼 수는 없다. BRCA1이나 BRCA2 유전자 돌연변이처럼 특정 암(유방암이나 자궁암) 유발 가능성이 큰 돌연변이를 가진 환자들이나 폐암의 위험이 있는 흡연자들의 경우 ct-DNA 결과는 특정 기관의 검사와 영상 검사에 보탬이 될 수 있다. 마지막으로, 종양 절제 후에도 ct-DNA가 발견된다면, 유방암과 대장암, 비소세포 폐암의 경우 재발 위험이 크다는 뜻이다. 이럴 때 ct-DNA는 치료가 얼마나 성공적인지 관찰하기 위해 사용할 수 있다.

암 환자와 건강한 개인을 구별하는 것만으로는 충분하지 않다. 어떤 종양들은 무척 느리게 자라기 때문에 초기에 발견해서 공격적으로 치료하면, 그냥 자라도록 놔두는 것보다 오히려 환자의 건강에 유해할 수 있다. 이상적으로는, 암을 조기에 감지하는 생체표지자는 암이 어디에서 생겼는지, 얼마나 공격적일 수 있는지 단서를 제공해야 한다. 즉 활용 가능한 정보를 주어야 하는 것이다. 종양 세포의 고유한 단백질을 감지한다면, 이는 이상적인 생체표지자가 될 것이다. 암이 자리한 조직에 대한 정보, 종양의 공격성에 대한 정보를 모두 제시하면서, 치료의 표적으로 기능하기 때문이다. PSA나 CEA, CA-125처럼 혈액에서 생성된 단백질을 측정하는 검사는 수십 년 동안 시행되어왔다. 이 검사들은 조기 발견에 도움이 된다. 하지만 훨씬 더 이른 시기에 암을 찾는 데는 단일 단백질보다는 항원 집단, 즉 잠복성 종양의 **단백질 지표**protein signature가 더 폭넓은 그림을 보여줄 수 있을 것이다. 단백체 연구는 유전체나 전사체 연구처럼 많이 발전하지는 못했다. 표본 오류, 기술의 부족 및 생물정보학에 대한 지원 부족 등 이유는 여러 가지다. 많은 수의 단백질을 감지하려면 특성화된 항체를 쓸 수 있어야 한다. 이를 위해 이제는 항체 미세배열microarray*을 사용하는 새로운 방법이 가능하다. 단백질 지표에 대한 대규모 연구는 아직 수행된 바 없다. '암 정복' 프로젝트가 이 분야에 도움이 될 것이다.

흥미로운 생체표지자가 하나 더 있다. 엑소좀exosome이다. 엑소좀은 작은 소포체로, 세포에서 방출되어 혈액, 침, 소변 같은 체액으로 흘러가서 세포 사이 소통에 필요한 신호를 전달한다. 엑소좀은 암과 응고 작용, 폐기물 관리와 관련이 있어서 여러 질병의 생체표지자가

---

* 서로 다른 DNA를 슬라이드글라스 등에 고밀도로 집적시켜 유전자들의 발현 정도와 상호작용을 파악하는 실험 방법.

될 수 있다. 혈액에서 분리된 엑소좀은 내부의 카고cargo*가 분석 대상
이다. 암세포에서 유래한 엑소좀은 암이 어디에 생겼는지에 대한 실
마리를 제공할 수 있다. 엑소좀은 선발대 역할로, 암이 전이되어 퍼져
나갈 때 표적으로 삼을 새로운 기관을 발굴하려고 나선다. 그리고 종
양 단백질, RNA, DNA 조각, 지질을 악성 암세포로부터 숙주가 되는
기관의 세포로 옮긴다. 가까운 곳에도, 거리가 먼 곳에도 전달한다. 마
치 택배 같다. 엑소좀은 미세환경이 앞으로 찾아올 암세포를 잘 받아
들이도록 채비를 갖추게 한다. 새로운 부위에 전이 전 단계에 딱 맞는
공간이 생기도록 도우며, 질병이 진행되도록 장려한다. 과학자들은
단백체, 전사체, 유전체 분석으로 엑소좀을 연구하여 그 표지자를 식
별해냈다. 이 표지자를 감지하는 액체 생검으로, 대장암, 뇌종양, 유방
과 전립선의 악성종양 같은 다양한 고형암을 발견할 수 있다. 엑소좀
기반의 진단을 임상적으로 활용하기 위해 많은 자료를 신속하게 처리
하는 플랫폼이 개발되고 있다. 어떤 미세유체 장치는 엑소좀 내의 마
이크로 RNA를 분석할 수 있다. 엑소좀 기반의 진단 프로그램은 다른
액체 생검에 비해 보다 구체적인 정보를 제공한다. 더 안정적이기 때
문이다. 또한 엑소좀은 항암제와 백신을 전달하는 수단으로도 이용될
수 있다.

    엑소좀이 암이 새로운 부위로 전이되는 과정을 준비하면, 다음으
로 종양은 혈류에 세포를 흘려 보낸다. 엑소좀과 마찬가지로 이 순환
종양 세포들CTC은 액체 생검을 통해 찾을 수 있고, 암의 조기 발견에
도움이 된다. 또 예후를 알리는 표지자도 되며, 치료 및 조기 재발을

---

* 　세포 내 전달물질.

살피는 데도 쓰일 수 있다. 단 하나의 비정상적 세포도 1세제곱센티미터의 혈액에서 찾아낼 수 있는데, 이것은 상피 종양 세포들의 크기를 이용한 분리ISET 기술을 이용하면 가능하다. 필터에 여과시켜 얻는 이 극소수의 순환 세포들은 특징을 더 알아내기 위해 면역표지자와 조직화학염색 기술을 이용하여 연구할 수 있다. 한 연구 결과에 따르면, 600명의 건강한 지원자는 순환 종양 세포가 하나도 없었던 반면, 암 진단을 받은 환자들은 모두 순환 종양 세포를 가지고 있었다. 암이 더 진행된 경우 순환 종양 세포 수치도 더 높았다. 기술이 발전하여 검사가 더 정확해지고 구체적인 정보를 얻을 수 있게 되면, 순환 종양 세포도 건강한 개인이 정기적으로 확인해볼 항목 가운데 하나가 될 것이다.

환원주의의 전성기는 끝났다. 문제를 일으킨 유전자를 한 번에 찾아내고, 마법의 탄환을 연구하는 방식은 더 이상 통하지 않는다. 빅데이터, 클라우드 컴퓨팅, 인공지능, 착용형 센서의 시대가 도래했다. 암 연구는 데이터 기반의 양적 과학으로 진화하고 있다. 액체 생검으로 얻어낸 정보를(RNA, DNA, 단백체, 엑소좀, 순환 종양 세포 연구 결과 등을) 조직병리학과 방사선학 및 스캔 기법과 합치고, 고속 기계 학습과 영상 복원, 지능형 소프트웨어, 미세유체역학의 도움을 받는다면 미래에는 대변혁이 일어날 것이다. 암 치료법이 아닌 암 진단 및 예방법에서 말이다. 분자 유전학과 영상학, 화학, 물리학, 엔지니어링, 수학, 컴퓨터 과학의 전문가들이 통섭하는 생물학적 다학제의 체계를 이루고 최신 기술을 이용한다면 이상적 전략이 나타날 것이다.

시애틀에 있는 시스템생물학연구소의 리로이 후드Leroy Hood가 정확히 이 작업을 해내고 있다. 그는 새로운 개념을 창시했다. 예측 가능하고Predictive, 예방적이고Preventive, 개인 맞춤화되며Personalized, 참여적인Participatory 건강 관리(P4 전략)를 통해 질병을 극초기에 발견하자는 것이다. 건강한 개인들을 대상으로 질병 변이 네트워크를 감지하여 조기에 해결책을 찾는 방식을 이용해서, 그는 **과학적 건강**scientific wellness이라고 불리는 새로운 건강 관리법을 일구고 있다. 시스템생물학system biology*과 P4 전략을 적용하여, 암 치료는 결국 가장 진실한 의미에서 개인 맞춤형이 될 것이다.

비정상적 세포를 조기에 찾아낸 다음에는 그 세포가 유래한 기관이 어디인지, 악성으로 발전할 가능성이 있는지 알아내야 한다. 그리고 세포를 즉시 제거할 수단을 찾아야 한다. 적어도 골수형성이상증후군과 급성골수성백혈병의 경우, 우리는 조직 보관소를 이용하여 탐구를 시작할 준비가 되어 있다. 전백혈병 및 전백혈병의 급성백혈병으로의 이행에 관한 자연 경과를 이해하기 위해 우리는 팬오믹스pa-nomics**를 통해 연구하며 샘플을 선별해왔다. 이를 이용하면 질병의 이행과 관련해서 RNA와 DNA, 단백질 수치가 어떻게 달라지는지 이해할 수 있을 것이다. 질병 진행에 따른 면역 세포에 대한 클론 반응뿐만 아니라 마이크로 RNA, 세포 유리 DNA, 엑소좀에 대한 연구도 질병의 진행 단계에 특정화된 표지자를 알아낼 때 중요하다. 전백혈병에서 급성백혈병으로의 이행을 알려주는 조기표지자를 찾아낸다면, 이 표지자들이 신체 면역 세포에 암세포의 사라진 '주소'를 제공할 것

---

* 생명 현상을 하나의 유기체적 시스템으로 보며, 대량의 데이터를 수집하여 수학적으로 처리하는 방식을 쓴다.

** 유전체학, 단백체학, 대사체학, 전사체학 등을 포함하는 분자생물학 기술의 범위 또는 이들의 결합.

이다. 앞서 살펴보았듯이, 암세포를 극초기 단계에 발견하면, 가장 먼저 해야 할 일은 종양이 공격적인지 아닌지를 판단하는 것이다. 공격적이지 않은 종양은 그냥 놔두는 편이 낫기 때문이다. 이상적으로는, 10년 넘는 기간 동안의 질병 추이를 알 수 있는 환자들의 보관된 샘플로 이 연구를 하는 것이 좋다. 예를 들어, 골수형성이상증후군 진단을 받고도 10년 이상 사는 사람들과는 대조적으로 골수형성이상증후군이 백혈병으로 진행되어 조기 사망하기 쉬운 환자들을 가려낼 표지자를 밝히고자 한다면, 샘플을 연속해서 보관소에 기증한 골수형성이상증후군 환자들을 대상으로 연구를 할 수 있다.

잠재적 치사율을 알리는 생체표지자를 밝혀내면, 우리는 조기에 암을 공격하여 생명을 구할 수 있을 것이다. 조기에 암을 제거하는 전략은 전통적인 전략인 '베기-독을 주입하기-태우기'에 비해 더 나은 치료여야 한다. 현재 발전하고 있는 세포 치료법은 레이저와 같은 정확함으로 소수의 비정상적 세포를 표적으로 삼는 이상적 전략이 될 것이다.

면역체계를 더 잘 이해하게 되면서, 우리는 T세포와 자연살해 세포(NK세포Natural Killer cell) 같은 신체의 고유한 군인을 이용해서 신체 내부에서 암을 공격할 수 있게 되었다. CAR-T 세포는 역량이 너무 뛰어나 진행된 암을 치료할 때는 문제가 생긴다. 표지자를 발현하는 대상은 어떤 세포든 다 공격해서, 정상 세포까지 죽이는 것이다. CAR-T 세포가 표적 암을 더 잘 찾아내도록 하면서, 암세포의 수치가 낮을 때 공격하도록 하면 이 뛰어난 능력은 이점이 될 수 있다. 그리고 대량의 종양 조직이 파괴되면서 발생하는, 생명을 위협하는 사이토카인 폭풍과 종양용해증후군도 피할 수 있다. 골수형성이상증후군의 경우 조기표지자를 찾기만 하면, 이는 최초의 급성백혈병 세포가 생겼다고 빨간 깃발을 흔드는 일과도 같다. 그것을 이용해 면역 세포를 무장시키고 활성화시켜 표적을 찾도록 할 수 있다. 이제 모든 암을 대상으로 같은 전략이 개발되고 있다. 유방, 폐, 전립선, 위장관 등등에서 극초기 암세포 표지자를 밝혀내는 것이다. 특히 존스홉킨스대학의 버트 보겔스타인 연구팀에서 해낸 정밀한 연구들이 이런 전략을 다양한 측면에서 정교하게 다듬어왔다.

이 분야의 연구는 국립보건원의 지원을 받아서 진행되고 있기도 하다. 하지만 세포주와 동물 모델을 쓰는 연구의 지원금과 비교하면, 투자 금액은 여전히 보잘것없다. 늘 똑같은 연구에 지적·재정적 자원을 투입할 것이 아니라 실제 인간 샘플을 이용하는 조기 발견을 격려하는 방향으로 전환한다면, 그리고 경쟁심 강한 과학자들에게 흥미로운 도전을 제시한다면, 연구는 아주 빠르게 진전을 보일 것이다. 지금 필요한 것은, 현재 전략의 실패를 인정하고 방향을 180도 바꾸어서 처음부터 다시 시작하고자 하는 의지이다. 이미 우리는 미세잔존질환minimal residual disease*을 찾기 위해 많은 노력을 기울이고 있다. 미세초기질환minimal initial disease에도 똑같이 관심을 가지고 철저한 연구를 하면 어떨까?

조직 보관소의 샘플을 자료로 이용할 수 있는 우리 연구소의 실험 결과를 바탕으로 볼 때, 암을 탐색하는 이 새로운 접근은 집중화된 시스템생물학의 방식으로 시작할 수 있다. 암에 걸려 일찍 사망하거나(2년 내) 나중에 사망한(5년 후) 환자들에게서 처음에 채취한 혈청과

---

* 치료 후 환자의 체내에 남아 있는 소수의 백혈병 세포.

골수 샘플 천 개를 조사하는 것이다. 이제까지는 같은 조건으로 선정한 샘플을 이용해 한 가지 혹은 최대 두 가지의 오믹스 기술을 동원하여, 소수의 환자를 비교해왔다. 예를 들어, 유전자 발현 양상을 알아내기 위해 전령 RNA를 수량화하거나 표적 유전자에서 돌연변이를 찾기 위해 DNA 염기 서열을 분석한 것이다. 대규모 환자들을 대상으로 가능한 모든 기술을 동시에 사용하여 다양한 샘플(혈액, 골수, 구강 채취물, 순환 T세포)의 RNA, DNA와 단백질 발현을 검사하고 연구하면, 제한된 표본에서 알아낸 지표보다 임상적으로 더 강한 상관관계가 있는 복합적 지표를 알아낼 가능성이 크다. 이렇게 발견한 자료는 최신 기술로 철저하게 조사하여, 생체표지자를 밝힐 다음 그룹을 특징짓는 데 쓸 수 있을 것이다. 다음 그룹이란, 조직 보관소에서 구한 또 다른 수천 개의 샘플로 구성된 검사용 세트다.

세밀화된 지표는 살아 있는, 역동적인 환자 집단에 임상적으로 적용하기 위해 전향적 연구의 샘플 검증에 사용될 것이다. 이렇게 시스템생물학적 방식으로 연구된 조직 샘플들을 철저하게 후향적으로 분석한다면, 암을 진단하고 예후를 살피고 치료할 수 있는 능력을 개량할 단서를 찾아낼 가능성이 가장 커진다. 주요 단백질이나 유전자 돌연변이 양상이 지금껏 생각지도 못한 신호 경로의 활성화를 함께 시사하면, 새로운 표적을 찾을 수 있을 것이다.

이렇게 인간의 실제 조직을 사용하는 다원적 접근은 지난 50년 동안 만연했던 환원주의적 접근과 비교해서 훨씬 더 많은 성과를 낼 가능성이 크다. 환원주의자들은 쥐 모델을 세울 때 하나 혹은 두 개의 유전자를 수정하면 된다고 봤다. 조직 연구소의 가장 강력한 장점은, 인간 신체에서 채취한 샘플을 보유하고 있다는 점 외에도, 1984년으로 거슬러 올라가 임상적 전망을 제시할 수 있다는 점이다. 즉 초기에 사망한 환자 수천 명의 샘플을 5년 혹은 10년 이상 살아남은 환자들의 샘플과 비교할 수 있다. 최근 10년 동안 모은 샘플로는 이런 독특한 후향 연구를 할 수가 없다. 질병이 자연 경과에 따라 달라지는 동안, 환자들의 RNA, DNA와 단백질 발현에서 보이는 생물학적 변동을 일정 간격을 두고 연속적으로 보여주는 다중적 샘플을 검사할 수 있다면 얼마나 강력한 정보들을 얻게 될지 상상해보라. 그 외에도, 우리는 환자의 면역체계가 이런 '지각 변동'에 어떻게 대응하는지 더 자세히 이해할 수 있다. 환자의 말초 혈액에서 구한 T세포는 혈액에서 분리해낸 동시에 조직 보관소에 보관되어 활용 가능한 상태로 냉동되기 때문에, 이 세포를 해동하여 다시 키워 연구할 수 있다. 이런 연구들을 통해 알아낸 생체표지자 지표는 골수형성이상증후군과 급성골수성백혈병의 주된 표적인 고령 인구를 대상으로 질병의 조기 발견에 사용할 수 있다. 그러나 이런 연구에 대한 지원은 아직 거의 이루어지지 않고 있다.

•

누군가에게 경제적 문제는 암보다 우선한다

1992년 12월의 어느 쌀쌀한 이른 아침, 나는 파키스탄의 콰이드 에아잠 국제공항에 도착했다. 나는 카라치에서 자라 의과대학을 졸업한 후 바로 미국으로 떠났다. 부모님이 살아 계신 동안, 나는 그들을 만나러 종종 집으로 돌아왔다. 내가 굴리스탄에라자에 있는 집에 갈 때마다, 어머니는 내게 방문할 환자 목록을 건네주곤 했다. 이번에는 집으로 가는 동안 운전사 알리 아스가르가 미리 알려주었다. 목록 가운데 아주 다급한 가족이 있다고 했다. "어머니께선 혈액암으로 죽어가는 어느 젊은 여자를 무척 걱정하고 계세요. 오늘 오후에 가능한 빨리 그 여자에게 가졌으면 하세요." 아니나 다를까, 어머니는 내가 집에 온 지 몇 시간 만에 그 이야기를 꺼냈다. "자이넵은 이제 겨우 서른다섯 살이야. 남편은 작년에 사고로 죽었고, 현재 가족 생계를 위해 청소일을 하고 있어. 그런데 갑자기 몸이 너무 허약해지고 아프게 됐어. 정부에서 운영하는 진료소는 아무 도움을 주지 못했고. 가엾은 사람! 더 이상 침대에서 일어나지도 못해. 배즈메암나를 통해 그녀 얘기를 듣게 됐어." 배즈메암나는 어머니가 활동하고 있는 자선 단체다. "네가 도와줄 거라고 했어. 오늘 그녀를 만나러 가줘."

빈민가에 도착한 나는 자이넵이 사는 작은 판잣집으로 갔다. 다섯 살에서 아홉 살 사이로 보이는 바싹 마른 소녀 세 명이 집 앞에서 놀다가 나를 맞이했다. 맏이로 보이는 소녀는 특히 창백하고 힘이 없었다. 나는 상태가 어떠냐고 물어보았다. 소녀는 고개를 저었다. 뻔한 질문을 해도 될까 두려웠다. 밥을 먹었느냐는 질문. 나의 언니 아티야는 소아청소년과 전문의이자 소아종양 전문의일 뿐 아니라, 인간 개발재단의 대표다. 언니는 파키스탄 최악의 빈곤 지역의 보건의료와 초등교육 개선을 위해 애쓰고 있다. 한번은 그녀가 학교의 어린 소녀들 가운데 한 명에게 같은 질문을 했었다. "오늘 식사는 했니?" 여섯살 난 소녀가 대답했다. "아뇨. 오늘은 제가 아침을 먹을 차례가 아니에요." 자이넵의 판잣집 밖에서 작은 아이들을 마주하니, 그 대답이 내 귓가에 울렸다. 그들 중 누구에게도 식사 '차례'가 돌아오지 않았을 것이다. 심지어 며칠 동안.

서른다섯 살의 여자에게, 백혈병으로 죽어가는 건 지금 두 번째로 큰 문제일 뿐이라고 어떻게 말할까? CAR-T와 다른 표적 치료, 조혈모세포 이식수술, 면역 조작 같은 암 치료법은 수백만 달러의 비용이 든다. 전 세계 선진국에서 파산할 만큼 많은 돈이 필요하다. 자이넵 같은 사람과는 너무나 동떨어져 있다. 우리는 국제 사회의 일원으로서, 매해 전 세계적으로 암 진단을 받는 1800만 명의 사람들에게 보편적으로 적용할 수 있는 알맞은 가격의 해결책을 개발할 책임이 있다.

컬럼비아대학의 생체의학 엔지니어링 교수 새뮤얼 K. 시아Samual K. Sia가 바로 이런 작업을 하기를 원한다. 알맞은 가격의 진단 플랫폼을 개발하고자 하는 것이다. 새뮤얼은 이미 성병을 비롯하여 여러 질병을 검사하는 미세유체 칩을 개발했다. 가격 면에서도 아주 적당하여 돈이 얼마 들지 않는다. 그가 만든 '엠칩mChip'은 신용카드보다 크지 않은, 들고 다닐 수 있는 장치다. 혈액 한 방울을 분석해서 다양한 질병에 대해 빠르게 진단을 내려준다. 이미 유럽에서는 전립선암 진단에 유효하다는 승인을 받았다. 컬럼비아대학에 있는 우리 두 사람의 실험실은 피하에 삽입 가능한 이식 칩을 개발하기 위해 함께 협력하고 있다. 첫 번째 세포를 끊임없이 감시하다 탐지, 포착하여 파괴할 수 있는 칩을 만들려는 것이다. 조기 발견은 암이라는 문제에 있어 가장 온정적이고 인간적인 해결책이다.

•

남은 사람들을 위하여, 죽음 후의 에티켓

2002년 5월에서 10월 사이, 하비 프리슬러와 퍼 백 두 사람이 모두 사망했다. 하비가 죽은 뒤 내가 겪은 후유증 중 하나는, 사람들 대다수가 얼마나 부적절한 방식으로 조의를 표하는지 고통스럽게 깨닫는 것이었다. 어느 친구는 펑펑 울어 눈이 다 부었으면서, 싱글들이 데이트하는 바에 같이 가자고 나섰다. 좋은 뜻으로 한 얘기였겠지만, 나를 깜짝 놀라게 한 말도 했다. 너무 당황해서 어떻게 대답해야 할지 몰랐던 것이 생각난다. "하비가 죽었다니 안타까워요. 하지만 당신은 좋아 보여요." 단연코 가장 어처구니없는 말은 어느 동료가 자동응답기에 남겨놓은 메시지였다. 그녀는 내 남편이 죽어서 너무 안타깝다며, 이렇게 말했다. "하지만 걱정하지 말아요. 당신은 곧 하비를 다시 만나게 될 거예요. 두 사람은 천국에서 영원히 행복하게 살 수 있겠죠."

이들이 로라 클라리지Laura Claridge가 쓴 통찰력 넘치고 매력적인 전기 『에밀리 포스트: 대호황 시대의 딸, 매너의 여주인Emily Post: Daughter of the Gilded Age, Mistress of American Manners』을 읽었다면 좋았을 것이다. 로라는 남동생 아바스의 소개로 알게 되었다. 아바스는 그녀가 빼어난 지성을 갖춘 영문학과 교수라고 했다. 곧 그녀는 우리 가족이 좋아하는 친구가 되었다. 로라가 이 책에서 펼치는 두 가지 확실한 주장이 있다. 첫째, 우리 인간은 태어나서 죽을 때까지 행동거지를 어떻게 해야 할지 계속 지도를 받아야 한다. 둘째, 우리가 자신의 태도에 주의한다면 가장 심한 결점마저 극복할 수 있다. 포스트가 쓴 『에티켓Etiquette』에 대한 어느 초기 서평은 19세기 영국의 시인이자 비평가인 매슈 아널드Matthew Arnold를 인용하며 로라의 사상을 완벽하게 표현했다. "행동은 인생의 4분의 3을 차지한다." 로라가 간결하게 요약했듯, "대상은 중요하지 않았다. 장례식이든 꽃꽂이든, 마음이 부서졌든 유리잔이 부서졌든, 에밀리는 자신의 청중을 존경했다. 그리고 상류층이 되고 싶어 하는 사람들을 가르치고자 했다. 배경이 어떻든, 인종이나 신념이 어떻든 상관없이 말이다." 포스트에 따르면, 사실 매너의 진짜 의미란 타인의 감정을 얼마나 잘 헤아리는지를 드러내는 데 있다. "상류층은 어떤 협회 같은 것이 아니다. 높은 집안 출신이 아니라는 이유로 사람을 배제하고자 하지도 않는다. 하지만 이 집단은 가문이 좋은 사람들의 모임으로 태도가 우아하고… 타인의 감정을 무의식적으로 배려한다. 이는 전 세계적으로 상류 사회가 자신들의 선택된 구성원을 확인하는 일종의 증서다."

하비가 죽은 지 몇 달 후, 나는 하비의 전 부인 앤절라에게서 짧지만 무척 감동적인 편지를 받았다. 1977년에 하비를 처음 만나 2002년에 그의 죽음을 겪을 때까지, 나는 앤절라를 몇 번밖에 보지 못했다. 심지어 1982년 이후로는 만난 적도 없었다. 하지만 그녀에 대해서는 좋은 기억만이 남아 있다. 편지는 놀라웠다. 따뜻함과 친절함을 담고 있었을 뿐만 아니라, 꽤 큰 금액에 해당하는 수표가 들어 있었기 때문이었다. 알아보니, 하비는 로스웰파크기념병원의 퇴직연금 수령인 이름을 바꾸지 않았다. 그래서 그의 사망신고가 처리되자 수표는 자동으로 앤절라에게 보내졌다. "이건 마땅히 당신과 셰헤르자드의 몫이죠." 그녀는 간명하게 썼다. 이런 일이 바로 포스트가 말하는 예외적 품위와 예의, 에티켓을 보여주는 행동이다.

하비의 추도식에 가려고 준비를 하던 저녁 시간이 선명하게 기억난다. 그의 사망 후 막 24시간이 지났을 때였다. 벌써부터 바로 판단하기 어려운 복잡한 현실의 일들과 예상치 못한 곳에서 부딪혔다. 나는 결혼반지를 집어 들고 자매들에게 물었다.

"이제 반지를 빼야 할까?"

여동생 수그라는 소리 없이 계속 울면서 내가 준비하는 모습을 보고 있었는데, 반지를 잡더니 내 손가락에 단단하게 끼워 넣었다.

"아니, 오늘 밤엔 껴야지. 그리고 원하는 만큼 오랫동안 껴도 돼!"

로라는 이렇게 썼다. "에밀리 포스트만이 이해했다. 날것의 감정을 막는 관습의 힘을."『에티켓』이 "공공 도서관에서『성경』다음으로 자주 없어지는 책"이라는 사실은 전혀 놀랍지 않다. 포스트는 다음의 말로 유족들에게 현명하게 조언했다. "사랑하는 사람이 들어가 버린 암흑 앞에 버림받은 채 서 있을 때처럼 우리 영혼이 침통할 때가 없다. 그리고 이런 순간에 우리가 세상에서 마지막으로 위안을 구할 곳은 꾸며낸 듯한 에티켓에 있다. 에티켓이 가장 중요하고 진실된 제 역할을 수행하는 때는 우리가 가장 깊은 슬픔을 느끼는 순간이다."

로라는 포스트의 전기를 쓰면서 특히 치명적인 종류의 뇌종양을 진단받았다. 몇 달 이상 생존할 가능성이 희박했다. 절망적인 상황이었다(로라를 맡은 중환자실 의사가 내게 부탁한 적이 있다. 그녀의 가족에게 "이제 로라를 놓아주어야 할 때"라고 조언해달라고 말이다). 하지만 로라는 모든 가능성에 저항하며 살아남았을 뿐 아니라, 수술 후 기적처럼 단시간 내에 책 집필을 다시 시작했다. 뇌가 정기적인 방사선과 화학 요법의 습격으로 모욕을 당할 때조차, 그녀는 다른 위대한 여성의 생애를 꼼꼼하게 연구하고 서술하며 제자리를 찾았다. 하버드대학 니만 재단에서는 일찍이 책『에밀리 포스트』의 훌륭함을 인정하고 지원한 바 있다. 이 책은 저자인 로라에게 대단한 개인적 성취일 뿐 아니라 인간 영혼의 꺾을 수 없는 고귀함을 가장 훌륭하게 증명해 보인 작업이 기도 하다. 에밀리 포스트와 로라 클라리지, 이 두 사람은 모두 비극을 겪었지만 이를 건설적인 활동으로 바꾸어냈다. 인생의 좋은 시절과 나쁜 시절 모두에 모범이 될 모습을 선보였다.

로라가 걸린 병은 원발성 뇌종양만이 아니었다. 다발성뇌병변과 림프종도 있었다. 몇 차례 절제수술을 받았고, 화학요법과 방사선요법, 표적 치료, 자가 골수이식을 반복해서 받았다. 이 힘든 시기 동안 로라는 계속 글을 썼다. 실제로 그녀는 이제 전보다 훨씬 더 명료하고 활기 있게 글을 쓴다. 2017년에 발표한 저서 『보르조이와 함께한 여성: 블란체 크노프The lady with the Borzoi: Blanche Knopf』는 발간과 함께 큰 호평을 받았다. 지금 그녀는 첫 소설을 쓰고 있다.

●

하비는 림프종으로 사망했다. 하비의 명복을 빈다.

퍼는 조혈모세포 이식 합병증으로 사망했다. 퍼의 명복을 빈다.

로라는 진단을 받은 후 16년 동안 림프종과 함께 살고 있다. 조혈모세포 이식으로 살아났다.

로라는 종양 전문의들이 포기하지 않는 이유다. 우리는 포기할 수 없다.

로라가 오래 살기를.

●

하비의 추도식에서, 마크

아버지는 감상적인 사람이 아니었습니다. 그는 언제나 과학자였죠. 감정이 이성을 흐리게 해서 상황을 이성적으로 볼 수 없다면, 눈이 멀어버리는 편이 낫다고 생각하는 사람이었어요. 하지만 아버지는 소수만이 운 좋게 지니는 시각을 갖고 있었습니다. 그는 언제나 현실적이면서도, 참으로 감정이 풍부했습니다. 그는 자신의 신념에 따라 행동했으며 물러서는 일은 절대 없었습니다. 그런 신념 가운데 하나는 품위 있는 죽음이 중요하다는 것이었습니다. 아무리 고통스러워도 불평하지 말 것. 그는 자식들이나 아내에게 짐이 되길 원치 않았습니다. 결코 그런 적이 없었지요. 아즈라가 정말 잘 말씀해주셨습니다. 그를 돌보아서 영광스러웠고, 그는 한 번도 짐이 된 적 없었습니다. 아버지가 종종 하던 말을 인용하겠습니다. "죽음이 나를 빤히 보아서 나도 되쏘아 보았다." 아버지, 당신은 정말 그렇게 하셨습니다.

무엇보다도 우리 아버지는 가족적인 사람이었습니다. 그는 우리를 소중히 여겼고, 우리는 그를 소중히 여겼습니다. 그는 종종 우리에게 낮이고 밤이고 곁에 있어줘서 고맙다고 했습니다. 하지만 나는 아버지에게 고맙다는 말은 필요 없다고 했습니다. 누구도 다른 곳에 있을 수는 없었을 겁니다. 아버지와 나는 종종 그의 병 이야기를 했습니다. 아버지가 언젠가 묻더군요. "왜 계속 병과 싸워야 하지? 이렇게 싸우면 무엇에 좋을까?" 나는 대답했습니다. 그의 병 때문에 우리 가족이 훨씬 더 가까워졌다고 말입니다. 아버지는 웃었고, 뭔가 좋은 일이 있다니 기쁘다고 했습니다.

아즈라, 아버지는 당신을 정말 좋아했습니다. 그는 종종 당신이 첫 눈에 반한 사랑이었다고 말했습니다. 당신들 두 사람은 동화 속에서나 존재할 사랑을 나누었습니다. 아버지는 의식을 유지하지 못할 때도 있었지만, 그런 상황에서도 당신이 방에 들어왔을 땐 미소를 잃지 않았습니다. 그런 일은 한 번도 본 적 없었습니다. 나는 두 사람이 서로 헌신하는 모습을 목격하며 일종의 특권을 누린 기분이었죠. 당신이 그를 돌보는 모습은 감동적이었습니다. 당신은 그의 곁을 떠난 적이 없었죠. 그리고 그가 포기하게 내버려 두지 않았어요. 아무도 그를 위해 더 해낼 수는 없었을 겁니다. 그는 이 사실을 알았죠. 당신을 만나다니, 그는 무척 운이 좋았습니다.

아버지의 지갑을 살펴보다 깜짝 놀랐습니다. 지갑 뒤에 접어둔 종잇조각을 찾았거든요. 거기에는 그가 직접 쓴, 두 가지 인용문이 쓰여 있었습니다. 그중 하나를 여기서 공유하고 싶습니다.

할 말이 더는 없다. 내겐 즐거움이 없다. 하지만 이 긴 시련에서 작은 만족을 얻었다. 내가 왜 계속 버텨야 하는지 종종 궁금했다. 적어도 나는 그 이유를 배웠고, 이제 최후의 순간에 안다. 희망은 없을 것이며, 보상 역시 마찬가지다. 나는 언제나 쓰디쓴 진실을 인식했다. 하지만 나는 사람이고, 사람은 자기 자신에게 책임을 져야 한다.

— 조지 게이로드 심슨George Gaylord Simpson[*]의 말

아버지는 5월 19일 오후 3시 20분에 사망했습니다. 남겨진 가족은 그가 자랑스러워할 사랑과 친밀함을 나누며 살고 있습니다. 아빠, 우

---

[*] 미국의 고생물학자로, 척추 동물 화석을 연구하여 큰 업적을 남겼다.

리는 아빠를 사랑합니다. 당신은 우리 최고의 친구였습니다. 우리는 언제나 당신을 그리워할 겁니다.

•

과학과 암 환자를 위한 치료법 찾기에 평생 헌신한 하비를 기념하여, 하비의 이름으로 연례 강연이 열리게 되었다. 아래는 10번째 '하비프리슬러 기념심포지엄'에서 셰헤르자드가 한 발표다.

2002년 5월 19일 아침을 떠올려본다. 아버지는 죽어가고 있었다. 아침 7시, 어머니가 내 방으로 들어왔다. 나는 언니 새러와 자고 있었다. 어머니는 아버지가 우릴 보고 싶어 한다고 했다. 나는 그의 방으로 뛰어갔다. 여덟 살의 나는 상황이 안 좋다는 직감에 사로잡혔다. 아버지는 침대에 앉아 웃으면서 나를 안으려고 팔을 뻗었다. 우리는 몇 시간 동안 같이 있었다. 내가 좋아하는 책을 번갈아 가며 그에게 읽어주고, 그의 침대에서 폴짝 뛰고, 그의 보행 보조기를 갖고 달아나며 놀았다. 우리는 마다가스카르의 개구리에 대해 진지하게 이야기를 나누었다. 나는 갖고 놀기 좋아하던 온도계로 그의 '체언'을 쟀다. 매번 그가 상냥하게 웃어줘서 기뻤다. 나중에 우리 가족의 친구인 바니아가 내 가장 친한 친구인 그녀의 딸을 데리고 방문해, 나를 데리고 공원으로 갔다. 이때가 내가 아버지를 본 마지막 순간이었다.
아버지가 새벽 5시에 어떻게 깨어났는지 어머니가 내게 말해준 건 몇 년이 지난 뒤였다. 그날 아침, 아버지는 몸 여러 곳에서 출혈이 있었다. 파종혈관내응고DIC, Disseminated intravascularcoagulation라는 것을 깨닫고, 자신이 그날 세상을 떠날 것 같다고 침착하게 말했다. 어머니는 아버지를 씻기고 케모포트(중심 정맥 관) 주변의 드레싱을 교체했다. 아버지가 마지막 몇 시간 동안 원한 건 가족과 시간을 보내는 일이었다. 점점 더 숨이 가빠지고 폐에 피가 차오르는데도 말이다. 아버지는 내가 노는 모습을 지켜보고, 나의 끝없는 재잘거림을 듣고, 책을 읽고, 내가 키우는 개구리에 대한 생물학적 정보를 이야기하며 그 최후의 시간 동안 마음을 가다듬었다.

가장 모범적인 아모르 파티Amor Fati.

•

그렇게 하비가 살았고, 그렇게 죽었다. 끝까지 자랑스럽게. 그는 내 팔에서 마지막으로 힘겨운 최후의 숨을 남기고 세상을 떠났다. 시카고의 맑고 화창한 5월의 오후였다. 의식이 있던 마지막 순간까지 그가 보여준 평정, 행동거지는 용감하기 그지없었다.

모든 시계를 멈춰라, 전화선을 끊어라
개에게 기름진 뼈를 던져주어 짖지 못하게 하라
피아노는 조용히 하고 천을 두른 북을 두드려
관을 받아라, 조문객을 들여보내라

비행기들이 저 위에서 슬픈 소리를 내며 돌아다니며
"그가 죽었다"라는 메시지를 하늘에 갈겨쓰게 하라

—W. H. 오든, 「장례식 블루스Funeral Blues」

슬픔에게
언어를

어떤 슬픔은 헤아릴 수가 없다. 언어로 담아낼 수가 없다. 어떤 글자를 조합해야 나히드와 알레나 같은 엄마들이 말하지 못한 생각을 담아낼 수 있을까? 그들은 자신들이 수십 년 동안 낳아 기른 생명이 조금씩 죽어가는 모습을 지켜봤고, 천천히 작별을 고했다. 비통함이란 시작이 없고 끝도 없다. 위안을 구할 수도 없다. 그 감정은 심해지지도 줄어들지도 않고, 일시적으로 사라지지도 않는다. 과거와 현재와 미래를 무너뜨린 다음 바닥 없는 구덩이에 몰아넣는다.

새로운 언어를 발명해야 한다. 자신을 지킬 수도 없고 허약하기 그지없는 이 두 명의 어머니를 포용할 수 있는 언어를. 이들은 가장 섬세한 방식으로 아들들을 천천히 무덤으로 보내주었다. 한 번에 한 부위씩, 16개월이라는 기간 동안, 자식들이 최후의 숨을 거둘 때까지. 어머니들은 아들의 신체를 부위별로 떠나보내는 당혹스러운 상황 속에서 어떻게 하면 아들이 덜 아플까 생각하며 괴로워했다. 오마르는 일곱 차례 수술을 받았다. 수술로 팔과 폐의 일부, 암이 퍼진 어깨를 잘라냈다. 앤드루의 경우, 처음에는 팔다리가 떠났다. 이어 장과 방광이 떠났다. 그다음에는 눈이 멀었다. 그리고 마지막 모욕이 가해져서, 그는 더 이상 음식을 삼키지 못했다. 나히드와 알레나를 감히 애도하려 한다면 우주적 슬픔이 있어야 한다. 언어적 과장법으로는 제대로 애도할 수 없다. 언어 그 자체가 소리를 잃는다. 헤아릴 수도 없이 거대한 날것의 고통에 어휘들이 인질로 잡혀버린다. 끝없는 간호가 이어졌다. 알레나는 스물세 살밖에 안 된 아들의 힘없이 지친 몸을 씻기고 문지른 다음 그에게 옷을 입혔다. 나히드에게는 쉼 없이 엄청난 규모로 지독하고 맹렬하게 끔찍한 공포가 닥쳤다. 깨어 있을 때도 잠잘 때도 이 공포가 나히드를 사로잡았다. 끝없이 간호하며 공포에 시달리는 어머니들 앞에서 거만한 죽음은 자세를 낮추고, 모성애는 별들이 제 시선을 낮추는 곳까지 올라간다. 이 어머니들의 심장에서 튀는 고통의 불꽃은 찬란한 태양을 가려버린다. 그들의 불안으로 생겨난 티끌은 사막을 가린다. 그들의 눈물은 강물이 빠져나가게 한다. 어머니들의 슬픔 앞에 강이 그 이마를 질질 끌며 물러나는 것이다.

> 내 곁에서, 황무지는 부끄러워 먼지 속으로 숨는다
> 굽실대는 강은 내 앞의 먼지 속에 엎드린다
>
> ―『갈립: 우아함의 인식론』

•

오마르와 앤드루, 그들의 선택은 무엇이었을까?

그리스 고전문학은 선택에 큰 무게를 둔다. 아이스킬로스의『오레스테이아Oresteia』에서, 모든 캐릭터는 각자 선택을 내린다. 아가멤논은 딸 이피게네이아를 죽일 필요가 없었다. 클리타임네스트라는 죽은 딸의 복수를 위해 남편 아가멤논을 죽일 필요가 없었다. 오레스테스는 아버지 아가멤논의 복수를 위해 어머니 클리타임네스트라를 죽일 필요가 없었다. 모두 선택이었다.

그리스어 **파르마콘**pharmacon은 뜻이 세 가지다. 약, 독 그리고 희생양. 아이스킬로스는『오레스테이아』에서 약도 독도 될 수 있는 약을 언급하며 이 단어를 사용한다. **파르마콘**은 질병을 없애거나, 아니면 질병에 걸린 사람을 죽이는 방식으로 병을 없앤다는 것이다. 아가멤논이 이피게네이아를 희생시킬 때, 그의 행동은 **파르마콘**이 지닌 양날의 완벽한 예가 된다. 배를 움직일 바람이 필요한 상황에서, 아가멤논은 딸의 희생으로 이 문제를 해결한다. 그러나 결국 가족 모두를 죽게 하고 만다.

오마르와 앤드루 두 사람에게 우리가 제공한 **파르마콘**은 세 가지 의미를 모두 아우른다. 종양과 싸우기 위해 처방된 화학요법과 방사선요법은 약이자 독이었다. 기본적으로 치료를 하면 한 부위의 종양이 죽는다. 하지만 새로운 종양이 다른 수많은 곳에서 터져 나온다. 공격을 받은 만큼 난폭하게 돌려주는 것이다. 무자비하고 사악하고 악랄한 상호작용이다. 물론 생존 기간이 늘어날 가능성은 전혀 없었다. 지독한 부작용으로 그들은 몇 주에서 몇 달 동안 병원에 입원했다. 입과 식도에는 맨살이 드러나고 속이 다 보이는 큰 상처가 생겼다. **파르**

마콘의 세 번째 의미는 인간의 희생 제의와 관련이 있다. 우리 인간은 실험적 약물의 위험성과 이득을 거의 알지 못한 채, 현재의 피험자에게 약을 투여하고 그 결과를 관찰하며 뭔가 알아내길 원한다. 우리가 오마르와 앤드루에게 사회의 요구와 마음속 욕망, 걱정거리들, 변덕스럽고 제멋대로인 폭력을 떠넘긴 것은 아닐까? 미래의 환자들에게 더 나은 결과를 주기 위해 말이다.

우리는 그래도 그 끔찍한 치료를 했다. 대안도 그만큼 고통스럽기 때문이다. 암은 미친 듯이 날뛰도록 내버려 둘 경우, 가장 아프고 소름 끼치는 질병 가운데 하나다. 오마르와 앤드루 둘 다 이러지도 저러지도 못하는 상황이 던지는 근본적인 질문을 마주하고 있었다. 암의 흉포함에 굴복할 것인가? 아니면 완화 치료에서 안식을 찾을 것인가? 완화 치료는 자라나는 종양을 잠시 억제하지만, 그 자체로 고통스러운 부작용이 있다. 질병으로 죽겠는가? 아니면 치료 때문에 죽겠는가?

당신은 무엇을 고르겠는가?

왜 이 두 가지 중에서만 선택해야 할까?

●

남은 사람들의 이야기, 다시 처음으로 돌아간다면

2005년, 엘리자베스 퀴블러 로스는 마지막 저서 『상실 수업 On Grief and Grieving』을 냈다. 이 책에서 그녀는 불치병을 진단받은 환자와 마찬가지로 환자의 가족 또한 부인, 분노, 협상, 우울 그리고 수용이라는 다섯 단계를 밟게 된다고 했다. 꼭 순서대로는 아니어도 말이다. 하지만 유족에겐 상황이 더 복잡하다는 사실이 드러났다. 유족의 감정이란 순서대로, 단계별로, 분명하게 진전을 보이는 것이 아니다. 일종의 아수라장 상태다. 사랑하는 사람이 없는 새로운 세계에서 자신의 자리를 조정할 때마다, 멋대로 할부금을 걷어가듯 감정이 예상치 못한 순간에 터진다. 질병이 그 원시적 흉포함으로 활활 타올라 제 길을 다 태워버리는 동안 이 걱정스럽고 애가 타고 당혹스러운 과정을 환자와 함께 겪다 보면, 질병의 모든 특징이 대단해 보이고 진찰 결과가 지나치게 중요한 의미를 띠게 된다. 모든 질문은, 아무리 하찮은 것이어도 대답할 가치가 있는 것 같다. 피할 수 없는 쟁점은 결국 선택 문제다. 그리고 이 선택이 삶과 죽음에 관한 것일 때는 잠재적 위험과 개인적 책임을 고려하여 이성적으로 머리를 움직이는 가운데 온 마음을 쏟아야 한다. 치명적인 질병이 마구 회전하는 소용돌이처럼 빠르게 진행되는 상황에서 이런 강한 압박을 받으며 내린 선택이 과연 적절한 것이었을까? 몇 년이 지나 되돌아보면 상황이 선명하게 보일까?

하지만 뒤늦은 깨달음 또한 문제일 수 있다. 회상은 과거를 더 희망적인 관점에서 해석하는 경향이 있다. 현실적으로 어찌할 수 없는 인생의 대혼란에, 말이 되도록 질서를 부여하는 것이다. 로버트 프로스트Robert Frost가 쓴 유명한 시 「가지 않은 길The road not taken」을 생각해보자. 이 시는 뒤늦은 깨달음을 얻어 자신이 내린 선택을 돌아보는 내용이다. 시에서 가장 유명한 마지막 행은 이렇다. "숲속에 두 갈래 길이 있었다. 그리고 나는 사람들이 덜 지나간 길을 골랐다. 그리고 모든 것이 달라졌다." 이 부분은 용감하고 대담하며, 자주적이고 무모한 뉴잉글랜드 지역 사람의 전형을 묘사하는 것 같다. 이상적인 미국인이란 낯설고 위험하고 알려진 바 없으며, 사람들이 발을 들여놓지 않은 듯한 길을 고른다. 그렇게 순리를 거스르며 개성을 발휘한다. 시의 핵심은 프로스트가 두 갈래 길을 묘사한 중간 대목에 있다. 두 갈래 길은 기본적으로 낙엽으로 뒤덮여 있어 서로 달라 보이지 않는다. 시인이 "모든 것이 달라진" 최고의 선택을 내렸다고 결론을 내리는 것은, 몇 년이 지나 "먼먼 훗날에" 자기 삶에 일어난 사건들을 돌이켜볼 때다. 당연히 두 길은 별 차이가 없었다. 그러나 뒤늦은 깨달음을 얻은 시인이 무작위에 질서를 부여한다. 마치 변화를 부른 그 선택이 이성적이고 논리적이며 근거 중심적이었다는 듯이 말이다.

비합리적 사건을 합리화할 위험이 있긴 하지만, 나는 이 책에 등장한 환자의 가족 일부에게 과거의 일을 회고해달라고 부탁했다. 그들에게 내가 쓴 글을 읽게 했다. 그들이 사랑한 사람에 대해, 우리의 암 지식에 뻥 뚫려 있는 구멍에 대해, 완화 혹은 치료라는 이름으로 제공된 가혹한 조치에 대해, 하나의 사회로서 우리의 실패에 대해 쓴 글이었다. 모든 과정을 다 알면서 그들에게 물었다. 그때 내린 선택들을 다시 해석해보거나 살펴볼 수 있었느냐고. 상황을 다시 살펴보고 평가하는 과정이 이득을 준다고 가정하면, 우리가 알던 지식을 다시 꼼꼼하게 검토할 수 있다. 강한 압박을 느끼며 내린 결정을 차분하게 체계적으로 따져보고, 다시 생각해보고 질문을 던져볼 수 있다. 다른 가능성이 떠오를 수 있다. 이런 관점에서, 우리는 다른 선택을 내렸다면 어땠을까 질문할 수 있게 된다. 특히 다음과 같은 질문들을 할 수 있다. 어떤 힘든 상황을 피할 수 있었고, 또 피했어야 했는가? 미래에 이런 상황이 또 일어나 삶에 영향을 끼친다면 무엇을 막을 수 있을 것인가? 어떤 선택을 바꾸어야 하는가? 외부에서 우연히 일어난 사건과

내면의 압박 사이에서 어떻게 균형을 잡아야 할까? 바람이 있다면, 비극적 상황을 다시 살아내면서 삶의 예측 불가능성을 인정하여 조금이나마 안도를 얻었으면 한다는 것이다. 아무리 열심히 노력해도 사랑하는 사람이 겪은 그 깊은 고통을 알 수 없고, 질병의 불가해함과 죽음에 맞설 수 없음을 우리는 수긍해야 한다. 유일한 해답은 답이란 없다는 사실을 받아들 것이다.

●

오마르

2018년 5월 9일
———————
나히드(오마르의 어머니)

진실로 그랬습니다. 단 한 번도, 단 1초도 오마르가 정말 죽을 것이라고, 나와 영원히 멀어질 것이라고 믿어본 적도 생각해본 적도 없어요. 아들은 나를 소파로 데리고 가서 평소와 같은 어조로 말했습니다. 의사를 만났는데 무언가 문제가 있는 것 같다고요. "뭔가 좋지 않은데, 종양일 수도 있어요."

아들이 그렇게 말한 순간부터 아들에게서 더는 힘겨운 숨소리가 들리지 않는다는 걸 깨달은 순간까지 나는 마음속에 희망을 가득 품고 있었어요. 그리고 아들에게 괴로움을 준 게 무엇이든 이제 아들이 이긴 것이라고 생각했지요. 아들은 이제 더 좋아졌다고, 치료가 되었고, 살아 있다고…. 저의 이런 생각은 이성적으로는 조금도 설명할 수 없죠.

문제의 진실은 암만큼이나 '희망'이 고통이라는 것입니다. 처음에는 가슴과 머리를, 다음에는 몸을 아프게 하죠. 희망은 당신에게 달라붙어, 심장과 머릿속을 기어 다니며 깊이 파고들어요. 희망이 가버리면, 구멍이 남습니다. 절대 메울 수 없는 구멍…. 그리고 이 구멍, 이 허무와 평생 같이 살아야 합니다. 속담에서도 그렇듯, 우리가 '파타르(돌)'로 덮는 건 바로 이 구멍 속의 공허예요.

조금도 물러나지 않고 싸우는 대신 운명에 순응하는 건 오마르가 결코 받아들이지 않았을 겁니다. 그게 화학요법이든 방사선요법이든 실험적 연구든, 그는 덤벼들었을 거예요.

아들이 죽기 전 몇 시간 동안 새 치료법 이야기를 했는데, 기억하시나요? 줄기세포 혹은 전에 당신이 얘기한 다른 약에 대해서 말했었지요.

아들은 치료와 실험적 약물을 통해 살아남을 수 있는 가능성, 그 차가운 수학적 가능성을 믿었어요. 자신이 생존자 가운데 한 사람이 될 것이라고 생각했지요. 틀림없이 그럴 것이고, 그래야 한다고 생각했습니다. 한 번도 의심하지 않았습니다. 그러면 어때요? 기적은 일어나는 법이잖아요, 아닌가요?

아들이 덜 행복한 생각을 했을 수도 있어요. 하지만 내겐 그런 생각을 한 번도 말한 적 없었습니다. 딱 한 번 내게 재정관리법을 배우라고 말한 순간을 제외하면…. 그게 전부였어요. 그런 일은 내가 안 할 거고 아들이 해줘야 한다고 한 뒤로는 결코 그 얘기를 다시 꺼내지 않았죠.

의사들은 오마르에게 계속 희망을 주었어야 했나요? 맞아요, 결국 무엇도 오마르에게서 아무것도 앗아가지 못했어요. 치료는 고통스러웠지만 생존할 가능성이 하나도 없는 것은 아니었어요.

나는 환자가 결심을 해야 한다고 생각해요. 가족과 함께든 아니면 혼자든. 환자가 인간 신체의 한계를 넘어선 고통을 겪는 경우가 아니라면, 그는 자기만의 우주 속에서 살 수 있어야 해요.

연구자는 연구자가 해야 할 일을 해야죠. 그들은 일하고 또 일해서 환자나 그 가족처럼 생각하고 그 기분을 느껴보아야 합니다. 그리고 새로운 약을 만들어야 해요. 암세포를 분리하는 새로운 도구와 암세포를 죽일 새로운 혼합물을 만들어야 합니다. 만일 지금 이 일을 해낼 수 없다면 더 많은 연구를 해야겠지요. 나는 깜짝 놀랐어요. 그렇게 엄격하게 통제하는데도 세포가 한 접시에서 다른 접시로 건너갈 수 있다고 해서요. 어떻게 그럴 수 있는지 그리고 이유는 무엇인지 모르겠네요. 암은 전염성이 아니죠, 그렇죠?

따지고 보면 오마르가 겪은 모든 일은 겪어야 할 일이었다고 생각해요. 맨 처음 의사에게 받은 약한 항암 치료를 제외하면요. 오마르의 치료에 실수가 하나라도 있었다고 한다면, 바로 그겁니다.

•

2018년 6월 15일
———
파리드(오마르의 남동생)

아즈라 아파에게

편지 감사합니다. 질문 하나하나가 그다음 질문보다 더 어렵네요. 하지만 최선을 다해 답해보겠습니다.

형이 생존 가능성이 하나도 없다는 사실을 들은 적이 있었을까요? 답은 '아니오'입니다. 분명 우리는 생존 가능성이 전혀 없다는 사실을 듣지 못했습니다. 이뿐만 아니라, 형을 맡은 의사 대다수가 생존 가능성에 대한 질문 자체를 의도적으로 피했습니다. 치료가 끝날 때까지요. 사실 제 마음속에서 열띤 대화가 오가는 내내 저 자신도 그 문제를 회피했다고 말해야 의사들에게 공평하겠죠. 형이 생존할 가능성이 사실상 아주 낮다는 사실을 제가 몰랐기 때문이 아니었습니다. 사실, 저는 맨 처음의 면담에서 생존율이 85퍼센트라는 말을 들어서 아주 놀랐습니다. 아마 의사는 형을 기분 좋게 해주고 싶었겠죠? 그 의사의 자신감이 명예의 문제가 아니라면, 또 질병에 맞서는 의학의 명예가 달려 있는 문제가 아니라면 말이죠. 아무튼 그 수치는 형의 자신감을 잠시 북돋워 주고 내가 모아온 정보에 의구심을 갖게 하는 효과가 있었습니다.

우리는 함께 걸었습니다. 형은 걱정하지 않는다고 했죠. 암과 싸울 거라고 했어요. 형은 정말 진심이었을까요? 아니면 형제를 생각해서 그런 말을 했을까요? 아니면, 이 두 가지 가능성은 사실 분리될 수가 없는 것일까요? 어쨌든 두 달 후 형은 완전히 충격을 받았습니다. (뉴욕병원에서 담당 종양 전문의에게) 실제로는 가능성이 75퍼센트라는 말을 들었거든요. 이 수치는 여러모로 뉴욕종합병원에서 제시한 85퍼센트보다 정확성이 훨씬 떨어졌습니다. 그 사이에 메토트렉세이트Methotrexate(백혈병, 육종 등의 치료제)가 듣지 않는다는 사실이 아주 확실해졌기 때문입니다. 그럼 그때 그 의사는 왜 형에게 그런 수치를 알려주었을까요? 이런 노골적인 거짓말은 친절한 마음에서 한 것이었을까요? 그리고 거짓말은 왜 그 효과를 얻지 못했을까요? 무르시가 형에게 85퍼센트와 75퍼센트의 차이에 대해 물어본 일이 기억납니다. 형의 마음속에서, 10퍼센트의 생존율 감소는 완전히 세상이 달라지는 일이었습니다.

숫자가 가질 수 있는 효과는 이상합니다. 숫자로 보면, 적어도 나는 다른 사람에 비해 형의 생존율에 대해 더 잘 알았습니다. 하지만 친구나 가족이 그가 '죽어간다'고 할 때면 말로 표현할 수 없는 분노를 느꼈습니다. 나는 형의 입장에서 분노했습니다. 또 암이 형의 몸에 침범해서 세포에서 세포로, 기관에서 기관으로 파고들어, 분명 형이 죽어간다고 알려주는데도 도무지 실감이 나지 않아서 분노했습니다. 형은 '살기 위해 읽어야 할 책 100권'의 목록을 만든 사람이었습니다. 왜냐하면 (그가 말하기로) '죽기 전에'는 너무 우울해서였습니다. 살날이 얼마 남지 않았다는 사실을 알면서 안톤 체호프의 연극 〈벚꽃 동산The Cherry Orchard〉을 보러 가겠다고 우긴 사람이기도 했습니다. 그리 신나는 연극은 아니죠. 왜 그러냐는 소리를 하자 "내가 아직 살아 있는 동안에는 살아 있지 않음이 의미 없다"라고 형은 말했죠. 즉 삶이란 단순히 기분 좋게 사는 일이 아니라 온 힘으로 직면해야 하는 일이라고 생각했어요. 형에게 '죽기 전에 해야 할' 버킷 리스트가 통하지 않았을 또 다른 이유가 있었습니다. 제 생각에, 형은 인생의 전성기를 보내고 있었어요. 평생의 사랑과 결혼을 했고, 세상 그 어느 곳보다도 사랑하는 장소에서 사랑하는 사람들 곁에 있었어요. 사랑하는 사람들이 자신을 불쌍하게 여기거나 미리 애도하는 걸 그는 거부했습니다. 그래도 그는 분명 죽어가고 있었습니다. 이 말에 어떤 의미가 조금이라도 있다면 말이죠.

말하자면, 만일 의사가 형을 치료하지 않겠다고 나왔다면, 그는 저항했을 거고 의사의 제안을 거부했을 것이라는 얘기입니다. 적어도 형에게, 이 상황은 형의 삶만 위험에 처하게 한 게 아니었습니다. 과학과 의학, 과학적 진보와 과학 방법론 모두 위험에 처한 것이었지요. 자기 자신을 포기하는 건 과학을 포기하는 일이었으니, 형의 경우 정말 포기할 수가 없었죠. 형은 자신의 최후가 다가왔다는 사실도 과학이 실패했다는 사실도 알면서 '죽기 전에 떠나야 할' 세계여행을 즐길 수는 없었을 겁니다. 때로 형이 훨씬 더 근본적인 치료법을 따르지 않은 이유 중 하나는, 그 제안이 어떤 의미에서는 과학의 실패를 인정하는 것이었기 때문이 아닐까 생각합니다.

형에게 생존 가능성이 없다고 알려주었다면, 그 행위는 윤리적 선택이었겠죠. 아마도 무력감으로 인한 감정적 아픔이 훨씬 더 고통스러웠을 거예요. 끔찍한 수술을 계속 받는 것보다 더요. 여전히 궁금한 마음을 품지 않을 수가 없네요. 형이 살아남을 가능성이 실제로 없다는 걸 의사들이 알았다면, 왜 당장이라도 수술할 준비를 한 걸까요. 정말 궁금합니다. 근치수술이나 절단만이 살아남을 유일한 가능성이라고 의사들이 왜 확실하게 말할 수 없었는지요. 생존 가능성이 정말, 정말 낮다 해도 의사들에게 그 말을 들었다면 도움이 되었을 겁니다. 형을 맡은 의사는 정말로 이 사실을 몰랐을까요? 만일 알았다면, 왜 그랬죠? 만일 몰랐다면, 의사들은 왜 자신들의 치료 계획을 고수했을까요? 그리고 결정에 의문을 제기하면, 의사들은 언제고 왜 그토록 잘난 척을 했을까요? 때때로 공격적으로 조롱하기까지 하면서?

당신의 질문에 질문으로 답해서 미안해요. 오마르 같은 환자들의 경우, 죽음을 피할 수 없다는 것이 확실하다면 그 사실을 알려주는 쪽이 윤리적 선택인 것 같습니다. 그런데 환자들이 죽는다고 확신할 수는 없지만 죽을 가능성이 무척 큰 상황이라면, 환자들에게 치료를 받아도 성공할 가능성이 없다고 알려주는 일이 의무라고 생각합니다. 그러나 윤리적 선택이란 다른 무엇보다도 병원도 잘못할 수 있다는 것을, 자신들이 소중히 여기고 공격적으로 방어하는 방법론이 불완전하다는 것을, 마음 깊이 받아들이는 일입니다. 결국, 이런 과정들이 필요한 이유조차도 오류의 가능성 때문이니까요.

사랑을 담아,
파리드

•

2018년 10월 29일

새러(오마르의 여동생)

나는 브루클린에서 바야(오빠)와 마지막으로 대화를 나눴죠. 우리는 전망 좋은 곳에 서 있었습니다. 프로스펙트공원의 경관이 우리 앞에 펼쳐졌죠. 그는 내게 몸을 돌리더니 이렇게 말했습니다. "천국이 이렇게 보일까? 더 좋은 풍경은 상상할 수가 없어."
그의 '여동생'으로서, 나는 아마 여느 사람들과는 다르게 그를 볼 겁니다. 물론 손윗사람을 잘 살펴볼 수 있다는 건 모든 동생의 특권이죠. 나는 바야가 자신의 예후를 알았다고 생각합니다. 생존율이 아주 낮다는 사실을 알았어요. 그리고 곧 죽을 가능성이 높다는 사실도 알고 있었지요. 그는 근치수술이 살기 위한 최선의 선택이라는 것도 알았습니다. 인간관계란 복잡하기에 그가 생존 가능성에 대해 알았다고 해서, 그로 인해 그가 치료에 대해 그런 결정을 내렸다고 바로 결론을 내릴 수는 없습니다.

부분적으로는 바야의 어떤 성격 때문입니다. 그가 아픈 동안 자신의 병에 어떻게 대처했는지, 사랑하는 사람들을 어떻게 대했는지 보여주는 성격이요. 아주 드물면서도, 그가 근본적으로 어떤 사람인지 보여주는 성격이죠. 그는 이타적이고 정이 많고, 남들을 잘 보살피는 너그러운 사람이었어요. 그 모습이란, 덧없는 반짝임 같았죠. 오빠가 성인군자였다고 생각하진 말아주세요. 형제자매 사이에선 그도 정말 짜증나게 구는 오빠였으니까요. 하지만 그는 여러모로 예외적인 존재였습니다. 그리고 이런 성격 또한 그런 예외적인 면모 가운데 하나였죠. 만일 우리가 바야의 이런 성격을 알아챘더라면, 병에 대한 그의 대처와 그에 대해 이야기할 때 이런 성격에 대해서도 말했더라면, 아마 우리는 그와 솔직한 대화를 나눌 기회를 가질 수 있었을 겁니다.

때로 생각해봅니다. 우리가 다 같이 모여 터놓고 말하는 가족이었다면 오빠가 어떤 선택을 내렸을까요. 오빠의 가족과 친구들이 저녁 식탁에 둘러앉은 가운데, 이렇게 말했다면 어땠을까요. "사랑하는 오마르, 우리 말고 너 자신을 먼저 생각해. 선택지가 있어. 1번, 근치수술. 2번, 완화 치료. 3번, 다양한 수술과 화학요법과 방사선 요법. 이 세 가지가 전부야. 우린 네가 어떤 선택을 해도 지지할 거야. 네가 마음을 바꾸어도 우린 널 지지해. 우린 널 사랑하니까 네가 싸우도록 도울 뿐 아니라, 네가 싸움을 그만두더라도 지지할 거야. 네가 무얼 바라는지 이야기해줘. 우린 널 위할 거야. 말해줘, 제발. 너의 두려움도 너의 생각도 모두 말해줘."

비슷한 처지의 가족들에게, 친구들에게, 간호사들에게, 사회복지사들에게 말하고 싶어요. 대화를 하라고 말이에요. 누구도 대화를 나누었다고 해서 죽지는 않습니다. 누구도 대화를 나누었다고 해서 죽음 말고 신체적 고통을 선택하진 않습니다. 아무도 삶을 포기하지 않을 것입니다. 그들 앞에 선택지를 제시해주었으니까요. 겁쟁이가 되지 마세요.

내가 한 대로 하지 마세요. 누군가 완화 치료나 조력 자살까지 말을 꺼내주길 기다리고, 내가 오빠를 위해 찾은 연구와 치료 선택지를 나눠주길 기다리고, 버팀목이 될 무언가를 기다리고, 대화를 시작할 기회가 주어지길 기다리지 마세요.

내가 볼 땐 우리 모두가 바야를 구하는 데 실패한 거예요. 우린 다 같이 사랑의 가장 중요한 특성을 잊었습니다. 이타성과 공감이요.

•

2018년 7월 10일
—————
무르시(오마르의 아내)

오마르가 죽을 것이라고 우리는 한 번도 생각해보지 않았습니다. 우리는 그가 죽어가고 있다고 이야기한 적이 한 번도 없었습니다.

얼마나 가망 없는 상황인지 알았다면, 우리는 아이를 갖기로 결정했을 겁니다. 나는 아이를 원치 않았습니다. 그는 아이를 원했습니다. 그가 암 선고를 받기 한 달 전 우리는 이 문제를 이야기했고, 아이를 갖기로 결정했지요. 그러나 그는 우리가 결혼하기도 전에 진단을 받았고, 너무 많은 일이 일어나버려 아이 이야기는 꺼낼 수 없었습니다. 만일 그의 생존 가능성이 없다는 사실을 알았다면, 우리는 아이 생각을 했을 겁니다.

우리가 미리 알았다면 결정을 달리 내렸을 두 번째 일은 여행입니다. 여행을 더 많이 했을 겁니다. 2008년, 그가 암 발병 이후에 폐수술을 여러 차례 받은 뒤 우리는 그리스에 신혼여행을 가기로 했습니다. 그는 의사에게 이야기하는 것조차 원치 않았습니다. 가지 말라는 말은 듣고 싶지 않았으니까요. 의사들은 그의 면역체계가 저하되어 있으니 여행은 위험하다고 말했겠죠. 우리는 아주 근사한 시간을 보냈지요! 그는 여행 내내 절대 불평하지 않았습니다. 통증을 느낀 날도 있었지만요. 그래도 우리는 비할 데 없는 즐거움을 누렸습니다. 우리는 그런 여행을 좀 더 자주 떠났어야 했어요.

다른 결정을 했을 또 다른 일은 그가 받은 수술 전부와 관련이 있어요. 첫 번째 수술 이후 우리는 암세포가 이미 혈관에도 있다고 들었습니다. 이미 전이되었다는 뜻이었죠. 그래도 그의 예후가 나빠질 때까지 의사들은 그게 무엇을 의미하는지 말하지 않았습니다. 우리는 언제나 생존율을 이야기했습니다. 어느 날에는 85퍼센트, 그 다음에는 75퍼센트로 떨어졌죠. 그랬다 하더라도, 별다른 영향을 주진 못했습니다. 오마르는 분명 희망을 가졌고, 우리 모두 그랬죠. 이번 치료는 성공할 수 있다고 했어요. 그래서 계속 버렸습니다. 그는 나중에 받은 수술과 폐렴 증상으로 힘들어했습니다. 일곱 번인 가 여덟 번 수술을 받은 후 어느 시점에, 우리는 그가 왜 이렇게 많은 수술을 받아야 하나 의문을 품게 되었습니다. 돌이켜보니, 확실히 말할 수 있습니다. 내가 그의 입장이라면, 그렇게 많은 수술을 받지 않을 것이라고요. 수술은 너무 고통스러웠습니다.

●

키티 C.

2018년 6월 18일
———————————
코너(키티의 아들)

내 경험에 관한 한, 나는 의학적인 부분을 가지고 왈가왈부하진 못하겠습니다. 엄마는 언제나 라자 선생님과 엄마를 치료한 다른 의사들에 대해 침이 마르도록 칭찬했어요. 정확히 말하면 엄마와 협력한 의사겠네요. 엄마는 믿을 수 없을 만큼 관대한 사람이었어요. 엄마의 친구가 내게 무심코 마음 아픈 말을 했습니다. "그녀는 네게 정말 좋은 삶을 선사했어." 절대적으로 진실한 말입니다. 매일매일 더욱더 깨닫고 있습니다. 그녀는 내게 줄 수 있는 모든 것을 주었습니다. 사실 엄마는 투병을 시작한 처음 몇 달 동안은 당신이 아프다는 이유로 내게 부담이 되길 원치 않았습니다. 결국 헬렌 이모가 사실을 밝히라고 설득했지요. 그때조차 엄마는 어떻게든 제일 나쁜

부분들을 숨겼습니다. 헬렌 이모와 나는 일종의 탐정이 되었습니다. 엄마가 걸린 병이 어떻게 진행되는지, 엄마가 어떤 치료를 받는지 정보를 조각조각 모아서, 엄마의 인생에 무슨 일이 일어나고 있는지 그림을 완성해보려고 했어요. 엄마가 죽고 몇 주 지나, 헬렌 이모와 나는 생각했어요. 그녀는 나를 위해 버틴 걸까? 내 정신없는 인생을 보면서 혼잣말을 했을까? "난 당장은 죽을 수가 없어. 아들이 날 필요로 하니까." 엄마는 장례식장과 화장장에 지침을 자세하게 남겼습니다. 요즘도 그 일에 대해 농담 삼아 이야기하곤 합니다. 죽는 문제에서조차 그녀는 가족 내에서 자기 몫을 하려 했다고 말이에요. 우리는 언제나 그녀에게서 그 짐을 덜어가려 했지만, 소용이 없었습니다.

음, 우리가 엄마와 함께 보낸 마지막 날들 덕분에 엄마가 미지의 세계로 한결 편안히 떠났으리라고 믿습니다. 이런 상황에선 아무리 보답을 하려고 애써도, 절대 충분하지 않은 것 같아요. 내가 엄마와 마지막으로 함께한 시간은 그녀가 죽기 전 이틀 동안의 밤이었습니다. 엄마는 거실 소파 위, 자기가 좋아하는 곳에 누워 있었습니다. 마르고 허약한 모습으로 아이처럼 몸을 웅크리고 있었죠. 나는 그녀 곁에 앉아 늦은 저녁을 먹었습니다. 엄마를 맡은 도우미 유라이리가 상황을 살폈죠. 어두운 얘기처럼 들리겠지만, 나는 유라이리를 장례 산파*나 다름없는 존재로 여깁니다. 최후의 순간에 환자가 죽어가며 느낄 공포와 슬픔을 알려주고, 현실에서 죽음을 수용하도록 도와주는 일종의 '샤먼'이죠. 심지어 그들은 자신들이 사랑하는

---

* 임산부를 돕는 산파처럼, 가정에서 장례식을 치르도록 돕는 사람.

사람들까지도 같은 과정을 겪도록 돕죠. 유라이리는 엄마처럼 대단히 너그러운 사람이었습니다. 그녀는 죽음을 편히 받아들이는 데 무엇이 필요한지 정확히 알고 있었습니다. 짧게나마 엄마와 대화를 나눌 수 있는 만큼 나눈 뒤, 나는 아파트를 떠날 준비를 했습니다. 유라이리는 엄마를 포옹해주라고 했습니다. 엄마는 철저하게 독립적인 사람이었고 대놓고 애정을 드러내는 일은 종종 피했습니다. 그래서 거침없는 애정 표현이 필요할 때 엄마가 마음을 표현하기란 어려운 일이었죠. 그래도 나는 기꺼이 엄마를 기쁘게 해드렸습니다. 이제 엄마는 앉아 있을 수도 없었으니, 나는 그녀 곁에 앉아 팔을 아래로 뻗어 그녀를 안았습니다. 엄마의 앙상한 등뼈와 허약한 팔다리를 느꼈죠. 엄마의 얼굴에 의기양양한 미소가 피었습니다. 그녀는 만족스러워하며 외쳤죠. "넌 정말 훌륭해! 정말 훌륭해!"

평생 아들에게 자신을 희생하며 다정하게 대해준 엄마인데, 그런 행동으로 충분했을까요? 때로 엄마가 얼마나 분투했는지 잘 몰랐던 아들인데 말이죠. 아뇨, 절대 충분하지 않죠. 하지만 이렇게 감사한 마음을 표현하여, 나는 엄마의 분투가 헛되지 않았다는 뜻을 전했습니다. 엄마는 누군가 가장 필요한 순간에 곁에 있을 사람을 길러냈다는 사실에 만족해하고 행복해했습니다.

다음 날 헬렌 이모가 엄마를 찾았을 때, 엄마는 의식이 오락가락한 상태였습니다. 유라이리의 말처럼 엄마는 '여행 중'이었죠. 헬렌 이모는 엄마의 자매이자 최고의 친구로서 엄마가 이 신비로운 항해에 오르도록 힘을 실어주었습니다. 이모는 엄마를 안심시켰습니다. "난 진주 목걸이를 갖고 있어." 진주 목걸이는 우리 집안에서 유명한 보석이에요. 이모의 말로 두 사람 모두 마지막 시간 동안 신나게 웃었죠. 나는 오후에 전화를 받았고, 엄마와 대화를 했습니다. 엄마는 내 목소리를 듣고 무척 행복해했습니다. 그녀는 내가 어디에 있는지, 그날이 며칠인지 몰랐죠. 하지만 엄마는 내게 딱 어울릴 만한 일을 내가 하고 있다고 생각했죠. 그녀는 말했습니다. "집회를 하고 있니? 사람들이 거기 많아?" 나는 혼란스러웠지만, 엄마의 환상을 따랐습니다. 엄마가 정말 자랑스러웠고, 나는 행복했습니다.

다음 날 아침, 유라이리의 전화를 받았습니다. 엄마가 죽어가고 있다고 했습니다. 내가 갔을 때 그녀는 힘겹게 숨을 쉬고 있었지만 어떻게 봐도 의식은 없는 상태였습니다. 헬렌 이모와 나의 의붓형제 유진(아버지가 같습니다)이 아파트에 왔습니다. 우리는 기다렸습니다. 유라이리는 죽음이 다가오고 있음을 정확히 알고, 내게 침대에 있던 엄마 곁에 누워 손을 잡아주라고 했습니다. 다시 한번, 나는 기꺼이 그렇게 했습니다. 엄마가 세상을 떠날 때 나는 작별의 말을 건넸습니다.

놀랍게도, 엄마가 나를 남겨두고 떠나서 나는 화가 났습니다. 하지만 이 편지를 쓰면서, 내가 느끼는 건 엄마가 내게 준 사랑 가득한 상냥함뿐입니다. 그리고 그녀가 마지막 순간에 혼자 여행을 떠나며 느꼈을 자유를 위안으로 삼습니다. 언제나 그녀가 되고 싶어 했던 새들처럼.

•

앤드루

알레나(앤드루의 어머니)

무슨 일이 일어났는지 내가 생각조차 할 수 있을까요? 우리는 바른 일을 한 걸까요? 어떻게 하면 더 좋았을지 지금이나마 알고 있나요? 나를 먹어치운 건 아들이 마지막으로 받은 방사선요법이었습니다. 방사선사가 와서 말했죠. "선택하세요. 치료를 받아도 되고 안 받아도 됩니다." 나는 혼란스러웠습니다. 그에게 물었죠. "당신이라면 어떻게 할 건가요?"

아들이 종양이나 방사선요법 때문에 음식을 삼키지 못했던가요? 어떤 사람과 대화한 적이 있어요. 조카가 스물아홉 살에 암으로 죽기 전에 병원에서 그랬답니다. "한 달 남았습니다." 의사가 그 말을 하기 전에는 조카가 활기로 넘쳤습니다. 하지만 이후 그는 20일 만에 무너져 죽었죠. 앤드루는 생존할 가능성이 없었습니다. 아들이 그 말을 들었다면 16개월조차 살지 못했을까요? 어머니로서 나는 하루하루 견뎠습니다. 1분씩 더 주어질 때마다 아들은 살 수 있었고, 나는 그를 볼 수 있었습니다. 이스라엘에 사는 나이 많은 지인이 있어요. 교모세포종이지만 6년 넘게 살고 있지요. 휠체어를 타게 되었지만 살아 있죠. 앤드루가 살 수만 있으면 난 휠체어도 괜찮았어요.

어떻게 하면 아들이 더 잘 살 수 있었는지 알면 좋겠어요. 치료를 해야 했을까요, 하지 말아야 했을까요? 마지막 날까지 선택 앞에서 앤드루는 말했습니다. "나는 살고 싶어. 암을 이기기 위해서는 무엇이든 할 거야."

아즈라, 할 말이 있어요. 아무도 내게 솔직하게 말하지 않았습니다. 아무도 내게 알려주지 않았어요. 하지만 사람들이 그렇게 했다 해도, 내가 무엇을 할 수 있었을까요?

아들의 마지막 날, 곁에 있던 내 친구조차 이렇게 말했습니다. "이제 앤드루를 보내야 할 시간이야." 나는 그럴 수가 없었습니다. 언제나 희망을 품고 있었습니다. 아들이 물었습니다. "엄마, 이게 끝인가?" 내가 뭐라고 할 수 있었겠어요? 그는 여전히 걸을 수 있었어요. 방사선 치료를 받고 있었지만, 줄을 단 채 걸어 다녔죠. 우리는 아파트에서 나오고 있었습니다. 그는 그저 내 쪽으로 몸을 돌리더니 이렇게 말했습니다. "이번 생의 로또는 꽝인 것 같아. 나는 해낼 수 없을 거야." 내가 말했습니다. "아무도 몰라. 진짜 건강한 사람이 차 사고로 죽을 수도 있어."

앤드루의 아버지는 상황을 좀 더 수용하고 있었습니다.

앤드루는 희망을 잃지 않았습니다. 심지어 음식물 삼킴 검사를 통과하지 못했을 때도, 검사를 다시 받고 싶어 했습니다.

이런 생각을 떨칠 수가 없어요. 아들이 살 가능성이 없는데 그 사실을 들으면 희망을 잃고 더 빨리 죽게 되는 상황이었다면, 그 끔찍한 화학요법과 방사선요법 대신 그에게 위약을 주는 건 어땠을까요? 적어도 자신이 치료를 받고 있다고 생각하면서, 희망을 잃지 않고 더 빨리 죽지 않을 수 있도록 말이에요. 독한 치료로 아들의 삶을 더 비참하게 만드는 게 무슨 의미가 있었을까요?

수술과 화학방사선요법을 처음 받은 뒤, 아들에게 끔찍한 두통이 왔습니다. 우리는 뉴욕종합병원에 전화를 걸었지만 만족스러운 답을 얻지 못했습니다. 의사들은 아마도 부비동 감염 때문일 것이라고, 아들이 항생제를 먹어야 한다고 했습니다. 아들은 안심할 수 없었고 두통 때문에 죽을 것 같았습니다. 몇 번 더 전화를 했더니 병원에서 방해하지 말라는 듯 굴었습니다. 내가 계속 전화를 했어요. 아들에게 끔찍한 두통이 있다고 알리려고요. 병원에서는 짜증이 난 것 같았죠. 결국 응급실에 가라고 하더군요. 그 무렵 아들은 구토를 하면서 거의 미쳐가고 있었죠. 응급실에서 사진을 찍어보니, 종양이 온 데 퍼졌더군요. C 의사는 앤드루의 암이 온몸으로 퍼졌다는 사실을 알게 되자, 완전히 당황했습니다. 우리는 뉴욕병원으로 갔어요. 그 뒤로 그 의사는 상황이 어떻게 되었는지, 심지어 앤드루가 아직 살아 있긴 한지 알아보려고 전화하는 일조차 없었죠. 단 한번도. 우리는 다시는 그 병원 사람들의 연락을 받지 못했습니다. 그들이 앤드루를 어떻게 다루었는지 생각하면 여전히 괴롭습니다. 분명 우리는 희망이 필요합니다. 하지만 공감이 더 필요합니다. 그들이 책에서 하라는 대로 하는 건 좋지요. 하지만 공감에 관한 것은 책에 없습니다.

뉴욕병원은 어땠느냐고요? 앤드루를 맡은 종양 전문의는 환자에게 와서 농담을 좀 한 다음 떠났어요. 그냥 사라졌습니다. 그게 전부입니다. 그 후로 그는 결코 환자에게 신경 쓰지 않았죠. 앤드루는 석달 이상 입원했고 온갖 고난을 겪었지만, 그 종양 전문의는 절대 오지 않았어요.

•

캣(앤드루의 누나)

앤드루가 자신의 죽음을 받아들이지 않았기 때문에 나도 받아들일 수 없었습니다. 돌이켜보면 동생에게 너무 잔인한 상황이었어요. 그는 캘리포니아에서 온 특별한 알약을 THC*와 같이 복용했습니다. 고용량을 투여하고 있었죠. 그는 그 약을 좋아하지 않았습니다. 약을 먹으면 몽롱하고 졸린 상태로 깨어났거든요. 우리는 그 약이 도움이 되는지 아닌지 알 수 없었습니다. 동생이 겁에 질린 모습은 딱 두 번 보았습니다. 첫 번째 순간은 첫 수술이 끝나고 재활센터에 있을 때였습니다. 어느 날 아침에 내가 센터에 도착하니, 그가 흐느껴 울기 시작했습니다. "이런 일이 왜 내게 일어나야 해? 난 죽게 될까?" 무슨 말을 해야 할지 몰랐습니다. "그래, 넌 죽어가고 있어"라고 말했어야 했나요? 난 대신 이렇게 말했습니다. "우리 모두는 죽어가고 있어." 앤드루의 인생이 끝나갈 무렵, 찰스와 레베카는 앤드루가 죽음을 받아들이길 바랐고 셰헤르는 그렇지 않기를 바랐지요. 앤드루는 관심받기를 좋아했지만 불쌍하게 보이는 건 원하지 않았습니다. 그는 죽어가고 있다는 사실을 인정하기 싫어했어요. 인정을 하면 사람들이 그를 불쌍하게 여길 테니까요. 앤드루는 그런 사람이었습니다.

두 번째 순간은 상황이 나빠져 그가 한 달가량 울적할 때였습니다. 엄마는 동생의 집으로 거처를 옮겼고 동생과 쭉 같이 있고 싶어 했죠. 그는 개인적인 공간을 마련해보려 했습니다. 엄마가 자신의 사

---

* 대마초 성분의 약.

생활을 뺏고 독립성을 침해하려 한다고 느꼈습니다. 동생의 기분이 좀 나아져 같이 점심을 먹을 때, 나는 미래의 어떤 일에 대해 이야기했습니다. 앤드루는 말했죠. "알다시피 난 언제나 암과 씨름해야 할 거야."

의사가 나쁜 소식을 전할 때마다 앤드루는 슬퍼했고 실망했습니다. 하지만 늘 내일은 다를 것이라고 했죠. 나와 엄마가 얼마나 속이 상할지 그는 알고 있었습니다. 그래서 상황이 실제보다 덜 나쁜 척했죠. 나는 뉴욕종합병원과 특수 병원의 종양 전문의 모두 동생을 포기했을 때 가장 속상했습니다.

●

셰헤르자드(나의 딸)

(2017년 11월 14일, 제15회 '하비프리슬러 기념심포지엄' 시작사에서)

나의 어머니 집안에는, 갓 태어난 아기가 세상의 환영을 받는 아주 달콤한 관습이 있다. 어른이 신생아의 귀에 '아잔'이라고 속삭이는 것이다. 이슬람식 기도를 알리는 소리다. 내가 막 태어나 이 의식을 치르기 위해 큰 이모에게 넘겨질 때, 아버지가 끼어들었다. 그는 간호사에게서 나를 받아 내 귀에 반복해서 속삭였다. "양자 중력! 양자 중력!" 믿거나 말거나, 아버지가 내게 가르쳐준 알파벳 첫 글자는 G였다. 지금 내가 말하는 '중력gravity'의 G. 아버지는 그런 사람이었다. 철저한 과학자로서, 비할 데 없는 존경과 감사의 마음을 품고서 진지한 마음으로 지식을 좇아 우주의 경이와 수수께끼에 대한 답을 찾는 사람.

진실은 아버지에게 그 무엇보다 중요했다. 아버지 덕분에 내겐 아주 개인적인 차원의 동기가 생겼다. 과학과 기술, 의학의 비밀을 푸는 분야로서 멀티미디어 저널리즘에 전념하자고 마음먹게 됐다. 내 유년 시절은, 링컨공원 동물원과 셰드수족관으로 떠난 저녁 산책, 집 안에서 셀 수도 없이 여러 번 수행한 실험, 아빠와 내가 짝이 되어 같이 참여한 과학 박람회의 추억으로 가득하다. 그리고 최근 몇 년간 싯다르타 무케르지 박사의 연구실에서 의예과 과정을 공부하며 일한 뒤로, 나는 과학 저널리즘에서 내 길을 찾게 되었다.

아버지의 길을 따라, 나의 가장 큰 꿈은 타인의 삶을 개선하는 것이다. 이것은 아빠가 평생 헌신한 일이다. 그는 홀로코스트를 피해 동유럽에서 이주한 부모의 아이로 태어나 브루클린에서 자랐다. 그가 고등학교에서 지능검사를 받았을 때 엄청난 점수가 나왔다. 그는 고등학교 졸업 전 2년 동안 과학 수업을 들을 필요가 없었다. 수업 내용에 대해 선생님보다 더 잘 알고 있었기 때문이다. 아버지는 열다섯 살에 평생 암 연구에 헌신하자고 결심했다. 그리고 결코 마음을 바꾸지 않았다.

잔인하고 아이러니한 일이었다. 아버지는 시카고의 러시대학 암센터를 맡고 있을 때, 당신이 평생 치료에 전념한 바로 그 병에 걸려 인생의 전성기에 쓰러졌다. 아버지가 진단을 받은 무렵 나는 네 살 밖에 되지 않았고, 그가 세상을 떠났을 때는 여덟 살이었다. 나의 부모님은 'C'로 시작하는 'Cancer(암)'라는 단어를 내가 듣지 못하게 하려고 아주 고생하셨다. 하지만 아빠에 대한 나의 기억 대부분은, 아니 적어도 얼마만큼은, 우리 삶에 들어온 이 이름 없는 '타자'

의 존재와 관련이 있다.

나는 너무 어려서 일이 어떻게 돼가는지 구체적으로 몰랐지만, 본능적으로 알고 있었다. 뭔가 심각하게 잘못되고 있음을. 나는 엄마의 고통을 감지할 수 있었다. 아빠가 끝도 없어 보이는 실험적 치료들을 받는 동안 엄마는 낙관과 고통, 두려움, 낙담의 단계를 지나 마침내 절망하게 되었다. 암 환자 대다수와 그들의 간병인이 이런 단계를 거친다.

암은 또 다른 소중한 사람도 내게서 앗아갔다. 앤드루는 나의 가장 친한 친구였다. 앤드루는 2016년 봄, 팔에 감각이 없어지고 따끔한 느낌을 받았다. 그는 더욱 열심히 운동했다. 어느 날 오후, 가족을 만나러 갔다가 그는 오른팔에 힘이 빠진 느낌을 받았다. 그는 뉴욕종합병원 응급실로 보내졌다. 며칠 만에 앤드루는 사지에 마비가 왔다. 목에서 9센티미터 크기의 종양이 발견되었다. 응급수술을 했지만, 의사들은 교모세포종을 완전히 제거할 수 없었다. 종양은 이미 위쪽 척추 여러 군데를 뒤덮었다.

이듬해는 희망과 공포, 불안, 경악, 통증 그리고 더 심한 통증이 뒤섞인 시간이었다. 통증이 너무 심했다. 앤드루는 화학요법, 방사선요법, 면역 치료를 몇 차례씩 계속 받았다. 수술을 받았고 션트를 달았고, 그런 다음 화학요법과 방사선요법과 면역 치료를 또 받았다. 이 모든 치료를 받는 동안, 앤드루는 부작용 때문에 설명할 수 없는 고통과 괴로움을 겪었다. 하지만 종양은 계속 커졌다. 2017년 8월 25일, 그는 싸움에서 졌다. 앤드루는 스물세 살이었다. 그가 시련을 겪는 동안 친구들과 가족들은 결코 그의 곁을 떠나지 않았다. 그 시간 동안 나를 가장 놀라게 한 건 그의 긍정적이고 이타적인 모습이었다. 그는 결코 자신이 더 나아질 것이라는 희망을 잃지 않았다. 그리고 그와 같이 있는 동안에는, 심지어 중환자실에서도, 우리가 그냥 함께 놀고 있는 기분이었다. 그는 불평도 거의 하지 않았다. 일부러 다른 사람에게 질문을 던져서 관심이 자기 말고 다른 데로 가도록 했다.

내 인생의 가장 좋은 순간 가운데 하나가 앤드루 그리고 절친한 친구인 레베카, 찰스와 함께 유럽을 여행했던 때다. 우리는 독일에서 클러빙을 하고 프랑스에서 베르사유 궁전과 루브르 박물관을 방문했으며 영국에선 2층 침대를 가지고 다투었다. 즐거운 시간이었다. 앤드루가 아픈 동안 우리는 뉴욕종합병원 및 뉴욕병원에서 그의 엄마와 누나, 그의 할머니, 그의 아버지와 함께 앉아 앤드루와 같이 웃었고 대기실에서는 몰래 울었다. 밤에는 앤드루가 자기 침조차 삼키지 못한다는 걸 생각하며 음식을 먹다가 목이 메었다. 그리고 최악의 상태가 두려워 식은땀을 흘리며 밤을 새고 또 샜다.

앤드루와 나는 둘 다 생일이 12월이다. 슬프게도, 앤드루도 나의 아버지도 나의 24번째 생일을 축하해주지 못할 것이다. 앤드루의 무덤에서 노란 장미꽃잎을 갖고 와 오래 보존하려고 엄마에게 건네면서, 나는 유년시절 및 청소년에서 성인으로 넘어가는 시절 모두에 암이라는 타자가 침입 흔적을 남겼다는 사실을 깨달았다. 나는 이 치명적인 질병으로 인한 마음과 몸의 고통을 기준 삼아 삶을 바라볼 수밖에 없다. 해결책이 보이지 않기 때문이다. 내게 삶이란 결코 원래대로 돌아갈 수 없는 것이다.

나는 오늘 여기 서서 여러분에게 하비 프리슬러와 앤드루 슬룹스키가 어떤 일을 겪었는지 이야기하며, 수천 명의 암 환자들이 오늘도 어떤 일을 겪고 있는지 잊지 말아달라고 호소하고 있다. 먼저 아버지가, 나중에는 앤드루가 병을 견디며 보여준 용기와 고귀함을 떠올리면 나는 마음 깊이 겸손해진다. 모든 암 환자를 돕기 위해 다 함께 힘을 합쳐주길 바란다.

•

나는 이 책에서 죽음과 맞선 사람들의 사연을 전했다. 이 대단한 영혼들이 끝까지 보여준 침착함, 위엄, 기개에 간병인들은 힘을 얻고 또 겸허한 마음이 된다. 죽음은 실패가 아니다. 사회에 만연한, 죽음의 부정이 실패다. 그리스 신은 필멸을 받아들일 수 없었다. 하지만 인간은 받아들인다.

불멸은 필멸이고, 필멸은 불멸이다,
타인의 죽음에서 살아가는 사람 그리고 타인의 삶에서 죽어가는 사람

– 헤라클레이토스Heraclitus

벌써
새벽이 왔다

언니 아메라, 오빠 타스님과 나는 1988년 어느 화창한 여름, 버팔로에서 어머니를 모시고 쇼핑을 하러 갔다. 어머니가 카라치에서 우리를 만나러 왔을 때였다. 타스님은 버팔로종합병원의 심장외과의로, 관상동맥 우회수술을 이미 수백 건 치렀다. 그의 수술팀은 뉴욕 서부에서 심장이식 분야를 이끌고 있었다. 오빠가 치료한 환자 중 한 명을 마주치지 않고 쇼핑몰에서 15미터 이상 걷는 건 불가능했다. 그들은 오빠의 손을 잡고 열정적으로 악수를 했고, 어머니에게 활짝 웃어 보이며 감사의 뜻을 넘치게 전했다. 어머니의 아들이 자신의 생명을 구한 영웅이기 때문이었다. 물론 타스님은 집에서는 그리 칭송받지 않았다. 우리 형제자매는 그가 의사로서 자기애가 심해지도록 놔두지 않았다. 우리는 가족 모임에서 그를 자비 없이 괴롭혔다. 여동생 수그라는 순진하게 물었다. "심장외과의사 두 명이 심전도를 확인하는 걸

뭐라고 하지?"나는 무표정한 얼굴로 대답했다. "이중맹검연구double blind study◆!" 고맙게도 이 농담을 타스님보다 더 좋아하는 사람은 없었다. 그는 소아청소년과 전문의(언니 아티야), 방사선과의사(동생 수그라) 그리고 종양 전문의(나)를 의기양양하게 지명했다. "통계적으로 볼 때, 여기 숙녀들은 주사를 놓아봐야 열 번 중 아홉 번이 정맥vein 주사, 그러니까 헛된vain 주사야." 그는 우리가 전 남자친구 몇몇에게 쓰던 약칭으로 우리를 부르는 걸 좋아했다. "안녕, 누이들. 오늘 저녁에 나토족은 뭘 하나?"('나토'는 말만 많고 행동은 안한다는 뜻으로 우리가 쓰는 암호였다.) 때로는 심장외과의사와 오토바이 정비사 이야기에 대해 들어본 적이 있느냐고 상냥하게 묻고는 농담을 늘어놓았다. "자, 의사 선생님. 이 엔진을 보세요. 내가 엔진의 심장을 열고, 벨브를 꺼내고, 고장 난 건 다 고친 다음 돌려놓잖아요. 그렇게 고쳐놓으면 오토바이는 새것 같이 작동하죠. 그런데 어째서 나는 1년에 4만 달러를 벌고 의사 선생님은 한 달에 4만 달러를 벌죠?" 의사는 잘난 척하며 대답했다. "엔진이 돌아가게 해놓고 고쳐보세요."

우리가 집으로 돌아오자 어머니는 내가 두려워하던 질문을 던졌다.

"너도 버팔로에 10년가량 있었잖아. 엄마는 네 환자는 한 명도 만나지 못했어. 왜 심장병 환자는 암 환자보다 훨씬 잘 낫지?"

어머니는 문제의 핵심을 짚었다. 타스님과 나는 종종 같은 내용

◆ 본래 임상연구에서 실험자와 피험자 둘 다에게 정보를 공개하지 않는 방법을 의미하지만, 여기서는 두 명의 맹인이 심전도를 판독한다는 비유로 심장외과의사가 심장내과의사에 비해 심전도 판독 실력이 떨어진다는 농담으로 사용되었다.

의 대화를 했다. 우리가 내린 결론은 이러했다. 심장 전문의들은 효과적인 치료란 예방과 조기 개입뿐이라는 사실을 인정했다. 심장 질환에서 암에 대응하는 존재는, 아주 심하게 손상되어 이식밖에 치료법이 없는 심장이다. 진행암은 말기 단계의 심장병과 같다. 극단적이고 과감한 조치만이 생명을 살릴 가능성이 있다.

"그럼 암을 조기에 발견할 방법을 찾는 건 어때?" 어머니가 말했다. 바로 그렇게 하려고, 백혈병을 초기에 찾아내려고, 골수형성이상증후군을 평생 연구하고 치료할 것이라고 대답하자 어머니는 기뻐했다. "네가 미국에 살아서 좋다. 동료들 생각을 고치는 일이 그렇게 어렵진 않을 거야. 파키스탄에선 평생 애써도 체계를 바꿀 수 없겠지."

어머니는 종종 골수형성이상증후군 연구에 진전이 있는지 내게 물었다. 2002년, 하비가 죽기 석 달 전에 어머니가 세상을 떠났다. 카라치의 이맘바르다 주택단지에서 천으로 덮인 어머니의 관 옆에 앉아 있을 때, 나는 지적인 의미에서 부모를 잃은 낯선 기분을 느꼈다. 경험으로 알게 되었다. 어머니가 나를 강하게 믿어주는 데서 내가 얼마나 큰 힘을 얻었는지, 멀리서 매주 통화하는 일을 내가 얼마나 즐거운 마음으로 기다리곤 했는지. 어머니와 나는 태양 아래에서 벌어지는 모든 일을 이야기했지만, 어머니는 특히 내 연구에 대단히 흥미를 보였다. 우리가 어머니를 우리 가족 중에서 제일 똑똑한 사람이라고 부른 데는 그럴 만한 이유가 있었다.

아, 이제 누가 나를 기다려줄까! 나의 고향에서?
내 글이 도착하지 않으면 누가 괴로워해줄까?

— 알라마 이크발

・

암을 조기에 발견하는 방법을 찾는다면?

오만. 과신. 경멸.

로버트 와인버그Robert Weinberg의 표현이다. 그는 MIT의 화이트헤드생의학연구소의 창립 회원으로, 미국 국가과학상과 게이오의학상을 받았다. 와인버그는 1970년대 중반 환원주의적 접근으로 암을 해결하겠다며 백마 탄 기사처럼 나타난 분자생물학자들을 묘사하기 위해 이 단어들을 썼다. 다음은《셀cell》에 실린 와인버그의 글이다.

우리는 결국 환원주의자였다. **암세포**를 가장 작은 분자적 단위까지 분석하여, 암 발생 메커니즘에 대해 보편적으로 적용할 수 있는 유용한 내용을 알아내고자 했다. 전통적인 암 연구자들이 반세기 이상 뒤죽박죽 어지럽게 쌓아온 지식에, 우리는 그럭저럭 논리적 질서를 부여했다.

이런 식의 오만한 작업은 결코 인정받을 수 없다. 그래서 우리는 눈에 띄지 않게 연구를 지속해야 했다. 우리는 암 연구계를 지배하는 거물들이 얼마나 예민한지 알고 있었고, 그들과 대립하지 않으려고 했다. 우리는 우리의 연구에 대해 말할 때, 분자생물학 용어를 사용했다. 그 용어는 여러 세대 동안 고생한 사람들에게 위협적이지 않았다. 그들은 '암은 무엇이며 어떻게 시작되는가'라는 단순한 질문에서 별다른 진전을 이뤄내지 못했다. 우리는 내내 알고 있었다. 복잡한 질문에 대해 간단한 답을 내면, 전통적인 암 연구자들로 구성된 큰 규모의 집단이 착잡한 감정을 느끼게 된다는 것을. 결국, 우리가 성공하면 많은 연구자들이 일을 잃게 될 수 있었다.

끝없이 복잡한 이 종양성 질병을 연구하며 길을 개척하려면, 자신을 과신하는 태도가 필요했다고 본다. 우리는 구식의 암 연구자들이 계속 우리의 길을 반대할 때 이를 무시할 필요가 있었다. 그들은 암이란 정말 복잡하기 때문에 단순한 분자적 메커니즘으로는 이해할 수 없다고 했다. 실로 그들은 우리의 환원주의를 단세포적 수준까지는 아니라도 무척 단순화해서 묘사했다.

우리는 안다. 암에 대한 현재의 전망은 1970년대보다 더 나빠졌다. 오늘날까지도 실험적 연구의 95퍼센트는 계속 실패하고 있다. 성공하는 5퍼센트의 연구는 수백만 달러의 비용을 들여 환자의 생존 기간을 고작 몇 개월 늘려준다. 그리고 이들은 패러다임을 바꾸는 치료, 게임 체인저라며 대대적으로 선전된다. 도덕적으로나 재정적으로 심각하게 무책임한 상황이다. 법에 의거하여 FDA는 약의 승인 심사를 할 때 가격은 보지 않고 안전성과 효과만을 따진다. 한편 건강보험은 두 가지 약이 모두 FDA의 승인을 받았으며 효과가 같다 해도, 더 비싼 약의 비용을 대야 한다. 내 동료 안토니오 포조는 국립암연구소에서 30년 동안 일한 연구자이자 종양 전문의로, 새로운 암 치료를 위한 몇 가지 시험들을 살펴보고 건강보험 비용을 계산해냈다. 정신이 번쩍 드는 금액이었다.

폐암 시험의 경우, 전체 생존 기간은 평균 1.2개월만 늘어난다. 한

두 달 더 살기 위해 드는 비용은 약 8만 달러다. 1.2개월 생존에 8만 달러가 든다면, 1년 생존에는 80만 달러가 든다고 추정할 수 있다. 그러면 매년 암으로 죽어가는 미국인 55만 명이 1년씩 더 살게 하려면 4400억 달러가 필요할 것이다. 이는 국립암연구소 예산의 약 100배다. 하지만 아무도 암이 낫지는 않을 것이다.

나는 최근 겪은 일을 통해 암 연구자들에 대한 로버트 와인버그의 비판이 진실이었음을 확인하게 되었다. 어느 날, 한 젊은 박사 과학자에게 전화가 왔다. 그는 국립보건원NIH 연구비 신청서를 준비하고 있었다. 듣자 하니 그는 동물 모델로 유전자를 연구해온 것 같았다. 그리고 그 유전자가 골수형성이상증후군 세포에서 보이는 비정상적 신호와 관련이 있는 것 같았다. 그는 3년 동안 연구비를 받을 생각이었다. 그는 처음 2년 동안 골수형성이상증후군 쥐 모델에서 이 유전자의 역할을 알아내겠다고 했다. 그리고 골수형성이상증후군과 이 유전자가 어떤 식으로든 관련이 있으면, 인간 샘플에 시험해볼 의향이 있다고 했다. 이런 용도로 쓰이도록 내가 인간 샘플을 기꺼이 제공해야 할까?

물론 나는 가능한 모든 방법으로 골수형성이상증후군 환자를 돕고 싶다. 그들의 병을 연구하는 데 관심 있는 연구자 모두를 도울 것이라는 얘기다. 나는 그에게 무턱대고 소중한 샘플을 넘겨주는 '공급책'이 아니라 동등한 지적 동료이자 공동연구자로 같이 연구하고 싶다고 밝혔다. 내가 크나큰 경제적 비용을 치르고 환자들은 크나큰 물리적 고통을 치러서 모은 샘플이 미숙한 연구자의 경솔한 실험에 허비될지도 모른다는 걱정이 들었다. 더 나아가, 그 연구자가 샘플들을 무엇에 어떻게 쓸지 같이 결정하고 싶었다. 인간의 질병을 아주 조금이라도 요약하는 쥐 모델이나 조직배양 세포주는 **절대** 존재하지 않는다. 2년 동안 어마어마한 양의 자원을 투여하면서 이 유전자가 인간 골수형성 이상증후군에 중요한지 알아내기 위해 터무니없이 인공적인 체계를 이용할 거라고? 대체 왜 그래야 할까? 인간 세포 조직에서 먼저 검사를 하고 후속 연구를 계속할 가치가 있는지 보는 게 훨씬 더 좋을 것이다.

슬프게도 몇 가지 부분은 확실해졌다. 그 젊은이는 인간의 골수 형성이상증후군에 대해서 아무것도 몰랐다. 쥐 모델에서 그 병이 자신의 연구와 관련이 있다는 결과가 나오지 않는다면 그 병에 대해 더 알 생각도 없었다. 나는 골수형성이상증후군 환자에게 무엇이 중요한지, 그의 연구적 관심이 환자의 필요와 어떻게 같이 갈 수 있는지 알아내기 위해 만나서 논의를 하자고 했다. 그는 다시 예의 바르게 거절했다. 그가 원하는 건 연구비 지원서에 같이 붙여서 보낼 공식 편지였다. 그가 연구비 지원을 받는 3년 동안 인간 샘플을 이용할 수 있다고 내가 확인해주는 편지 말이다. 대부분의 연구비 신청서는 똑같은 궤적을 따르고 어마어마한 자원의 낭비를 초래한다.

연구 현장에서 기이한 일들이 수십 년 동안 쌓이고 나니, 시작점과 도착점이 별 관련이 없어지는 지경에 이르렀다. 상황을 바꾸려면 먼저 눈가리개를 벗고 과감히 상황 자체를 보아야 한다. 대단히 복잡한 문제를 쉽고 단순하고 단선적인 서사에 밀어 넣으려 하다 보니, 암 연구는 새로운 귀류법적 단계에 도달했다. 이제까지 해온 연구가 잘못된 것임이 드러나, 그 반대 방향이 참임을 알게 된 것이다. 현장은 위기다. 임상과 기초과학 연구 양 분야에서 우리가 벌이는 기이한 일은 중요해 보이는 용어들로 잘 감춰진다. 객관적인 인상을 줘서 안심이 되는 용어들 말이다. 최고의 사례, 근거 중심 의학, 정밀 종양학, 유전적으로 조작된 쥐 등등. 대체로 우리는 쓰디쓴 진실에 설탕 옷을 입히기 위해 완곡어법을 쓴다. 50년 전에 제공한 치료법보다 실제로 더 나은 치료법을 갖고 있지 않다는 진실 말이다.

1980년, 조지워싱턴대학에 잠시 있을 때였다. 나는 종종 아유브 오마야Ayub Ommaya 박사와 점심을 먹었다. 그는 뇌로 약물을 전달하는 오마야 저장소를 개발한 위대한 파키스탄계 신경외과의사로, 뇌와 관련된 모든 일에 몰두하는 사람이었다. 언젠가 그에게 의식의 근원을 보기 위해 환원주의적 방식으로 끝까지 가야 한다고 생각하느냐고 물었다. "아즈라, 아름다움의 근원을 찾아내겠다고 타지마할 궁전의 벽돌을 하나하나 떼내봐야 돌무더기만 만들 뿐이죠. 뇌도 마찬가지예요. 단순한 조각 하나하나가 모여 탄생한 복잡성이 그 본질적인 수수께끼를 설명하는 거죠." 이는 환원주의적 접근으로 암의 비밀을 풀 수 없는 이유이기도 하다.

암은 갑작스럽게 모습을 드러낸다. 하지만 작은 변화들이 점진적으로 모인 결과이기도 하다. 그 변화는 나이듦과 복잡하게 얽혀 있다. 각각의 우연적 사건은 그 자체로는 중요하지 않다. 하지만 그 각각이 체계의 궁극적 불안정성에 기여한다. 앞서 나는 커지는 모래 더미에 대해, 임계 상태라는 개념으로 하나의 모래알이 모래 사태를 유발하는 과정에 대해 이야기했다. 비슷한 방식으로, 나이 든 신체의 표면 아래서 부글대는 생물학적 소란이 신체를 엔트로피 증가 쪽으로 슬쩍 밀어 넣는다. 천천히 꾸준하게. 그렇게 해서 암이 불쑥 생길 수 있다. 다른 조건에서는 별것 아니었을 사건으로부터 말이다. 자기 조직적 임계성은 나이듦과 함께 세포 안에서도, 세포가 자리한 미세환경에서도 생겨난다. 환원주의는 '암 유전자'를 찾으려 한다. 그런데 신체 조직을 암으로 밀어내는 것은 어느 특별한 돌연변이가 아니다. 맨 마지막에 나타나 암으로 이행하는 재앙과 같은 사태를 유발하는 돌연변이다. 그 돌연변이는 치명성의 수준이 오랫동안 세포의 DNA에 있던 다른 수천 가지 돌연변이와 별 차이가 없을 수 있다. 비슷하게, 노화한 세포 하나가 나타나 쓰레기 수거 체계를 건드려 토양을 전 염증성 상태로 만든다. 더 건강한 세포에겐 너무 독한 상태다. 이 노화 세포는 그 전에 등장했던 수백만 개의 여느 노화 세포와 다르지 않다. 하지만 나이가 들면 전체 조직이, 씨앗과 토양이, 커지는 모래 더미처럼 언제라도 갑작스럽게 무너질 수 있는 상태에 가까워진다. 그러면 실제로는 왜 암이 모든 고령자에게 발생하는 것은 아닐까? 그 답은 불멸성을 획득한 돌연변이 씨앗과 적당히 독성이 있는 토양을 갖춘 완벽한 '적합도 지형'은 드물게 등장하기 때문이다.

　암과 나이듦은 동전의 양면이다. 동전 표면의 굴곡을 세심히 살피듯 한 가지를 이해해나가면, 자동으로 다른 한 가지의 비밀을 밝힐 수 있다. 이런 이유로 암은 복잡하다. 몇몇 분자생물학자가 마음먹으면 문제가 풀릴 것이라고 여기는 것은 완전히 오만한 일이다. 암은 언제 배신할지 모르는 기만적인 상대다. 계속 진화하며 제 위치를 바꾸는, 움직이는 표적이다. 철통처럼 굳건해서 조직적으로 해체할 수가 없다. 또한 너무 복잡해서, 연구실 접시나 동물로는 그 다양한 속성까지 전부 담아낼 수가 없다.

·

　골수형성이상증후군은 백혈병으로 진행되지 않더라도 그 자체로 치명적인 질병일 수 있다. 나는 이 전백혈병 단계로 진행될 위험이 있는 개인을 밝혀내는 일, 즉 골수형성이상증후군 전 단계에 관심을 가졌다. 사실 우리는 적어도 하나의 고위험 집단을 알고 있다. 과거에 다른 암 때문에 화학방사선요법을 받은 환자들은 가능성이 아주 낮긴 하지만(1~2퍼센트) 골수형성이상증후군이 생길 수 있다. 독성 물질을 투여받으면 때로 수십 년이 지나 이 병이 발생하기도 한다. 내 아이디어는 암 생존자를 2년에 한 번씩 액체 생검으로 관찰하여 골수형성이상증후군에 민감한 사람을 밝혀내고, 골수형성이상증후군 관련 표지자를 찾아내는 것이었다. 1998년, 나는 유방암, 전립선암, 폐암, 위장관암과 림프종으로 예전에 치료를 받은 환자들의 혈액 샘플을 모으기 시작했다. 조직 보관소에 이들 환자의 임상 정보와 함께 수백 개의 혈액 샘플을 모아서 저장했다. 나는 지원금을 신청했고, 공식적으로 타임센터를 시작했다. 그리고 러시대학의 여성위원회에서 대단히 넉넉한 지원을 받았다.

하비가 죽고 시카고를 떠나며, 나는 조직 연구소 전체를 이전할 수 있었다. 그렇지만 이삿짐 트럭에 해당 환자들의 연구 차트를 옮기고 있는 상황에서, 별 관련 없는 간호사 관리자가 나타나서 자기가 직접 일을 처리하겠다고 했다. 병원 위원회와 변호사와 수많은 행정 직원들에게 필요한 모든 허락을 받았는데도 말이다. 그녀는 내 프로그램의 책임자인 나오미 갤리리Naomi Galili 박사와 로리 리삭Laurie Lisak 조교에게 알렸다. 복사한 연구 차트의 일부가 실제 환자 차트보다 많아 보이기 때문에, 트럭에 실을 모든 차트가 복사물임을 확인할 때까지 대학 밖으로 갖고 가지 못하게 하겠다는 것이었다. 차트의 절반 이상은 타임센터 환자의 차트였다. 물론 이렇게 차이가 생긴 데는 분명 이유가 있었다. 하비가 오래 아팠다가 죽은 후 상황이 혼란스러웠던 까닭에 우리는 연구 차트를 컴퓨터에 옮기지 못했다. 모든 연구 자료는 복사한 임상 자료와 함께 인쇄물 상태로만 남아 있었다. 관리자는 어떤 설명도 듣지 않으려 했고, 짐꾼에게 수많은 연구 서류들을 옮기지 말라고 했다. 혼란한 상황이 정리되면 바로 보내주겠다고 약속했지만, 말할 필요도 없이 나는 수년간의 노력에도 불과하고 병원의 복잡한 요식 절차를 통과할 수 없었다. 지적재산권과 자료 소유의 법적 문제에는 언제나 병원 두 곳이 걸려 있었다. IRB(임상시험심사위원회) 의장이나 의대 학장뿐만 아니라 FDA에도 긴 편지를 보내 호소해보았지만 허사였다. 대학의 고집 때문에 타임센터의 차트는 시카고의 창고에서 썩어가고 있고 샘플은 컬럼비아대학의 내 냉동고에서 썩어가고 있다. 우리는 관련 임상 정보가 없으면 샘플을 가지고 아무것도 할 수 없다.

귀중한 타임센터의 샘플을 사용하지 못하는 사이에, 핀칼 드사이 Pinkal Desai의 연구를 알게 되어 나는 무척 기뻤다. 핀칼 드사이는 '여성 건강에 대한 주도적 연구Women's Health Initiative'의 일환으로 구한 혈액 샘플에서, 샘플을 제공한 몇몇 개인이 급성골수성백혈병에 걸리기 몇 년 전에 체세포 돌연변이를 일으켰다는 사실을 알아냈다. 이 연구는 20년 전 내가 타임센터를 열면서 떠올린 아이디어를 입증한다. 타임센터 샘플을 지금 시점에서 연구하는 일이 중요하다. 샘플을 제공한 사람들 가운데 다수가 이제는 골수형성이상증후군에 걸렸을 것이기 때문이다. 우리는 그들만의 고유한 특징을 찾아낼 황금 같은 기회를 놓치고 있다. 이 정보는, 첫 번째 세포를 발견하는 전략을 고안하기 위해 필요한 유형의 생체표지자이기도 하다. 하지만 유머 작가 제임스 보렌James Boren이 지적했듯, 관료제가 진보의 바퀴에 또 접착제처럼 달라붙었다. 제도는 환자가 아니라 병원을 더 보호하는 쪽으로 변했다. 이런 상황을 보여주는 또 다른 예로, 실험적 연구의 '사전 동의 양식'이 있다. 요즘 이런 양식은 분량이 수십 페이지인 데다 의미가 알쏭달쏭하고 복사하여 붙이기로 넣은 것 같은 내용이 계속 이어진다. 이것은 NIH와 FDA와 IRB 및 시험 후원자들이 요구하는 내용이고 환자와는 별 관련이 없다. 환자 대부분은 이런 양식을 받아 들면 당황한다. 우리 또한 법에 따라, 그들이 문서에 서명하기 전에 모든 내용을 읽어야 한다고 우겨야 한다. 내 환자 중 한 명은 완전히 좌절해서 두 손을 들기도 했다. "라자 선생님, 나는 먼저 이걸 설명해줄 변호사를 고용해야겠어요!"

•

나는 암과 암으로 인한 괴로움을 오랫동안 말로 전하고 글로 써 왔다. 그래서 나의 독자들이 품게 될 흔한 오해를 잘 안다. 내 말은 동물 모델을 사용하는 모든 과학적 연구를 포기해야 한다는 뜻이 **아니다**. 항암제 개발에 있어 동물 모델이 현실을 오도하며 해롭다는 말이다. 암은 그런 단순화된 인공적인 체계 속에서는 재현될 수 없다. 또한 조기 발견과 관련된 연구가 아니면 다른 모든 암 연구를 중단해야 한다는 것도 **아니다**. 다만 더 많은 자원이 조기 발견에 쓰여야 한다는 것이다. 크리스퍼 같은 기술이 모두 과대 광고라는 얘기도 **아니다**. 분자생물학의 도구로서 크리스퍼의 발견은 진실로 혁명적이지만, DNA를 자르고 붙이는 기술을 인간 암세포를 고치는 데 적용하려면 수년에 걸쳐 세심한 연구가 필요하다는 것이다. 이 기술을 상업화하여 수십억 달러의 회사에서 다루기 전에 말이다. 그리고 내 말은 암 치료 분야에서 진보가 하나도 없었다는 것이 **아니다**. 진보가 있었지만 대단히 적고 대단히 느리게 일어나고 있으며, 병을 고치는 게 아니라 생존을 기껏 몇 달간 늘릴 뿐이라는 것이다. 이 속도로는 시간이 너무 오래 걸려 앞으로 수십 년이 지나도 치료법에 별 차이가 없을 것이다. 면역 치료, 특히 CAR-T 치료 같은 방법이 전체적으로 과대평가 되었고 성공 가능성이 없다고 생각하지도 않는다. 이제껏 이 치료법들이 까다롭게 선별된 환자군에만 이득을 가져다주었다는 점을 밝힌 것이다. 이 치료법들은 병원에서 보통 쓰는 치료와는 거리가 멀다. 신체적·심리적·정서적·재정적 독성이 심하기 때문이다. 주어진 조건에 따라 특정 표적을 식별하는 능력이 부족한 면도 있다. 암 연구자들이 가식적이며, 개인적 사욕에 의해서만 움직인다고 말하는 것도 **아니다**. 물론 거의 대부분의 연구자들은 진실하며 좋은 의도를 갖고 있다. 나는 암 패러다임이 기괴하고 예전에 어땠는지 알아보기 힘들 만큼 달라진 모습으로 불안정한 종점에 다다랐음을 지적하는 것이다. 사회 전체가 잠시 숨을 돌리고, 우리 앞의 난제가 전체적으로 얼마나 복잡한지 깊이 생각해볼 필요가 있다. 그리고 현재 이토록 어려운 문제를 해결하기 위한 기본적인 개념조차 없다는 사실을 인정할 필요가 있다. 대중은 암의 조기 발견 전략을 세우는 연구자에게 세금이 가도록 요구해야 한다. 이 전략에서는 하나의 암세포 안에 있는 분자 수준의 신호 경로를 전부 다 자세하게 이해할 필요가 없다.

·

서른 살이었다면 나는 이 책을 쓸 수 없었을 것이다. 성인이 되어 평생 이 분야에 몸담은 후, 나는 이제껏 전개된 현재의 암 문화를 전체적으로 점검하자고 외치는 일에 더 많이 애쓰고 있다. 알고 있다. 내 목소리는 이 분야에서 작고 상대적으로 외롭다. 하지만 나는 입을 다물지 않는다. 의사 생활 초기에 나는 개인이 목소리를 낼 때 생기는 힘에 대해 경험으로 배웠다. 미국에서 어느 국제 학술회의가 열렸을 때였다. 강한 반대와 보이콧을 하겠다는 협박에도 불구하고, 아파르트헤이트 정책* 시절 남아프리카공화국의 연구자들과 종양 전문의들이 초대되었다. 항의자들은 소란을 일으키지 말라고 경고받았다. 의학에는 정치가 없고 암은 보편적인 문제이며, 발표자들이 나설 플랫폼을 제공하는 일은 중요하다는 것이었다. 특히 국제적인 차원에서 서로 완전히 다른 암 환자들을 비교할 수 있다는 점에서 더욱 그렇다고 했다. 긴장감이 높은 가운데 휑한 홀에서 남아프리카공화국의 백인 연구팀이 자료를 발표했다. 반투 원주민의 식도암 발생률이 백인 집단의 발생률보다 높다는 내용이었다. 발표가 끝날 무렵, 침묵이 완전히 내려앉은 가운데 어느 젊은 아프리카계 미국인 종양 전문의가 손을 들고 일어나서 크고 침착하게 힘찬 목소리로 물었다. "존슨 선생님, 선생님은 반투 원주민의 식도암 발생률이 더 높은 이유가 자존심을 삼켰기 때문이라고 보십니까?"

　절망 없이는 행동도 없고, 희망 없이는 절망도 없다. 절망은 희망만큼 변화를 구하는 힘찬 엔진이 될 수 있다. 오마르와 앤드루의 사례에서 그들에게 가장 좋은 선택지는 없었다. 그들에겐 무엇을 선택하

---

* 　남아프리카공화국의 극단적인 인종차별정책과 제도로 1994년 폐지되었다.

느냐가 문제가 아니었다. 희망과 절망 사이에서 어떻게 균형을 잡느냐가 문제였다. 원발성 종양이 완전히 제거되지 않았다는 사실이 드러나면서, 그들은 암 때문에 죽을지 치료 때문에 죽을지 둘 중 하나를 선택하는 수밖에 없었다. 어느 쪽이 덜 아플까? 거짓 희망과 긍정적 서사는 답이 아니다. 세포생물학자이자 저술가인 바버라 에런라이크Barbara Ehrenreich는 유방암을 진단받은 일에 대해 이렇게 쓴다. "나의 10대 시절 영웅이었던 카뮈가 썼듯이, 비결은 '희망을 거부하고 위안을 구하지 않은 채 삶을 완강히 증언하는' 데서 힘을 끌어내는 것이다. 희망을 갖지 않는다는 것은 길게 자란 풀 사이에서 사자를 알아보듯 CAT 촬영에서 종양을 알아보고, 그에 따라 어떻게 움직일지 계획하는 일이다."

만일 희망이 가망 없어 보이는 환자의 생존을 돕는다면, 절망은 해결책을 구하는 일에 활력을 불어넣어 줄 수 있다. 수피즘*은 정확히 이런 이유로 고통을 받아들이고 참으며 고행을 실천한다. 부정적인 감정은 유용할 수 있다. 이런 감정이 변화를 향한 동기가 되어 미래에 영향을 끼친다면, 주체가 존재론적 도약을 이루게 된다. 고통과 절망은 주체로 하여금 구체적 해결책을 찾게 하고, 근본적으로 다른 미래를 향한 가능성을 탐색하게 한다. 암은 과학적으로 너무나 복잡하며 인간의 고통을 통행료처럼 걷어간다. 그러니 암을 상세히 분석하여, 새로운 길을 여는 도구로 써야 한다. 비판적 사고, 보다 넓은 국제적 전망, 우리 세계를 향한 긍정적 시선으로 향하는 길 말이다. 나는 기대한다. 미래에는 암으로 인한 고통과 괴로움이 경감될 수 있고 또

---

* 신비주의적 성향의 이슬람교 종파.

경감될 것이라고. 개인적으로나 사회적으로나 긍정적 변화가 일어날 것이다.

이 책에서 나는 암의 괴로움을 경험한 사람들이 비밀처럼 숨기는 암의 내밀한 모습들을 처음부터 순서대로 써나가고자 했다. 우리 사회와 과학이 견딜 수 없이 느린 진전 말고 양자 도약처럼 근본적인 변혁을 이루고자 할 때 그 원동력은 공감이 될 것이라는 강력한 믿음이 있었기 때문이다. 암 환자의 깊은 고통만이 빠른 시간 내에 극적인 변화를 이룰 때 필요한 열정에 불을 붙일 수 있다. 종양학 분야는 마치 말썽쟁이 같은 어리석은 고집을 부리고 있으며 공감만이 이 고집을 깰 수 있다. 미래는 최후의 암세포를 쫓는 게 아니라, 첫 번째 암세포를 알리는 극초기 표지자를 밝혀내어 암을 예방하는 길에 있다. 나는 1984년부터 이 이야기를 해왔고, 누군가 이 이야기에 귀를 기울일 때까지 계속 말할 것이다.

두 눈을 가진 사람에게, 벌써 새벽이 왔다.

– 알리 이븐 아비 탈립Ali Ibn Abi Talib

감사의 말

    나는 이 책의 초고를 석 달 동안 썼다. 내 조카 아사드 라자가 지적했다. "아치, 이 책은 30년 동안 써온 거예요. 석 달 동안에는 그냥 다운로드만 받은 거라고요." 맞는 말이었다. 이 책의 존재는 온전히 지난 30년 동안 환자들이 내 삶에 끼친 깊은 영향 덕분이다. 슬프게도 그토록 전념하고 헌신했으나 환자들의 치료 결과가 얼마나 개선되었나 보면, 성과가 별로 없다. 그래서 나는 실패를 인정하고 내가 더 돕지 못한 모든 환자에게 사과하며 감사의 말을 시작한다.

    나는 노력해왔다. 기회가 주어질 때마다 이 주제에 대해 말했다. 현재의 암 패러다임의 다양한 문제적 측면에 대해 폭넓게 글을 써왔다. 라디오와 텔레비전 방송에 출연했고 TED와 인터뷰, 팟캐스트에도 나갔다. 결과는? 나는 많은 사람들의 마음을 바꾸지는 못했다. 들을 때는 모두 내 말에 공감했다. 하지만 그런 다음 제자리로 돌아가 자기가 하던 일에 몰두할 뿐이었다. 결국 2014년 에지재단Edge Foundation이 매해 제시하는 질문에 대답할 때 난 약간 엇나가버렸다. "어떤 과학적 아이디어가 이제 물러날 차례죠?" 내 대답이 에지재단의 매체를 통해 공개되었다. "쥐 모델이에요. 다들 알면서 언급을 회피하고 있지요." 내 주장의 논쟁적 속성 때문에 관심이 쏟아졌다. 부정적인 반응조차도 무반응보다는 낫다. 오스카 와일드는 이렇게 말했다. "화제에 오르는 것보다 더 나쁜 건 하나밖에 없다. 화제에 오르지 않는 것." 나는 공영 라디오 방송 NPR에 초대되어 '프리코노믹스' 라디오에서 인터뷰를 했다. 간헐적으로 지지의 말이 들리기 시작했다. NIH의 앨런 세터와 시카고대학의 로버트 퍼먼은 환원주의적 접근의 문제점, 항암제 개발에서 쥐 모델을 사용하는 문제점을 밝힌 나의 노력에 박수를 보냈다.

"세상에서 가장 똑똑한 웹사이트를 운영하는" 에지재단의 창립자 존 브록먼이 어느 날 저녁 아내 카틴카 맷슨과 함께 내 집으로 저녁 식사를 하러 왔다. "선생님은 암 환자에게 더 좋은 해결책을 주고 싶어 하죠. 연구자들이 쥐 모델을 갖고 빈둥대는 짓은 그만하기를 바라시고, 종양 전문의가 환자를 다르게 치료하길 바라고 계시죠. 암 연구와 치료에서 패러다임이 변하길 바랄 뿐이고요. 책을 쓰세요. 선생님 같은 내부 관계자만이 이 문제를 제기할 수 있어요. 선생님의 메시지에 힘이 있다면 대중이 주목할 겁니다. 대화가 시작될 수 있어요." 다정한 카틴카가 이렇게 말하며 나를 부드럽게 격려했다. 한편 무뚝뚝한 성격에 대놓고 말하는 법이 없기로 소문난 존은 내 등을 상냥하게 두드려주었다. "이봐요, 시작하거나 닥치거나죠. 제안서를 보내주세요. 다음 주까지."

처음에는 내가 환자를 보면서 아주 바쁜 암 연구 실험실을 관리하는 데다 교수 업무와 행정적인 업무까지 맡고 있어 일정에 빈틈이 없으니, 내 이야기를 전문 작가에게 맡기려고 했다. 그래서 친한 친구이자 대단히 성공적인 여러 권의 책을 대필해온 자라 하우시맨드에게 전화를 했다. 그녀는 바로 그러지 말고 직접 쓰라고 설득했다. 고마워, 자라!

나는 이탈리아에 있는 남동생 아바스에게 조언을 구하려고 편지를 썼다. 아바스는 온라인 심포지엄 사이트 '3 쿼크스 데일리'의 창립자다. 더 중요한 점은, 그가 내가 가장 신뢰하는 편집장이라는 사실이다. 오랫동안 나는 '3 쿼크스 데일리'에 글을 써왔고, 이 책에도 그 내용의 일부가 들어 있다. (오마르, 퍼, 암과의 전쟁, 하비, 로라와 관련된 내용이다. 그리고 레이디 N.의 일부 내용은 '골수형성이상증후군 비컨'에 썼다.) 아바스는 아주 박식하며 과학과 문학이 둘 다 관련된 문제에서 빼어난 직감을 발휘한다. 그가 그랬다. "누나, 존과 카틴카의 제안에 응할지 말지 물었잖아요. 나는 진짜 고민해야 했어요. 딱 3초 동안. 당연히 그 사람들 말이 맞아요. 얼른 시작해요." 조카 아사드는 예술과 예술가를 다룬 대단한 책을 여러 권 쓴 저자다. "아치, 이건 정말 필요한 책이에요. 내가 볼 때, 책 작업은 18개월쯤 걸릴 거예요. 제발 당장 시작해요. 그냥 그동안 우리한테 이야기한 걸 써요. 그러면 돼요. 글을 써요." 나는 그렇게 했다. 책이 나왔다. 고마워요, 존, 카틴카, 맥스 브록먼. 고마워, 아바스와 아사드.

하비에게 탈리도마이드를 쓸까 고민하던 무렵, 나는 오언 오코너에게 전화를 걸었다. 그는 뉴욕의 슬론캐터링기념암센터에서 림프종과 책임자를 맡고 있었다. 나는 그의 조언을 구하고 싶었다. 비록 한 번도 만난 적 없고 대화를 나눈 적도 없었지만 말이다. 전화를 건 이유를 밝히자, 그는 내게 자신의 집 전화번호와 휴대폰 번호를 알려주고 도움이 필요하면 낮이고 밤이고 언제라도 전화를 걸라고 했다. 실제로 하비의 병 때문에 내가 조언을 구하려고 전국의 동료들에게 연락하면 다들 이런 반응을 보였다. 대단한 열정에 기꺼이 돕고자 하는 의지로, 시간에 구애받지 않고 전문지식을 조건 없이 제공했다. 우리는 다나파버암연구소의 존 그리벤과 매사추세츠종합병원의 브루스 차브너를 만나러 보스턴에 갔다. 우리는 캘리포니아의 론 레비와 상담했고 하비가 아끼는, 오랫동안 가장 친한 친구였던 뉴욕의 칸티 레이에게 전화했다. 칸티는 이후 여러 가지 이유를 대며 시카고에 왔다. 단순히 전문적인 의학 조언만이 아니라 개인적인 차원에서 아주 필요하고 아주 고마운 위로를 전했다.

그 무렵 우리는 슬픔에 젖어 있었지만 이렇게 전국에서 종양 전문의들이, 가까이에서 간호사와 병원 직원과 비서와 보조 연구원, 과학계 동료와 러시대학의 행정 직원들이 깊은 친절과 배려를 보여주었다. 그들의 빛이 우리의 삶을 편안히 밝혀주었다. 락시미 베누고팔, 사이라 알비, 빌라 라바남, 수닐 먼들, 로리 리삭, 미니 킹, 버버리 버지, 크리스 카스퍼, 나오미 갤리리와 우리 갤리리에게 깊은 감사를 전한다. 이들은 하비를 돕고 내 손을 잡아주었으며, 하비와 내가 그의 병 때문에 일을 할 수가 없을 때 우리의 일에 신경 써주었다. 하비가 아팠던 5년 동안 수도 없는 검사로 수백 번 진료실을 찾고 이후 수십 번 입원했지만 의료 기관에 대해 약간이라도 의미를 담아 불만을 제기한 기억이 단 한 번도 없다. 모두가 우리의 바람보다 더 해주려고 나섰다. 스티브 로젠 박사, 한스 클링저먼, 파라메스워런 베누고팔, 야밀 샤모,

시마 싱알, 야에시 메타, 스테파니 그레고리, 세퍼 고제, 라파엘 보록, 필 보노미는 하비를 가족처럼 돌보았다. 러시대학의 총장 레오 헤니코프와 그의 명민한 아내 캐럴 트레비스 헤니코프는 보기 드문 우정을 보여주었고 부족함 없이 우리를 지지했다. 친애하는 친구이자 동료이며 여러모로 현명한 러시대학 의대 학장 스튜어트 레빈은 정말 다정했고 큰 도움이 되주었다. 하비가 아팠던 5년 동안 스튜어트가 얼마나 차분하고 조용한 태도로 하비와 나에게 힘과 위로를 전했는지, 결코 말로 돌려줄 수가 없다. 하비가 마지막 숨을 거둘 때 내가 전화를 한 사람은 스튜어트였다. 그는 잠시 내 곁을 지키며, 사망신고서 서명이 끝나고 모든 절차가 마련될 때까지 머물렀다.

셀진의 창립자 솔 바러와 최고 의료 책임자 제리 젤디스, 이 두 명의 선견지명 있는 리더는 수백만 달러짜리 이름 없는 작은 회사를 수천억 달러의 가치가 있는 거대 국제 생물제약기업으로 만들었다. 내가 그들을 간절히 필요로 할 때 그들은 선뜻 나서주었다. 하비에 대한 동정적 배려로 탈리도마이드와 레블리미드를 제공했다. 그들은 이후 20년 동안 친한 친구로 남았다. 그들의 후계자인, 재능 있고 공감력 있는 마크 알레도도 마찬가지다. 셀진의 모하마드 후세인은 수십 년 동안 믿음직한 친구가 되었다.

시마와 바니나는 뜻밖의 선물이었다. 그들은 시카고에서 우리와 가장 행복한 시간을 보냈고 최후의 순간까지 애타는 마음으로 함께 했다. 하비는 화장 지침을 바니아에게 주었다. 조건 없는 사랑으로 나를 보살펴주고 자비롭게 대해 준 형부 타리크 칸 없이 나는 미국에서 살아남지 못했을 것 같다. 그는 최고의 응급실 의사이자 솜씨가 뛰어난 종양외과다. 새러, 마크, 바네사와 나의 형제자매들은 나와 계속 연락을 주고받았으며, 나를 만나러 시카고를 자주 찾아주었다. 그 외에도 일샤드 뭄타즈와 무함마드 뭄타즈에게 깊은 고마움을 느낀다. 이제 내 삶에서 그들 없는 일상은 더 이상 존재하지 않는다. 하비가 꼼짝 못 하게 되었을 때 이 헌신적인 두 영혼만큼 하비를 도울 수 있는 사람은 없었다.

가족과 친구 중 일부는 매우 고맙게도 이 책을 먼저 읽고 소중한 피드백을 해주었다. 나의 형제자매 아메라, 아티야, 타스님, 자베드, 수그라, 아바스 라자와 올케 나즐리 라자에게 감사의 마음을 전한다. 또 자이넵 빔스, 제퍼 콜브, 무사 라자, 제라 라자, 캐럴 웨스트브룩, 칸티 라이, 밥 갈로, 메리 제인 갈로, 나오미 갈리리, 시마 칸, 싯다르타 무케르지, 대릴 피트, 코니 영, 네르민 샤이크, 스타브롤라 코스테니, 엘런 콜, 데이비드 스틴스마, 스티브 로젠, 칸디 로젠, 라피아 자카리아, 샨 리즈비, 낸시 바흐라흐, 수전 바이츠, 티토 포조, 아니사 하산에게도 감사한다. 로라 클라리지는 첫 장을 읽은 다음, 책을 '승인'해주었고 이후 나를 쭉 도와주었다. 이바나 크루즈와 대릴 피트는 근사한 표지 디자인을 여러 종 제작하여 내가 생각을 명확히 정리하도록 도움을 주었다.

압둘라 알리는 내겐 아들 같은 존재로, 그가 컬럼비아대학의 골수형성이상증후군 연구 프로그램을 책임지고 있는 것은 다행스런 일이다. 그는 『퍼스트 셀』의 초고를 읽고 훌륭한 의견을 제시해주었다. 내가 가장 신뢰하고 사랑하는 친구이자 과학계 동료인, 골수형성이상증후군 연구 프로그램의 전 책임자 나오미 갈리리가 해준 것처럼 말이다. 압둘라는 내가 『퍼스트 셀』에 계속 전념할 수 있는 힘을 주었다. 압둘라 또한 환자만을 위해 최선을 다하는 철학을 목표로 삼고 정진

한다. 그는 내가 가장 믿을 만한 사람이자 일상에서 과학 연구의 방향을 제시하는 역할을 맡고 있다. 그에게 아무리 고마워해도 충분히 감사하지 못할 것이다. 나오미의 은퇴로 내가 상심한 무렵 그가 나타나 정말 행운이라고 생각한다. 나오미는 대단한 재능을 타고난 과학자이자 아주 감성적인 영혼을 지닌 사람이다. 그녀와 실험실 동료로 지내게 되어 기뻤다. 그녀는 가장 기초적인 연구를 시도할 때도 환자를 중심에 놓는 사람이었다.

컬럼비아대학 의대의 학장 돈 랜드리와 학부장 리 골드먼이 지난 시간 동안 내게 보내준 강력한 지원에 감사한다. 그리고 학과장으로 부임한 후 나를 지원해준 게리 슈바르츠에게도 감사한다. 그들 덕분에 불필요한 관료적 절차에 얽매이지 않고 연구와 치료를 해나갈 수 있었다. 그들은 환자를 위하고자 하는 내 노력에 진심으로 성원을 보내주었다. 또한 나는 의학계와 과학계 동료들이 서로 협동하며 탁월한 능력을 보여준 점에 감사한다. 그동안 몇몇 동료는 아주 가깝고 친밀한 사이가 되었다. 그렉 메어스, 스타브롤라 코스테니, 코니 영, 엠마뉴엘 파사주, 조 주릭, 마크 헤니, 니콜 라마나, 크레이그 블라인더만, 함자 하빕, 리카도 달라 파베라, 에머슨 림, 척 드레이크, 수전 베이츠, 티토 포조, 아바스 만지, 데이비드 디우기드 그리고 우리 사무실과 진료실의 놀라운 직원들, 간호사들과 행정 직원들에게 감사한다. 이들이 환자에게 보여준 헌신과 공감에 나는 경외심을 느낀다. 이 헌신적인 병원 직원들은 암 환자들 다음으로 내게 이 책을 쓸 영감을 준 존재들이다.

싯다르타 무케르지와 새러 스즈는 가족 같은 사람들이다. 싯다르타는 "아즈라, 당신은 내 엄마와 내 편집자를 합친 존재죠"라고 말하기도 했다.『암: 만병의 황제의 역사』가 발간된 다음에 암에 대한 책을 쓰다니, 내가 이단자나 다름없이 느껴진다. 특히 내가 싯다르타의 가장 열렬한 팬이기 때문에 더 그렇다. 평생을 그와 함께 보낸 건 정말 즐거운 일이었다. 우리는 연구 아이디어를 놓고 씨름하고, 실험실 회의에서 논쟁하고, 발리우드 영화에서 따온 농담을 하며 웃기도 했다. 그가 나의 사랑하는 양자이자 시타르 연주 명인 우스타드 이크랙 후세인의 연주로 이른 아침까지 인도 고전 음악의 종교 찬가를 계속 노래해 황홀했던 기억도 있다.

가장 친한 친구이자 『갈립: 우아함의 인식론』을 나와 함께 쓴 새러 술래리 굿이어는 이 책의 초고를 읽고 난 뒤, 결정을 내려야 할 여러 가지 어려운 부분들을 꼼꼼하게 알려주었고, 세심하고 대단히 도움이 되는 여러 의견을 제시했다. 그리고 내가 이 책의 어느 부분을 쓰는 동안 주기적으로 슬픔에 휩싸일 때 정신적으로 지지해주었다.

평생에 걸쳐 내 사고방식에 큰 영향을 미친 여성들을 소개하고 싶다. 어머니 베굼 자히르 파티마, 여동생 수그라 라자, 친구 시마 칸, 말리하 후세인, 새러 술레리 굿이어, 위대한 우르두 문학가 쿠라툴라인 하이더(아이니 아파). 이들과 나눈 친밀함은 내겐 세상 그 무엇과도 바꿀 수 없는 것이다. 나의 초기 사상에 가장 큰 영향을 미친 네 명의 선생님으로는 카말 제한, 파핫 아지즈 무아잠, 니크앗 아프로즈, 아프로즈 베굼이 있다.

카라치에서의 삶은 다음의 사람들 없이는 생각할 수도 없다. 사촌 카심 라자, 이복자매 아르파 라자, 친구 시마 칸, 아니사 아심 하이더, 만수라 아메드 셰이크, 메헤르 파티마, 니가 칸, 아니사 후세인 하산, 샤키라 칸, 파루크 셰이르, 타히르 알비, 메로 하미드, 타리크 샤쿠

르, 라시드 주마, 시나 말릭과 자밀(지미) 말릭.

뉴욕은 셰헤르자드와 내가 2007년에 이사 온 순간부터 고향처럼 느껴졌다. 아니스 마디와 라파 마디, 마리나 파리드와 샤우카트 파리드가 다정하고 따뜻하게 우리를 보호해준 덕분이다.

베이직 북스 출판사의 리즈 스테인은 이 책의 초고를 편집해주었다. 나는 그녀의 엄청난 노고와 공감 어린 피드백에 감사한다. 리즈 웨첼, 켈시 오도르크, 레이첼 필드, 멜리사 베로네시 그리고 교열을 담당한 새러 엔지와 크리스 엔지는 아주 철저하게 원고를 살펴서 도움을 주었다.

나의 책임 편집자 TJ 켈러허는 환자들의 이야기가 독자들에게 전할 가치가 있으며 메시지가 설득력있고 시의적절하다고 판단했다. 제안서 단계부터 시작해서 책이 완성된 형태로 나오기까지 편집의 모든 과정을 살폈다. 종종 과학에 대한 TJ의 깊은 이해에 놀라기도 했지만, 내게 보탬이 된 건 그의 꼼꼼한 작업이었다. 그는 원고를 여러 번 다시 읽고 편집하여 내용이 꽉꽉 차 있는 문장들을 매끈하게 다듬었다. 라라 하이머트 출판사 사장은 독특한 사람이다. 믿을 수 없을 만큼 똑똑하며, 무엇이 좋고 나쁜지 바로 판단한다. 라라는 결정적 순간에 제안들을 들이밀고, 상황을 이끌었으며, 필요할 때 적절히 손을 잡아주었다.

비할 데 없는 은총을 매일 내려주어 우리를 겸허하게 하는 현재와 미래의 환자들에게 고마움을 전한다. 환자들의 이야기에 귀 기울이고 지지해줄 준비가 된 헌신적인 수천 명의 종양 전문의가 있다는 사실을 알아주었으면 한다. 문제의 해결책을 찾기 위해 백방으로 노력하는 수천 명의 과학자가 있다는 사실도 말이다. 전국의 모든 임상

연구자와 기초연구자, 격무에 시달리는 헌신적인 종양 전문의에게 감사를 전한다. 그들은 암 환자를 돕기 위해 밤낮으로 일한다. 나는 지난 30년 동안 수많은 특출 난 동료들과 교류하는 엄청난 행운을 누렸다. 이 책이 말하는 바의 많은 부분은 그들이 내게 준 가르침에 빚지고 있다.

최고의 선생님으로서 내 성격과 내 사상을 세심히 다듬어준 사람은 물론 하비다. 스물네 살에 그런 독특한 스승을 만나게 되어 운이 좋았다. 하비는 탁월함과 진리를 추구하는 일이 무엇보다 중요하다는 것을 보여준 사람이었다.

마지막으로, 내 딸 셰헤르자드에게 감사를 전한다. 셰헤르자드는 조건 없는 사랑으로 나를 믿어주었다. 그 지성과 용기는 놀랍게도 하비 그 자체다. 지난 20년 동안 힘든 일을 겪을 때마다 내 딸 덕분에 버틸 수 있었다. 무엇보다도 내 딸은 암으로 인한 피해를 개인적이고 사적인 차원에서 목격했다. 내 딸은 아버지와 친한 친구가 견딜 수 없는 고통을 겪으며 가혹한 악의를 드러낸 암에 차례차례 항복하는 모습을 보아야 했다. 모든 능력을 다해 세심하고 겸손한 마음으로 암 환자를 위하며, 부모의 사명을 셰헤르자드가 이어가길 바란다.

참고문헌

참고문헌 자료는 책에 등장한 순서대로 소개한다.

들어가는 말 | 마지막에서 처음으로

DeVita, Vincent T., Jr., Alexander M. M. Eggermont, Samuel Hellman, and David J. kerr. "Clinical Cancer Research: The Past, Present and The Future." *Nature Reviews Clinical Oncology*. 11, no. 11 (2014): 663-669.

Horgan, John. "Sorry, but So Far War on Cancer Has Been a Bust." *Scientific American*, May 21, 2014.

El-Deiry, Wafik S. "Are We Losing the War on Cancer?" *Cancer Biology & Theory* 14, no 12 (2013): 1189-1190.

Davis, Devra. *The Secret History of the War on Cancer*. New York: Basic Books, 2007.

Scannell, J. W., et al. "Diagnosing the Decline in Pharmaceutical R&D Efficiency." *Nature Reviews Drug Discovery* 11 (2012): 191-200.

Chandrasekar, Thenappan. "Why Are We Losing the War on Cancer?" 2018 European Society for Medical Oncology Congress (#ESMO18), October 19-23, 2018, Munich, Germany. www.urotoday.com/conference-highlights/esmo-2018/esmo-2018-prostate-cancer/107789-esmo-2018-why-we-are-losing-the-war-on-cancer.html.

Ehrenreich, Barbara. *Bright-sided: How the Relentless Promotion of Positive Thinking Has Undermined America*. New York: Metropolitan Books, 2009.

Baldwin, James. "Letter from a Region in My Mind." *New Yorker*, November 9, 1962.

Döhne, Hartmut, et al. "Diagnosis and Management of AML in Adults: 2017 ELN Recommendations from an International Expert Panel." *Blood* 129 (2017): 424-447.

LeBlanc, Thomas W., and Harry P. Erba. "Shifting Paradigms in the Treatment of Older Adults with AML." *Seminars in Hematology* 56, no. 2 (2019): 110-117.

Goldman, J. M. "Chronic Myeloid Leukemia: A Historical Perspective." *Seminars in Hematology* 47, no. 4 (2010): 302-311.

Lo-Coco, Francesco, and Laura Cicconi. "History of Acute Promyelocytic Leukemia: A Tale of Endless Revolution." *Mediterranean Journal of Hematology and Infectious Diseases* 3, no. 1 (2011): e2011067. doi:10.4084/MJHID.2011.067

Mak, I. W., N. Evaniew, and M. Ghert. "Lost in Translation: Animal Models and Clinical Trials in Cancer Treatment." *American Journal of Translational Research* 6. no. 2 (2014): 114-118.

Wong, Chi Heem, Kien Wei Siah, and Andrew W. Lo. "Estimation of Chilnical Trial Success Rates and Related Parameters." *Biostatistics* 20, no. 2 (2019): 273-286. http://doi.org/10.1093/biostatistics/kxx069.

Lowe, Derek. "A New Look at Clinical Success Rates." *Science Translational Medicine*, Februrary 2, 2018. http://blogs.sciencemag.org/pipeline/archives/2018/02/02/a-new-look-at-clinical-success-rates.

Nixon, N. A. "Drug Development for Breast, Colorectal, and Non-Small Cell Lung Cancers from 1979 to 2014." *Cancer* 123, no. 23 (2017): 4672. www.nature.com/articles/nrd1470.

Hay, M., D. W. Thomas, J. L. Craighead, C. Economides, and J. Rosenthal. "Clinical Development Success Rates for Investigational Drugs." *Nature Biotechnology* 32 (2014): 40-51.

"95% of Promising Cancer Research Fails." *Dying for a Cure*, July 10, 2016. http://dyingforacure.org/blogs/95-promising-cancer-research-fails/.

Davis, C., et al. "Availability of Evidence of Benefits on Overall Survival and Quality of Life of Cancer Drugs Approved by European Medicines Agency: Retrospective Cohort Study of Drug Approvals 2009-13." *BMJ* (2017): 359. http://doi.org/10.1136/bmj.j4530.

Kola, I., and J. Landis. "Can the Pharmaceutical Industry Reduce Attrition Rates?" *Nature Reviews Drug Discovery* 3 (2004): 711-716. www.nature.com/articles/nrd1470.

Hay, M., et al. "Clinical Development Success Rates for Investigational Drugs" *Nature Biotechnology* 32, no. 1 (2014): 40-51.

Thomas, D. W., et al. *Clinical Development Success Rates, 2006-2015.* https://www.bio.org/sites/default/files/legacy/bioorg/docs/Clinical%20Development%20Success%20Rates%202006-2015%20-%20BIO,%20Biomedtracker,%20Amplion%202016.pdf.

Siegel, R. L., et al. "Cancer Statistics 2018." CA 68, no. 1 (2018): 7-30.

Siegel, R. L., et al. "Cancer Statistics 2019." CA 69, no. 1 (2019): 7-34.

"Cancer Death Rates Vary Greatly Among US Counties." American Cancer Society. www.cancer.org/latest-news/cancer-death-rates-vary-greatly-among-us-counties.html.

Mokdad, A. H., et al. "Trends and Patterns of Disparities in Cancer Mortality Among US Counties, 1980-2014." *JAMA* 317, no 4. (2017): 388-406. doi:10.1001/jama.2016.20324.

Maeda, Hirosh, and Mahin Khatami. "Analyses of Repeated Failures in Cancer Therapy for Solid Tumors: Poor Tumor-Selective Drug Delivery, Low Therapeutic Efficacy and Unsustainable Costs." *Clinical and Translational Medicine* 7, no. 1 (2018): 11.

Fojo, T., and C. Grady. "How Much Is Life Worth: Cetuximab, Non-small Cell Lung Cancer, and the $ 440 Billion Question." *Journal of the National Cancer Institute 101*, no. 15 (2009): 1044-1049.

Kantarjian, Hagop M., et al. "Cancer Research in the United States: A Critical Review of Current Status and Proposal for Alternative Models." *Cancer* 124, no. 14 (2018): 2881-2889.

Carrera, P. M., et al. "The Financial Burden and Distress of Patients with Cancer: Understanding and Stepping-Up Action on the Financial Toxicity of Cancer Treatment." *CA*, January 16, 2018. http://doi.org/10.3322/caac.21443.

Fojo, T., et al. "Unintended Consequences of Expensive Cancer Therapeutics—The Pursuit of Marginal Indications and a Me-Too Mentality That Stifles Innovation and Creativity: The John Conley Lecture." *JAMA Otolaryngology—Head & Neck Surgery 140*, no. 12 (2014): 1225-1236.

Krummel, M. F., and J. P. Allison. "CD28 and CTLA-4 Have Opposing Effects on the Response of T Cells to Stimulation." *Journal of Experimental Medicine* 182, no. 2 (1995): 459-465.

Davis, Daniel M. "The Rise of Cancer Immunotherapy: How Jim Allison Saved a Whole World." *Nautilus*, October 25, 2018.

Hutchinson, Lisa, and Rebecca Kirk. "High Drug Attrition Rates—Where Are We Going Wrong?" *Nature Reviews Clinical Oncology* 8, no. 4 (2011): 189-190.

Begley, G. C., and L. M. Ellis. "Raise Standards for Preclinical Cancer Research." *Nature* 483 (2012): 531-533.

Johnson, George. *The cancer Chronicles: Unlocking Medicine's Deepest Mystery*. New York: Alfred A. Knopf, 2013.

Yong, Ed. "How to Fight Cancer When Cancer Fights Backs." *Atlantic*, April 26, 2017.

Gilligan, A. M. "Death or Debt? National Estimates of Financial Toxicity in Persons with Newly-Diagnosed Cancer." *American Journal of Medicine 131*, no. 10 (2018): 1187-1199.

Baker, Monya. "1,500 Scientists Lift the Lid on Reproducibility: Survey Sheds Light on the 'Crisis' Rocking Research." *Nature*, May 25, 2016.

Cohen, J. D., et al. "Combined Circulating Tumor DNA and Protein Biomarker-Based Liquid Biopsy for the Earlier Detection of Pancreatic Cancers." *Proceedings of the National Academy of Sciences of the United States of America* 114, no. 38 (2017): 10202-10207.

Wang, Y., et al. "Detection of Tumor-Derived DNA in Cerebrospinal Fluid of Patients with Primary Tumors of the Brain and Spinal Cord." Proceedings of the *National Academy of Sciences of the United States of America* 112, no. 31 (2015): 9704-9709.

Bettegowda, C. "Detection of Circulating Tumor DNA in Early -and Late- Stage Human Malignancies." *Science Translational Medicine* 6, no. 224 (2014): 224ra24.

Vogelstein, Bert, Nickolas Papadpoulos, Victor E. Velculescu, Shibin Zhou, Luis A. Diaz, Jr., and Kenneth W. Kinzler. "Cancer Genome Landscapes." *Science* 339, no. 6127(2013): 1546-1558.

"At the Forefront of Cancer Genetics, Bert Vogelstein, MD, Calls for Focus on Early Detection and Prevention." *ASCO Post*, June 3, 2017. https://ascopost.com/issues/june-3-2017-narratives-special-issue/at-the-forefront-of-cancer-genetics-bert-vogelstein-md-calls-for-focus-on-early-detection-and-prevention/.

DeVita, Vincent T., Jr., and Elizabeth DeVita-Raeburn. *The Death of Cancer*. New York: Sarah Crichton Books, 2015.

Ehrenreich, Barbara. *Natural Causes: An Epidemic of Wellness, the Certainty of Dying, and Killing Ourselves to Live Longer*. New York: Twelve, 2018.

1장 | 오마르

Sullivan, Thomas. "A Tough Road: Cost to Develop One New Drug Is $2.6 Billion; Approval Rate for Drugs Entering Clinical Development Is Less Than 12%." Policy and Medicine. www.policymed.com/2014/12/a-tough-road-cost-to-develop-one-new-drug-is-26-billion-approval-rate-for-drugs-entering-clinical-de.html.

DiMasi, J., et al. "Innovation in the Pharmaceutical Industry: New Estimates of R&D Costs." *Journal of Health Economics* 47 (2016): 20-33.

Wong, Chi Heem, Kien Wei Siah, and Andrew W. Lo. "Estimation of Clinical Trial Success Rates and Related Parameters." *Biostatistics* 20, no. 2 (2019): 273-286. http://doi.org/10.1093/biostatistics/kxx069.

Kim, Chul, and Vinay Prasad. "Cancer Drugs Approved on the Basis of a Surrogate End Point and Subsequent Overall Survival." *JAMA Internal Medicine* 175, no. 12 (2015): 1992-1994.

Maeda, Hiroshi, and Mahin Khatami. "Analyses of Repeated Failures in Cancer Therapy for Solid Tumors: Poor Tumor-Selective Drug Delivery, Low Therapeutic Efficacy and Unsustainable Costs." *Clinical and Translational Medicine* 7, no. 1 (2018): 11.

Kumar, Hemanth, Tito Fojo, and Sham Mailankody. "An Appraisal of Clinically Meaningful Outcomes Guidelines for Oncology Clinical Trials." *JAMA Oncology* 2, no. 9 (2016): 1238-1240.

Thomas, D. W., et al. *Clinical Development Success Rates*, 2006-2015. https://www.bio. org/sites/default/files/legacy/bioorg/docs/Clinical%20Development%20Success%20Rates%202006-2015%20-%20BIO,%20Biomedtracker,%20Amplion%20 2016.pdf.

Philippidis, Alex. "Unlucky 13: Top Clinical Trial Failures in 2017." *Genetic Engineering & Biotechnology News*. https://www.genengnews.com/a-lists/unlucky-13-top-clinical-trial-failures-of-2017/.

Szabo, Liz. "Dozens of New Cancer Drugs Do Little to Improve Survival, Frustrating Patients." http://khn.org/news/dozens-of-new-cancer-drugs-do-little-to-improve-survival-frustrating-patients/.

Rupp, Tracy, and Diana Zuckerman. "Quality of Life, Overall Survival, and Costs of Cancer Drugs Approved Based on Surrogate Endpoints." *JAMA Internal Medicine* 177, no. 2 (2017): 276-277. doi:10.1001/jamainternmed.2016.7761.

Davis, C., C. Naci, E. Gurpinar, et al. "Availability of Evidence on Overall Survival and Quality of Life Benefits of Cancer Drugs Approved by the European Medicines Agency: Retrospective Cohort Study of Drug Approvals from 2009-2013." *BMJ* (2017): 359.

Hall, Stephen S. *A Commotion in the Blood: Life, Death, and the Immune System*. New York: Henry Holt, 1997.

Sandomir, Richard. "Julie Yip-Williams, Writer of Candid Blog on Cancer, Dies at 42." *New York Times*, March 22, 2018. www.nytimes.com/2018/03/22/obituaries/julie-yip-williams-dies-writer-of-candid-blog-on-cancer.html

Yip-Williams, Julie. *The Unwinding of the Miracle: A Memoir of Life, Death, and Everything That Comes After*. New York: Random House, 2019. (한국판: 줄리 입 윌리엄스, 『그 찬란한 빛들 모두 사라진다 해도』, 나무의 철학, 2019)

Carrel, Alexis. "On the Permanent Life of Tissues Outside of the Organism." *Journal of Experimental Medicine* 15, no. 5 (1912): 516-528.

Friedman, David M. *The Immortalists: Charles Lindbergh, Dr. Alexis Carrel, and Their Daring Quest to Live Forever.* New York: Ecco/HarperCollins, 2007.

Hayflick, L. "Mortality and Immortality at the Cellular Level: A Review." *Biochemistry* (Moscow) 62, no. 11 (1997): 1180-1190.

Hayflick, L. "The Limited In Vitro Lifetime of Human Diploid Cell Strains." *Experimental Cell Research* 37, no. 3 (1965): 614~636.

Scherer, W. F., J. T. Syverton, and G. O. Gey. "Studies on the Propagation In Vitro of Poliomyelitis Viruses, IV: Viral Multiplication in a Stable Strain of Human Malignant Epithelial Cells (Strain HeLa) Derived from an Epidermoid Carcinoma of the Cervix." *Journal of Experimental Medicine* 97, no. 5 (1953): 695-710.

Macville, M., E. Schröck, H. Padilla-Nash, C. Keck, B. M. Ghadimi, D. Zimonjic, N. Popescu, and T. Ried. "Comprehensive and Definitive Molecular Cytogenetic Characterization of HeLa Cells by Spectral Karyotyping." *Cancer Research* 59, no. 1 (1999): 141-150.

Landry J. J., P. T. Pyl, T. Rausch, T. Zichner, M. M. Tekkedil, A. M. Stütz, A. Jauch, R. S. Aiyar, G. Pau, N. Delhomme, J. Gagneur, J. O. Korbel, W. Huber, and L. M. Steinmetz. "The Genomic and Transcriptomic Landscape of a HeLa Cell Line." *G3: Genes, Genomes, Genetics* 3, no. 8 (2013): 1213-1224.

Skloot, Rebecca. *The Immortal Life of Henrietta Lacks.* New York: Crown/Random House, 2010. (한국판: 레베카 스클루트, 『헨리에타 랙스의 불멸의 삶』, 문학동네, 2012)

Ben-David, U., et al. "Genetic and Transcriptional Evolution Alters Cancer Cell Line Drug Response." *Nature* 560 (2018): 325-330.

Gillet, Jean-Pierre, Sudhir Varma, and Michael M. Gottesman. "The Clinical Relevance of Cancer Cell Lines." *Journal of the National Cancer Institute* 105, no. 7 (2013): 452-458.

Capes-Davis, A., G. Theodosopoulos, I. Atkin, H. G. Drexler, A. Kohara, R. A. MacLeod,

J. R. Masters, Y. Nakamura, Y. A. Reid, R. R. Reddel, and R. I. Freshney. "Check Your Cultures! A List of Cross-Contaminated or Misidentified Cell Lines." *International Journal of Cancer* 127, no. 1 (2010): 1-8.

Wilding, Jennifer L., and Walter F. Bodmer. "Cancer Cell Lines for Drug Discovery and Development." *Cancer Research* (2014). doi:10.1158/0008-5472.CAN-13-2971.

Kolata, Gina. "Hope in the Lab: A Special Report—A Cautious Awe Greets Drugs That Eradicate Tumors in Mice." *New York Times*, May 3, 1998.

"EntreMed Stock Rides Wave of Optimism About 2 Drugs." *Los Angeles Times*, May 5, 1998. www.latimes.com/archives/la-xpm-1998-may-05-fi-46397-story.html.

"Backgroud on the History of the Mouse." *National Human Genome Research Institute*. December 2002. www.genome.gov/10005832/background-on-the-history-of-the-mouse/.

Ericsson, Aaron C., Marcus J. Crim, and Craig L. Franklin. "A Brief History of Animal Modeling." *Missouri Medicine* 110, no. 3 (2013): 201-205.

Pound, P., S. Ebrahim, P. Sandercock, M. B. Bracken, I. Roberts, and Reviewing Animal Trials Systematically (RATS) Group. "Where Is the Evidence That Animal Research Benefits Humans?" *BMJ* 328, no. 7438 (2004): 514-517.

Talmadge, J. E., et al. "Murine Models to Evaluate Novel and Conventional Therapeutic Strategies for Cancer." *American Journal of Pathology* 170, no. 3 (2007): 793-804.

Perlman, R. L. "Mouse Models of Human Disease." *Evolution, Medicine and Public Health* 2016, no. 1 (2016): 170-176.

Eruslanov, Evgeniy B., Sunil Singhal, and Steven Albelda. "Mouse Versus Human Neutrophils in Cancer—A Major Knowledge Gap." *Trends in Cancer* 3, no. 2 (2017): 149-160.

Day, C. P., G. Merlino, and T. Van Dyke. "Preclinical Mouse Cancer Models: A Maze of Opportunities and Challenges." *Cell* 163, no. 1 (2015): 39-53.

Shoemaker, R. H., A. Monks, M. C. Alley, D. A. Scudiero, D. L. Fine, T. L. McLemore, B. J. Abbott, K. D. Paull, J. G. Mayo, and M. R. Boyd. "Development of Human Tumor Cell Line Panels for Use in Disease-Oriented Drug Screening." *Progress in Clinical and Biological Research* 276 (1988): 265-286.

Monks, A., D. Scudiero, P. Skehan, R. Shoemaker, K. Paull, D. Vistica, C. Hose, J. Langley, P. Cronise, A. Vaigro-Wolff, et al. "Feasibility of a High-Flux Anticancer Drug Screen Using a Diverse Panel of Cultured Human Tumor Cell Lines." *Journal of the National Cancer Institute* 83 (1991): 757-766.

Monks, A., D. A. Scudiero, G. S. Johnson, K. D. Paull, and E. A. Sausville. "The NCI Anti-Cancer Drug Screen: A Smart Screen to Identify Effectors of Novel Targets." *Anti-Cancer Drug Design* 12 (1997): 533-541.

Grever, M. R., S. A. Schepartz, and B. A. Chabner. "The National Cancer Institute: Cancer Drug Discovery and Development Program." *Seminars in Oncology* 19 (1992): 622-638.

Seok, Junhee. "Genomic Responses in Mouse Models Poorly Mimic Human Inflammatory Diseases." *Proceedings of the National Academy of Sciences of the United States of America* 110, no. 9 (2013): 3507-3512.

Begley, C. G., and L. M. Ellis. "Drug Development: Raise Standards for Pre-clinical Cancer Research." *Nature* 483, no. 7391 (2012): 531-533.

Santarpia, L., et al. "Deciphering and Targeting Oncogenic Mutations and Pathways in Breast Cancer." *Oncologist* 21 (2016): 1063-1078.

DeVita, V. T., Jr., and E. Chu. "A History of Cancer Chemotherapy." *Cancer Research* 68 (2008): 8643-8653.

Sharpless, N. E., and R. A. Depinho. "The Mighty Mouse: Genetically Engineered Mouse Models in Cancer Drug Development" *Nature Reviews Drug Discovery* 5 (2006): 741-754.

Ben-David, Uri, et al. "Patient-Derived Xenografts Undergo Mouse-Specific Tumors Evolution." *Nature Genetics* 49, no. 11 (2017): 1567-1575.

Izumchenko, E., et al. "Patient-Derived Xenografts Effectively Capture Responses on Oncology Therapy in a Heterogeneous Cohort of Patients with Solid Tumors." *Annals of Oncology* 28, no. 10 (2017): 2595-2605.

Tentler, John J., et al. "Patient-Derived Tumor Xenografts as Models for Oncology Drug

Development." *Nature Reviews Clinical Oncology* 9, no. 6 (2012): 338-350.

Willyard, Cassandra. "The Mice with Human Tumors: Growing Pains for a Popular Cancer Model." *Nature* 560, no. 7717 (2018): 156-157.

van der Worp, H. B., et al. "Can Animal Models of Disease Reliaby Inform Human Studies?" *PLOS Medicine* 7, no. 3 (2010): e1000245.

Francia, Giulio, and Robert S. Kerbel. "Raising the Bar for Cancer Therapy Models." *Nature Biotechnology* 28 (2010): 561-562.

Ledford, Heidi. "Cancer-Genome Study Challanges Mouse 'Avatars.' Grafting Human Cancer Cells into Mice Alters Tumour Evolution." *Nature*, October 9, 2017.

"NCI Awards Champions Oncology $2M SBIR Grant for Prostate Cancer Research." Genome Web. www.genomeweb.com/business-policy-funding/nci-awards-champions-oncology-2m-sbir-grant-prostate-cancer-research#.XJvLfVKjU.

"Cancer Drug Benefits Are Overhyped." *Dying for a Cure*, June 5. 2016. http://dyingfora-cure.org/blogs/cancer-drug-benefits-overhyped/.

Rubin, Eric H., and D. Gary Gilliland. "Drug Development and Clinical Trials—The Path to an Approved Cancer Drug." *Nature Reviews Clinical Oncology* 9 (2012): 215-222.

"Pharmaceutical Companies Acknowledge the Failure of Animal Models in Their Drug Development Precess, and Write About This Openly in the Scientific Literature." For Life in Earth. www.forlifeonearth.org/wp-content/uploads/2013/05/Pharmaceutical-Company-Quotes2.pdf.

Pippin, John J. "The Failing Animal Research Paradigm for Human Disease." *Independent Science News*, May 20, 2014.

O'Rourke, Meghan. "Doctors Tell All—And It's Bad." *Atlantic*, November 2014.

Guwande, Atul. *Being Mortal*. New York: Metropolitan Books, 2014. (한글판: 아툴 가완디, 『어떻게 죽을 것인가』, 부키, 2015)

Cochran, Jack. *The Doctor Crisis*. New York: PublicAffairs, 2014.

Jauhar, Sandeep. *Doctored: The Disllusionment of an American Physician*. New York: Farrar, Straus and Giroux, 2015.

Buchanan, Mark. *Ubiquity: The Science of History... or Why the World Is Simper Than We Think*. New York: Crown, 2001. (한국판: 마크 뷰캐넌, 『우발과 패턴』, 시공사, 2014)

Bak, Per. *How Nature Works*. Oxford, UK: Oxford University Press, 1996.

Weinberg, R. *One Renegade Cell: The Quest for the Origins of Cancer*. New York: Basic Books, 1998. (한국판: 로버트 와인버그, 『세포의 반란』, 사이언스북스, 2005)

Mehta, Suketu. "Fire in the Belly: A Batch of Chili Proves Life-Affirming in More Ways Than One." *Saveur*, September 27, 2010. www.saveur.com/article/Kitchen/Fire-in-the-Belly.

Gibbs, W. Wayt. "Untangling the Roots of Cancer." *Scientific American*, July 1, 2008. www.scientificamerican.com/article/untangling-the-roots-of-cancer-2008-07/.

Weinberg, Robert. "How Cancer Arises." *Scientific American*, September 1996. http://courses.washington.edu/gs466/readings/Weinberg.pdf.

Mukherjee, Siddhartha. *The Emperor of All Maladies: A Biography of Cancer*. New York: Scribner, 2010. (한국판: 싯다르타 무케르지, 『암: 만병의 황제의 역사』, 까치글방, 2011)

Danaei, G., S. Vander Hoorn, A. D. Lopez, C. J. Murray, and M. Ezzati. "Comparative Risk Assessment Collaborating Group (Cancers). Causes of Cancer in the World: Comparative Risk Assessment of Nine Behavioural and Environmental Risk Factors." *Lancet* 366, no. 9499 (2005): 1784-1793.

Mukherjee, Siddhartha. *The Gene: An Intimate History*. New York: Scribner, 2016. (한국판: 싯다르타 무케르지, 『유전자의 내밀한 역사』, 까치글방, 2017)

zur Hausen, H. "Condylomata Acuminata and Human Genital Cancer." *Cancer Research* 36, no. 794 (1976).

Poiesz, B. J., F. W. Ruscetti, A. F. Gazdar, P. A. Bunn, J. D. Minna, and R. C. Gallo. "Detection and Isolation of Type C Retrovirus Particles from Fresh and Cultured Lymphocytes of a Patient with Cutaneous T-Cell Lymphoma." *Proceedings of the*

National Academy of Sciences of the United States of America 77, no. 12 (1980): 7415-7419.

Gallo, R. C. "History of the Discoveries of the First Human Retroviruses: HTLV-1 and HTLV-2." *Oncogene* 24 (2005): 5926-5930.

Moore, Patrick S., and Yuan Chang. "Why Do Viruses Cause Cancer? Highlights of the First Century of Human Tumour Virology." *Nature Reviews Cancer* 10 (2010): 878-889.

Sansregret, Laurent, and Charles Swanton. "The Role of Aneuploidy in Cancer Evolution." *Cold Spring Harbor Perspectives in Medicine*. Published in advance, October 21, 2016. doi:10.1101/cshperspect.a028373.

Rous, P. "A Sarcoma of the Fowl Transmissible by an Agent Separable from the Tumor Cells." *Journal of Experimental Medicine* 13, no. 4 (1911): 397-399.

Rous, Peyton. "The Challenge to Man of the Neoplastic Cell." Nobel Lecture, December 13, 1966. www.nobelprize.org/prizes/medicine/1966/rous/lecture/.

Kumar, Prasanna, and Frederick A. Murphy. "Francis Peyton Rous." *Emerging Infectious Disease* 19, no. 4 (2013): 660-663. www.ncbi.nlm.nih.gov/pmc/articles/PMC3647430/.

Rubin, H. "The Early History of Tumor Virology: Rous, RIF, and RAV." *Proceedings of the National Academy of Sciences of the United States of America* 108 (2011): 14389-14396.

Weiss, R. A., and P. K. Vogt. "100 Years of Rous Sarcoma Virus." *Journal of Experimental Medicine* 208 (2011): 2351-2355.

Burkitt, D. "A Sarcoma Involving the Jaws in African Children." *British Journal of Surgery* 46, no. 197 (158): 218-223.

Smith, Emma. "50 Years of Epstein-Barr Virus." Cancer Research UK. https://scienceblog.cancerresearchuk.org/2014/03/26/50-years-of-epstein-barr-virus/.

Javier, Ronald T., and Janet S. Butel. "The History of Tumor Virology." *Cancer Research* 68, no. 19 (2008): 7693-7706.

Bister, Klaus. "Discovery of Oncogenes: The Advent of Molecular Cancer Research."

Proceedings of the National Academy of Sciences of the United States of America 112, no. 50 (2015): 15259-15260.

Lane, D., and A. Levine. "p53 Research: The Past 30 Years and the Next 30 Years." *Cold Spring Harbor Perspectives in Biology* 2, no. 12 (2010): a000893. doi:10.1101/cshperspect.a000893.

Donehower, Lawrence A. "Using Mice to Examine p53 Functions in Cancer, Aging, and Longevity." *Cold Spring Harbor Perspectives in Biology* 1, no. 6 (2009): a001081.

Lane, David P., Chit Fang Cheok, and Sonia Lain. "p53-Based Cancer Therapy." *Cold Spring Harbor Perspectives in Biology* 2, no. 9 (2010): a001222. doi:10.1101/cshperspect.a001222.

Bieging, Kathryn. T., Stephano Spano Mello, and Laura D. Attardi. "Unravelling Mechanisms of p53-Mediated Tumour Suppression." *Nature Reviews Cancer* 14 (2014): 359-370.

Li, F. P., and J. F. Fraumeni. "Soft-Tissue Sarcomas, Breast Cancer, and Other Neoplasms: A Familial Syndrome?" *Annals of Internal Medicine* 71, no. 4 (1969): 747-752.

Hisada, M., J. E. Garber, F. P. Li, C. Y. Fung, and J. F. Fraumeni. "Multiple Primary Cancers in Families with Li-Fraumeni Syndrome." *Journal of the National Cancer Institute* 90, no. 8 (1998): 606-611.

Birch, J. M., A. L. Hartley, K. Tricker, J. Prosser, A. Condie, A. Kelsey, et al. "Prevalence and Diversity of Constitutional Mutations in the p53 Gene Among 21 Li-Fraumeni Families." *Cancer Research* 54, no. 5 (1994): 1298-1304.

Greicius, Julie. "And Yet, You Try: A Father's Quest to Save His Son." *Stanford Medicine: Diagnostics*, Fall 2016. https://stanmed.stanford.edu/2016fall/milan-gambhirs-li-fraumeni-syndrome.html.

Haase, Detlef. "TP53 Mutations Status Divides Myelodysplastic Syndromes with Complex Karyotypes into Distinct Prognostic Subgroups." *Nature*, January 2019. www.nature.com/articles/s41375-018-0351-2.

Martinez-Hoyer, Sergio, et al. "Mechanisms of Resistance to Lenalidomide in Del(5q) Myelodysplastic Syndrome Patients." *Blood* 126 (2015): 5228.

Abegglen, Lisa M., et al. "Potential Mechanisms for Cancer Resistance in Elephants and Comparative Cellular Response to DNA Damage in Humans." *JAMA* 314, no. 17 (2015): 1850-1860. doi:10.1001/jama.2015.13134.

Caulin, Aleah F., and Carlo C. Maley. "Peto's Paradox: Evolution's Prescription for Cancer Prevention." *Trends in Ecology & Evolution* 26, no. 4 (2011): 175-182. doi: 10.1016/j.tree2011.01.002.

Tollis, Marc, Amy M. Boddy, and Carlo C. Maley. "Paradox: How Has Evolution Solved The Problem of Cancer Prevention?" *BMC Biology* 15, no. 60 (2017).

Callaway, Ewen. "How Elephants Avoid Cancer: Pachyderms Have Extra Copies of a Key Tumour-Fighting Gene." *Nature*, October 8, 2015.

Armstrong, Sue. *P53: The Gene That Cracked the Cancer Code*. New York: Bloomsbury Sigma, 2016. (한국판: 수 암스트롱, 『P53, 암의 비밀을 풀어낸 유전자』, 처음북스, 2015)

García-Cao, Isabel. "'Super p53' Mice Exhibit Enhanced DNA Damage Response, Are Tumor Resistant and Age Normally." *EMBO Journal* 21, no. 22 (2002): 6225-6235.

Hogenboom, Melissa. "The Animals That Don't Get Cancer." BBC, October 31, 2015. www.bbc.com/earth/story/20151031-the-animal-that-doesnt-get-cancer.

Tomasetti, Christian, Lu Li, and Bert Vogelstein. "Stem Cell Divisions, Somatic Mutations, Cancer Etiology, and Cancer Prevention." *Science* 355, no. 331 (2017): 1330-1334.

Vogelstein, Bert, Nickolas Papadopoulos, Victor E. Velculescu, Shibon Zhou, Luis A. Diaz, Jr., and Kenneth W. Kinzler. "Cancer Genome Landscapes." *Science* 339, no. 6127 (2013): 1546-1558.

"New Study Finds That Most Cancer Mutations Are Due to Random DNA Copying 'Mistakes.'" Johns Hopkins Medicine, March 23, 2017. www.hopkinsmedicine.org/news/media/releases/new_study_finds_that_most_cancer_mutations_are_due_to_random_dna_copying_mistakes.

Yachida, S., S. Jones, I. Bozic, T. Antal, R. Leary, B. Fu, M. Kamiyama, R. H. Hruban, J. R. Eshleman, M. A. Nowak, V. E. Velculescu, K. W. Kinzler, B. Vogelstein, and C. A.

Iacobuzio-Donahue. "Distant Metastasis Occurs Late During the Genetic Evolution of Pancreatic Cancer." *Nature* 467 (2010): 1114-1117.

Pienta, Ken, et al. "The Cancer Diaspora: Metastasis Beyond the Seed and Soil Hypothesis." *Clinical Cancer Research* 19, no. 21 (2013). doi:10.1158/1078-0432.CCR-13-2158.

McGranahan, Nicholas, and Charles Swanton. "Clonal Heterogeneity and Tumor Evolution: Past, Present, and the Future." *Cell* 168 (2017): 631.

Giam, Maybelline, and Giulia Rancati. "Aneuploidy and Chromosomal Instability in Cancer: A Jackpot to Chaos." *Cell Division* 10 (2015): 3. doi:10.1186/s13008-015-0009-7.

"How Well Do We Understand the Relation Between Incorrect Chromosome Number and Cancer?" EurekAlert! https://www.eurekalert.org/pub_releases/2017-01/cshl-hwd011117.php.

Sheltzer, J. M., et al. "Single-Chromosome Gains Commonly Function as Tumor Suppressors." *Cancer Cell* 31, no. 2 (2017): 240-255. doi:10.1016/j.ccell.2016.12.004.

Ansari, David. "Pancreatic Cancer and Thromboembolic Disease, 150 Years After Trousseau." *Hepatobiliary Surgery and Nutrition* 4, no. 5 (2015): 325-335.

Campisi, Judith. "Aging, Cellular Senescene, and Cancer." *Annual Review of Physiology* 75 (2013): 685-705.

Lee, Seongju, and Jae-Seon Lee. "Cellular Senescence: A Promising Strategy for Cancer Therapy." *BMB Reports* 52, no. 1 (2019): 35-41.

Lan, Wei, and Ying Miao. "Autophagy and Senescence." *Senescence Signalling and Control in Plants* (2019): 239-253. https://doi.org/10.1016/B978-0-12-813187-9.00015-9.

Franceschi, Claudio, and Judith Campisi. "Chronic Inflammation (Inflammaging) and Its Potential Contribution to Age-Associated Diseases." *Journals of Gerontology: Series A* 69, supplement 1 (2014): S4-S9.

Harley, Calvin B., and Bryant Villeponteau. "Telomeres and Telomerase in Aging and Cancer." *Current Opinion in Genetics & Development* 5, no2 (1995): 249-255.

Blackburn, Elizabeth, and Elissa Epel. *The Telomere Effect: A Revolutionary Approach to*

Living Younger, Healthier, Longer. New York: Grand Central Publishing, 2017.

Steensma, D., et al. "Clonal Hematopoiesis of Indeterminate Potential and Its Distinction from Myelodysplastic Syndromes." *Blood* 126 (2015): 9-16.

Jaiswal, S., et al. "Age-Related Clonal Hematopoiesis Associated with Adverse Outcomes." *New England Journal of Medicine* 371 (2014): 2488-2498.

Bertamini, L., et al. "Clonal Hematopoiesis of Indeterminate Potential(CHIP) in Patients with Coronary Artery Disease and in Centenarians: Further Clues Linking CHIP with Cardiovascular Risk." *Blood* 130 (2017): 1144.

Thomas, Hugh. "Mutation and Clonal Selection in the Ageing Oesophagus." *Nature Reviews Gastroenterology & Hepatology* 16 (2019): 139.

Martincorena, I., et al. "Somatic Mutant Clones Colonize the Human Esophagus with Age." *Science* 362 (2018): 911-917.

Yokoyama, A., et al. "Age-Related Remodelling of Oesphageal Epithelia by Mutated Cancer Drivers." *Nature* 565 (2019): 312-317.

Malcovati, Luca, et al. "Clinical Significance of Somatic Mutation in Unexplained Blood Cytopenia." *Blood* 129 (2017): 3371-3378.

Fialkow, P. J., P. J. Martin, V. Najfeld, G. K. Penfold, R. J. Jacobson, and J. A. Hansen. "Evidence for a Multistep Pathogenesis of Chronic Myelogenous Leukemia." *Blood* 58 (1981): 158-163.

Gilliland, Gary D. "Nonrandom X-Inactivation Patterns in Normal Females: Lyonization Ratios Vary with Age." *Blood* 88, no. 1 (1996): 59-65.

Raza, Azra. "Consilence Across Evolving Dysplasias Affecting Myeloid, Cervical, Esophageal, Gastric and Liver Cells: Common Themes and Emerging Patterns." *Leukemia Research* 24, no. 1 (2000): 63-72.

3장 | 레이디 N.

Montoro, Julia, Aslihan Yerlikaya, Abdullah Ali, and Azra Raza. "Improving Treatment for Myelodysplastic Syndromes Patients." *Current Treatment Options in Oncology* 19 (2018): 66. doi:10.1007/s11864-018-0583-4.

Fuchs, Ota, ed. *Recent Developments in Myelodysplastic Syndromes.* London: IntechOpen, 2019. doi:10.5772/intechopen.73936.

Platzbecker, U. "Treatment of MDS." *Blood* 133, no. 10 (2019): 1096-1107.

Ferrara. F., and O. Vitagliano. "Induction Therapy in Acute Myeloid Leukemia: Is It Time to Put Aside Standard 3+7?" *Hematological Oncology* (2019). doi:10.1002/hon.2615.

Cerrano, M., and R. Itzykson. "New Treatment Options for Acute Myeloid Leukemia in 2019." *Current Oncology Reports* 21, no. 2 (2019): 16. doi:10.1007/s11912-019-0764-8.

Buccisano, F. "The Emerging Role of Measurable Residual Disease Detection in AML in Morphologic Remission." *Seminars in Hematology* 56, no. 2 (2019): 125-130. doi:10.1053/j.seminhematol.2018.09.001.

Almeida, A., P. Fenaux, A. F. List, A. Raza, U. Platzbecker, and V. Santini. "Recent Advances in the Treatment of Lower-Risk Non-del(5q) Myelodysplasic Syndromes (MDS)." *Leukemia Research* 52 (2017): 50-57. doi:10.1016/j.leukres.2016.11.008.

"Luspatercept—Acceleron Parma/Celgene Corporation." Adis Insight. http://adisinsight.springer.com/drugs/800029519.

Fenaux, P. "Luspatercept for the Treatment of Anemia in Myelodysplastic Syndromes and Primary Myelofibrosis." *Blood* 133, no. 8 (2019): 790-794. doi:10.1182/blood-2018-11-876888.

Prasad, Vinay. "Do Cancer Drugs Improve Survival or Quality of Life?" *BMJ* 359 (2017). http://doi.org/10.1136/bmj.j4528.

Prasad, Vinay, et al. "The High Price of Anticancer Drugs: Origins, Implications, Barriers, Solutions." *Nature Reviews Clinical Oncology* 14 (2017): 381-390. www.nature.com/articles/nrclinonc.2017.31.

Keshavan, Meghana. "Did He Really Just Tweet That? Dr. Vinay Prasad Takes on Big Pharma, Big Medicine, and His Own Colleagues—With Glee." *Stat*, September 15,

2017.

"Exceptional Responders: Why Do Some Cancer Drugs Work for Them and Not Others?" Cancer Treatment Centers of America, March 8, 2018. www.cancercenter. com/community/blog/2018/03/why-do-some-cancer-drugs-work-for-them-and-not-others.

Milowsky, M. I., et al. "Phase II study of Everolimus in Metastatic Urothelial Cancer." *BJU international* 112, no. 4 (2013): 462-470.

"NCI Sponsored Trials in Precision Medicine." Division of Cancer Treatment and Diagnosis. http://dctd.cancer.gov/majorinitiatives/NCI-sponsored_trials_in_precision_medicine.htm#h06.

West, Howard. "Novel Precision Medicine Trial Designs Umbrellas and Baskets." *JAMA Oncology* 3, no. 3 (2017): 423. doi:10.1001/jamaoncol.2016.5299.

Marquart, John, et al. "Estimation of the Percentage of Us Patients with Cancer Who Benefit from Genome-Driven Oncology." *JAMA Oncology* 4, no. 8 (2018): 1093-1098. doi:10.1001/jamaoncol.2018.1660.

Prasad, Vinay. "Perspective: The Precision-Oncology Illusion." *Nature* 537 (2016): S63.

Kaiser, Jocelyn. "A Cancer Drug Tailored to Your Tumor? Experts Trade Barbs over 'Precision Oncology." *Science*, April 24, 2018. doi:10.1126/science.aat9794.

Harris, Lyndsay, et al. "Update on the NCI-Molecular Analysis for Therapy Choice (NCI-MATCH/EAY131) Precision Medicine Trial." *Pharmacogenetics, Pharmacogenomics, and Therapeutic Response* 17, supplement 1 (2018). doi:10.1158/1535-7163.TARG-17-B080.

Davis, C., et al. "Availability of Evidence of Benefits on Overall Survival and Quality of Life of Cancer Drugs Approved by European Medicines Agency: Retrospective Cohort Study of Drug approvals, 2009-13." *BMJ* 359 (2017). http://doi.org/10.1136/bmj.j4530.

Drilon, A., T. W. Laetsch, S. Kummar, et al. "Efficacy of Larotrectinib in TRK Fusion-Positive Cancers in Adults and Children." *New England Journal of Medicine* 378 (2018): 731-739. doi:10.1056/NEJMoa1714448.

Broderick, Jason M. "FDA Approves Larotrectinib for NTRK+Cancers." OncLIve, November 26, 2018. https://www.oncozine.com/fda-approves-larotrectinib-the-first-tumor-agnostic-cancer-treatment/.

Darwin, Charles. *On the Origin of Species*. Digireads.com

Nowell, P. C. "The Clonal Evolution of Tumor Cell Populations." *Science* 194, no. 4260 (1976): 23-28.

Greaves, Mel, and Carlo C. Maley. "Clonal Evolution in Cancer." *Nature* 481 (2012): 306-313.

Janiszewska, Michalina, et al. "Clonal Evolution in Cancer: A Tale of Twisted Twines." *Cell Stem Cell* 16 (2015). http:/doi.org/10.1016/j.stem.2014.12.011.

McGranahan, Nicholas, and Charles Swanton. "Clonal Heterogeneity and Tumor Evolution: Past, Present, and the Future." *Cell* 168, no. 4 (2017): 613-628.

Fidler, Isaiah J. "The Pathogenesis of Cancer Metastasis: The 'Seed and Soil' Hypothesis Revisited." *Nature Reviews Cancer* 3 (2003): 453-458.

Ribatti, D., et al. "Stephen Paget and the 'Seed and Soil' Theory of Metastatic Dissemination." *Clinical and Experimental Medicine* 6, no.4 (2006): 145-149.

Fidler, Isaiah J., et al. "The 'Seed and Soil' Hypothesis Revisited." *Lancet Oncology* 9, no. 8 (2008): 808.

Pienta, Ken, et al. "The Cancer Diaspora: Metastasis Beyond the Seed and Soil Hypothesis." *Clinical Cancer Research* 19, no.21 (2013). doi:10.1158/1078-0432.CCR-13-2158.

Tiong, Ing S., et al. "New Drugs Creating New Challenges in Acute Myeloid Leukemia." *Genes, Chromosomes & Cancer* (2019). http://doi.org/10.1002/gcc.22750.

Kubal, Timothy Edward, et al. "Safety and Feasiblilty of Outpatient Induction Chemotherapy with CPX-351 in Selected Older Adult Patients with Newly Diagnosed AML." *Journal of Clinical Oncology* 36, supplement 15 (2018): e19013. http://ascopubs.org/doi/abs/10.1200/JCO.2018.36.15_suppl.e19013.

Levis, Mark. "Midostaurin Approved for FLT3-Mutated AML." *Blood* 129 (2017): 3403-3406.

4장 | 키티 C.

Profiles in Science. The Mary Lasker papers. US National Library of Medicine.

Wallace, Langley Grace. "Catalyst for the National Cancer Act: Mary Lasker." Albert and Mary Lasker Foundation. December 15, 2016. http://www.laskerfoundation.org/ new-noteworthy/articles/catalyst-national-cancer-act-mary-lasker/.

"National Cancer Act of 1971." National Cancer Institute. http://dtp.cancer.gov/timeline/ noflash/milestones/M4_Nixon.htm.

Holford, T. R. "Tobacco Control and the Reduction in Smoking-Related-Premature Deaths in the United States, 1964-2012." *JAMA* 311, no. 2 (2014): 164-171. doi:10.1001/jama.2013.285112.

Kolata, Gina. "Advance Elusive in the Drive to Cure Cancer." *New York Times*, April 23, 2009.

Leaf, Clifton. *The Truth in Small Doses: Why We're Losing the War on Cancer—And How to Win*. New York: Simon & Schuster, 2013.

Baker, Monya. "1,500 Scientists Lift the Lid on Reproducibility: Survey Sheds Light on the 'Crisis' Rocking Research." *Nature* 533 (2016): 452-454. www.nature.com/ news/1500-scientists-lift-the-lid-on-reproducibility-1.19970.

DeVita, Vincent T., Jr., and Edward Chu. "A History of Cancer Chemotherapy." *Cancer Research* 68, no.21 (2008). doi:10.1158/0008-5472.CAN-07-6611.

Gilligan, A. M. "Death or Debt? National Estimates of Financial Toxicity in Persons with Newly Diagnosed Cancer." *American Journal of Medicine* 131, no. 10 (2018): 1187-1199.

Fojo, T., et al. "Unintended Consequences of Expensive Cancer Therapeutics—The Pursuit of Marginal Indications and a Me-Too Mentality That Stifles Innovation and Creativity: The John Conley Lecture." *JAMA Otolaryngology-Head & Neck Surgery* 140, no. 12 (2014): 1225-1236.

Marchetti, S., and J. H. M. Schellens. "The Impact of FDA and EMEA Guidelins on Drug Development in Relation to Phase 0 Trials." *British Journal of Cancer* 97 (2007):

577-581. www.nature.com/articles/6603925.

Kummar, Shivaani. "Compressing Drug Development Timelines in Oncology Using Phase '0' Trials." *Nature Reviews Cancer* 7 (2007): 131-139. www.nature.com/articles/nrc2066.

Murgo, J. A., et al. "Designing Phase 0 Cancer Clinical Trials." *Clinical Cancer Research* 14, no. 12 (2008).

Spector, Reynold. "The War on Cancer: A Progress Report for Skeptics." *Skeptical Inquirer*, Janurary/February 2010.

Hitchens, Christopher. "Topic of Cancer." *Vanity Fair*, August 2010.

Adams, C. P., and V. V. Brantner. "Estimating the Cost of New Drug Development: Is It Really 802 Million Dollars?" *Health Affairs* (Millwood) 25, no. 2 (2006): 420-428.

5장 | JC

"Donor Registry Data." Us Department of Health and Human Services. http://bloodcell.transplant.hrsa.gov/research/registry_donor_data/index.html.

Koutsavlis, Ioannis. "Transfusion Thresholds, Quality of Life, and Current Approaches in Myelodysplastic Syndromes." *Anemia*, 2016. doi:10.1155/2016/8494738.

Black Bone Marrow.com. http://blackbonemarrow.com/.

Poynter, J. N., M. Richardson, M. Roesler, C. K. Blair, B. Hirsch, P. Nguyen, A. Cioc, J. R. Cerhan, and E. Warlick. "Chemical Exposures and Risk of Acute Myeloid Leukemia and Myelodysplastic Syndromes in a Population-Based Study." *International Journal of Cancer* 140, no. 1 (2017): 23-33. doi:10.1002/ijc.30420.

Murphy, T., and K. W. L. Yee. "Cytarabine and Daunorubicin for the Treatment of Acute Myeloid Leukemia." *Expert Opinion on Pharmacotherapy* 18, no. 16 (2017): 1765-1780. doi:10.1080/14656566.2017.1391216.

Steele, John. "The Man Who Would Tame Cancer: Patrick Soon-Shiong Is Opening a New Front in the War on the Deadly Disease." *Nautilus*, January 28, 2016.

Raza, A., et al. "Apoptosis in Bone Marrow Biopsy Samples Involving Stromal and He-matopoietic Cells in 50 Patients with Myelodysplastic Syndromes." *Blood* 86, no. 1 (1995): 268-276.

Raza, A., et al. "Novel Insights into the Biology of Myelodysplastic Syndromes: Excessive Apoptosis and the Role of Cytokines." *International Journal of Hematology* 63, no. 4 (1996): 265-278.

Raza, A., et al. "Thalidomide Produces Transfusion Independence in Long Standing Refractory Anemias of Patients with Myelodysplastic Syndromes." *Blood* 98, no. 4 (2001): 958-965.

Raza, A., and N. Galili. "The Genetic Basis of Phenotypic Heterogeneity in Myelodys-plasic Syndromes." *Nature Reviews Cancer* 12, no. 12 (2012): 849-859. doi:10.1038/nrc3321.

6장 | 앤드루

Wen, P. Y., and S. Kesari. "Malignant Gliomas in Adults." *New England Journal of Medi-cine* 359 (2008): 492-507.

Stewart, L. A. "Chemotherapy in Adult High-Grade Glioma: A Systematic Review and Meta-Analysis of Individual Patient Data from 12 Randomised Trials." *Lancet* 359 (2002): 1011-1018.

Kübler-Ross, Elisabeth. *On Death and Dying*. New York: Scribner, 1997. (한국판: 엘리자베스 퀴블러 로스, 『죽음과 죽어감』, 청미, 2018)

Izard, Jason, and D. Robert Siemens. "What's in Your Toolkit? Guiding Our Patients Through Their Shared Decision-Making." *Canadian Urological Association Journal* 12, no. 10 (2018): 294-295.

Hagedoorn, Mariët, Ulrika Kreicbergs, and Charlotte Appel. "Coping with Cancer: The Perspective of Patients' Relatives." *Acta Oncologica* 50, no. 2 (2011): 205-211.

Wohlfarth, Philipp, et al. "Chimeric Antigen Receptor T-Cell Therapy—A Hematological Success Story." *Memo* 11, no. 2 (2018): 116-121. doi:10.1007/s12254-018-0409-x.

Titov, Aleksei, et al. "The Biological Basis and Clinical Symptoms of CAR-T Therapy-Associated Toxicities." *Cell Death & Disease* 9 (2018): article 897.

Fried, Shalev, et al. "Early and Late Hematologic Toxicity Following CD19 CAR-T Cells." *Bone Marrow Transplantation*, 2019. http://doi.org/10.1038/s41409-019-0487-3.

Brudno, Jennifer N., and James N. Kochenderfer. "Chimeric Antigen Receptor T-Cell Therapies for Lymphoma." *Nature Reveiws Clinical Oncology* 15 (2018): 31-46.

Mahadeo, K. M. "Management Guidelines for Paediatric Patients Receiving Chimeric Antigen Receptor T Cell Therapy." *Nature Reviews Clinical Oncology* 16 (2019): 45-63.

Hoos, A. "Development of Immuno-Oncology Drugs—From CTLA4 to PD1 to the Next Generations." *Nature Reviews Drug Discovery* 15, no. 4 (2016): 235-247.

Coulie, P. G., B. J. Van den Eynde, P. van der Bruggen, and T. Boon. "Tumour Antigens Recognized by T Lymphocytes: At the Core of Cancer Immunotherapy." *Nature Reviews Cancer* 14, no. 2 (2014): 135-146.

Schmidt, Charles. "The Struggle to Do No Harm in Clinical Trials: What Lessons Are Being Learnt from Studies That Went Wrong?" *Nature*, December 20, 2017.

Maude, S. L., et al. "Tisagenlecleucel in Children and Young Adults with B-Cell Lymphoblastic Leukemia." *New England Journal of Medicine* 378, no. 5 (2018): 439-448.

Editorial. "CAR T-Cell Therapy: Perceived Need Versus Actual Evidence." *Lancet Oncology* 19, no. 10 (2018): 1259.

Osorio, Joana. "Cancer Immunotherapy Research Round-Up: Highlights from Clinical Trials." *Nature*, December 20, 2017.

Barreyro, L., T. M. Chlon, and D. T. Starczynowski. "Chronic Immune Response Dysregulation in MDS Pathogenesis." *Blood* 132, no. 15 (2018): 1553-1560.

Almasbak, Hilde, et al. "CAR T Cell Therapy: A Game Changer in Cancer Treatment." *Journal of Immunology Research*, 2016. doi:10.1155/2016/5474602.

Sun, Shangjun, et al. "Immunotherapy with CAR-Modified T Cells: Toxicities and Overcoming Strategies." *Journal of Immunology Research*, 2018. doi:10.1155/2018/2386187.

Doudna, Jennifer A., and Samuel H. Sternberg. *A Crack in Creation: Gene Editing and the Unthinkable Power to Control Evolution*. Boston: Houghton Mifflin Harcourt, 2017.

Haapaniemi, Emma, Sandeep Botla, Jenna Persson, Bernhard Schmierer, and Jussi Taipale. "CRISPER-Cas9 Genome Editing Induces a p52-Meditated DNA Damage Response." *Nature Medicine*, 2018. doi:10.1038/s41591-018-0049-z.

Shin, Ha Youn, et al. "CRISPER/Cas9 Targeting Events Cause Complex Deletions and Insertions at T 17 Sites in the Mouse Genome." *Nature Communications* 8 (2017): article 15464.

Kosicki, Michael, et al. "Repair of Double-Strand Breaks Induced by CRISPR-Cas9 Leads to Large Delections and Complex Rearrangements." *Nature Biotechnology* 36 (2018): 765-771.

7장 | 하비

Weir, Hannah K., et al. "The Past, Present, and Future of Cancer Incidence in the United States: 1975 Through 2020." *Cancer* 121, no. 11 (2015): 1827-1837. doi:10.1002/cncr.29258.

By the Numbers: NCI Budget Breakdown, FY 2018. doi:10.1158/2159-8290.CD-NB2018-002.

Aparicio, Samuel, and Carlos Caldas. "The Implications of Clonal Genome Evolution for Cancer Medicine." *New England Journal of Medicine* 368 (2013): 842-851. doi:10.1056/NEJMra1204892

Walter, M. J., et al. "Clonal Architecture of Secondary Acute Myeloid Leukemia." *New England Journal of Medicine* 366 (2012): 1090-1098.

Ruiz, C., E. Lenkiewicz, L. Evers, et al. "Advancing a Clinically Relevant Perspective of the Clonal Nature of Cancer." *Proceedings of the National Academy of Sciences of the United States of America* 108 (2011): 12054-12059.

Cohen, Jon. "'It's Sobering': A Once-Exciting HIV Cure Strategy Fails Its Test in People." *Science*, July 25, 2018. doi:10.1126/science.aau8963.

Crowley, E., et al. "Liquid Biopsy: Monitoring Cancer-Genetics in the Blood." *Nature Reviews Clinical Oncology* 10 (2013): 472-484.

Bleyer, Archie, and H. Gilbert Welch. "Effect of Three Decades of Screening Mammography on Breast-Cancer Incidence." *New England Journal of Medicine* 367, no. 21 (2012): 1998-2005.

Miller, Anthony B., et al. "Twenty Five Year Follow-Up for Breast Cancer Incidence and Mortality of the Canadian National Breast Screening Study: Randomised Screening Trial." *British Medical Journal* 348 (2014): 366.

Fagin, Dan. *Toms River: A Story of Science and Salvation*. Washington, DC: Island Press, 2014.

Ilic, D., M. Djulbegovic, J. H. Jung, et al. "Prostate Cancer Screening with Prostate-Specific Antigen (PSA) Test: A Systematic Review and Meta-Analysis." *BMJ* 362 (2018): k3518.

Loud, Jeniffer, and Jeanne Murphy. "Cancer Screening and Early Detection in the 21st Century." *Seminars in Oncology Nursing* 33, no. 2 (2017): 121-128.

Adami, Hans-Olov, et al. "Towards an Understanding of Breast Cancer Etiology." *Seminars in Cancer Biology* 8, no. 4 (1998): 255-262.

Esserman, Laura J. "Overdiagnosis and Overtreatment in Cancer: An Opportunity for Improvement." *JAMA* 310, no. 8 (2013): 797.

Autier, P., and M. Boniol. "Effect of Screening Mammography on Breast Cancer Incidence." *New England Journal of Medicine* 368 (2013): 677-679. http://citeseerx.ist.psu.edu/viewdoc/download?doi=10.1.1.691.3537&rep=rep1&type=pdf.

Das, Srustidhar, and Surinder K. Batra. "Understanding the Unique Attributes of MUC16 (CA125): Potential Implications in Targeted Therapy." *Cancer Research*, 2015. doi:10.1158/0008-5472.CAN-15-1050.

Leaf, Clifton. *The Truth in Small Doses: Why We're Losing the War on Cancer—And How to Win.* New York: Simon & Schuster, 2013.

Adami, Hans-Olov, et al. "Time to Abandon Early Detection Cancer Screening." *European Journal of Clinical Investigation*, December 19, 2018. http://onlinelibrary.wiley.com/doi/full/10.1111/eci.13062.

Kopans, D. B. "Breast Cancer Screening: Where Have We Been and Where Are We Going? A Personal Perspective Based on History, Data and Experience." *Clinical Imaging* 48 (2018): vii-xi.

Malvezzi, M., et al. "European Cancer Mortality Predictions for the Year 2019 with Focus on Breast Cancer." *Annals of Oncology*, March 19, 2019. http://doi.org/10.1093/annonc/mdz051.

Malvezzi, M., et al. "European Cancer Mortality Predictions for the Years 2018 with Focus on Colorectal Cancer." *Annals of Oncology* 29, no. 4 (2018): 1016-1022.

Prasad, V. "Why Cancer Screening Has Never Been Shown to 'Save Lives'—And What We Can Do About It." *BMJ* 352 (2016). http;//doi.org/10.1136/bmj.h6080.

Narod, S. A., et al. "Why Have Breast Cancer Mortality Rates Declined?" *Journal of Cancer Policy* 5 (2015): 8-17.

Colantonio, S., et al. "A Smart Mirror to Promote a Healthy Lifestyle." *Biosystems Engineering* 138 (2015): 33-43.

Iverson, N. M., et al. "In Vivo Biosensing Via Tissue Localizable Near Infrared Fluorescent Single walled Carbon Nanotubes." *Nature Nanotechnology* 8 (2013): 873-880.

Gambhir, Sanjiv Sam. "Toward Achieving Precision Health." *Science Translational Medicine* 10, no. 430 (2018): 3612. doi:10.1126/scitranslmed.aao3612.

Wong, D. "Salvia Liquid Biopsy for Cancer Detection." Paper Presented at the American Association for the Advancement of Science 2016 Annual Meeting, Washington, DC, February 11-15, 2016.

Johnson, J. "Intelligent Toilets, Smart Couches and the House of the Future." *Financial Post*, June 6, 2012. https://financialpost.com/uncategorized/intelligent-toilets-smart-couches-and-the-house-of-the-future.

Wang, Lulu. "Microwave Sensors for Breast Cancer Detection." *Sensors* 18, no. 2 (2018): 655. http://doi.org/10.3390/s18020655.

Hsu, Jeremy. "Can a New Smart Bra Really Detect Cancer?" *Live Science*, October 17, 2012.

Kahn, N., et al. "Dynamic Nanoparticle-Based Flexible Sensors: Diagnosis of Ovarian Carcinoma from Exhaled Breath." *Nano Letters* 15, no. 10 (2015): 7023-7028.

Czernin, Johannes, and Sanjiv Sam Gambhir. "Discussions with Leaders: A Conversation Between Sam Gambhir and Johannes Czernin." *Journal for Nuclear Medicine* 59, no. 12 (2018): 1783-1785. doi:10.2967/jnumed.118.221648.

Vermesh, Ophir, et al. "An Intravascular Magnetic Wire for the High-Throughput Retrieval of Circulating Tumour Cells In Vivo." *Nature Biomedical Engineering* 2, no. 9 (2018): 696-705.

Ferrari, E., et al. "Urinary Proteomics Profiles Are Useful for Detection of Cancer Biomarkers and Changes Induced by Therapeutic Procedures." *Molecules* 24, no. 4 (2019): 794. http://doi.org/10.3390/molecules24040794.

Colditz, Graham A., Kathleen Y. Wolin, and Sarah Gehlet. "Applying What We Know to Accelerate Cancer Prevention." *Science Translational Medicine* 4. no. 127 (2012): 127rv4.

Wan, J. C., et al. "Liquid Biopsies Come of Age: Towards Implementation of Circulating Tumour DNA." *Nature Reviews Cancer* 17 (2017): 223-238.

Bianchi, D. W. "Circulating Fetal DNA: Its Origin and Diagnostic Potential—A Review." *Placenta* 25, supplement (2004): S93-S101. http://doi.org/10.1016/j.placenta.2004.01.005.

Jahr, S., et al. "DNA Fragments in the Blood Plasma of Cancer Patient: Quantitations and Evidence for Their Origin form Apoptotic and Necrotic Cells." *Cancer Research* 61 (2001): 1659-1665.

Thierry, A. R., et al. "Clinical Validation of the Detection of KRAS and BRAF Mutations from Circulating Tumor DNA." *Nature Medicine* 20 (2014): 430-435.

Ding, L., M. C. Wendl, J. F. McMichael, and B. J. Raphael. "Expanding the Computational Toolbox for Mining Cancer Genomes." *Nature Reviews Genetics* 15, no. 8 (2014): 556-570.

Murtaza, M., et al. "Non-Invasive Analysis of Acquired Resistance to Cancer Therapy by Sequencing of Plasma DNA." *Nature* 497 (2013): 108-112.

Siravegna, Giulia, et al. "Integrating Liquid Biopsies into the Management of Cancer." *Nature Reviews Clinical Oncology* 14 (2017): 531-548.

Taylor, D. D., and C. Gercel-Taylor. "MicroRNA Signatures of Tumor-Derived Exosomes as Diagnostic Biomarkers of Ovarian Cancer." *Gynecologic Oncology* 110 (2008): 13-21.

Yuan, Zixu. "Dynamic Plasma MicroRNAs Are Biomarkers for Prognosis and Early Detection of Recurrence in Colorectal Cancer." *British Journal of Cancer* 117 (2017): 1202-1210.

Hinkson, I., IV, et al. "A Comprehensive Infrastructure for Big Data in Cancer Research: Accelerating Cancer Research and Precision Medicine." *Frontiers in Cell and Development Biology*, September 21, 2017. http://doi.org/10.3389/fcell.2017.00083.

Philippidis, Alex. "Next-Gen Dignostics: Thermo Fisher Scientific, University Hospital Basel Partner to Develop, Validate NGS Cancer Diagnostics." *Clinical OMICs* 4, no. 3 (2017). http://doi.org/10.1089/clinomi.04.03.17.

BloodPac: Blood Profiling Atlas in Cancer. www.bloodpac.org.

Liu, M. C., et al. "Plasma Cell-Free DNA (cfDNA) Assays for Early Multi-Cancer Detection: The Circulating Cell-Free Genome Atlas (CCGA) Study." *Annals of Oncology* 29, supplement 8 (2018): mdy269.048. http://doi.org/10.1093/annonc/mdy269.048.

Sallam, Reem M. "Proteomics in Cancer Biomarkers Discovery: Challenges and Applications." *Disease Markers*, 2015. http://dx.doi.org/10.1155/2015/321370.

Taylor and Gercel-Taylor. "MicroRNA Signatures."

Peng, Liyuan. "Tissue and Plasma Proteomics for Early Stage Cancer Detection." *Molecular Omics* 14 (2018): 405-423. doi:10.1039/C8MO00126J.

Tajmul, M. D., et al. "Identification and Validation of Salivary Proteomic Signatures for Non-Invasive Detection of Ovarian Cancer." *International Journal of Biological*

Macromolecules 108 (2018): 503-514.

Simpson, R. J., S. S. Jensen, and J. W. Lim. "Proteomic Profiling of Exosomes: Current Perspectives." *Proteomics* 8 (2008): 4083-4099.

Chen, Ziqing, et al. "Current Applications of Antibody Microarrays." *Clinical Proteomics* 15, no. 7 (2018). http://doi.org/10.1186/s12014-018-9184-2.

Halvaei, S. "Exosomes in Cancer Liquid Biopsy: A Focus on Breast Cancer." *Nucleic Acid* 10. (2018): 131-141.

Xu, Rong, et al. "Extracellular Vesicles in Cancer—Implications for Future Improvements in Cancer Care." *Nature Reviews Clinical Oncology* 15, no. 10 (2018): 617-638.

Valentino, A., et al. "Exosomal MicroRNAs in Liquid Biopsies: Future Biomarkers for Prostate Cancer." *Clinical and Translational Oncology* 19 (2017): 651-657.

Rajagopal, C., and K. B. Harikumar. "The Origin and Functions of Exosomes in Cancer." *Frontiers in Oncology*, March 20. 2018. http://doi.org/10.3389/fonc.2018.00066.

Rani, S., et al. "Isolation of Exosomes for Subsequent mRNA, MicroRNA, and Protein Profiling." *Methods in Molecular Biology* 784 (2011): 181-195.

Liu, F., U. Demirci, and S. S. Gambhir. Exosome-Total-Isolation-Chip (EXoTIC) Device for Isolation of Exosome-Based Biomarkers. US Patent application 16/073,577, filed 2019.

Alix-Panabieres, C., and K. Pantel. "Circulating Tumor Cells: Liquid Biopsy of Cancer." *Clinical Chemistry* 59 (2013): 110-118.

Green, B. J., et al. "Beyond the Capture of Circulating Tumor Cells: Next-Generation Devices and Materials." *Angewandte Chemie International Edition* 55 (2016): 1252-1265. https://onlinelibrary.wiley.com/doi/abs/10.1002/anie.201505100.

Vona, G., et al. "Isolation by Size of Epithelial Tumor Cells: A New Method for the Immunomorphological and Molecular Characterization of Circulating Tumor Cells." *American Journal of Pathology* 156, no. 1 (2000): 57-63.

Paterlini-Brechot, Patrizia, and Naoual Linda Benali. "Circulating Tumor Cells (CTC) Detection: Clinical Impact and Future Directions." *Cancer Letters* 253, no. 2 (2007):

180-204.

Hood, Leroy, and Stephen H. Friend. "Predictive, Personalized, Preventive, Participatory (P4) Cancer Medicine." *Nature Reviews Clinical Oncology* 8 (2011): 184-187.

Cohen, J. D., et al. "Combined Circulating Tumor DNA and Protein Biomarker-Based Liquid Biopsy for the Earlier Detection of Pancreatic Cancer." *Proceedings of the National Academy of Science of the United Sates of America* 114, no. 38 (2017): 10202-10207. http://doi.org/10.1073/pnas.1704961114.

Wang, Qing, et al. "Mutant Proteins as Cancer-Specific Biomarkers." *Proceedings of the National Academy of Science of the United States of America* 108, no. 6 (2011): 2444-2449. http://doi.org/10.1073/pnas.1019203108.

Lennon, A. M., et al. "The Early Detection of Pancreatic Cancer: What Will It Take to Diagnose and Treat Curable Pancreatic Neoplasia?" *Cancer Research* 74, no. 13 (2014): 3381-3389.

Moses, H., III, E. R. Dorsey, D. H. Matheson, and S. O. Thier. "Financial Anatomy of Biomedical Research." *JAMA* 294, no. 11 (2005): 1333-1342.

Claridge, Laura. *Emily Post: Daughter of the Gilded Age, Mistress of American Manners.* New York: Random House, 2008.

암, 그 후 | 슬픔에게 언어를

Kübler-Ross, Elisabeth, and David Kessler. *On Grief and Grieving: Finding the Meaning of Grief Through the Five Stages of Loss.* New York: Scribner, 2005. (한글판: 엘리자베스 퀴블러 로스, 데이비드 케슬러, 『상실 수업』, 인빅투스, 2015)

Robinson, Katherine. "Robert Frost: 'The Road Not Taken.' Our Choices Are Made Clear in Hindsight." Poetry Foundation, May 27, 2016. www.poetryfoundation.org/articles/89511/robert-frost-the-road-not-taken.

"Fairfield Minuteman Archives, Feb 12, 2004, p. 40." Newspaper Archive. http://newspaperarchive.com/fairfield-minuteman-feb-12-2004-p-40/.

Lang, Joel. "Barbara Griffiths: Downsizing Gives Artist Pause to Ponder Her Life and Her Art." *CT Post*, August 14, 2016. http://www.ctpost.com/living/article/barbara-Griffiths-Downsizing-gives-artist-pause-9141213.php.

Sontag, Susan. *Illness As metaphor*. New York: Farrar, straus and Giroux, 1978.

Adams, Lisa Bonchek. *Persevere: A Life with Cancer*. Lancaster, PA: Bonchek Family Foundation, 2017.

에필로그 | 벌써 새벽이 왔다

Weinberg, Robert A. "Coming Full Circle—From Endless Complexity to Simplicity and Back again." *Cell* 157, no. 1 (2014): 267-271.

Fojo, Tito and Christine Grady. "How Much Is Life Worth: Cetuximab, Non-Small Cell Lung Cancer, and the $ 440 Billion Question." *JINCI: Journal of the National Cancer Institute* 101, no. 15 (2009): 1044-1048. http://doi.org/10.1093/jnci/djp177.

Yachida, S., S. Jones, I. Bozic, T. Antal, R. Leary, B. Fu, M. Kamiyama, R. H. Hruban, J. R. Eshleman, M. A. Nowak, V. E. Veculescu, K. W. Kinzler, B. Vogelstein, and C. A. Iacobuzio-Donahue. "Distant Metastasis Occurs Late During the Genetic Evolution of Pancreatic Cancer." *Nature* 467 (2010): 1114-1117.

Desai, Pinkal, et al. "Somatic Mutations Precede Acute Myeloid Leukemia Years before Diagnosis." *Nature Medicine* 24 (2018): 1015-1023.

Ehrenreich, Barbara. "Pathologies of Hope." *Harper's*, Februrary 1, 2007. https://harpers.org/archive/2007/02/pathologies-of-hope/.

Ibn Abi Talib, Ali. *Nahjul Balagha: Peak of Eloquence*. India: Alwaaz International, 2010.

인용 출처

44쪽 아마드 파라즈Ahmad Faraz의 「안구 은행Eye Bank」에서 발췌. Translated into English by Anjuli Fatima Raza Kolb and Published in English first at Guernica, June 6, 2018. Used with permission of Guernica and Ms. Kolb.

90-91쪽 W. H. 오든W. H. Auden의 「미스 지이Miss Gee」. Copyright 1940 and © renewed 1968 by W. H. Auden from COLLECTED POEMS by W. H. Auden. Used by permission of Random House, an imprint and division of Penguin Random House LLC. All Rights Reserved.

170쪽, 302쪽 에밀리 디킨슨Emily Dickinson의 「내 삶은 장전된 총My life had stood a loaded gun」(J 754/F 764-Lines 1-4)과 「위대한 감정 뒤에는After great pain a formal feeling comes」(J 341/F 372-Lines 1-4). THE POEMS OF EMILY DICKINSON: READING EDITION, edited by Ralph W. Franklin, Cambridge, Mass: The Belknap Press of Harvard University Press, Copyright © 1998, 1999 by the President and Fellows of Harvard College. Copyright © 1951, 1955 by the President and Fellows of Harvard College. Copyright © renewed 1979, 1983 by the President and Fellows of Harvard College. Copyright © 1914, 1918, 1919, 1924, 1929, 1930, 1932, 1935, 1937, 1942 by Martha Dickinson Bianchi. Copyright © 1952, 1957, 1958, 1963, 1965 by Mary L. Hampson.

지은이 | 아즈라 라자 Azra Raza

뉴욕 컬럼비아 의과대학의 '찬 순 시옹'교수이자 MDS센터의 소장이며, 골수형성이상 증후군과 급성백혈병 분야의 국제적인 권위자다. 그는 1984년부터 자신의 환자들에게서 혈액과 골수 샘플을 모아 현재 6만 개 이상의 샘플을 갖춘, 미국에서 가장 크고 오래된 조직은행을 만들었다.

의사이면서 과학자인 그는《네이처》,《셀》등 주요 전문학술지에 300건 이상의 논문들을 실으며 임상 및 기초 연구를 발표해왔으며, 웹사이트 '3 쿼크스 데일리(www.3quarksdaily.com)'의 공동 편집자로 활동하고 있다.

라자 박사는 2016년 바이든 전 부통령과 '암 정복cancer moonshot'프로젝트를 논의하며, 과학과 정치가 함께하는 암 치료의 전환을 모색하기도 했다. TED 등 다양한 강연을 통해 자신의 이론을 꾸준히 이야기하고 있으며,《뉴스위크 파키스탄》에서 뽑은 100명의 중요한 여성에 선정되었다.

과학 외에도 우르두 문학에 조예가 깊어『갈립: 우아함의 인식론』을 집필했다. 그는 세상을 온화하게 만드는 가장 좋은 방법은 과학과 예술, 문학에서 인류의 성취를 널리 알리는 일이라고 믿는다. 현재 딸 셰헤르자드와 함께 뉴욕시에서 살고 있다.
www.azraraza.com

옮긴이 | 진영인

서울대학교 심리학과와 비교문학 협동과정을 졸업했다.『우리가 사랑한 세상의 모든 책들』,『아름답고 저주받은 사람들』,『망작들』등을 번역했다.

감수 | 남궁인

고려대학교 의과대학을 졸업하고 고려대학교 병원 응급의학과 전문의를 취득하였다. 현재 이대목동병원 응급의학과 임상조교수로 재직중이다.『만약은 없다』,『지독한 하루』,『제법 안온한 날들』을 썼다.

죽음을 이기는 첫 이름

퍼스트 셀

펴낸날 초판 1쇄 2020년 11월 5일
　　　초판 3쇄 2020년 12월 30일
지은이 아즈라 라자
옮긴이 진영인
감수 남궁인
펴낸이 이주애, 홍영완
편집 양혜영, 백은영, 장종철, 문주영, 오경은
마케팅 김애리, 김태윤, 김소연, 박진희
디자인 박아형, 김주연
경영지원 박소현
도움 교정 유지현
펴낸곳 (주)윌북 출판등록 제2006-000017호
주소 10881 경기도 파주시 회동길 337-20
전자우편 willbooks@naver.com 전화 031-955-3777 팩스 031-955-3778
블로그 blog.naver.com/willbooks 포스트 post.naver.com/willbooks
페이스북 @willbooks 트위터 @onwillbooks 인스타그램 @willbooks_pub
ISBN 979-11-5581-315-7 (03400)